21世纪高等学校计算机规划教材——高校系列

单片机原理与接口技术
——汇编及C51程序设计

主　编　韩忠华　许景科　王长涛

副主编　马　斌　阚凤龙

东北大学出版社

·沈　阳·

图书在版编目（CIP）数据

单片机原理与接口技术 ：汇编及C51程序设计 / 韩忠华，许景科，王长涛主编. —沈阳 ：东北大学出版社，2018.7（2022.7重印）

ISBN 978-7-5517-1971-1

Ⅰ. ①单… Ⅱ. ①韩… ②许… ③王… Ⅲ. ①单片微型计算机—基础理论②单片微型计算机—接口技术 Ⅳ. ①TP368.1

中国版本图书馆 CIP 数据核字（2018）第 183087 号

内容提要

本书介绍51系列单片机的结构、基本原理、指令系统和硬件资源，重点介绍C51编程技术及其应用。本书的特点是通过实例以及练习使读者掌握相应知识点，深入浅出地讲述单片机原理、接口及应用技术。读者能够通过完整的实例，快速、有效地掌握用C51语言开发51单片机的流程，并通过各章的习题掌握各章重点和难点，真正对相关知识做到融会贯通。

本书内容新颖、实用，可用作大中专院校微机原理、单片机及接口技术的教材，也可供从事单片机产品开发的工程技术人员参考。

出 版 者：东北大学出版社

地址：沈阳市和平区文化路三号巷 11 号
邮编：110819
电话：024-83687331（市场部） 83680267（社务部）
传真：024-83680180（市场部） 83687332（社务部）
网址：http://www.neupress.com
E-mail：neuph@neupress.com

印 刷 者：沈阳市第二市政建设工程公司印刷厂
发 行 者：东北大学出版社
幅面尺寸：185mm×260mm
印 张：21.25
字 数：478 千字
出版时间：2018 年 7 月第 1 版
印刷时间：2022 年 7 月第 2 次印刷
责任编辑：孙 锋 朱 虹
责任校对：图 图
封面设计：潘正一
责任出版：唐敏志

ISBN 978-7-5517-1971-1　　定 价：52.00 元

前 言

随着计算机应用技术的不断发展，单片机在工业测量控制领域的应用越来越广泛。同时，随着超大规模集成电路工艺和集成制造技术的不断完善，单片机的硬件集成度也在不断提高，出现了能满足各种不同需求的具有各种特殊功能的单片机。就8051系列单片机而言，由于Intel公司将8051 CPU内核向全世界各大半导体公司的扩散，目前已有Philips、Siemens、Dallas、OKI、Advance Micro Device、Atmel等多家公司生产了100多种型号的51系列单片机。这类单片机具有集成度高、性价比高的特点，在工业测量控制领域获得了极为广泛的应用，预计在今后相当一个时期内，51单片机仍将是主流机种。

在开发一个单片机应用系统时，系统程序的编写效率在很大程度上决定了目标系统的研制成效。早期在研制单片机应用系统时，大多以汇编语言作为软件工具。汇编语言程序能够直接操作机器硬件，指令的执行速度快。但由于汇编语言不是一种结构化的程序设计语言，相对较难编写和调试，程序本身的编写效率较低。随着单片机硬件性能的提高，其工作速度越来越快，目前51单片机的时钟频率可达40MHz以上。因此，在编写单片机应用系统程序时，更着重于程序本身的编写效率。为了适应这种要求，现在的单片机系统开发过程中，除了采用汇编语言之外，经常采用高级语言（如C51、PLM51）来编程实现。

在全国高等工科院校中，已普遍开设单片机及相关课程。51系列单片机奠定了8位单片机的基础，形成了单片机的经典体系结构。随着51单片机的发展，应用C语言开发51单片机应用成为一种流行的趋势，这是因为它具有使用方便、编程效率高及仿真调试容易等突出特点。

本书在介绍51系列单片机的硬件结构、汇编语言及单片机扩展技术的同时，着重介绍了C51编程技术及其应用。C51语言是专门用于51系列单片机编程的C语言，除了一些基于描述单片机硬件的特殊部分外，可以说与标准C语言完全相同。所以，以C51语言实现单片机系统更有利于系统的修改及扩展。为了体现汇编语言实现与C51编程实现的不同，本书在相关章节提供了上述两种实现方法的源程序，并进行了相关的讲解。

本书由韩忠华、许景科、王长涛担任主编，由马斌、阚凤龙担任副主编。参加本书部分章节撰写的有韩忠华、阚凤龙（第1~2章），许景科、夏兴华、褚跃（第3~4章），王长涛、林硕、谢蕃怿、张竞元（第5~7章），毕开元、张权、刘约翰（第8~9章），孙亮亮、王娟、李智、杜佳奇（第10~11章）。对本书编写提供帮助的还有王佳英、郭彤颖、张锐、张亚、王慧丽、王凤英、孙东、宫巍、李檀、袁帅、刘威、刘春光。此外，程娟对相关外文资料进行了翻译与整理工作，在此一并表示诚挚的谢意。

读者如果需要本书中的源程序，可通过电子邮件与作者联系：543964613 @qq.com。

编　者

2018年6月于沈阳

目 录

第1章 51单片机结构及工作原理

第2章 51单片机指令系统及汇编语言程序设计基础

第3章 51单片机的硬件资源

第4章 C51程序设计基础

第5章 C51数据结构

第6章 C51编译器及简介

第7章 51单片机人机交互

第8章 51单片机数据采集

第9章 51单片机串行通信

第10章 51单片机外部存储器扩展

第11章 51单片机输出控制

第1章 51单片机结构及工作原理

1975年，美国Texas Instruments公司成功地研制了世界上第一台单片机，它的出现是计算机技术发展史上的一个里程碑，从此，计算机技术不仅在数值处理方面得到了进一步的发展，而且在智能化控制领域里也得到了迅猛的发展，并占有越来越重要的地位。51系列单片机是目前应用最广泛的单片机，该系列单片机简单易学，具有丰富的指令系统和高级语言编译系统。本章重点介绍单片机的基本概念、特点、结构、工作方式等。

1.1 微型计算机基础

1.1.1 单片机及其发展概况

(1) 单片机的发展

单片机的全称为单片微型计算机（Single Chip Microcomputer），它是将组成微型计算机的各个功能部件，如中央处理器（CPU）、随机存储器（RAM）、只读存储器（ROM）、基本输入/输出接口（I/O接口）、定时器/计数器以及串行通信接口等部件有机地结合在一块集成芯片中，构成一台完整的微型计算机，因此单片机又可以称为微处理器（Microcontroller Unit）。一个完整的单片机组成框图如图1-1所示。

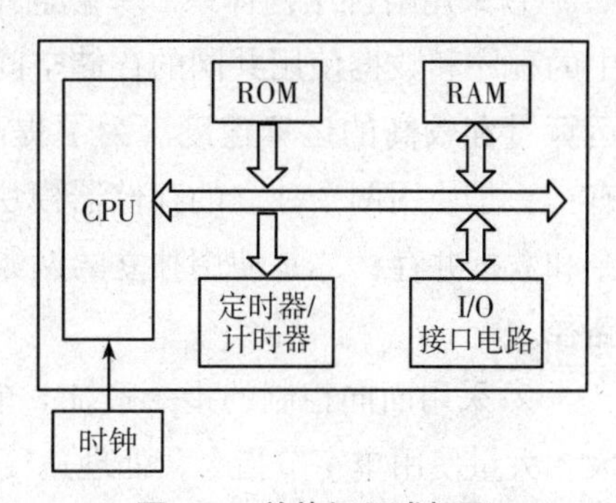

图1-1 单片机组成框图

随着技术的发展，单片机的功能不断完善。目前，单片机产品已达50多个系列300多种型号，其综合性能、成本、体系结构、开发环境等都取得了显著的进步。就单片机字长而言，可以分为4位机、8位机、16位机和32位机。其中，长期以来8位机都是主流机型。

单片机的发展史大体上可以分为以下4个阶段。

第一阶段：单片机初级阶段。单片机的发展始于1974年，由于工艺限制，此阶段的单片机采用双片形式，而且功能较为简单。到了1976年，Intel公司推出了MCS-48系列单片机，将CPU、存储器、I/O接口、定时器/计数器集成在一块芯片上，使计算机完成了单芯片化。但此系列单片机无串行接口，存储器数量较少，中断处理功能也较为简单。同时期的产品还有Motorola公司的MC680/6800+/6875系列、Rockwell公司的6502/RG500系列、GI公司的PIC1650系列等。

第二阶段：单片机完善阶段。此阶段单片机的功能及体系结构得到了不断的完善。1980年，Intel公司在MCS-48系列单片机的基础上增加了I/O串行口，增大了存储器容量，完善了终端系统（设置了5个中断源和2个优先级），将定时器/计数器改为16位，在内部存储器上设置了位地址空间，提供位操作指令，从而推出了高性能的MCS-51系列单片机，并且成为了事实上的单片机结构标准。除了MCS-51单片机外，Motorola公司推出的M6800系列单片机、Zilog公司推出的Z8系列单片机都是这一时期的产品。

第三阶段：微控制器形成阶段。为了满足更高的测控应用要求，需要对单片机的外围接口电路进行增强与完善，如数/模（D/A）转换器、模/数（A/D）转换器、高速I/O接口、程序监视定时器（WDT）等，尽量将外围功能集成在芯片内部。集成了外围电路的单片机又称为微控制器，实际上，国际上已经将微控制器作为单片机的标准名称。这一时期以51系列单片机为代表。

第四阶段：微控制器技术成熟阶段。随着技术的不断成熟，国内外对单片机的开发和研制竞争异常激烈，极大地丰富了微控制器的类型，使单片机的功能不断完善，成本不断降低，外围电路不断减少，可靠性不断提高。

（2）单片机的特点

单片机是在一块芯片上集成了中央处理器（CPU）、随机存储器（RAM）、只读存储器（ROM）、基本输入/输出接口（I/O接口）、定时器/计数器等部件，使其具备了一台微型计算机的特征。但是由于单片机的应用主要集中在控制领域，因此与通用计算机相比，单片机有如下特点。

① 采用哈佛结构体系。一般通用计算机采用冯·诺依曼体系结构，其特点是计算机中的程序和数据使用共同的存储空间，而单片机一般是面向工业控制领域，要求较大的运算量和较高的运算速度。为了提高数据吞吐量，单片机采用哈佛体系结构，其特点有：一是使用两个独立的存储器模块，分别存储指令和数据，每个存储模块都不允许指令和数据并存；二是使用独立的两条总线，分别作为CPU与每个存储器之间的专用通信路径。

② 采用面向控制的指令系统。单片机指令系统中有丰富的位操作指令，逻辑功能强大，大量使用单字节指令，处理速度快、效率高。

③ 引脚功能复用。受制造工艺水平的限制，单片机的引脚数量有限，存在所需要的信号线数多而实际引脚数量少的矛盾，而单片机采用引脚功能复用就可以很好地解决这个矛盾。

④ 片内随机存储器做寄存器。单片机所使用的寄存器（除了程序计数器PC以外）

都是片内RAM的某一对应单元。这样可以使寄存器的数量多，并且容易设计和集成。另外，CPU直接存取这些寄存器，可以大大地提高单片机的响应速度。

⑤ 类型齐全。单片机发展至今，随着各公司不断地研制、改进，单片机产品品种繁多、系列齐全。用户可以根据不同的应用，选择功能好、性价比高的产品。

⑥ 功能通用。虽说单片机主要应用于控制领域，面向测控对象，但它的功能仍然是通用的，配上适当的外围设备/电路就可以作为一般的微处理器来使用。

（3）单片机的发展趋势

单片机正在向高性能、大容量、微型化、集成化等方面发展。

① CPU的改进。采用双CPU或者多CPU结构，以提高数据的处理能力和速度；增加数据总线线宽，以提高数据的处理速度和能力；采用流水线结构，CPU中的指令以队列形式排列，以提高运算速度；采用串行总线结构，以减少单片机的引线，降低单片机的成本。

② 存储器的改进。增大存储器容量，以简化外围电路，提高系统稳定性，降低产品成本；片内采用E^2PROM（电可擦除可编程只读存储器），以简化系统结构，提高系统稳定性；采用KEPROM（Keyed Access EPROM，带锁加密可擦除可编程只读存储器），以提高程序的保密性。

③ 片内I/O的改进。提高并行口的驱动能力，以减少外围驱动电路；增加I/O接口的逻辑控制功能；增加特殊的串行接口功能。

④ 外围电路的集成。随着集成电路的技术不断提高，一些外围电路可以集成到单片机芯片内，如A/D转换器、D/A转换器、直接内存存取（DMA）控制器、中断控制器、锁相环、频率合成器、字符发生器、声音发生器、阴极射线管（CRT）控制器、译码驱动器等。

⑤ 低功耗。随着世界性的能源危机越来越受到人们的重视，单片机系统中也应考虑功耗问题，由于互补金属氧化物半导体（CMOS）电路具有功耗小的优点，目前8位单片机的产品中已有半数CMOS化。为了充分发挥低功耗的特点，这类单片机普遍设置了空闲和掉电两种工作模式。如89C51单片机在正常工作状态时（即5V，12MHz），其工作电流为16mA；而在同样条件下，空闲模式下其工作电流仅为3.7mA；在掉电模式下，其工作电流只有50nA。

1.1.2 计算机中的数制及相互转换

1.1.2.1 数制

所谓数制，是指数的制式，是人们利用符号计数的一种科学方法。数制有很多种，微型计算机中常用的数制有十进制、二进制、八进制和十六进制4种。

进位计数的特征可以概括如下。

① 有一个固定的基数r，数的每一位只能取大于等于0、小于r的数字，即符号集为$\{0, 1, 2, \cdots, r-1\}$。

② 逢r进位，它的第i个数位对应于一个固定的值r^i，r^i称为该位的“权”。小数点左边各位的权是基数r的正次幂，依次为0，1，2，…，m次幂，小数点右边各位的权是基数r的负次幂，依次为-1，-2，…，$-n$次幂。r进制数在计数过程中，当它的某位计满r时就向它邻近的高位进1。

一般用括号和基数，即$(\ )_r$这样的形式来表示r进制数，也可以在数的后面加后缀表示，二进制数以后缀B表示，八进制数以后缀O表示，十进制数以后缀D表示，十六进制数以后缀H表示。将r进制数按权展开，其表达式为：

$$a_m \times r^m + a_{m-1} \times r^{m-1} + \cdots + a_1 \times r^1 + a_0 \times r^0 + a_{-1} \times r^{-1} + a_{-2} \times r^{-2} + \cdots + a_{-n} \times r^{-n}$$
$$= \sum_{i=-n}^{m} a_i \times r^i$$

(1) 十进制

十进制（Decimal）是人类最常用的数的制式，其基数$r=10$，逢十进位，符号集为$\{0, 1, 2, 3, 4, 5, 6, 7, 8, 9\}$，其权为：…，$10^2$，$10^1$，$10^0$，$10^{-1}$，$10^{-2}$，…

对于十进制，因为人们已经习惯，一般不用括号和基数来表示。例如，十进制数$(123.456)_{10}$一般写成123.456或123.456D。若按权展开，则为：

$$(123.456)_{10} = 123.456\text{D}$$
$$= 1\times10^2 + 2\times10^1 + 3\times10^0 + 4\times10^{-1} + 5\times10^{-2} + 6\times10^{-3}$$

(2) 二进制

二进制（Binary）数的基数$r=2$，符号集为$\{0, 1\}$，其权为：…，2^2，2^1，2^0，2^{-1}，2^{-2}，…

例如，二进制数$(1101.011)_2$按权展开为：

$$(1101.011)_2 = 1101.011\text{B}$$
$$= 1\times2^3 + 1\times2^2 + 0\times2^1 + 1\times2^0 + 0\times2^{-1} + 1\times2^{-2} + 1\times2^{-3}$$

(3) 八进制

八进制（Octal）数的基数$r=8$，符号集为$\{0, 1, 2, 3, 4, 5, 6, 7\}$，其权为：…，$8^2$，$8^1$，$8^0$，$8^{-1}$，$8^{-2}$，…

例如，八进制数$(654.123)_8$按权展开为：

$$(654.123)_8 = 654.123\text{O}$$
$$= 6\times8^2 + 5\times8^1 + 4\times8^0 + 1\times8^{-1} + 2\times8^{-2} + 3\times8^{-3}$$

(4) 十六进制

十六进制（Hexadecimal）数的基数$r=16$，符号集为$\{0, 1, 2, 3, 4, 5, 6, 7, 8, 9, A, B, C, D, E, F\}$，其权为：…，$16^2$，$16^1$，$16^0$，$16^{-1}$，$16^{-2}$，…

例如，十六进制数$(89\text{EF.1D})_{16}$按权展开为：

$(89EF.1D)_{16} = 89EF.1DH$

$$= 8 \times 16^3 + 9 \times 16^2 + 14 \times 16^1 + 15 \times 16^0 + 1 \times 16^{-1} + 13 \times 16^{-2}$$

1.1.2.2　数制间的相互转换

计算机是采用二进制数操作的，但是人们已经习惯使用十进制数，因此需要这几种常用的数制之间能够互相转换。图1–2给出了不同数制之间相互转换的法则。

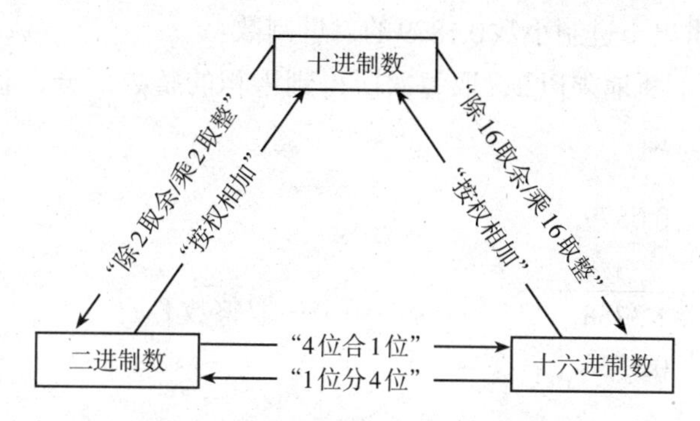

图1–2　不同数制之间的相互转换

（1）二进制数和十进制数间的转换

① 二进制数转换成十进制数。要将二进制数转换成十进制数，只要把要转换的数按权展开后相加即可。例如：

$$11010.01B = 1 \times 2^4 + 1 \times 2^3 + 0 \times 2^2 + 1 \times 2^1 + 0 \times 2^0 + 0 \times 2^{-1} + 1 \times 2^{-2} = 26.25D$$

② 十进制数转换成二进制数。十进制整数和十进制小数转换成二进制数的方法有所不同。

- 十进制整数转换成二进制整数。十进制整数转换成二进制整数的方法有很多，最常用的是"除2取余法"，其法则为：用要转换的十进制数连续除以2，直到商小于2为止，然后将各次余数按最后得到的为最高位和最早得到的为最低位的顺序依次排列，所得到的数便是所求的二进制数。

【例1–1】 试求出十进制数215的二进制数。

解：按照"除2取余法"，将215连续除以2，直到商数小于2为止，即

除数	被除数	余数	
2	215	………………余数1	最低位
2	107	………………余数1	↑
2	53	………………余数1	
2	26	………………余数0	
2	13	………………余数1	
2	6	………………余数0	
2	3	………………余数1	
2	1	………………余数1	最高位

把所得的余数由高位到低位排列起来，得到十进制数215的二进制，即

$$215D = 11010111B$$

- 十进制小数转换成二进制数。十进制小数转换成二进制数通常采用“乘2取整法”，法则为用2连续乘以要转换的十进制小数，直到所得积的小数部分为0或满足所需要的精度为止，然后将各次整数按先得到的为最高位和最后得到的为最低位的顺序依次排列，所对应的数便是所求的二进制数。

【例1–2】 试求出十进制小数0.6879的二进制数。

解：将0.6879不断地乘以2，取每次所得到乘积的整数部分，直到乘积的小数部分满足所需要的精度，即

```
   0.6879
×       2
---------
   1.3758  ………………取整数1    最高位
   0.3758                          │
×       2                          │
---------                          │
   0.7516  ………………取整数0         │
   0.7516                          │
×       2                          │
---------                          │
   1.5032  ………………取整数1         │
   0.5032                          │
×       2                          ↓
---------
   1.0064  ………………取整数1    最低位
```

把所有得到的整数按照由高位到低位的顺序排列。得到：

$$0.6879D = 0.1011B$$

对同时有整数和小数两部分的十进制数转换成二进制数，可以分别用上述方法对整数部分和小数部分进行转换，然后进行合并。例如，求215.6879D的二进制数，则有

$$215.6879D = 11010111.1011B$$

任何十进制整数都可以精确地转换成一个二进制整数，但十进制小数却不一定可以精确地转换成一个二进制小数。

（2）十六进制数和十进制数间的转换

① 十六进制数转换成十进制数。十六进制数转换成十进制数的方法和二进制数转换成十进制数的方法类似，将十六进制数按权展开后相加即可以得到十进制数，只不过这里的“权”为16。例如：

$$5ECAH = 5 \times 16^3 + 14 \times 16^2 + 12 \times 16^1 + 10 \times 16^0 = 24266$$

② 十进制数转换成十六进制数。

- 十进制整数转换成十六进制整数。与十进制整数转换成二进制整数方法类似，采

用“除16取余法”，其法则为：用要转换的十进制整数连续除以16，直到商数小于16为止，然后将各次余数由高位到低位排列，所得到的数即为十六进制数。

【例1-3】 求十进制整数3901所对应的十六进制整数。

解：按照“除16取余法”，即

除数	被除数/商		余数	位
16	3901	…………………	余数13，记作D	最低位
16	243	…………………	余数3，记作3	↑
	15	…………………	余数15，记作F	最高位

将所得的余数按照由高位到低位的顺序排列，即

$$3901D = F3DH$$

- 十进制小数转换成十六进制小数。十进制小数转换成十六进制小数的方法与十进制小数转换成二进制小数的方法类似，采用“乘16取整法”，法则同上。

【例1-4】 求十进制小数0.76171875所对应的十六进制小数。

解：将十进制小数0.76171875连续乘以16，直到所得乘积的小数部分为0或满足一定的精度为止，即

```
      0.76171875
  ×           16
  ──────────────
     12.18750000   ………………取整数12，记作C     最高位
      0.18750000                                   │
  ×           16                                   │
  ──────────────                                   ↓
      3.00000000   ………………取整数3，记作3       最低位
```

将所得到的整数按照由高位到低位的顺序排列，即

$$0.76171875D = 0.C3H$$

（3）二进制数和十六进制数间的转换

十六进制是计算机中经常采用的一种数制，如指令机器码都是采用十六进制表示的，所以必须对二进制数和十六进制数进行相互转换。

① 二进制数转换成十六进制数。二进制数转换成十六进制数可以采用“4位合1位”法，其法则为：从二进制数的小数点开始，或左位或右位每4位一组，不足4位以0补足，然后分别把每组用十六进制数码进行表示，并按序相连即可。

【例1-5】 将二进制数1101111100011.10010100转换成十六进制数。

解：按照“4位合1位”法则，即

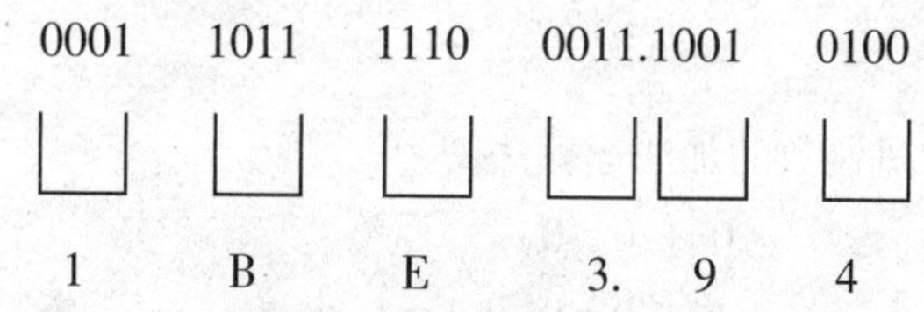

所以，1101111100011.10010100B = 1BE3.94H

② 十六进制数转换成二进制数。十六进制数转换成二进制数采用“1位分4位”法，

其法则为：将十六进制数中的每一位分别用4位二进制数来表示，然后将其按顺序排列起来即可。

【例1-6】 将十六进制数3AB.7A5转换为二进制数。

解：按照“1位分4位”法则，即

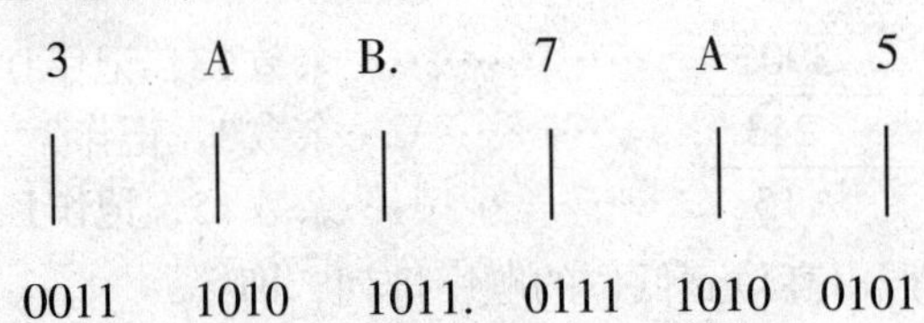

所以，3AB.7A5H＝001110101011.011110100101B

二进制数、八进制数、十进制数和十六进制数之间的对应关系如表1-1所示。

表1-1　二进制数、八进制数、十进制数和十六进制数之间的对应关系

整数				小数			
二进制	八进制	十进制	十六进制	二进制	八进制	十进制	十六进制
0000B	00O	0	0H	0B	0O	0	0H
0001B	01O	1	1H	0.1B	0.4O	0.5	0.8H
0010B	02O	2	2H	0.01B	0.2O	0.25	0.4H
0011B	03O	3	3H	0.001B	0.1O	0.125	0.2H
0100B	04O	4	4H	0.0001B	0.04O	0.0625	0.1H
0101B	05O	5	5H	0.00001B	0.02O	0.03125	0.08H
0110B	06O	6	6H	0.000001B	0.01O	0.015625	0.04H
0111B	07O	7	7H	…	…	…	…
1000B	10O	8	8H				
1001B	11O	9	9H				
1010B	12O	10	AH				
1011B	13O	11	BH				
1100B	14O	12	CH				
1101B	15O	13	DH				
1110B	16O	14	EH				
1111B	17O	15	FH				

1.1.3　二进制数的运算

（1）算术运算

①加法运算。二进制数的加法运算法则为

$$0+0=0$$

$$1+0=0+1=1$$

1 + 1＝10（向近邻高位有进位）

1 + 1 + 1＝11（向近邻高位有进位）

【例1-7】 设有两个二进制数$X=10110110$，$Y=11011001$，试求$X+Y$的结果。

解：按照二进制数的加法运算法则，得到：

$$
\begin{array}{r}
10110110\text{B} \\
+\quad 11011001\text{B} \\
\hline
X+Y=\quad 110001111\text{B}
\end{array}
$$

在进行二进制数的相加时，应注意低位向高位的进位。

② 减法运算。二进制数的减法运算法则为

$0-0=0$

$1-0=1$

$1-1=0$

$0-1=1$（向近邻高位借位1）

【例1-8】 设有两个二进制数$X=11011001$，$Y=10010111$，试求$X-Y$的结果。

解：按照二进制数的减法运算法则，得到：

$$
\begin{array}{r}
11011001\text{B} \\
-\quad 10010111\text{B} \\
\hline
XY=\quad 01000010\text{B}
\end{array}
$$

③ 乘法运算。二进制数的乘法运算法则为

$1\times0=0\times1=0$

$1\times1=1$

【例1-9】 设有两个二进制数$X=1101$，$Y=1011$，试求$X\times Y$的结果。

解：按照二进制的乘法运算法则，得到：

$$
\begin{array}{r}
1101\text{B} \\
\times\quad 1011\text{B} \\
\hline
1101 \\
1101 \\
0000 \\
+\quad 1101 \\
\hline
X\times Y=\ 10001111\text{B}
\end{array}
$$

④ 除法运算。除法运算是乘法运算的逆运算。与十进制数的除法运算类似，二进制除法也是从被除数的最高位开始，查找出够减余数的位数，并在其最低位上商1，然后减去除数，如果得到的除数，能够减去除数，则继续商1，然后减去除数；若余数不够减除数，则商0，并将被除数向下移位，直到能够减去除数，然后继续上面的操作，直到被除数的最后一位。

【**例1-10**】 设有两个二进制数$X=10101011$，$Y=110$，试求$X \div Y$的结果。

解：按照二进制数的除法运算法则，得到：

$$
\begin{array}{r}
11100 \\
110\ \overline{)\,10101011} \\
110 \\
\hline
1001 \\
110 \\
\hline
110 \\
110 \\
\hline
11
\end{array}
$$

所以，$X \div Y = 11100\text{B}$…………余11B

（2）逻辑运算

计算机处理数据时，通常用到逻辑运算，常有的逻辑运算有逻辑乘、逻辑加、逻辑非和逻辑异或运算。

① 逻辑乘运算。逻辑乘运算又称逻辑与运算，常用“∧”运算符表示，其运算法则为

$$0 \wedge 0 = 0$$
$$1 \wedge 0 = 0 \wedge 1 = 0$$
$$1 \wedge 1 = 1$$

【**例1-11**】 设有两个二进制数$X=10110110$，$Y=11011001$，试求$X \wedge Y$的结果。

解：按照逻辑与运算法则，得到：

$$
\begin{array}{r}
10110110\text{B} \\
\wedge \quad 11011001\text{B} \\
\hline
X \wedge Y = 10010000\text{B}
\end{array}
$$

② 逻辑加运算。逻辑加运算又称为逻辑或运算，常用“∨”运算符表示，其运算法则为

$$0 \vee 0 = 0$$
$$1 \vee 0 = 0 \vee 1 = 1$$
$$1 \vee 1 = 1$$

【**例1-12**】 设有两个二进制数$X=10110110$，$Y=11011000$，试求$X \vee Y$的结果。

解：按照逻辑或运算法则，得到：

$$
\begin{array}{r}
10110110\text{B} \\
\vee \quad 11011000\text{B} \\
\hline
X \vee Y = 11111110\text{B}
\end{array}
$$

③ 逻辑非运算。逻辑非运算又称为逻辑取反运算，常用“－”运算符表示，其运算法则为

$$\bar{0}=1$$
$$\bar{1}=0$$

【例 1–13】 设有一个二进制数 $X=10101011$，试求 $\bar{X}$ 的结果。

解：按照逻辑非运算法则，得到

$$\bar{X}=\overline{10101011}\text{B}=01010100\text{B}$$

④ 逻辑异或运算。逻辑异或运算又称为逻辑半加运算，是不考虑进位的加运算，常采用“⊕”运算符号表示，其运算法则为

$$0\oplus0=1\oplus1=0$$
$$1\oplus0=0\oplus1=1$$

【例 1–14】 设有两个二进制数 $X=10110110$，$Y=11011000$，试求 $X\oplus Y$ 的结果。

解：按照逻辑异或运算法则，得到：

$$\begin{array}{rr} & 10110110\text{B} \\ \oplus & 11011000\text{B} \\ \hline X\oplus Y= & 01101110\text{B} \end{array}$$

1.1.4 计算机中数的表示方法

（1）计算机中数的表示方式

计算机中的数值都是以二进制形式进行存储和运算的，每类数据占据固定长度的二进制数位，而不论其实际长度为多少。例如，在8位计算机中，整数216存储为11011000B，而整数56存储为00111000B。计算机中不仅要处理无符号数，还要处理带符号数和带小数点的数据。

① 机器数与真值。一个数是由符号和数值两部分组成的，规定数的最高位为符号位，通常用“0”表示正数，“1”表示负数。例如：8位计算机中，+65D = 01000001B，−65D = 11000001B。这些连同符号位一起作为能被计算机识别的数称为机器数，而把这个数本身代表的真实值称为机器数的真值。

② 机器数的字长。在计算机中，作为数据传送、存储和运算基本单位的一组二进制字符称为一个字（word），一个字中的二进制字符的数目称为字长。计算机的字长确定后，机器数所表示的数值范围大小也就确定了。例如，对于8位字长的计算机，机器数的范围00000000 ~ 11111111所对应的十进制数的范围为0 ~ 255。

为了扩大机器数表示的范围，有时可以用两个或多个字表示一个数。例如，对于8位机，若用两个字来表示一个正数，则其所处理数的范围为0 ~ 65535。但应注意的是，这种多字表示方法是计算机应用的一种处理方法。

③ 数的定点和浮点表示。用机器数来表示带小数点的数通常有两种表示方法，即定点表示法和浮点表示法。在定点表示法中，小数点在数中的位置是固定不变的。对于任意一个二进制数 N，都可以表示成纯正数或纯小数和一个2的整数次幂的乘积，即 $N=2^P\times S$，其中，S 称为 N 的尾数，表示 N 的实际有效值，P 称为 N 的阶码，可以决定小数点

的具体位置，2称为阶码的底。

通常定点表示法中P的值是固定不变的，即二进制数中小数点位置固定不变。小数点固定在数值位之前，称为定点小数表示法；小数点固定在数值位后面，称为定点整数表示法。图1-3给出了定点整数表示法。

其中，S_f为数符，若$S_f=0$，则N为正数；若$S_f=1$，则N为负数。

定点表示法的优点是运算规则简单，但它能表示数的范围没有相同位数的浮点表示法大。为了加大它所能表示数的范围，常常可以增加数的位数，如16位，32位，64位……

浮点表示法中P的值是可以在一定范围内变化的。任何一个浮点数N都由阶码和尾数两部分组成，其中，阶码部分包括阶符和阶码，尾数部分包括数符和尾数，其形式如图1-4所示。

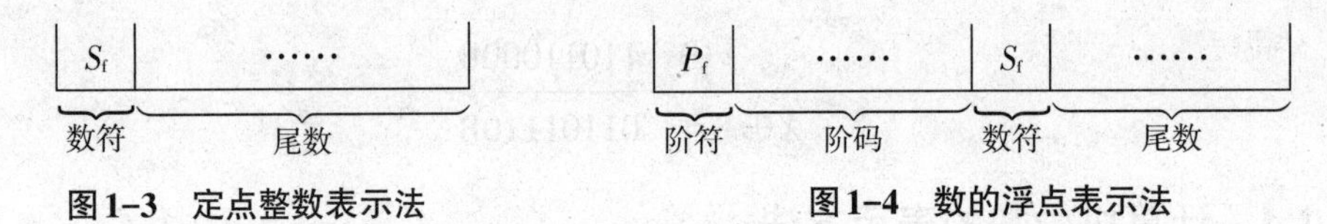

图1-3　定点整数表示法　　**图1-4　数的浮点表示法**

其中，P_f为阶符，$P_f=0$表示阶码为正，$P_f=1$表示阶码为负；S_f为数符，若$S_f=0$，则N为正数；$S_f=1$，则N为负数。

浮点表示法的优点是数的表示范围大，缺点是运算规则复杂，通常要将对码和尾数分别进行运算。

（2）原码、反码和补码

机器数是计算机中数的基本形式，为了运算方便，机器数通常有原码、补码和反码三种形式。

① 原码。微型计算机数的原码形式实际上就是机器数的形式，规定在二进制数的原码表示法中，正、负数的符号位放在数值部分的前面，正数的符号为“0”，表示其后的数值为正数；负数的符号为“1”，表示其后的数值为负数，数值部分仍用原二进制数码表示。原码记作［$\pm N$］$_{原}$。

【例1-15】 $N1=+10101B$，$N2=-10101B$，试写出$N1$和$N2$在8位字长的计算机中的原码。

解：

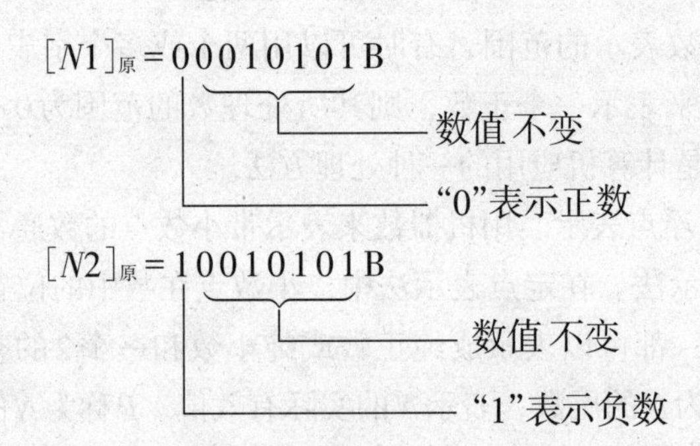

【例1-16】 求+13、-13、+127、-127、+0和-0的原码（8位计算机中）。

解：$[+13]_{原}=00001101B$

$[-13]_{原}=10001101B$

$[+127]_{原}=01111111B$

$[-127]_{原}=11111111B$

$[+0]_{原}=00000000B$

$[-0]_{原}=10000000B$

用原码表示带符号数相当简便、直观，适用于乘法、除法或同符号数的相加。但对于不同符号的数进行加、减运算时就变得比较复杂，因此引入了反码和补码。

② 反码。一个二进制数若是正数，则其反码与原码相同；若为负数，则除符号位外，其余各位都取“反”，即为反码，记作 $[\pm N]_{反}$。

【例1-17】 求+13和-13的反码。

解：$[+13]_{反}=[+13]_{原}=00001101B$

$[-13]_{原}=1\ 0\ 0\ 0\ 1\ 1\ 0\ 1\ B$

↓↓↓↓↓↓↓↓

$[-13]_{原}=1\ 1\ 1\ 1\ 0\ 0\ 1\ 0\ B$

各位取反

符号位不变

【例1-18】 求 $[+0]_{反}$、$[-0]_{反}$和 $[[-0]_{反}]_{反}$。

解：$[+0]_{反}=[+0]_{原}=00000000B$

$[-0]_{反}=11111111B$

$[[-0]_{反}]_{反}=10000000B$

由此可知，一个二进制数的反码的反码等于原码，即 $[[\pm N]_{反}]_{反}=[\pm N]_{原}$。

③ 补码。一个二进制数若为正数，则其补码与原码相同；若为负数，则其补码为“反码+1”，即先求得该负数的原码的反码，然后在其反码的最低位加1，记作 $[\pm N]_{补}$。

【例1-19】 求+13、-13、+127和-127的补码。

解：一般补码的获得都是由反码求得的，即先获取该数原码的反码，然后根据“反码+1”的原则获得补码。

$[+13]_{补}=[+13]_{原}=00001101B$

$[-13]_{原}=10001101B$

$[-13]_{反}=11110010B$

$[-13]_{补}=[-13]_{反}+1=11110010B+00000001B=11110011B$

$[+127]_{补}=[+127]_{原}=01111111B$

$[-127]_{原}=11111111B$

$[-127]_{反}=10000000B$

$[-127]_{补}=[-127]_{反}+1=10000000B+00000001B=10000001B$

【例1-20】 求 $[-13]_{补}$和$[[-13]_{补}]_{补}$。

解：$[-13]_{原}=10001101B$

$[-13]_{反}=11110010B$

$[-13]_{补}=11110011B$

$[[-13]_{补}]_{原}=11110011B$

$[[-13]_{补}]_{反}=10001100B$

$[[-13]_{补}]_{补}=10001101B$

由此可知，一个二进制数的补码的补码等于该数的原码，即 $[[\pm N]_{补}]_{补}=[\pm N]_{原}$。

1.2 51单片机的基本组成和功能

51系列单片机是Intel公司在1980年推出的8位高档单片机系列，是我国目前应用最广泛的一种单片机系列。51系列单片机的片内RAM容量、I/O端口系统扩展能力以及指令系统和CPU的处理功能都非常强，尤其是51单片机系列所特有的布尔处理机，在逻辑处理与控制方面有着突出的性能。该系列单片机适合用于时控制、智能仪器仪表、自动机床、智能接口、总线实时分布式控制以及通用测控单元等领域。由于51系列单片机体积小、功能全、价格低廉、面向控制、开发应用方便，因此具有极强的竞争力。

1.2.1 51系列单片机的主要功能

51系列单片机芯片有许多种，如8051、8751、80C51、89C51、89S51等，其中以8051、80C51为核心，其他型号的单片机产品都是在此基础上发展起来的，主要功能基本相同，指令系统完全兼容，仅在内部结构和应用特性方面稍有差异。51系列单片机的主要功能如下：

① 8位CPU；

② 片内128B RAM；

③ 片内4KB ROM/EPROM；

④ 特殊功能寄存器区；

⑤ 2个优先级的5个中断源结构；

⑥ 4个8位并行I/O口（P0 ~ P3）；

⑦ 2个16位定时器/计数器；

⑧ 全双工串行口；

⑨ 布尔处理器；

⑩ 64KB外部数据存储器地址空间；

⑪ 64KB外部程序存储器地址空间；

⑫ 片内振荡器及时钟电路。

表1-2列出了两个系列单片机的片内功能配置。

表1-2　　51系列单片机片内功能配置

单片机型号		ROM	EPROM	RAM	定时器/计数器	I/O		中断源
						并行	串行	
51	8031	—	—	128KB	2×16位	4×8位	1	5
	8051	4KB	—	128KB	2×16位	4×8位	1	5
	8751	—	4KB	128KB	2×16位	4×8位	1	5
52	8032	—	—	256KB	3×16位	4×8位	1	6
	8052	8KB	—	256KB	3×16位	4×8位	1	6
	8752	—	8KB	256KB	3×16位	4×8位	1	6

8051片内程序存储器为掩膜ROM，在特殊情况下可以在制作芯片时直接将专用程序固化进去，称为专用单片机；8031单片机内部没有ROM，使用时需要外接EPROM芯片；8751、89C51等单片机则采用了EPROM，可以方便地改写程序。

8052单片机是8051单片机的增强型，除了兼容8051单片机的全部功能外，还增强了其他功能，如8KB的ROM、256KB的RAM、3个16位的定时器/计数器、6个中断源。

1.2.2　51系列单片机基本结构

51单片机采用哈佛体系结构，即程序存储器和数据存储器彼此独立。图1-5给出了典型的51单片机的内部结构示意图。

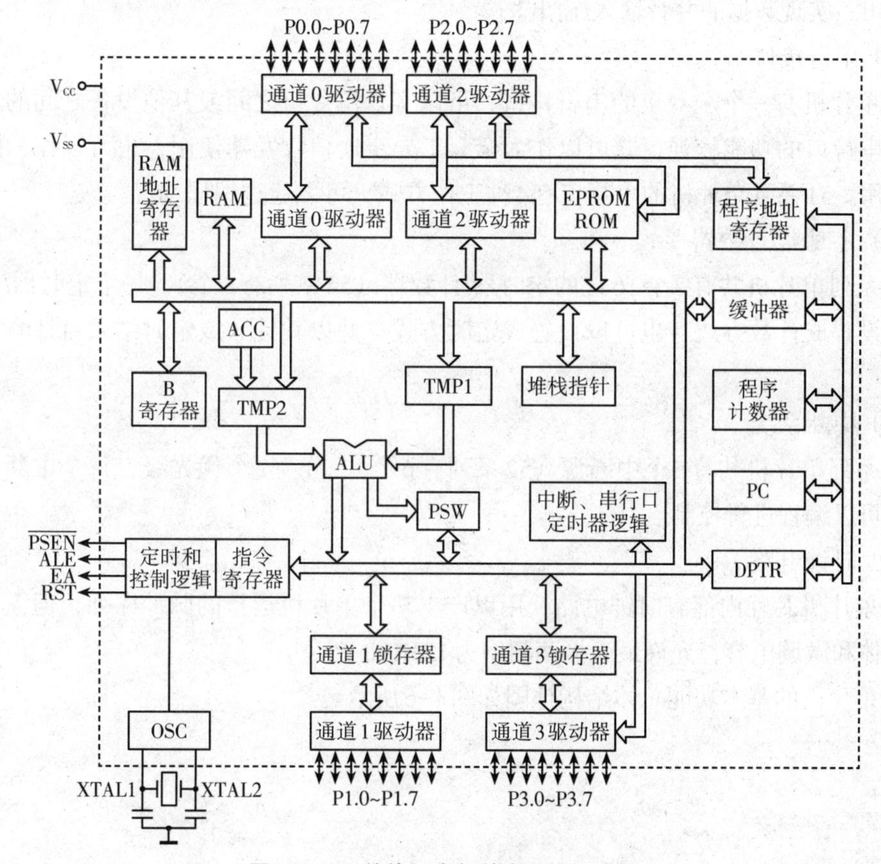

图1-5　51单片机内部基本结构示意图

51单片机由中央处理单元（CPU）、程序存储器（ROM/EPROM）、数据存储器（RAM）、并行接口、串行接口、定时器/计数器、中断系统及时钟电路组成。

（1）中央处理单元

中央处理单元是单片机的核心部件，包括运算器、控制器和寄存器，其功能是对数据进行算术逻辑运算，产生控制信号，负责数据的输入与输出。另外，51系列单片机的CPU中还包含了一个专门处理1位二进制数的布尔处理器，用于进行位操作。

（2）程序存储器

8051共有4096个8位掩膜ROM，用以存放程序、原始数据和表格，但是也有些单片机内部本身不附带ROM，如8031、80C31。

（3）数据存储器

RAM用以存放可以读写的数据，如运算中间结果、最终结果以及显示的数据等。8051内部有128个8位数据存储单元和128个专用寄存器单元，它们是统一编址的，专用寄存器只能用于存放控制指令数据，用户只能访问，不能用于存放用户数据，所以用户能使用的RAM只有128个。

（4）并行接口

51系列单片机提供了4个8位并行接口（P0 ~ P3），每个I/O口可以用作输入，也可用作输出，实现数据的并行输入/输出。

（5）串行接口

51单片机有一个全双工的串行接口，可以实现单片机之间或其他设备之间的串行通信。该串行口的功能较强，既可以作为全双工异步通信收发器使用，也可以作为同步移位器使用。51系列单片机的串行口有4种工作方式，可以通过编程选定。

（6）定时器/计数器

51系列单片机共有2个16位的定时器/计数器（52系列有3个），每个定时器/计数器既可以设置成计数方式，也可以设置成定时方式，并以其计数或定时结果对计算机进行控制。

（7）中断系统

51系列单片机共有5个中断源（52系列有6个），分为2个优先级，每个中断源的优先级都可以编程进行控制。

（8）时钟电路

51单片机芯片内部有时钟电路，用以产生整个单片机运行的脉冲序列，但需要外接石英晶体和微调电容，允许最高振荡频率为12MHz。

51单片机的基本功能总体结构框图如图1-6所示。

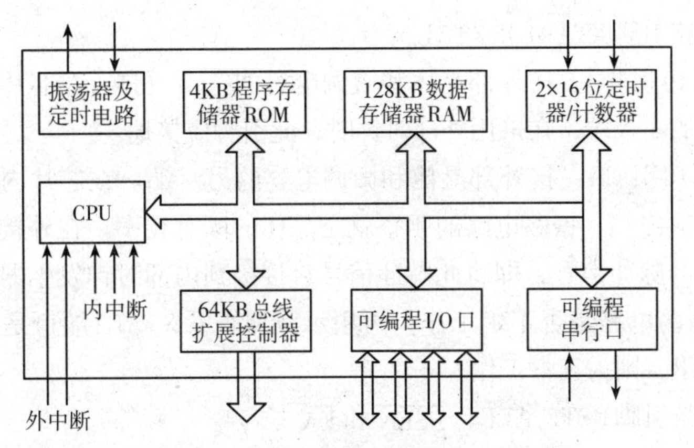

图1-6　51单片机基本功能总体结构框图

1.2.3　51系列单片机外部引脚

51系列单片机中的8031、8051、8751、89C51单片机均采用40个引脚（PIN）和HMOS工艺制造的双列直插式封装（Dual In-line Package，DIP)。在这40个引脚中，正电源和接地线2根，外置石英振荡器的时钟线2根，4组8位I/O共32个口，中断接口线与并行接口中的P3接口线复用。因为受到引脚数目的限制，51单片机的部分引脚具有第二功能。51单片机的具体引脚如图1-7所示。

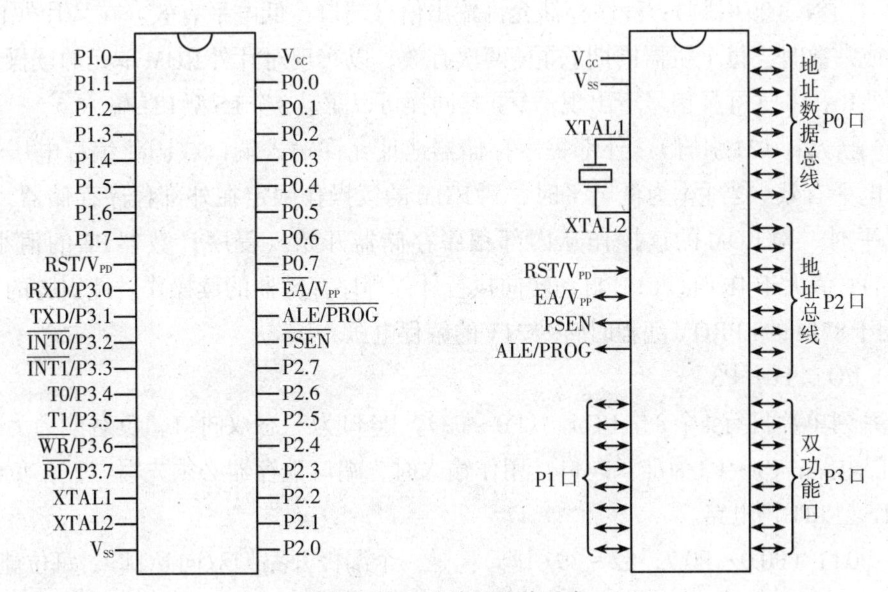

图1-7　51单片机芯片引脚

（1）电源引脚V_{CC}和V_{SS}

① V_{CC}（40引脚）：电源端，芯片正常工作和对EPROM编程、验证时接入的+5V电源。

② V_{SS}（20引脚）：接地端口。

（2）时钟电路引脚XTAL1和XTAL2

① XTAL1（19引脚）：接外部晶体和微调电容的一个引脚。在芯片内部，它是振荡电路反相放大器的输入端，在采用外部时钟时，此引脚应接地。

② XTAL2（18引脚）：接外部晶体和微调电容的另一端。在芯片内部，它是振荡电路反相放大器的输出端，振荡电路的频率就是晶体的固有频率。在外接外部时钟时，该引脚接收振荡器的脉冲信号，即将此脉冲信号直接接到内部时钟发生器的输入端。要检查51单片机的振荡电路是否正确工作，可用示波器查看XTAL2端口是否有脉冲信号输出，若有信号输出，则为正常工作。

（3）控制信号引脚RST、ALE、$\overline{\text{PSEN}}$和$\overline{\text{EA}}$

① RST/V_{PD}（9引脚）：复位信号输入端，高电平有效。当此输入端保持两个机器周期（即24个时钟振荡周期）的高电平时，就可以完成复位操作。RST引脚的第二功能V_{PD}为备用电源输入端。

② ALE/$\overline{\text{PROG}}$（30引脚）：地址锁存允许信号端口。当访问外部存储器时，ALE用于锁存出现在P0端口的低8位地址，以实现低位地址和数据的隔离。当51单片机上电正常工作时，ALE就以时钟振荡频率的1/6的固定频率周期性地向外输出正脉冲信号，因此它也可以作为外部时钟或外部定时脉冲源使用。此引脚的第二功能$\overline{\text{PROG}}$是在对8751的EPROM编程时作为编程脉冲的输入端。

③ $\overline{\text{PSEN}}$（29引脚）：程序存储允许输出信号端口，低电平有效。在从片外ROM读取指令或常数时，每个机器周期$\overline{\text{PSEN}}$两次有效，以实现对片外ROM单元的读操作。当访问片外RAM时$\overline{\text{PSEN}}$信号不出现。$\overline{\text{PSEN}}$同样可以驱动8个LS型TTL输入。

④ $\overline{\text{EA}}$/V_{PP}（31引脚）：外部程序存储器地址允许输入端口或固化编程电压输入端口，低电平有效。当$\overline{\text{EA}}$为低电平时，对ROM的读操作限定在外部程序存储器，当$\overline{\text{EA}}$为高电平时，对ROM的读操作从内部程序存储器开始（程序计数器PC的值小于4K时），当PC值大于4K时，CPU自动转向执行外部程序存储器的读操作。此引脚的第二功能V_{PP}用于8751的EPROM编程时转入21V的编程电压。

（4）I/O口P0 ~ P3

51系列单片机有4个8位I/O口（P0 ~ P3），P0口为三态双向口，负载能力为8个LS型TTL门电路；P1 ~ P3为准双向口，用作输入时，端口锁存器必须先写“1”，负载能力为4个LS型TTL门电路。

① P0口（P0.0 ~ P0.7，32 ~ 39引脚）：是一个漏极开路型双向I/O口，每位能驱动8个LS型TTL负载。在访问外存储器时，P0分时提供低8位地址和8位数据的复用总线；当不接片外存储器或不扩展I/O接口时，P0可作为一个通用输入/输出口。当P0作为输入口使用时，应先向口锁存器写“1”，此时P0口的全部引脚浮空，可作为高阻抗输入；当P0口作为输出口使用时，由于输出电路为漏极开路电路，必须外接上拉电阻。

图1-8所示是P0口的位结构，其中包括1个输出锁存器、2个三态缓冲器、1个输出驱动电路和1个输出控制端。输出驱动电路由一对场效应管组成，其工作状态受输出端

的控制，输出控制端由1个与门、1个反相器和1个转换开关MUX组成。对于8051、8751单片机来讲，P0口既可作为输入/输出口，又可作为地址/数据总线使用。

② P1口（P1.0～P1.7，1～8引脚）：P1口是一个有内部上拉电阻的准双向口，如图1-9所示，P1口的每一位口线能独立用作输入线或输出线。用作输出时，如将“0”写入锁存器，场效应管导通，输出线为低电平，即输出为“0”。因此，在用作输入时，必须先将“1”写入口锁存器，使场效应管截止。该口线由内部上拉电阻提拉成高电平，同时也能被外部输入源拉成低电平，即当外部输入“1”时该口线为高电平，而输入“0”时，该口线为低电平。P1口用作输入时，可被任何TTL电路和MOS电路驱动，由于具有内部上拉电阻，也可以直接被集电极度开路和漏极开路电路驱动，不必外加上拉电阻。P1口可驱动4个LS型TTL门电路。

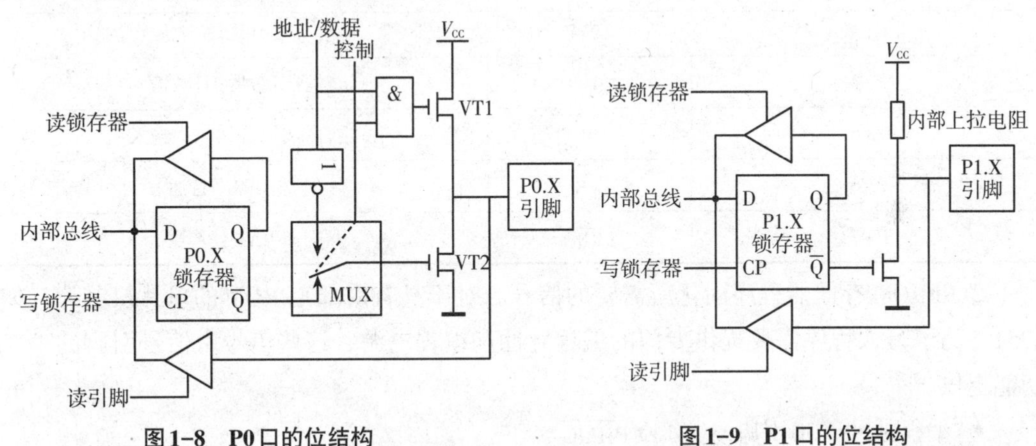

图1-8　P0口的位结构　　图1-9　P1口的位结构

③ P2口（P2.0～P2.7，21～28引脚）：P2口是一个带有内部上拉电阻的8位准双向通用I/O口，每一位口线能驱动4个LS型TTL负载；当系统中接有外部存储器时，P2口用于输出高8位地址A15～A8。P2口的位结构如图1-10所示，引脚上拉电阻同P1口。在结构上，P2口比P1口多一个输出控制部分。

④ P3口（P3.0～P3.7，10～17引脚）：P3口是一个多用途的接口，也是一个准双向口，作为第一功能使用时，其功能同P1口。P3口的位结构如图1-11所示。

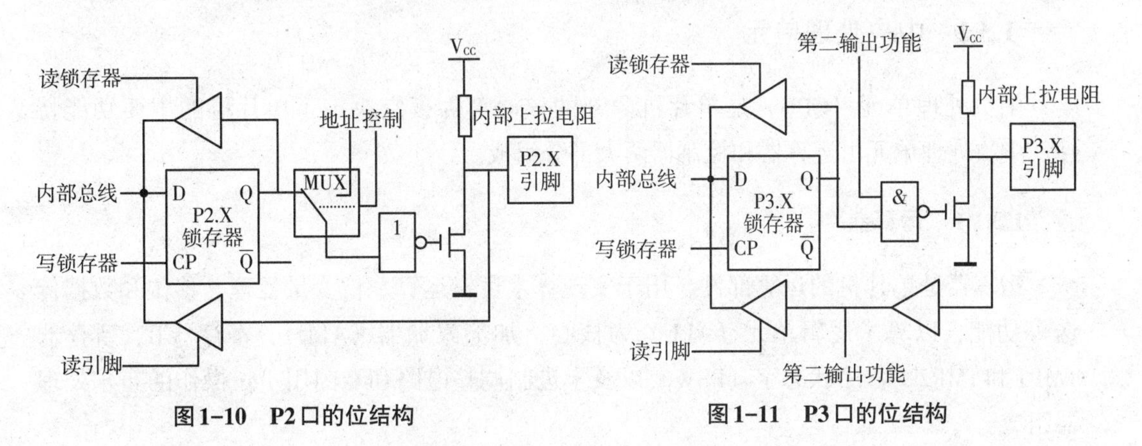

图1-10　P2口的位结构　　图1-11　P3口的位结构

（5）引脚信号的第二功能

芯片的引脚数目受到工艺及标准化等因素的限制，51系列单片机的芯片引脚数目限定为40引脚，但单片机作为实现其功能所需要的信号数目却超过此数目，因此赋予了一些信号引脚的双重功能。

① P3口第二功能。P3口的8条口线都规定了第二功能，如表1-3所示。

表1-3　　P3口线的第二功能

口　线	第二功能	信号名称
P3.0	RXD	串行数据接收
P3.1	TXD	串行数据发送
P3.2	$\overline{INT0}$	外部中断0请求
P3.3	$\overline{INT1}$	外部中断1请求
P3.4	T0	定时器/计数器0计数输入
P3.5	T1	定时器/计数器1计数输入
P3.6	$\overline{WR}$	外部RAM写选通
P3.7	$\overline{RD}$	外部RAM读选通

② EPROM存储器程序固化所需要的信号。对于具有内部EPROM的单片机芯片，如8751，为了写入程序需要提供专门的编程脉冲和编程电源，这些信号由信号引脚的第二功能提供。

- 编程脉冲（30引脚）：ALE/ $\overline{PROG}$ 。
- 编程电压（31引脚）： $\overline{EA}$ /V_{PP}，提供21V电压。

③ 备用电源。51单片机的备用电源是以第二功能的方式由RST/V_{PD}（9引脚）引入的，当主电源V_{CC}发生故障和电压降低到下限时，备用电源经过此接口向内部RAM提供电压，以保护内部RAM中的信息不丢失。

1.3　51单片机的内部结构

1.3.1　中央处理单元

中央处理单元（CPU）是单片机内部的核心部件，它决定了单片机的主要功能特性，中央外理单元由运算器和控制器两大部分组成。

1.3.1.1　运算器

运算器是单片机的运算部件，用于实现算术逻辑运算、位变量处理、移位和数据传送等功能，以算术逻辑单元（ALU）为核心，加上累加器（ALU）、寄存器B、暂存器TMP1和TMP2、程序状态字（PSW）以及十进制调整电路和专门用于位操作的布尔处理器组成。

（1）算术逻辑单元

算术逻辑单元用于完成二进制数的四则运算和布尔代数的逻辑运算，此外，通过对运算结果的判断影响程序状态标志寄存器的有关标志位。

（2）累加器

累加器为8位寄存器，是CPU中使用最频繁的寄存器。它既可以用于存放操作数，也可以用来存放运算的中间结果。51单片机中大部分单操作数指令的操作数来自累加器，许多双操作数指令中的一个操作数也来自累加器，另外，单片机中大部分数据操作都是通过累加器来完成的。

（3）寄存器B

寄存器B是一个8位寄存器，是为了算术逻辑单元进行乘、除法运算设置的。在执行乘法运算指令时，寄存器B用于存放其中一个乘数和乘积的高8位数；在进行除法运算时，寄存器B用于存放除数和余数。另外，寄存器B也可以用于一般的数据寄存器使用。

（4）程序状态字

程序状态字是一个8位特殊功能寄存器，它的每一位中包含了程序运行的状态信息，以提供程序查询和判断。PSW的形式和含义如下：

PSW.7	PSW.6	PSW.5	PSW.4	PSW.3	PSW.2	PSW.1	PSW.0
Cy	AC	F0	RS1	RS0	OV	—	P

① Cy：进位标志。Cy是程序状态字中最常用的标志位，由硬件或软件置位和清零。它表明运算结果是否进位（或错位），如果运算结果在最高位有进位输出（加法运算时）或有结果输入（减法运算时），则Cy由硬件置为“1”；否则Cy被置为“0”。在进行位操作（即布尔操作）时，Cy将作为累加器使用，作用相当于字节操作的累加器。

② AC：辅助进位（半进位）标志。当执行加、减运算，运算结果产生低4位向高4位进位或借位时，AC由硬件置为“1”；否则AC被置为“0”。

③ F0：用户标志位。用户可根据自己的需要对F0位赋予一定的含义，由用户置位或复位，作为软件标志。

④ RS1和RS0：工作寄存器组选择位。这两位的值决定选择哪一组工作寄存器作为当前工作寄存器组，用户通过软件可以改变RS1和RS0值的组合，以选择工作寄存器组，RS1和RS0的组合关系如表1-4所示。

表1-4　RS1和RS0的组合关系

RS1	RS0	寄存器组	片内RAM地址
0	0	第0组	00H ~ 07H
0	1	第1组	08H ~ 0FH
1	0	第2组	10H ~ 17H
1	1	第3组	18H ~ 1FH

⑤ OV：溢出标志位。表明运算结果是否溢出，若溢出，则由硬件置为“1”；否则置为“0”。溢出和进位是两种不同性质的概念，溢出指的是有正、负号的两个数运算时，运算结果超出了累加器以补码形式表示的符号数的范围；而进位则表示两个数进行运算时最高位相加（或相减）有无进位（或错位）。

⑥ PSW.1：此位没有定义。

⑦ P：奇偶标志位。P标志位表明累加器中1的个数的奇偶性。在每条指令执行完后，单片机根据累加器中的内容对P位进行自动置位或复位，若累加器中有奇数个“1”，则P = 1；否则P = 0。

（5）布尔处理器

布尔处理器具有较强的布尔变量处理能力；以位（bit）为单位进行运算和操作。它以进位标志Cy作为累加位，以片内RAM中所有可位寻址的位作为操作位或存储位，以P0 ~ P3的各位作为I/O位，布尔处理器具有自己的指令系统。布尔处理器在位测试、外部设备的控制（位控制）及复杂组合逻辑函数的求解方面提供了优化程序设计手段，运行速度快且简洁有效。

1.3.1.2 控制器

控制器包括程序计数器（PC）、指令寄存器（IR）、指令译码器（ID）、数据指针（DPTR）、堆栈指针（SP）以及定时控制与条件转移逻辑电路等。它负责对来自存储器中的指令进行译码，并通过定时和控制电路在规定的时刻发出各种操作所需要的控制信号，使各部件协调工作，完成指令所规定的操作。

（1）程序计数器

程序计数器是一个16位的计数器，实际上，PC是程序存储器的字节地址计数器，其内容是将要执行的下一条指令的地址，寻址范围可达64KB。PC有自动加1功能，从而实现程序的顺序执行，可以通过转移、调用、返回等指令改变其内容，以实现程序的转移。

（2）指令寄存器

指令寄存器用来保存当前正在执行的一条指令。当执行一条指令时，先把它从内存取到数据寄存器（DR）中，然后传送至IR。指令划分为操作码和地址码字段，由二进制数字组成。为了执行任何给定的指令，必须对操作码进行测试，以便识别所要求的操作。指令译码器就是进行这项工作的。指令寄存器中操作码字段的输出就是指令译码器的输入。操作码一经译码后，即可向操作控制器发出具体操作的特定信号。

（3）指令译码器

当指令取出后经过IR送至ID时，ID对该指令进行译码，即将指令转变成单片机所需要的电平信号。CPU根据ID输出的电平信号使定时控制电路定时产生执行该指令所需要的各种控制信号，以使单片机能正确执行程序所需要的各种操作。

（4）数据指针

数据指针为16位寄存器。它的功能是存放16位的地址，作为访问外部程序存储器和外部数据存储器时的地址。DPTR既可以按16位寄存器使用，也可以按两个8位寄存器分别使用，即高位字节寄存器（DPH）为DPTR的高8位，低位字节寄存器（DPL）为DPTR的低8位。

（5）堆栈指针

堆栈指针是一个8位寄存器，能自动加1或减1，用以存放堆栈栈顶地址。51单片机的堆栈设置在内部RAM中，是一个按“先进后出”顺序并受堆栈指针管理的存储区域。数据写入堆栈称为压入运算（PUSH）或入栈，数据从堆栈中读出称为弹出运算（POP）或出栈。

堆栈是为了程序中断和子程序调用等操作而设立的，具体功能是保护断点信息。堆栈有栈顶和栈底之分，其中，栈底地址一经设定后固定不变，它决定了堆栈在RAM中的物理位置。当数据压入堆栈时，SP就自动加1；当数据从堆栈中弹出时，SP就自动减1，因此SP指针始终指向栈顶。

51系列单片机的堆栈是片内RAM中的128个字节，系统复位时，SP初始化为07H，SP可以指向片内RAM的00H～7FH的任何单元，考虑到08H～1FH单元为通用寄存器区，20H～2FH为位寻址区，堆栈最好在30H～7FH中选择，SP初始化的值越小，堆栈的可用深度越深。

堆栈分为向上生长型和向下生长型两种，如图1-12所示。

对于向上生长型堆栈，如图1-12（a）所示，栈底在底地址单元，随着数据入栈，地址递增，堆栈中的内容越来越多，指针上移；反之，数据出栈，地址递减，堆栈中的内容越来越少，指针下移。51系列单片机属于向上生长型，堆栈的操作规则为：入栈操作时，SP加1，然后写入数据；出栈操作时，先读出数据，然后SP减1。

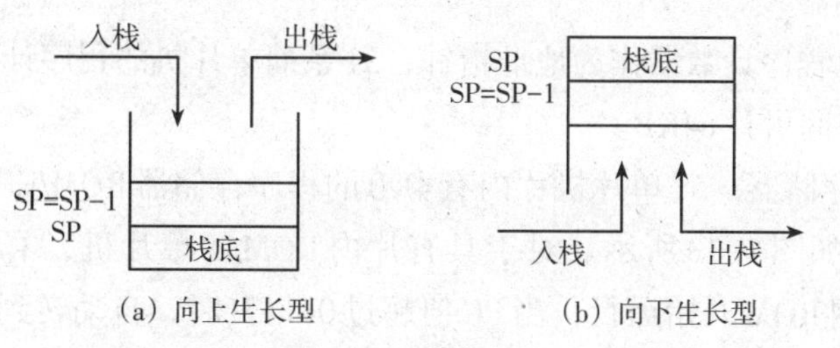

图1-12　堆栈类型

对于向下生长型堆栈，如图1-12（b）所示，栈底设在高地址单元，随着数据入栈，地址递减，堆栈中的内容越来越多，指针下移；反之，随着数据出栈，地址递增，堆栈中的内容越来越少，指针上移。其操作规则和向上生长型正好相反。

堆栈的使用有两种方式：第一种是自动方式，在调用子程序或中断时，断点地址自动入栈，当程序返回时，断点地址自动从堆栈中弹回PC，这种操作无需用户干预；第二种是指令方式，即使用专用的堆栈操作指令来执行入栈和出栈的操作，入栈指令为PUSH，出栈指令为POP。

1.3.2 存储器

在存储单元的设计上，单片机的共同特点是将程序存储器ROM和数据存储器RAM分开，它们有各自的寻址机构和寻址方式，51系列单片机片内集成了一定容量的程序存储器ROM（8031、8032、80C31系列单片机除外，片内无ROM）和数据存储器RAM，同时还具有强大的外部存储扩展能力。51系列单片机存储器配置如图1-13所示。

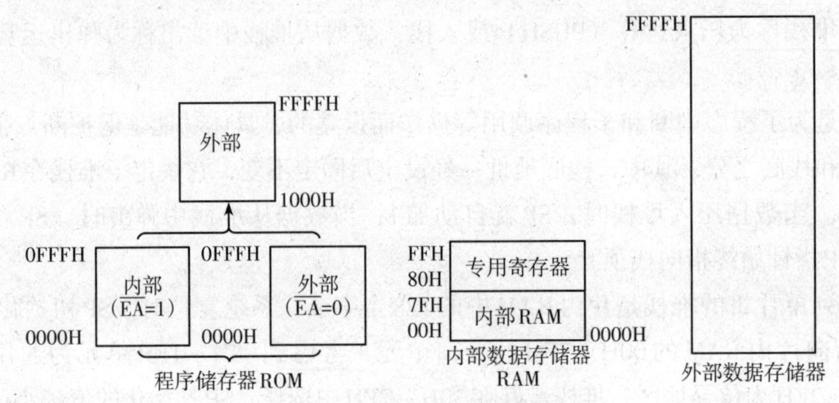

图1-13 51单片机存储器配置图

51单片机从物理上可以分为4个存储空间，即片内程序存储器和片外扩展的程序存储器以及片内数据存储器和片外扩展的数据存储器；从逻辑上可分为3个逻辑空间，即片内外统一编址的64KB程序存储器地址空间、256KB的片内数据存储器地址空间和64KB外部数据存储器地址空间，用户要求采用不同的指令形式和寻址方式来访问这3个不同的逻辑空间。

（1）程序存储器

程序存储器以程序计数器作为地址指针，51系列单片机的程序计数器是16位的，因此，寻址的地址空间可达64KB。

① 片内程序存储器。51单片机片内有4KB的程序存储器ROM/EPROM，地址范围为0000H ~ 0FFFH，如图1-13所示。对于具有片内ROM的单片机，$\overline{EA}=1$，即高电平有效，使程序从片内ROM开始运行，当PC值超过0FFFH时，自动转到外部扩展的存储器区中1000H ~ FFFFH的地址空间去执行程序；当$\overline{EA}=0$，即低电平时，可用于调试状态，将调试程序放置在与片内ROM空间重叠的外部扩展存储器内。

② 外部程序存储器。对于片内无程序存储器ROM的单片机，如8031、8032、80C31，可扩展64KB的外部程序存储器，此时，$\overline{EA}=0$，即低电平，使得程序计数器从外部程序存储器读取指令，将指令地址PC送出，并在外部程序存储器读选通信号$\overline{PSEN}$有效时，从外部ROM中读取指令并执行。

程序存储器可采用立即寻址以及基址 + 变址的寻址方式。

64KB的程序存储器ROM中有6个地址具有特殊功能，即复位入口地址或系统程序启动地址PC = 0000H和5种中断入口地址，如表1-5所示。

表1-5　　中断服务程序对应的入口地址

中断源	入口地址
外部中断0	0003H
定时器0溢出	000BH
外部中断1	0013H
定时器1溢出	001BH
串行口	0023H

（2）数据存储器

数据存储器RAM分为片内和片外两种，无论是在物理上还是在逻辑上都分为两个地址空间，片内数据存储器的地址范围为00H～FFH，片外数据存储器的地址空间范围为0000H～FFFFH，访问片内RAM时采用MOV指令，访问片外RAM时采用MOVX指令。

片内数据存储器RAM配置如图1-14所示。片内数据存储器在物理上可以划分为3个不同的块：00H～7FH单元组成的低128字节的RAM块、80H～FFH单元组成的高128字节的RAM块（仅在52系列单片机中有）和128字节的专用特殊功能寄存器（SFR）块。

在51系列单片机中，只有低128字节的RAM块和128字节的专用寄存器（SFR）块，地址范围为80H～FFH，这两个地址空间是相连的。

51系列单片机片内真正可作为数据存储器用的只有128个RAM单元，地址范围为00H～7FH，可以划分为3个区域，即工作寄存器区、位寻址区和用户RAM区。其内部RAM的功能配置如图1-15所示。

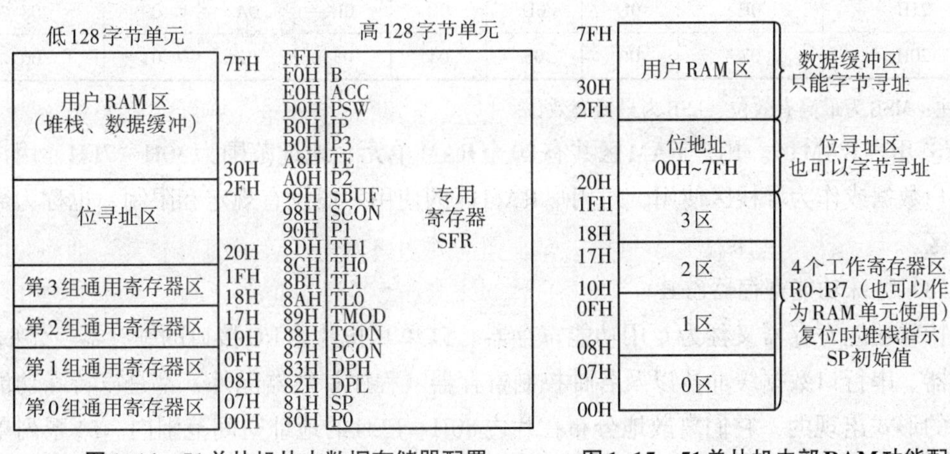

图1-14　51单片机片内数据存储器配置　　**图1-15　51单片机内部RAM功能配置**

①工作寄存器区。工作寄存器区共有32个RAM单元，地址范围00H～1FH，分为4组，每组占8个RAM单元，分别用代号R0～R7表示，R0～R7可以指向4组中的任意一组，并由程序状态字PSW中的RS0和RS1的状态确定（见表1-4），它们可以用位操作指令直接修改，从而选择不同的工作寄存器区。工作寄存器常用于存放操作数及中间结果，由于它们的功能及使用不能预先确定，因此又称其为通用寄存器组。

② 位寻址区。位寻址区共有16个RAM单元，地址范围为20H～2FH，是布尔处理机数据存储器的主要组成部分，既可以像普通RAM单元一样按字节操作，也可以对每个RAM单元按位操作。位寻址的地址表如表1-6所示。

表1-6　51单片机内部RAM位寻址的位地址

单元地址	MSB			位 地 址				LSB
2FH	7F	7E	7D	7C	7B	7A	79	78
2EH	77	76	75	74	73	72	71	70
2DH	6F	6E	6D	6C	6B	6A	69	68
2CH	67	66	65	64	63	62	61	60
2BH	5F	5E	5D	5C	5B	5A	59	58
2AH	57	56	55	54	53	52	51	50
29H	4F	4E	4D	4C	4B	4A	49	48
28H	47	46	45	44	43	42	41	40
27H	3F	3E	3D	3C	3B	3A	39	38
26H	37	36	35	34	33	32	31	30
25H	2F	2E	2D	2C	2B	2A	29	28
24H	27	26	25	24	23	22	21	20
23H	1F	1E	1D	1C	1B	1A	19	18
22H	17	16	15	14	13	12	11	10
21H	0F	0E	0D	0C	0B	0A	09	08
20H	07	06	05	04	03	02	01	00

注：MSB为最高有效位，LSB为最低有效位。

③ 用户RAM区。用户RAM区共有80个RAM单元，地址范围为30H～7FH，用户存放用户数据或作为堆栈区使用，对用户RAM区的使用一般没有规定和限制，也称为数据缓冲区。

（3）特殊功能寄存器SFR

特殊功能寄存器又称为专用功能寄存器。51单片机片内I/O接口的锁存器、定时器/计数器、串行口数据缓冲器以及各种控制寄存器（程序计数器除外）都是以特殊功能寄存器的形式出现的，它们离散地分布在片内80H～FFH的地址空间范围内。51系列单片机共有21个专用寄存器，每个SFR占有一个RAM单元。51单片机的专用寄存器名称、符号及单元地址如表1-7所示。

表1-7　51单片机的专用寄存器一览表

寄存器符号	寄存器名称	地 址
* ACC	累加器	E0H
* B	B寄存器	F0H

续表 1-7

寄存器符号	寄存器名称	地　址
* PSW	程序状态字	D0H
SP	堆栈指针	81H
DPL	数据指针低8位	82H
DPH	数据指针高8位	83H
* IE	中断允许控制寄存器	A8H
* IP	中断优先控制寄存器	B8H
* P0	I/O 口 0	80H
* P1	I/O 口 1	90H
* P2	I/O 口 2	A0H
* P3	I/O 口 3	B0H
PCON	电源控制寄存器	87H
* SCON	串行口控制寄存器	98H
SBUF	串行数据缓冲寄存器	99H
* TCON	定时器控制寄存器	88H
TMOD	定时器方式选择寄存器	89H
TL0	定时器0的低8位	8AH
TL1	定时器1的低8位	8BH
TH0	定时器0的高8位	8CH
TH1	定时器1的高8位	8DH

① 21个可字节寻址的专用寄存器是不连续地分散在片内RAM的高128单元中，尽管还有许多空闲地址，但对空闲地址的操作没有意义，因此，这些单元对于用户来说是不存在的。

② 专用寄存器只能使用直接寻址方式，书写时既可以使用寄存器符号，也可以使用寄存器单元地址。

③ 专用寄存器中有11个寄存器除了可以字节寻址外，还可以按位寻址，即表1-7中带“*”的寄存器，其地址分布如表1-8所示。

表 1-8　　可位寻址的专用寄存器表

SFR 符号	MSB	位地址/位定义						LSB	字节地址
B	F7	F6	F5	F4	F3	F2	F1	F0	F0H
ACC	E7	E6	E5	E4	E3	E2	E1	E0	E0H

续表1-8

SFR符号	MSB	位地址/位定义					LSB	字节地址
PSW	D7	D6	D5	D4	D3	D2	D1	D0	D0H
	Cy	AC	F0	RS1	RS0	OV	—	P	
IP	BF	BE	BD	BC	BB	BA	B9	B8	B8H
	—	—	—	PS	PT1	PX1	PT0	PX0	
P3	B7	B6	B5	B4	B3	B2	B1	B0	B0H
	P3.7	P3.6	P3.5	P3.4	P3.3	P3.2	P3.1	P3.0	
IE	AF	AE	AD	AC	AB	AA	A9	A8	A8H
	EA	—	—	ES	ET1	EX1	ET0	EX0	
P2	A7	A6	A5	A4	A3	A2	A1	A0	A0H
	P2.7	P2.6	P2.5	P2.4	P2.3	P2.2	P2.1	P2.0	
SCON	9F	9E	9D	9C	9B	9A	99	98	98H
	SM0	SM1	SM2	REN	TB8	RB8	T1	RI	
P1	97	96	95	94	93	92	91	90	90H
	P1.7	P1.6	P1.5	P1.4	P1.3	P1.2	P1.1	P1.0	
TCON	8F	8E	8D	8C	8B	8A	89	88	88H
	TF1	TR1	TF0	TR0	IE1	IT1	IE0	ITP	
P0	87	86	85	84	83	82	81	80	80H
	P0.7	P0.6	P0.5	P0.4	P0.3	P0.2	P0.1	P0.0	

1.3.3 定时器/计数器

51单片机内有两个16位可编程的定时器/计数器：T0和T1。T0中包含两个8位寄存器：TH0和TL0，其中，TH0为高8位。TL0为低8位；T1的结构和T0类似，也包含两个8位寄存器TH1和TL1，其中，TH1为高8位。TL1为低8位，TH0、TL0、TH1和TL1都为特殊功能寄存器SFR，用户可以通过指令对其进行操作。

T0和T1有定时器和计数器两种工作模式，在每种模式下又分为若干工作方式。在定时器模式下，T0和T1的计数脉冲可以由单片机的时钟脉冲经过12分频后提供；在计数器模式下，T0和T1的计数脉冲可以从P3.4和P3.5引脚上输入。T0和T1包含两个8位的特殊功能寄存器：一个为定时器方式选择寄存器，用于确定工作模式（是定时器模式还是计数器模式）；另一个为定时器控制寄存器，用于确定定时器/计数器的启动、停止以及中断控制。每种工作模式下又分为四种工作方式，主要功能如下。

- 工作方式0：13位计数器。
- 工作方式1：16位计数器。
- 工作方式2：自动重装8位计数器。
- 工作方式3：T0分为两个8位计数器，T1停止计数。

1.3.4　I/O口

I/O端口又称为I/O接口，是51单片机对外部实现控制和信息交换的通道，I/O口有串行和并行两种，其中，串行口一次只能传送一位二进制信息；并行口一次可以传送一组（如8位、16位等）二进制信息。

（1）串行I/O口

51单片机的内部有一个可编程的全双工串行口，既可以在程序控制下将CPU的并行数据转变成串行数据从TXD引脚发送出去，也可以将从RXD引脚接收到的串行数据转变为并行数据传送给CPU，而且这种串行发送和接收数据可以单独或同时进行。

单片机的内部有一个串行数据缓冲器（SBUF），它是可以直接寻址的特殊功能寄存器，地址为99H，在机器的内部实际上是由两个8位寄存器组成的，其中一个作为发送缓冲寄存器，另一个作为接收缓冲寄存器，二者由读写信号区分。

单片机的内部还有串行口控制寄存器（SCON）和电源控制寄存器（PCON），它们分别用于串行数据通信中控制和监视串行口的工作状态以及进行省电模式操作。

（2）并行I/O口

51单片机提供了4个8位并行接口P0～P3，共有32根I/O线口，它们均具有双向I/O功能，作为数据输入/输出使用。每个接口内部有一个8位数据输出锁存器、一个输出驱动器和一个8位数据输入缓冲器。4个数据锁存器与接口号同名，即P0～P3，为特殊功能寄存器，因此，CPU数据从并行I/O口输出的同时也可以得到锁存，输入时可以得到缓冲。

在访问片外存储器时，P2口可以输出地址总线的高8位地址码A15～A8；P0口可以输出地址总线的低8位地址码A7～A0，同时，P0口又作为8位双向数据总线D7～D0，由P0口分时输出低8位地址或输入/输出8位数据；P1口常作为数据输入/输出接口使用，为CPU传送用户数据；P3口除了作为数据输入/输出接口使用外，还具有第二功能，参见表1-3。

1.3.5　中断系统

51系列单片机提供了5个中断源，分为2个优先级，其中，中断源的中断要求是否得到响应受允许中断寄存器IE控制；优先级由中断优先级寄存器IP确定；同一优先级内的各中断源同时要求中断时，还要通过内部的查询逻辑来确定响应的次序；不同的中断源有不同的中断矢量。

（1）中断允许控制寄存器IE

图1-16给出了中断允许控制寄存器中各个位的定义。

MSB　　　　　　　　　　　　　　　　　　　　　LSB

EA	×	ET2	ES	ET1	EX1	ET0	EX0

图1-16　中断允许控制寄存器IE

EA（IE.7）：总允许位。若EA = 0，禁止一切中断；若EA = 1，则每个中断源是允许还是禁止分别由各自的允许位确定。

×（IE.6）：保留位。

ET2（IE.5）：定时器2中断允许位。若ET2 = 1，则允许定时器2中断；若ET2 = 0，则禁止定时器2中断。

ES（IE.4）：串行口中断允许位。若ES = 1，则允许串行口中断；若ES = 0，则禁止串行口中断。

ET1（IE.3）：定时器1中断允许位。若ET1 = 1，则允许定时器1中断；若ET1 = 0，则禁止定时器1中断。

EX1（IE.2）：外部中断1允许位。若EX1 = 1，则允许外部中断1；若EX1 = 0，则禁止外部中断1。

ET0（IE.1）：定时器0中断允许位。若ET0 = 1，则允许定时器0中断；若ET0 = 0，则禁止定时器0中断。

EX0（IE.0）：外部中断0允许位。若EX0 = 1，则允许外部中断0；若EX0 = 0，则禁止外部中断0。

（2）中断优先级寄存器IP

51单片机的中断分为2个优先级，每个中断源的优先级都可以通过中断优先级寄存器IP中的相应位来确定。图1-17给出了IP中各个位的定义。

×	×	PT2	PS	PT1	PX1	PT0	PX0

图1-17　中断优先级寄存器IP

×（IP.7）：保留位。

×（IP.6）：保留位。

PT2（IP.5）：定时器2中断优先级设定位。若PT2 = 1，设定为高优先级；若PT2 = 0，设定为低优先级。

PS（IP.4）：串行口中断优先级设定位。若PS = 1，设定为高优先级；若PS = 0，设定为低优先级。

PT1（IP.3）：定时器1中断优先级设定位。若PT1 = 1，设定为高优先级；若PT1 = 0，设定为低优先级。

PX1（IP.2）：外部中断1优先级设定位。若PX1 = 1，设定为高优先级；若PX1 = 0，设定为低优先级。

PT0（IP.1）：定时器0中断优先级设定位。若PT0 = 1，设定为高优先级；若PT0 = 0，设定为低优先级。

PX0（IP.0）：外部中断0优先级设定位。若PX0 = 1，设定为高优先级；若PX0 = 0，设定为低优先级。

（3）优先级结构

51单片机通过中断优先控制寄存器IP将各个中断源分为高、低2个优先级，它们共同遵循如下两条基本规则：

① 低优先级中断可被高优先级的中断所中断；反之，高优先级的中断却不能被低优先级的中断所中断。

② 一种中断一旦得到响应，与它同一优先级的中断不能再中断它。

为了实现这两条规则，中断系统内部包含了两个不可寻址的优先级激活触发器，其中一个指示某高优先级的中断正在得到服务，所有后来的中断都被阻断；另一个触发器指示某低优先级的中断正得到服务，所有同一优先级的中断都被阻断，但并不阻断高优先级的中断响应。

当同时接收到多个同一优先级的中断请求时，哪一个请求得到响应取决于内部的查询顺序，相当于在每个优先级内还同时存在另一个辅助优先结构，如下所示：

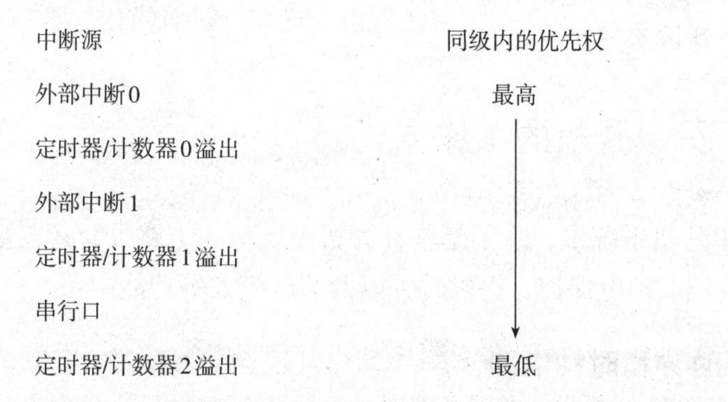

这样，每个优先级内的不同中断就可以按照辅助优先结构来确定中断的优先权。

（4）外部中断

外部中断的激活方式分为两种，即电平激活和边沿激活。这两种方式可以通过TCON寄存器中的中断方式位IT1或IT0来控制。若IT=0，则采用电平激活方式，即在$\overline{\mathrm{INT0}}/\overline{\mathrm{INT1}}$ =0引脚上检测到低电平，将触发外部中断；若IT=1，则采用边沿激活方式，即在相继的2个周期中，对IT引脚进行连续2次采样，若第一次采样为高，第二次为低，则TCON寄存器中的中断请求标志IE=1，以请求中断。

由于外部中断引脚在每个机器周期内被采样一次，为了确保采样顺利进行，由引脚$\overline{\mathrm{INT0}}/\overline{\mathrm{INT1}}$输入的信号应至少保持一个机器周期，即12个振荡周期。如果外部中断为边沿激活方式，则引脚的高电平和低电平值至少各保持一个机器周期，才能确保CPU检测到电平的跳变，将中断请求标志IE置1，以请求中断。

如果以采样电平激活方式激活外部中断，外部中断源应一直保持中断请求有效，直到所有请求的中断均得到响应为止。

（5）中断请求的撤除

CPU响应某中断请求后，在中断返回（RETI）前，该中断请求应该撤除，否则会引起另一次中断。

对定时器0或1溢出中断，CPU在响应中断后用硬件清除有关中断请求标志TF0（TCON.5）或TF1（TCON.7），即中断请求是自动撤除的，无需采取其他措施。

对于边沿激活方式的外部中断，由于在硬件上，CPU对$\overline{INT0}$和$\overline{INT1}$引脚的信号完全没有控制（在专用寄存器中，没有相应的中断请求标志），51单片机则采取其他方式来撤除外部中断，图1-18是其中一种比较有效的方式。

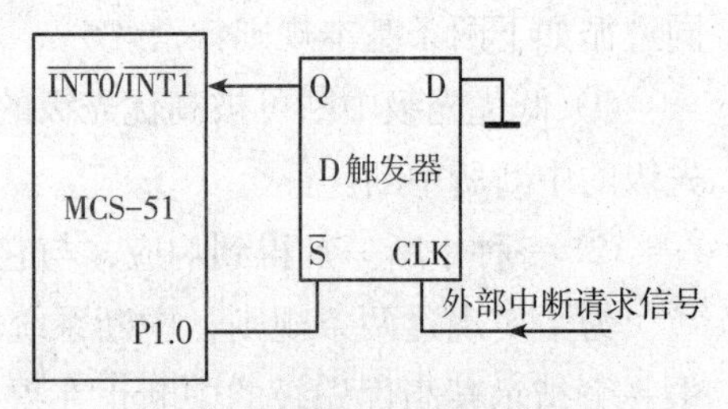

图1-18　撤除外部中断请求

外部中断请求信号不直接加在$\overline{INT0}$/$\overline{INT1}$上，而是加在D触发器的时钟（CLK）端。由于D端接地，当外部中断请求的正脉冲信号出现在CLK端时，$\overline{INT0}$/$\overline{INT1}$有效，发出中断请求，CPU响应中断后，利用一根接口线作为应答线，如图1-18中的P1.0，在中断服务程序中用2条指令使P1.0输出一个负脉冲，其持续时间为2个机器周期，足以使D触发器置位，撤除中断请求。

1.4　51系列单片机的工作方式

51系列单片机系统中，除了基本计算机系统单元电路外，还需要配备完整的外围电路，以完成复位、掉电保护、提供时钟以及节电模式等功能。

1.4.1　时钟和时钟电路

51单片机片内设有一个由反向放大器所构成的振荡电路，XTAL1和 XTAL2分别为振荡电路的输入和输出端，时钟可以由内部方式或外部方式产生。内部方式时钟电路如图1-19所示。在XTAL1和XTAL2引脚上外接定时元件，内部振荡电路就产生自激振荡。定时元件通常采用石英晶体和电容组成的并联谐振回路。一般晶振频率的范围为1.2～12MHz，晶体的谐振频率越高，系统的时钟频率也越高，单片机的运行速度也越快，同时对存储器的速度和印刷电路板的工艺要求也越高，成本也就越高。通常，51单片机使用谐振频率为6MHz的石英晶体，而谐振频率为12MHz的石英晶体主要应用于高速串行通信；电容C_1和C_2一般取值30pF左右，电容的大小可起到频率微调作用。

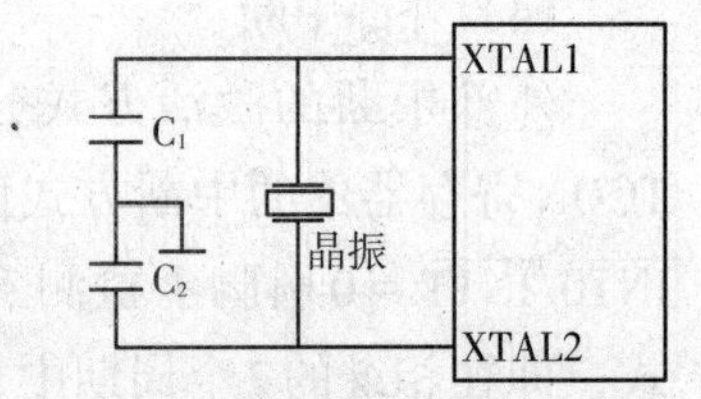

图1-19　内部方式时钟电路

外部方式的时钟很少采用，若要采用，只要将XTAL1接地，同时将XTAL2接外部振荡器即可，对外部振荡信号无特殊要求，只要保证脉冲宽度，一般采用频率低于12MHz的方波信号。

时钟发生器将振荡频率进行二分频，产生一个两相时钟信号P1和P2供单片机使用。P1在每一个状态的前半部分有效，P2在每个状态的后半部分有效。

1.4.2　CPU时序

51单片机典型的指令周期（执行一条指令的时间称为指令周期）为一个机器周期，一个机器周期由6个状态（12个振荡周期）组成。每个状态又被分成两个时相P1和P2。所以，一个机器周期可以依次表示为S1P1，S1P2，…，S6P1，S6P2。通常算术逻辑操作在P1时相进行，而内部寄存器传送在P2时相进行。

图1-20给出了51单片机的取指和执行指令的定时关系。这些内部时钟信号不能从外部观察到，使用XTAL2振荡信号作为参考。在图1-20中可看到，低8位地址的锁存信号ALE在每个机器周期中两次有效：一次在S1P2与S2P1期间，另一次在S4P2与S5P1期间。

对于单周期指令，当操作码被送入指令寄存器时，便从S1P2开始执行指令。如果是双字节单机器周期指令，则在同一机器周期的S4期间读入第二个字节，若是单字节单机器周期指令，则在S4期间仍进行读操作，但所读的这个字节操作码被忽略，程序计数器也不加1，在S6P2结束时完成指令操作。51单片机指令大部分在一个机器周期完成。乘（MUL）和除（DIV）指令是仅有的需要两个以上机器周期的指令，占用4个机器周期。对于双字节单机器周期指令，通常是在一个机器周期内从程序存储器中读入两个字节，但是读写外部存储器（MOVX）指令例外，MOVX是访问外部数据存储器的单字节双机器周期指令，在执行MOVX指令期间，外部数据存储器被访问且被选通时跳过两次取指操作。

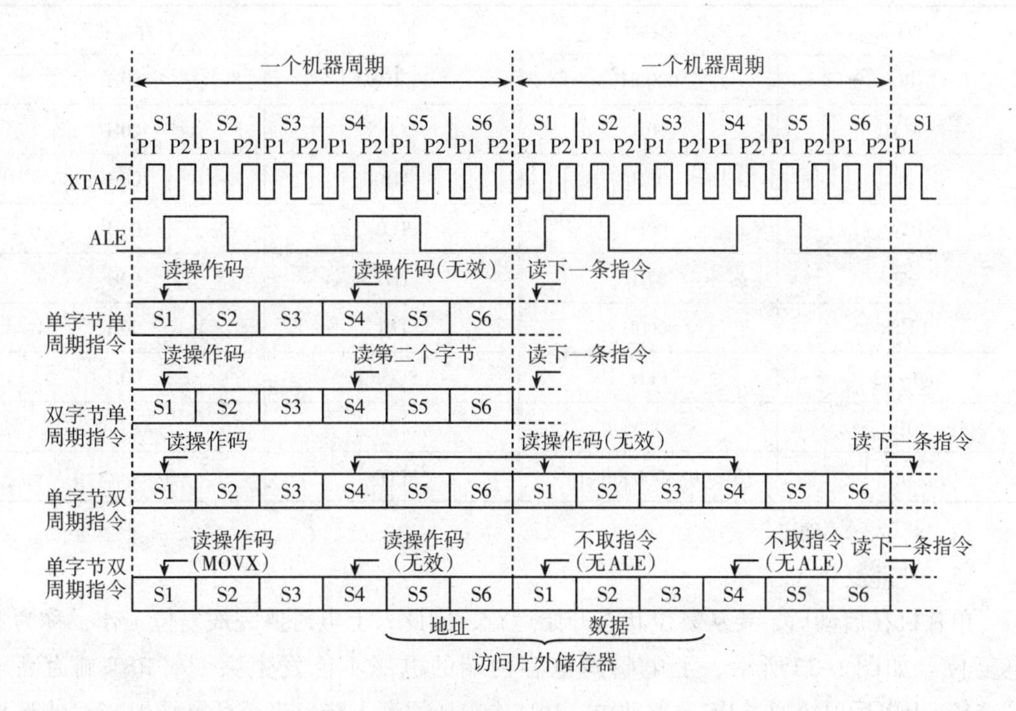

图1-20　51单片机取指令和执行指令的时序

1.4.3 复位状态和复位电路

复位是单片机的初始化操作，使CPU和系统中的其他部件都处于一个确定的初始状态，并从这个状态开始工作。

（1）内部复位结构

51单片机的RST引脚为复位端，该引脚连续保持2个机器周期（24个时钟振荡周期）以上的高电平，可使单片机复位。51单片机的内部复位结构如图1-21所示。内部复位电路在每一个机器周期的S5P2期间采样斯密特触发器的输出端，斯密特触发器可以抑制RST引脚的噪声干扰。复位期间不产生ALE和$\overline{PSEN}$信号，并且内部RAM处于不断电状态，其中的数据信息不会丢失。复位后单片机内部各寄存器的内容如表1-9所示。复位后，只影响SFR中的内容，内部RAM中的数据不受影响。

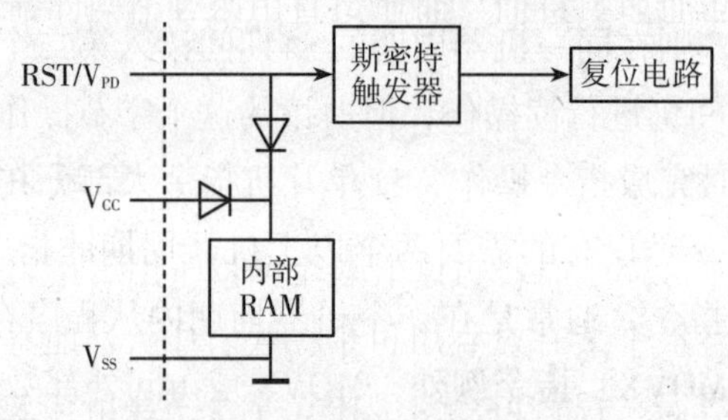

图1-21 51单片机的内部复位结构

表1-9 复位后各寄存器的状态

寄存器	寄存器状态	寄存器	寄存器状态
PC	0000H	TMOD	00H
ACC	00H	TCON	00H
B	00H	TH0	00H
PSW	00H	TL0	00H
SP	07H	TH1	00H
DPTR	0000H	TL1	00H
P0～P3	FFH	SCON	00H
IP	××000000B	SBUF	××××H
IE	0××00000B	PCON	0×××××××B

注：“×”表示不确定。

（2）外部复位

单片机在启动后，要从复位状态开始运行，因此，上电时要完成复位工作，称为上电复位。如图1-22所示，上电瞬间电容两端的电压不能发生突变，RST端为高电平+5V，上电后电容通过RC电路放电，RST端电压逐渐下降，直至低电平0V，适当选择电阻、电容的值，使RST端的高电平维持2个机器周期以上即可以完成复位。

单片机在运行过程中，由于本身或外界干扰的原因会导致出错，这时可按复位键以重新开始运行。按键电平复位和上电复位的原理是一样的，都是利用RC电路的放电原理，让RST端能保持一段时间的高电平，以完成复位。按键电平复位时，按键时间也应保持在两个机器周期以上。按键电平复位电路如图1-23所示，RC电路放电过程如图1-24所示，电平复位过程如图1-25所示。

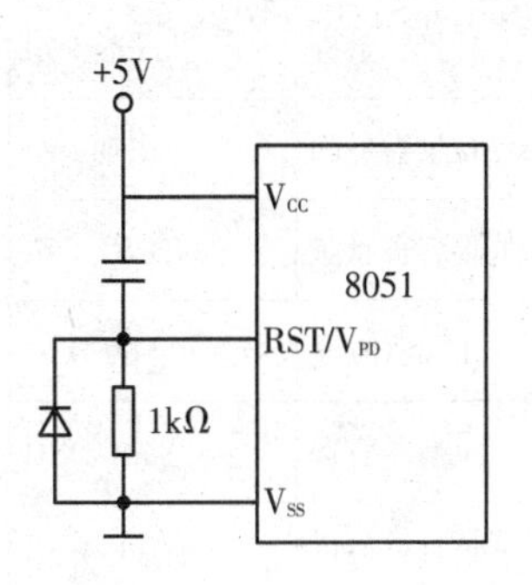

图1-22　上电复位电路

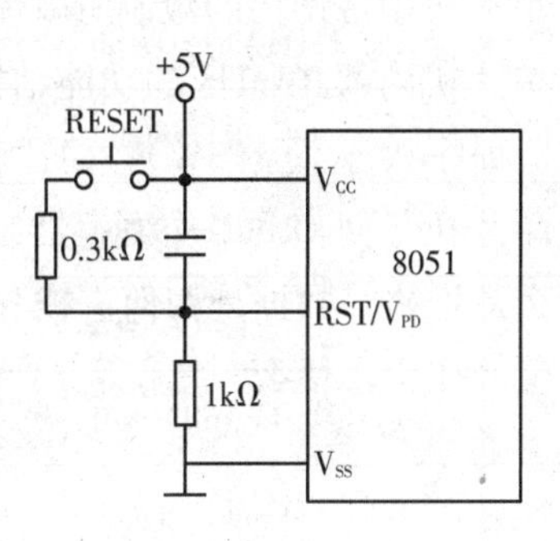

图1-23　按键电平复位电路

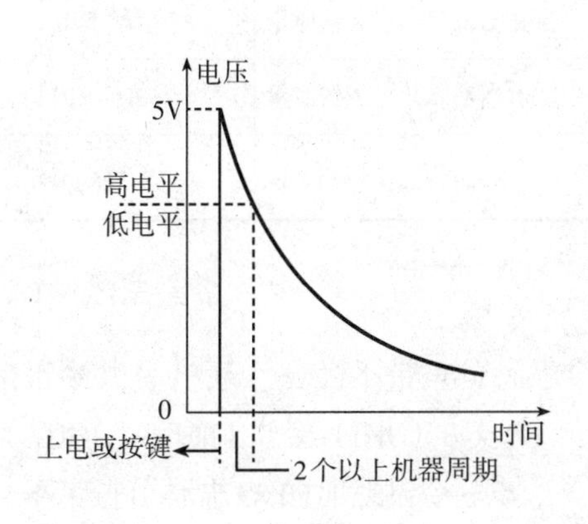

图1-24　RC电路放电过程

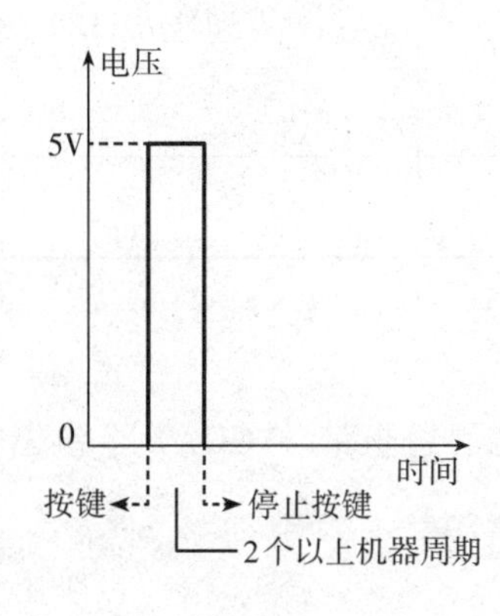

图1-25　电平复位过程

本章小结

本章主要分为四部分，第一部分是微型计算机基础知识，主要介绍了单片机的发展概况，并阐述了计算机中的数制及其相互转换的关系，重点介绍了二进制数的运算和计算机中数的表示方法；第二部分为51单片机的基本组成和功能，介绍了51单片机的主要功能特点，重点介绍了51单片机的基本结构和外部引脚；第三部分为51单片机的内部结构，重点介绍了51单片机的中央处理单元和存储器，并对其构成单元逐一进行了介绍，介绍了定时器/计数器、I/O接口和中断系统的基本概念；最后一部分介绍了51单片机的工作方式，对51单片机的时钟和时钟电路、时序以及复位状态和复位电路进行了介绍。

习题与思考

1. 51单片机主要由哪些逻辑功能部件组成？各组成部分的功能如何？
2. 51单片机中常使用的数制有哪些？它们之间是如何相互转换的？
3. 51单片机内部RAM区的功能结构如何分配？
4. 何谓程序状态字（PSW）？简述其中各位的含义。
5. 51单片机如何实现工作寄存器组的选择？
6. 什么是堆栈？数据是如何进栈和出栈的？
7. 复位的作用是什么？复位后51单片机的状态如何？

第2章　51单片机指令系统及汇编语言程序设计基础

计算机的指令系统是一套控制计算机执行操作的编码，通常称为机器语言，机器语言指令是计算机唯一能识别和执行的指令。为了容易理解，便于记忆和使用，通常使用汇编语言指令和高级语言来描述计算机的指令系统。汇编语言指令需要通过汇编程序或人工方法汇编成机器能识别和执行的机器语言指令，高级语言需要经过编译或解释成机器能识别和执行的机器语言指令。

2.1　51单片机指令格式

2.1.1　指令格式

指令格式是指指令码的结构形式。通常指令可以分为操作码和操作数两部分，其中，操作码部分比较简单，而操作数部分则比较复杂，一般来说，根据计算机类型的不同而具有较大的差异。

在最原始的计算机中，操作数部分包括4部分地址，故称为四地址计算机，这种计算机的指令格式如下：

操作码	第一操作数地址	第二操作数地址	结果操作数地址	下一条指令地址

其中，“操作码”字段用于指示机器执行何种操作，是加法操作还是减法操作，是数据传送还是数据移位操作等；“第一操作数地址”用于指示两个操作数中的第一个操作数在内存中的地址；“第二操作数地址”可以使机器在内存中找到参加运算的第二个操作数；“结果操作数地址”用于存放操作结果；“下一条指令地址”指示机器按此地址取出下一条要执行指令的指令码。这种指令格式的缺点是指令码太长，严重影响了指令执行的速度。

因此，51单片机的指令系统采用地址压缩技术，将操作数字段的四个地址压缩到一个地址中，因而称为单地址指令，其具体的指令格式如下：

操作码	操作数或操作数地址

其中，“操作码”字段与四地址计算机指令格式中的“操作码”字段的作用相同，用于指

示计算机执行的操作；“操作数或操作数地址”字段相当于四地址计算机中的“第一操作数地址”“第二操作数地址”“结果操作数地址”3个字段的作用，由累加器A充当，物理地址为E0H，在操作码中隐含；“下一条指令地址”由程序计数器（PC）充当，PC自动加“1”就能使51单片机连续按序执行指令，因此，在指令执行前，用户必须安排一条传送指令，预先把第二操作数传送到累加器A中，这样，累加器A在指令执行后就可以自动获得结果操作数。

2.1.2 指令的字节数

在指令的二进制形式中，指令不同，指令的操作码和操作数也不相同。51单片机机器语言指令根据其指令编码长短的不同，可分为单字节指令、双字节指令和三字节指令3种格式。

（1）单字节指令

单字节指令码（49条）只有一个字节，由8位二进制数组成，这类指令共有49条，其操作码中包含了操作数的信息。单字节指令码可以分为两种形式：一类是无操作数单字节指令，另一类是含有操作数寄存器编号的单字节指令。

① 无操作数单字节指令。这类指令的指令码的8位全表示操作码，没有专门指示操作数的字段，操作数是隐含在操作码中的。例如，空操作指令（NOP），其机器码如下：

0 0 0 0 0 0 0 0

② 含有操作数寄存器编号的单字节指令。这类指令的指令码的8位编码中既包含操作码字段，也包含专门用来指示操作数所在寄存器编号的字段。例如：

```
MOV  A，Rn；A←（Rn）
```

这条指令的功能是把寄存器Rn（$n=0$，1，2，3，4，5，6，7）中的内容送到累加器A中。其机器码如下：

1 1 1 0 1	←Rn→
操作码	寄存器编号

假设$n=0$，则寄存器编码为R$n=000$（参见指令表），指令“MOV A，R0”的机器码为E8H，其中，操作11101表示执行将寄存器中的数据传送到A中的操作。

（2）双字节指令

双字节指令（45条）含有两个字节，可以分别存放在两个存储单元中，操作码字节在前，操作数字节在后，其中，操作数字节可以是立即数（指令码中的数），也可以是操作数所在的片内RAM地址。例如：

```
MOV  A，#data；A←data
```

这条指令的功能是将立即数data送到累加器A中。假设立即数data = 85H，则其机器码如下：

第一字节	0 1 1 1 0 1 0 0	操作码
第二字节	1 0 0 0 0 1 0 1	操作数（立即数85H）

（3）三字节指令

这类指令（17条）的指令码的第一个字节为操作码，第二个和第三个字节为操作数或操作数地址。

例如：

```
MOV   direct，#data
```

这条指令是将立即数data送到地址为direct的单元中。假设（direct）= 78H，data = 80H，则指令“MOV 78H，#80H”的机器码如下：

第一字节	0 1 1 1 0 1 0 0	操作码
第二字节	0 1 1 1 0 1 0 0	第一操作数（目的地址）
第三字节	1 0 0 0 0 0 0 0	第二操作数（立即数）

用二进制编码表示的机器语言指令由于不便阅读理解和记忆，因此在微机控制系统中采用汇编语言（用助记符和专门的语言规则表示指令的功能和特征）指令来编写程序。

一条汇编语言指令中最多包含如下4个区段：

[标号:] 操作码助记符　[目的操作数] [，源操作数]　[；注释]

例如，把立即数F0H送至累加器的指令为：

```
START:  MOV  A, #0F0H  ;  A←立即数0F0H
```

标号区段是由用户定义的符号组成的，必须用英文大写字母开始。标号区段可省略。若一条指令中有标号区段，标号代表该指令第一个字节所存放的存储器单元的地址，故标号又称为符号地址，在汇编时，把该地址赋值给标号。

操作码区段是指令要操作的数据信息。根据指令的不同功能，操作数可以有3个、2个、1个或没有操作数。上例中，操作数区段包含两个操作数（A和#0F0H），它们之间由逗号分隔开。其中，第二个操作数为立即数F0H，它是用十六进制数表示的以字母开头的数据，为了区别于操作数区段出现的字符，以字母开始的十六进制数据前面都要加0，把立即数F0H写成0F0H。

操作数表示参加操作的数本身或操作数所在的地址。

注释区段也可省略，对程序功能无任何影响，只用来对指令或程序段作简要的说明，便于他人阅读，在调试程序时也会带来很多方便。

值得注意的是，汇编语言程序不能被计算机直接识别并执行，必须经过一个中间环节把它翻译成机器语言程序，这个中间过程叫作汇编。汇编有两种方式：机器汇编和手工汇编。机器汇编是用专门的汇编程序，在计算机上进行翻译；手工汇编是程序员把汇编语言指令逐条翻译成机器语言指令。现在主要使用机器汇编方式，但有时也用到手工汇编方式。

通常指令字节数越少，指令执行速度越快，所占存储单元也越少，因此，在程序设计中，应在可能的情况下优先选用指令字节数少的指令。

2.1.3 指令的分类

51单片机的指令系统有42种助记符，代表了33种操作功能（有的功能可以有几种助记符，如数据传送的助记符有MOV、MOVC、MOVX）。指令功能助记符与操作数各种可能的寻址方式相结合，共构成111条指令。

（1）根据指令在程序存储器中所占的字节数分类

① 单字节指令（49条）；

② 双字节指令（45条）；

③ 三字节指令（17条）。

（2）根据指令执行的时间分类

①1个机器周期（12个时钟振荡周期）指令（64条）；

②2个机器周期指令（45条）；

③4个机器周期指令（2条）。

在12MHz晶振的条件下，这3类指令执行的时间分别为1μs、2μs和4μs，由此可见，51单片机指令系统具有存储空间效率高和执行速度快的特点。

（3）根据指令的功能分类

① 数据传送类（29条）；

② 算术运算类（24条）；

③ 逻辑操作类（24条）；

④ 控制转移类（17条）；

⑤ 位操作类（17条）。

在使用51单片机的指令系统时，常用到一些符号，其具体的含义如表2–1所示。

表2–1　51单片机的指令系统符号说明

符　号	说　明
Rn	表示当前工作寄存器区中的工作寄存器，n取0～7，表示R0～R7
direct	8位内部数据存储单元地址。它可以是一个内部数据RAM单元（0～127）或特殊功能寄存器地址或地址符号
@Ri	通过寄存器R1或R0间接寻址的8位内部数据RAM单元（0～255），i=0，1
#data	指令中的8位立即数

续表 2-1

符 号	说 明
#data16	指令中的16位立即数
addr16	16位目标地址。用于LCALL和LJMP指令，可指向64KB程序存储器地址空间的任何地方
addr11	11位目标地址。用于ACALL和AJMP指令，转至当前程序计数器PC所在的同一个2KB程序存储器地址空间内
rel	补码形式的8位偏移量。用于相对转移和所有条件转移指令中。偏移量相对于当前PC计算，在-128～+127范围内取值
DPTR	数据指针，用作16位的地址寄存器
A	累加器
B	特殊功能寄存器，专用于乘（MUL）和除（DIV）指令中
C	进位标志或进位位
bit	内部数据RAM或部分特殊功能寄存器中可寻址位的位地址
$\overline{\text{bit}}$	表示对该位操作数取反
（X）	X中的内容
((X))	表示以X单元的内容为地址的存储器单元内容，即（X）作为地址，该地址单元的内容用((X))表示
@	间址寄存器的前缀标志
←	箭头左边的内容被箭头右边的内容所取代

2.2 51单片机寻址方式

操作数是指令的一个重要组成部分，它指定了参与运算的数或数所在的存储单元地址，用于说明操作数或数所在的存储单元地址的方法称为寻址方式。因此，寻址方式的主要任务就是如何在寻址范围内灵活、方便地找到所需要的地址。一个处理器寻址方式的多少说明了其寻找操作数的灵活程度，一般来说，寻址方式越多，指令系统的功能越强，灵活性越大。51单片机提供了7种基本的寻址方式，即立即寻址、直接寻址、寄存器寻址、寄存器间接寻址、变址寻址、相对寻址和位寻址。操作数寻址方式与单片机的存储空间结构是密切相关的。表2-2列出了操作数寻址方式可存取的存储空间。

表2-2　操作数寻址方式及其寻址空间

寻址方式	利用的变量	寻址空间
立即寻址	—	程序存储器ROM
直接寻址	—	内部RAM的低128位
		特殊功能寄存器
		内部RAM中的20H～2FH的128位
		特殊功能寄存器中可寻址的位

续表 2–2

寻址方式	利用的变量	寻址空间
寄存器寻址	R0 ~ R7，A，B，Cy，DPTR	R0 ~ R7，A，B，Cy，DPTR（双字节）
寄存器间接寻址	@R0，@R1	内部RAM
	@R0，@R1，@DPTR	外部RAM
变址寻址	DPTR + A，PC + A	程序存储器ROM（@A + PC，@A + DPTR）
相对寻址	PC+rel	程序存储器ROM
位寻址	—	内部RAM中的20H ~ 2FH的128位
		特殊功能寄存器中可寻址的位地址空间

2.2.1 立即寻址

立即寻址方式的操作数包含在指令字节中，指令操作码后面字节的内容就是操作数本身，采用立即寻址方式的指令一般为双字节指令，第一个字节为操作码，第二个字节为立即操作数，立即操作数的前面冠以“#”符号作为前缀，就表示该数为立即寻址。例如：

```
MOV  A, #70H              ; A ←70H
```

该指令的功能是将立即数70H送入累加器A，这条指令为双字节指令。

在51单片机指令系统中还有一条立即数为双字节的指令，例如：

```
MOV   DPTR, #8200H        ; DPH ←82H，DPL←00H
```

这条指令在程序存储器中占据3个存储单元。

注意

在51系列单片机汇编语言指令中，#data表示8位立即数，#data16表示16位立即数，立即数前面必须有符号“#”，上面的两条指令写成一般格式为

```
MOV   A,   #data
MOV   DPTR，#data16
```

2.2.2 直接寻址

在指令中含有操作数的直接地址，该地址指出了参与操作的数据所在的字节地址或位地址。

直接寻址方式中操作数存储的空间有3种。

（1）片内数据存储器的低128字节单元（00H ~ 7FH）

例如：

```
MOV   A, 70H         ; A←（70H）
```

该指令的功能是把内部RAM的70H单元中的内容送入累加器A。

（2）位地址空间

例如：

```
MOV C, 00H      ; 进位标志位←（00H）
```

（3）特殊功能寄存器（只能用直接寻址方式进行访问）

例如：

```
MOV IE, #85H   ; 中断允许寄存器IE←85H
```

IE为特殊功能寄存器，其字节地址为A8H。一般在访问特殊功能寄存器时，可在指令中直接使用该寄存器的名字来代替地址。

直接寻址方式在整个指令系统中是十分有用的，尤其是按位的直接寻址可使程序设计变得简单、灵巧。在实际使用中，应注意以下两点。

① 注意直接寻址与寄存器寻址之间的区别。例如，指令“INC A”和“INC ACC”并不是同一条指令，“INC A”是寄存器寻址，累加器A产生的机器码是04H；在“INC ACC”指令中，ACC代表了累加器A的直接地址E0H，应属于直接寻址，产生的机器码是05E0H。但是这两条指令的功能是一样的，都是将累加器A中的内容加1。

② 在直接寻址中，要注意字节地址与位地址的区别。比较“MOV A，20H”和“MOV C，20H”两条指令，前一条指令中，20H是字节地址，因为操作数在累加器A中，为8位数据；而后一条指令的20H是位地址，因为目的操作数在进位标志位C中，为1位的数据。由此可见，区分的方法在于指令的形式。

2.2.3　寄存器寻址

寄存器寻址是以通用寄存器中的内容作为操作数进行的寻址方式，通用寄存器包括A、B、DPTR以及R0 ~ R7。寄存器寻址按所选定的工作寄存器R0 ~ R7进行操作，指令机器码的低3位的8种组合000，001，…，110，111分别指明所用的工作寄存器R0，R1，…，R6，R7。例如：MOV A，Rn（n = 0 ~ 7），这8条指令对应的机器码分别为E8H ~ EFH。又例如：

```
INC  R0        ;R0←（R0）+1
```

该指令的功能是对寄存器R0进行操作，使其内容加1。

再例如：

```
CLR A            ; A←00H
INC DPTR         ; DPTR←(DPTR) +1
ADD A, 20H       ; A←（A）+（20H）
```

2.2.4　寄存器间接寻址

寄存器间接寻址是以寄存器中的内容为地址，再以该地址单元中的内容为操作数的寻址方式。注意，在寄存器间接寻址方式中，存放在寄存器中的内容不是操作数，而是操作数所在的存储器单元地址，寄存器起地址指针的作用，寄存器间接寻址用符号“@”表示。

寄存器间接寻址只能使用寄存器R0或R1作为地址指针来寻址内部RAM（00H～FFH）中的数据。

寄存器间接寻址也适用于访问外部RAM，此时可使用R0、R1或DPTR作为地址指针。例如：

```
MOV  A, @R0          ; A←((R0))
```

该指令的功能是把R0所指出的内部RAM单元中的内容送至累加器A。若R0中的内容为60H，而内部RAM的60H单元中的内容是3BH，则指令“MOV A，@R0”的功能是将3BH这个数送到累加器A。

如果访问外部数据存储器，只需要将MOV改为MOVX即可。例如：

```
MOVX  @DPTR, A         ;（DPTR）←（A）
```

该指令是将累加器A中的内容送给以寄存器DPTR的内容作为地址的片外RAM单元中。

在执行PUSH（进栈）和POP（出栈）操作时，用堆栈指针SP作为间址寄存器。

片内RAM的低半字节也可以采用寄存器间接寻址的方式访问，此时的间址寄存器为R0或R1。例如：

```
XCHD   A, @Ri   ; 间接寻址的内部RAM存储单元低4位内容与累加器A的低4位内容进行交换
```

2.2.5 变址寻址

这种寻址方式用于访问程序存储器中的数据表格，它把基址寄存器（DPTR或PC）和变址寄存器A的内容作为无符号数相加形成16位的地址，访问程序存储器中的数据表格。例如：

```
MOVC  A, @A+DPTR        ; A ←((A)+(DPTR))
MOVC  A, @A+PC          ; A ←((A)+(PC))
```

其中，A为无符号数，指令功能是将A的内容和DPTR或当前程序计数器（PC）的内容相加得到程序存储器的有效地址，再将该存储器单元中的内容送到A。

这里需要说明两点：

① 变址寻址指令的变址寻址区是程序存储器ROM，而不是数据存储器RAM，因此变址寻址只有读操作，而没有写操作。

② 变址寻址是单字节两周期指令，CPU执行这条指令前应预先在DPTR和累加器A中为该指令的执行准备条件。

2.2.6 相对寻址

相对寻址是以当前程序计数器（PC）的内容作为基地址，加上指令中给定的偏移量（rel）所得的结果作为转移地址，即对形成新的PC值进行的寻址方式，它只适用于双字节转移指令。

这里的偏移量是带符号数，在-128～+127范围内，用补码表示。例如：

```
JC   rel    ; C = 1跳转
```

其中，第一字节为操作码，第二字节就是相对于程序计数器当前地址的偏移量。若转移指令操作码存放在1000H单元，偏移量存放在1001H单元，该指令执行后PC值为1002H。若偏移量为05H，则转移到的目标地址为1007H，即当C = 1时将去执行1007H单元中的指令。

相对寻址用于修改PC值，主要用于实现程序的相对转移，相对转移指令执行时是以当前PC值加上指令中所规定的偏移量rel形成实际的目标转移地址，这里所说的当前PC值是指完成相对转移指令取指令后的PC值。一般地，称相对转移指令操作码所在的首地址为源地址，称转移后的地址为目标地址。

目标地址 = 源地址 + 相对转移指令的字节数 + rel

其中，相对转移指令的字节数根据使用的指令可为2或3。例如：

```
SJMP        08H     ; PC←(PC) + 2 + (08H)
```

2.2.7 位寻址

位寻址是对片内RAM的寻址区（20H～2FH）和特殊功能寄存器的93个位进行位操作时的寻址方式。在进行位操作时，需要借助进位标志C作为操作累加器，操作数直接给出该位的地址，然后根据操作码的性质对其进行位操作。位寻址的位地址和直接寻址的字节地址形式完全一样，主要由操作码来区分。例如：

```
MOV   C, 20H         ; 将位地址为20H的数据送给进位标志C中
MOV   A, 70H         ; A← (70H)
```

2.3 51单片机指令

2.3.1 数据传送类指令

数据传送指令是把源操作数传送到指令所指定的目标地址，指令执行后，源操作数不变，目的操作数被源操作数所代替。数据传送是最基本、最重要、使用最频繁的一种指令，其性能对整个程序的执行效率起到很大的作用。数据传送指令共有29条，主要用于单片机片内RAM和特殊功能寄存器（SFR）之间数据的传递，也可以用于单片机片内

和片外存储单元之间数据的传递。数据传送指令一般不影响标志位，只有堆栈操作可以直接修改程序状态字PSW，另外，对目的操作数为A的指令将影响奇偶标志P位。在51单片机的指令系统中，数据传送指令非常灵活，它可以把数据方便地传送到数据存储器和I/O口中。数据传送指令分为内部数据传送指令、外部数据传送指令、堆栈操作指令和数据交换指令4类。

数据传送类指令用到的助记符有MOV、MOVX、MOVC、XCH、XCHD、SWAP、PUSH、POP。源操作数可以采用寄存器寻址、寄存器间接寻址、直接寻址、立即寻址和变址寻址5种寻址方式，目的操作数可以采用寄存器寻址、寄存器间接寻址和直接寻址3种寻址方式。数据传送指令如表2-3所示。

表2-3　　数据传送类指令

分类	指令助记符（包括寻址方式）	说明		字节数	周期数
以累加器A为目的操作数的指令	MOV A，Rn	寄存器内容送累加器	A←(Rn)	1	1
	MOV A，direct	直接寻址字节内容送累加器	A←(direct)	2	1
	MOV A，@Ri	间接RAM送累加器	A←((Ri))	1	1
	MOV A，#data	立即数送累加器	A←data	2	1
以Rn为目的操作数的指令	MOV Rn，A	累加器送寄存器	Rn←(A)	2	1
	MOV Rn，direct	直接寻址字节送寄存器	Rn←(direct)	2	2
	MOV Rn，#data	立即数送寄存器	Rn←data	2	1
以直接地址为目的操作数的指令	MOV direct，A	累加器送直接寻址字节	direct←(A)	2	1
	MOV direct，Rn	寄存器送直接寻址字节	direct←(Rn)	2	2
	MOV direct1，direct2	直接寻址字节送直接寻址字节	direct1←(direct2)	3	2
	MOV direct，@Ri	间接RAM送直接寻址字节	direct←((Ri))	2	2
	MOV direct，#data	立即数送直接寻址字节	direct←data	3	2
以间接地址为目的操作数的指令	MOV @Ri，A	累加器送片内RAM	(Ri)←(A)	1	1
	MOV @Ri，direct	直接寻址字节送片内RAM	(Ri)←(direct)	2	2
	MOV @Ri，#data	立即数送片内RAM	(Ri)←data	2	1
16位数据传送指令	MOV DPTR，#data16	16位立即数送数据指针	DPRT←data16	3	2
查表指令	MOV CA，@A+DPTR	变址寻址字节送累加器（相对于DPTR）	A←((A))+(DPTR)	1	2
	MOV CA，@A+PC	变址寻址字节送累加器（相对于PC）	A←((A))+(PC)	1	2
累加器A与片外RAM数据传送指令	MOV XA，@Ri	片外RAM送累加器（8位地址）	A←((Ri))	1	2
	MOV XA，@DPTR	片外RAM（16位地址）送累加器	A←((DPTR))	1	2
	MOV X@Ri，A	累加器送片外RAM（8位地址）	(Ri)←(A)	1	2
	MOV X@DPTR，A	累加器送片外RAM（16位地址）	(DPTR)←(A)	1	2

续表2-3

分　类	指令助记符（包括寻址方式）	说　明		字节数	周期数
堆栈操作指令	PUSHdirect	直接寻址字节压入栈顶	SP←(SP)+1,SP←(direct)	2	2
	POPdirect	栈顶弹至直接寻址字节	direct←(SP),SP←(SP)-1	2	2
交换指令	XCH A，Rn	寄存器与累加器交换	(A)↔(Rn)	1	1
	XCH A，direct	直接寻址字节与累加器交换	(A)↔(direct)	2	1
	XCH A，@Ri	片内RAM与累加器交换	(A)↔((Ri))	1	1
半字节交换指令	XCHD A，@Ri	片内RAM与累加器内容的低4位交换	$(A)_{3\sim0}$↔$((Ri))_{3\sim0}$	1	1
	SWAP A	将累加器内容的低4位与高4位交换	$(A)_{3\sim0}$↔$(A)_{7\sim4}$	1	1

（1）内部数据传送指令

这类指令的源操作数和目的操作数地址都在单片机内部，可以是片内RAM的地址，也可以是特殊功能寄存器SFR的地址，其指令格式为：

```
MOV   <destination>,  <source>
```

其中，<destination>为目的字节，<source>为源字节。

此指令的功能是将源字节送到目的字节单元，源字节单元中的源字节不变。按照寻址方式，内部数据传送指令又可以分为立即寻址型、直接寻址型、寄存器寻址型和寄存器间址型4类。

① 立即寻址型传送指令。这类指令的特点是源操作数是8位的立即数，处在指令码的第二字节或第三字节位置，目的地址不同，可以将8位的立即数直接传送到片内RAM的各单元中。这类指令共有4条：

```
MOV A, #data            ; A←data
MOV Rn, #data           ; Rn←data
MOV @Ri, #data          ; (Ri) ←data
MOV direct, #data       ; direct←data
```

②直接寻址型传送指令。直接寻址型传送指令的特点是指令码中至少含有一个操作数的直接地址，直接地址处在指令的第二字节或第三字节位置。这类指令共有5条：

```
MOV   A, direct          ; A← (direct)
MOV   direct, A          ; direct←A
MOV   Rn, direct         ; Rn← (direct)
MOV   @Ri, direct        ; (Ri) ← (direct)
MOV   direct2, direct1   ; direct2← (direct1)
```

这类指令的功能是将源操作数传送到目的存储单元中，目的存储单元可以有累加器A、工作寄存器R*n*和片内RAM。

③ 寄存器寻址型传送指令。采用工作寄存器R*n*作为寻址寄存器的数据传送指令有3条：

```
MOV   A, Rn              ; A←Rn
MOV   Rn, A              ; Rn←A
MOV   direct, Rn         ; direct←Rn
```

第1条指令和第2条指令属于同一种类型，用于累加器A和工作寄存器Rn之间的数据传送，第3条指令用于将工作寄存器R*n*中的内容传送到以direct为地址的RAM单元中。

④ 寄存器间址型传送指令。寄存器间址型传送指令的特点是R*i*中存放的不是操作数本身，而是操作数所在存储单元的地址。这类指令共有3条：

```
MOV A, @Ri               ; A← (Ri)
MOV @Ri, A               ; (Ri) ←A
MOV direct, @Ri          ; direct← (Ri)
```

第1条指令的功能是将R*i*中的地址所指的操作数传送到累加器A中；第2条指令的功能是将累加器A中的操作数传送到以R*i*中的内容为地址的存储单元；第3条指令的功能是将以R*i*中的内容为地址的源操作数传送到direct存储单元中。

（2）外部数据传送指令

① 16位数据传送。C51的指令系统中只有唯一一条16位数据传送指令：

```
MOV DPTR, #data16        ; DPTR←data16
```

该指令的功能是将指令码中16位立即数传送到DPTR中，其高8位送入DPH中，低8位送入DPL中。这个16位立即数实际上是外部RAM/ROM地址，是专门配合外部数据传送指令使用的。

② 外部ROM的字节传送指令。这类指令共有2条，均属于变址寻址指令，因为专门用于查表，所以又称为查表指令。其指令格式为：

```
MOVC A, @A+DPTR          ; A←((A) +(DPTR))
MOVC A, @A+PC            ; PC←(PC)+1, A←((A) +(PC))
```

第1条指令采用DPTR作为基址寄存器，查表时用来存放表的起始地址。由于用户可以很方便地通过16位数据传送指令将任意一个16位地址送入DPTR，因此外部ROM的64KB范围内的任何一个子域都可以用来存放被查表的表格数据。

第2条指令以PC作为基址寄存器，但指令中PC的地址是可以变化的，它随着指令在程序中位置的不同而不同。一旦指令在程序中的位置确定后，PC中的内容也将确定。这条指令分为两部分：第一部分是取指令码，PC中的内容自动加1，变为指令执行时的当前值；第二部分是将这个PC当前值和累加器A中的地址偏移量相加，以形成源操作数地址，并从外部ROM中取出相应源操作数传送到作为目的操作数寄存器的累加器A中。该指令用于查表时，PC也要用来存放表的起始地址，但由于进行查表时，PC的当前值并不一定恰好是表的起始地址，因此通常需要在这条指令前安排一条加法指令，以便将PC中的当前值修正为表的起始地址。

③ 外部RAM的字节传送指令。这类指令可以实现外部RAM和累加器A之间的数据传送，其指令格式为：

```
MOVX  A, @Ri          ; A←((Ri))
MOVX  @Ri, A          ; (Ri)←(A)
MOVX  A, @DPTR        ; A←((DPTR))
MOVX  @DPTR, A        ; (DPTR) ←(A)
```

前两条指令用于访问外部RAM的低地址区，地址范围为0000H～00FFH；后两条指令可以访问外部RAM的64KB区，地址范围为0000H～FFFFH。

该类型指令有两个特点：一是对外部RAM的寻址方式只能是寄存器间接寻址方式，所用的寄存器为DPTR或Ri（i=0，1）；二是外部RAM中的数据只能与累加器A相互传送。

（3）堆栈操作指令

堆栈操作指令是一种特殊的数据传送指令，其特点是根据堆栈指针SP中的栈顶地址进行数据传送操作。此类指令共有2条：

```
PUSH    direct      ; SP←(SP)+1, SP←(direct)
POP     direct      ; direct←(SP), SP←(SP)-1
```

第1条指令为压栈指令，用于将以direct为地址的操作数传送到堆栈中。指令在执行时分为两步：第一步先将SP中的栈顶地址加1，使之指向堆栈新的栈顶单元；第二步将direct中的操作数压入由SP指示的栈顶单元。

第2条指令为弹出指令，其功能是将堆栈中的操作数传送到direct单元。指令执行时也分为两步：第一步是将由SP所指栈顶单元中的操作数弹出到direct单元中；第二步是使SP中的原栈顶地址减1，使之指向新的栈顶地址。弹出指令不会改变堆栈区存储单元中的内容，堆栈中是不是有数据的唯一标志是SP中的栈顶地址是否和栈底地址相重合，而并不在于堆栈区内存储的是什么数据。因此，只有压栈指令才会改变堆栈区中的数据。

堆栈操作指令属于直接寻址指令，PUSH和POP指令是两个互逆的传送指令，它们常用于保护现场（即将寄存器中的内容暂时存放在存储区内）和恢复现场的操作中。

（4）数据交换指令

数据交换指令共有4条，其格式为：

```
XCH  A, Rn          ; (A)↔Rn
XCH  A, direct      ; (A)↔(direct)
XCH  A, @Ri         ; (A)↔(Ri)
```

XCHD A, @Ri　　　; $(A)_{3\sim0} \leftrightarrow ((Ri))_{3\sim0}$

前3条指令是字节交换指令，其功能是将累加器A中的内容和片内RAM单元内容相互交换；而第4条指令是半字节交换指令，用于将累加器A中的低4位和以R*i*为间接地址单元的低4位相互交换，而各自的高4位保持不变。

执行上述数据传送和交换指令后，一般不影响各种标志位，只有当执行结果改变累加器A的值时，奇偶标志和零标志才会重新设定。

在数据传送操作中，应注意以下3点：

① 除了用POP或MOV指令将数据传送到PSW外，传送操作一般不影响标志位。

② 执行传送类指令时，将源地址单元中的内容送到目标地址后，源地址单元中的内容不变。

③ 对特殊功能寄存器的操作必须用直接地址，而直接地址也是访问特殊功能寄存器的唯一寻址方式。

2.3.2　算术运算类指令

算术运算指令共有24条，用于对两个操作数进行加、减、乘、除算术运算。两个操作数中，一个应存放于累加器A中，另一个可以存放在某个寄存器或片内RAM单元中，也可以放在指令码的第二个和第三个字节中。指令执行后，运算结果可以保留在累加器A中，运算中产生的进位标志、奇偶标志和溢出标志等皆可以保存在PSW中。算术运算指令助记符及其说明如表2-4所示。

表2-4　　算术运算类指令

分　类	指令助记符（包括寻址方式）	说　明		字节数	周期数
不带进位的加法指令	ADD A，Rn	寄存器内容送累加器	A←(A)+(Rn)	1	1
	ADD A，direct	直接寻址送累加器	A←(A)+(direct)	2	1
	ADD A，@Ri	间接寻址RAM到累加器	A←(A)+((Ri))	1	1
	ADD A，#data	立即数送累加器	A←(A)+data	2	1
带进位的加法指令	ADDC A，Rn	寄存器加到累加器(带进位)	A←(A)+(Rn)+Cy	1	1
	ADDC A，direct	直接寻址加到累加器(带进位)	A←(A)+(direct)+C+Cy	2	1
	ADDC A，@Ri	间接寻址RAM加到累加器(带进位)	A←(A)+((Ri))+Cy	1	1
	ADDC A，#data	立即数加到累加器(带进位)	A←(A)+data+Cy	2	1
带借位的减法指令	SUBB A，Rn	累加器内容减去寄存器内容(带借位)	A←(A) - (Rn) - Cy	1	1
	SUBB A，direct	累加器内容减去直接寻址(带借位)	A←(A) - (direct) - Cy	2	1
	SUBB A，@Ri	累加器内容减去间接寻址(带借位)	A←(A) - ((Ri)) - Cy	1	1
	SUBB A，#data	累加器内容减去立即数(带借位)	A←(A) - data - Cy	2	1

续表 2-4

分　类	指令助记符（包括寻址方式）	说　明		字节数	周期数
加 1 指令（增量指令）	INC A	累加器加 1	A←(A)+1	1	1
	INC Rn	寄存器加 1	Rn←(Rn)+1	1	1
	INC direct	直接寻址加 1	direct←(direct)+1	2	1
	INC @Ri	间接寻址 RAM 加 1	(Ri)←((Ri))+1	1	1
	INC DPTR	地址寄存器加 1	DPTR←(DPTR)+1	1	2
减 1 指令（减量指令）	DEC A	累加器减 1	A←(A)-1	1	1
	DEC Rn	寄存器减 1	Rn←(Rn)-1	1	1
	DEC direct	直接寻址地址字节减 1	direct←(direct)-1	2	1
	DEC @Ri	间接寻址 RAM 减 1	(Ri)←((Ri))-1	1	1
乘法指令	MUL AB	累加器 A 与寄存器 B 相乘	BA←(A)*(B)	1	4
除法指令	DIV AB	累加器 A 除以寄存器 B		1	4
十进制调整指令	DA A	对 A 进行十进制调整		1	1

2.3.2.1　加法指令

加法指令共有13条，分为不带进位标志Cy的加法指令（ADD）、带进位标志Cy的加法指令（ADDC）和加1指令（INC）3类。

（1）不带进位标志Cy的加法指令

这组指令有如下4条：

```
ADD A, Rn          ; A←(A) +Rn
ADD A, direct      ; A←(A) + (direct)
ADD A, @Ri         ; A←(A)+((Ri))
ADD A, #data       ; A←(A) +data
```

指令的功能是将源地址所指示的操作数和累加器A中的操作数相加，并将结果保存在累加器A中。在使用过程中应注意如下问题：

① 参加运算的两个操作数必须是8位二进制数，操作结果也是一个8位二进制数，且对PSW中的所有标志位产生影响。

② 用户既可以根据编程需要将参加运算的两个操作数看作无符号数（0～255），也可以将其看作带符号数，通常采用补码形式（-128～+127）。

③ 无论两个参与运算的操作数是无符号数还是带符号数，计算机总是按照带符号数

法则运算并产生PSW中的标志位。

④ 采用加法指令来编写带符号数的加法运算程序时，要想使累加器A中获得正确的运算结果，就必须检测PSW中OV标志位的状态，若OV = 0，则累加器A中的结果正确；若OV = 1，则累加器A中的结果不正确。

（2）带进位标志Cy的加法指令

带进位标志Cy的加法指令有4条，主要用于多字节加法运算中。

```
ADDC A, Rn          ;A←(A)+(Rn)+Cy
ADDC A, direct      ;A←(A)+(direct)+Cy
ADDC A, @Ri         ;A←(A)+((Ri))+Cy
ADDC A, #data       ;A←(A)+data+Cy
```

这组指令可以使指令中规定的源操作数、累加器A中的操作数和Cy中的值相加，并将操作结果保存在累加器A中，这里Cy中的值指的是指令执行前的Cy值，而不是执行指令后得到的Cy值。PSW中其他各标志位状态变化和不带进位标志Cy的加法指令相同。

（3）加1指令

加1指令又称为增量指令，共有5条：

```
INC  A          ; A←(A) + 1
INC  Rn         ; Rn←(Rn) + 1
INC  direct     ; direct←(direct) + 1
INC  @Ri        ; (Ri) ←((Ri)) + 1
INC  DPTR       ; DPTR←(DPTR) + 1
```

前4条指令是8位数加1指令，用于将源地址所规定的RAM单元中的内容加1；第5条指令的功能是对DPTR中的内容加1，是51单片机中唯一一条16位算术运算指令。在执行加1指令时，应按照带符号数相加运算，但与加法指令不同的是，上述只有第1条指令能对奇偶标志位P产生影响，其余指令在执行时均不会对任何标志位产生影响。在程序设计过程中，加1指令使用十分频繁，通常配合寄存器间址指令使用，用于修改地址和数据指针加1。

2.3.2.2 减法指令

51单片机的指令系统分为带进位标志Cy的减法指令和减1指令两类，共有8条减法指令。

（1）带进位标志Cy的减法指令

带进位标志Cy的减法指令共有4条：

```
SUBB A, Rn          ; A←(A)-(Rn)-Cy
SUBB A, direct      ; A←(A)-(direct)-Cy
SUBB A, @Ri         ; A←(A)-((Ri))-Cy
```

```
SUBB A, #data          ; A←(A)-data-Cy
```

这组指令的功能是将累加器A中的操作数减去源地址所指的操作数和指令执行前的Cy值，并将运算结果保存在累加器A中。在使用带进位标志Cy的减法指令时应注意如下问题：

① 在单片机内部，减法操作实际上是在控制器的控制下采用补码加法来实现的，但在实际应用中，若要判定减法的操作结果，则可按照二进制减法法则来进行运算。

② 无论参与运算的两个数是无符号数还是带符号数，减法操作总是按照带符号二进制数进行运算，并能对PSW中的各个标志位产生影响。产生影响的法则是，若最高位在减法运算时有错位，则Cy = 1，否则Cy = 0；若低4位在减法时向高4位有错位，则AC = 1，否则AC = 0；若减法运算时最高位有错位而次高位无错位，或者最高位无错位而次高位有错位，则OV = 1，否则OV = 0；奇偶校验标志位P和加法运算时的取值相同。

③ 51单片机的指令系统中没有不带进位标志Cy的减法指令，也就是说，不带进位标志Cy的减法指令是非法指令，用户不能用其来编程和执行运算。若要进行不带进位标志Cy的减法运算，可以在执行带进位标志Cy的减法指令之前，对Cy进行清零操作，然后执行带进位标志Cy的减法操作。

④ 在实际的减法运算指令执行过程中，要想在累加器A中获得正确的运算结果，必须在执行减法指令后，对OV标志位进行检验，若执行减法指令后OV = 0，则累加器A的运算结果正确；若OV = 1，则累加器A的运算结果产生了溢出。

（2）减1指令

减1指令又称为减量指令，减1指令共有4条：

```
DEC A            ; A←(A)-1
DEC Rn           ; Rn←(Rn)-1
DEC direct       ; direct←（direct）-1
DEC @Ri          ; (Ri)←((Ri))-1
```

这组指令可以使指令中源地址所指的RAM单元中的内容减1，和加1指令类似，除了第1条减1指令对奇偶校验标志位P有影响外，其余减1指令并不影响PSW标志位状态。

2.3.2.3　十进制调整指令

十进制调整指令是一条专用指令，用于对累加器A中的BCD码加法结果进行调整运算，BCD码进行二进制数相加运算后，必须经过此条指令调整才能得到正确的结果，指令的格式为：

```
DA  A      ; 若AC = 1或（A）3~0>9，则A←(A)+06H
           ; 若Cy = 1或（A）7~4>9，则A←(A)+60H
```

这条指令一般紧跟在加法指令后面使用，用于对加法运算执行后在累加器A中的操作结果进行十进制调整。具体的操作为：若在加法运算过程中，低4位向高4位有进位（即AC = 1）或累加器A中的低4位大于9，则累加器A作加06H调整；若在加法运算过程中，最高位有进位（即Cy = 1）或累加器A中的高4位大于9，则累加器A作加60H调整（即高4位作加06H调整）。

十进制调整指令执行时仅对进位标志位Cy产生影响。

【例2–1】 编写能完成85 + 59的BCD加法程序。

解：

```
ORG 1000H
MOV A,    #85H      ; A←85H
ADD A,    #59H      ; A←85H+59H = DEH
DA        A,        ; A←44, Cy = 1
SJMP      $         ; 停机
END
```

运算过程分析：

```
    85   A =        1 0 0 0 0 1 0 1 B
 +  59   data =     0 1 0 1 1 0 0 1 B
------------------------------------------
   144       [0]    1 1 0 1 1 1 1 0 B    低4位 > 9，作加06H调整
          +                   1 1 0 B
------------------------------------------
                    1 1 1 0 0 1 0 0 B
          +           1 1 0         B    高4位 > 9，作加60H调整
------------------------------------------
             [1]    0 1 0 0 0 1 0 0 B
```

其中，Cy = 1，A = 44H，即运算结果为144H。

2.3.2.4 乘法和除法指令

乘法和除法指令均为单字节4周期指令，相当于执行4条加法指令的时间。指令格式为：

```
MUL AB      ; BA← (A) * (B)，产生标志
DIV  AB     ; (A) / (B)
```

第1条指令是乘法指令，其功能是将累加器A和寄存器B中的8位无符号数相乘，并将运算结果的高8位放在寄存器B中，低8位放在累加器A中。指令执行后，进位标志位Cy为零。该指令执行过程中将对Cy、OV和P这3个标志位产生影响，其中，进位标志位Cy为0；奇偶校验标志位P由累加器A中1的奇偶性确定；溢出标志位OV用来表示乘积结果的大小，若结果超过255（即B≠0），则OV = 1，否则OV = 0。

第2条指令是除法指令，其功能是将累加器A中的8位无符号数除以寄存器B中的8位无符号数，所得的商数的整数部分放在累加器A中，余数部分放在寄存器B中。指令执行后，Cy和OV均为零。该指令执行过程中对Cy和P标志位的影响跟乘法指令相同，不同的是溢出标志位OV，在执行除法指令过程中，若发现寄存器B中的除数为0，则OV = 1，表示除数为0的除法是没有意义的；否则，OV = 0，表示除法操作是可执行的。

2.3.3 逻辑运算及移位指令

逻辑操作指令共有24条，包括逻辑操作和循环移位两类。逻辑操作指令用于对两个8位操作数进行逻辑乘、逻辑加、逻辑取反和逻辑异或等操作，常用来对数据进行逻辑处理，使之适合于传送、存储和输出打印等操作。大多数指令需要将两个操作数中的一个预先放入累加器A中，操作结果也存放在累加器A中。这类指令中除了以累加器A为目标寄存器指令外，其余指令均不会对PSW中各个标志位产生影响。循环移位指令可以对累加器A中的操作数进行循环移位，循环移位指令又分为左循环移位和右循环移位以及带进位的循环移位和不带进位的循环移位。逻辑运算及移位指令如表2-5所示。

表2-5　逻辑运算及移位指令

分　类	指令助记符（包括寻址方式）	说　明		字节数	周期数
逻辑与指令	ANL　A，Rn	寄存器“与”到累加器	A←(A)∧(Rn)	1	1
	ANL　A，direct	直接寻址“与”到累加器	A←(A)∧(direct)	2	1
	ANL　A，@Ri	间接寻址RAM“与”到累加器	A←(A)∧((Ri))	1	1
	ANL　A，#data	立即数“与”到累加器	A←(A)∧data	2	1
	ANL　direct，A	累加器“与”到直接寻址	direct←(direct)∧(A)	2	1
	ANL　direct，#data	立即数“与”到直接寻址	direct←(direct)∧data	3	2
逻辑或指令	ORL　A，Rn	寄存器“或”到累加器	A←(A)∨(Rn)	1	1
	ORL　A，direct	直接寻址“或”到累加器	A←(A)∨(direct)	2	1
	ORL　A，@Ri	间接寻址RAM“或”到累加器	A←(A)∨((Ri))	1	1
	ORL　A，#data	立即数“或”到累加器	A←(A)∨data	2	1
	ORL　direct，A	累加器“或”到直接寻址	direct←(direct) ∨(A)	2	1
	ORL direct，#data	立即数“或”到直接寻址	direct←(direct)∨data	3	2
逻辑异或指令	XRL　A，Rn	立即数“异或”到累加器	A←(A) ⊕(Rn)	1	1
	XRL　A，direct	直接寻址“异或”到累加器	A←(A) ⊕ (direct)	2	1
	XRL　A，@Ri	间接寻址RAM“异或”到累加器	A←(A) ⊕ ((Ri))	1	1
	XRL　A，#data	立即数“异或”到累加器	A←(A) ⊕data	2	1
	XRL　direct，A	累加器“异或”到直接寻址	direct←(direct) ⊕(A)	2	1
	XRL direct，#data	立即数“异或”到直接寻址	direct←(direct) ⊕data	3	2

续表 2-5

分 类	指令助记符（包括寻址方式）	说 明		字节数	周期数
累加器操作指令	CLR A	累加器清零	A←0	1	1
	CPL A	累加器求反	A←($\bar{A}$)	1	1
	RL A	累加器循环左移	A循环左移一位	1	1
	RLC A	经过进位位的累加器循环左移	A带进位循环左移一位	1	1
	RR A	累加器右移	A循环右移一位	1	1
	RRC A	经过进位位的累加器循环右移	A带进位循环右移一位	1	1
	SWAP A	交换A的半字节		1	1

（1）逻辑运算指令

① 逻辑与运算指令。逻辑与运算指令又称为逻辑乘运算指令，共有6条：

```
ANL A, Rn           ; A←A∧ Rn
ANL A, direct       ; A←A∧ (direct)
ANL A, @Ri          ; A←A∧ Ri
ANL A, #data        ; A←A∧ data
ANL direct, A       ; direct←(direct) ∧ A
ANL direct, #data   ; direct←(direct) ∧ data
```

这组指令的功能是在所指出的变量之间执行按位逻辑与操作，运算结果存放在目的变量中，操作数有寄存器寻址、直接寻址、寄存器间接寻址和立即寻址等方式。当这条指令用于修改一个输出口时，作为原始口数据的值将从输出口数据锁存器P0 ~ P3读入，而不是读引脚状态。

这组指令分为两类：一类是以累加器A为目的操作数寄存器的逻辑与指令，即前4条指令，该类指令将累加器A和源地址中的操作数按位进行逻辑与运算，并将操作结果存放在累加器A中；另一类是以direct为目标地址的逻辑与指令，这类指令将direct中的源操作数和源地址中的源操作数进行按位逻辑与运算，并将操作结果存入direct单元中。

② 逻辑或运算指令。逻辑或运算指令共有6条：

```
OLR A, Rn           ; A←A∨ Rn
OLR A, direct       ; A←A∨ (direct)
OLR A, @Ri          ; A←A∨ Ri
OLR A, #data        ; A←A∨ data
OLR direct, A       ; direct←(direct) ∨ A
OLR direct, #data   ; direct←(direct) ∨ data
```

这组指令和逻辑与指令类似，其功能是在所指出的变量之间执行按位的逻辑或操作，将结果存放到目的变量中。逻辑或指令又称为逻辑加指令，可以用于对某个存储单元或累加器A中的数据进行变换，使其中的某些位变为“1”，而其余不变。操作数有寄存器寻址、直接寻址、寄存器间接寻址和立即寻址等方式。用于修改输出口数据时，其原始数据值为口锁存器中的内容。

③ 逻辑异或运算指令。逻辑异或运算指令共有6条：

```
XRL A, Rn               ; A←A⊕ V Rn
XRL A, direct           ; A←A⊕ (direct)
XRL A, @Ri              ; A←A⊕ Ri
XRL A, #data            ; A←A⊕ data
XRL direct, A           ; direct←(direct) ⊕ A
XRL direct, #data       ; direct←(direct) ⊕ data
```

与前两组指令一样，这组指令在所指出的变量之间执行按位的逻辑异或操作，将运算结果存放到目的变量中。操作数有寄存器寻址、直接寻址、寄存器间接寻址和立即寻址等方式。同样，逻辑异或指令也可以用来对某个存储单元或累加器A中的数据进行变换，使其中某些位取反而其余位不变。

④ 累加器清零和取反指令。累加器清零和取反指令如下：

```
CLR A    ; A←0
CPL A    ; A←（Ā）
```

第1条指令为累加器A清零指令，其功能是将累加器A清0，不影响Cy、AC和OV等标志位的状态。

第2条指令为累加器A取反指令，其功能是将累加器A中内容的每一位逻辑取反，即原来的“1”变为“0”，原来的“0”变为“1”。该指令不影响各个标志位的状态。

这两条指令皆为单字节单周期指令，虽然采用数据传送指令或逻辑异或指令也可以达到对累加器A进行清零或按位取反的目的，但那些指令至少需要2个字节。其中，累加器A取反指令十分有用，常用于对于某个存储单元或某个存储区域中带符号数的求补操作。

【例2-2】 某存储单元20H中有一个正数X，编写求X补码的程序。

解：一个8位带符号二进制机器数的补码可以定义为反码加“1”。参考程序如下：

```
ORG 0200H
MOV A, 20H      ; A←X
CPL A           ; A←X̄
INC A           ; A←X+1
MOV 20H, A      ; X的补码送回20H单元
SJMP $          ; 停机
END
```

（2）移位指令

51单片机指令系统提供了5条对累加器A中的数据进行移位操作的指令。

① 左循环移位指令。其格式如下：

```
RL   A
```

这条指令的功能是将累加器A中的数据向左循环移动1位，A7位循环移入A0位，并不影响各个标志位的状态。

② 带进位的左循环移位指令。其格式如下：

```
RLC  A
```

这条指令的功能是将累加器A中的数据和进位标志Cy一起向左循环移动1位，A7移入进位标志位Cy，而Cy移入A0中，不影响其他标志位的状态。

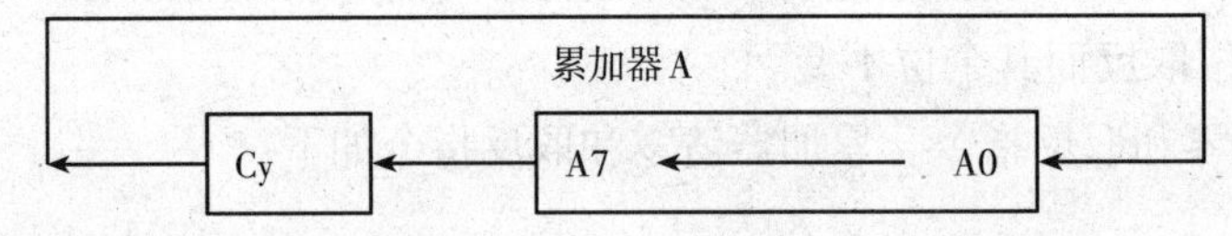

③ 右循环移位指令。其格式如下：

```
RR   A
```

这条指令的功能是将累加器A中的数据向右循环移动1位，该指令操作不影响各个标志位的状态。

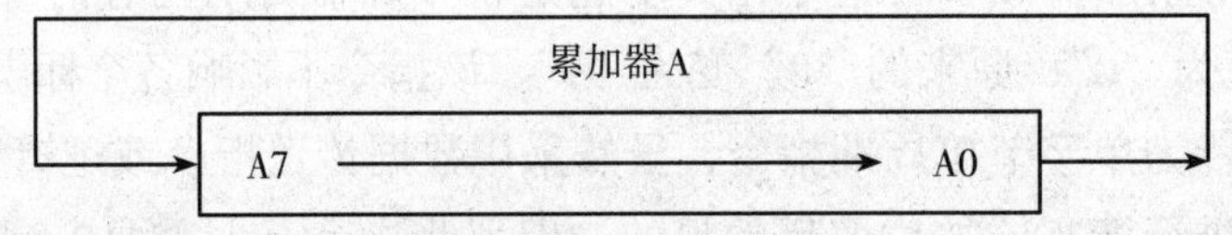

④ 带进位的右循环移位指令。其格式如下：

```
RRC  A
```

这条指令的功能是将累加器A中的数据和进位标志位Cy一起向右循环移动1位，A0移入进位标志位Cy，而Cy移入A7，该指令操作不影响其他标志位的状态。

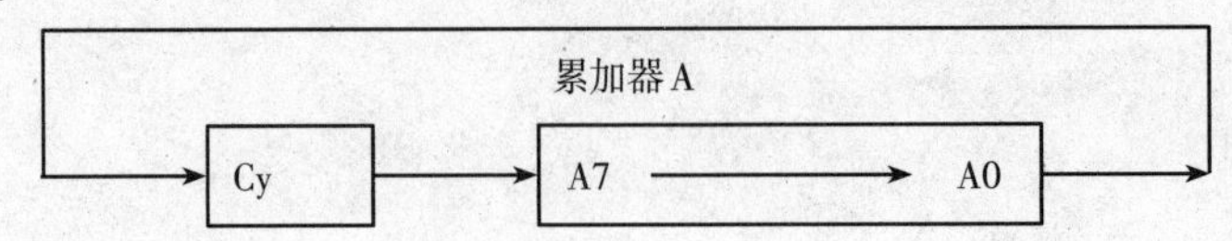

⑤ 累加器A半字节交换指令。其格式如下：

```
SWAP   A
```

这条指令的功能是将累加器A的高半字节（A7～A4）和低半字节（A3～A0）互换。

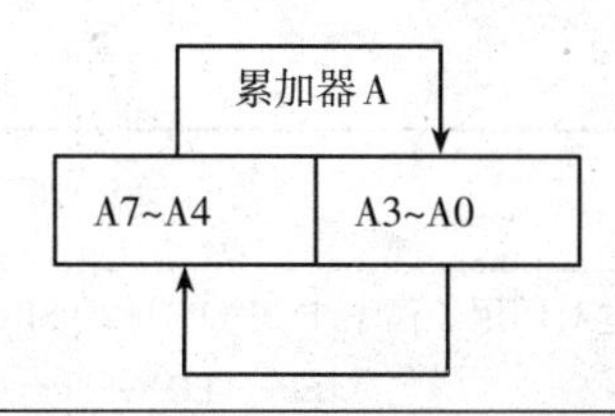

在51单片机指令系统中，移位指令只能对累加器A进行操作。

2.3.4　控制转移类指令

控制转移指令共有17条，用于改变程序执行的流向，执行后都以改变程序计数器中的值为目标。控制转移指令分为条件转移指令、无条件转移指令、子程序调用和返回指令、空操作指令四类。控制转移指令如表2-6所示。

表2-6　　控制程序转移指令

分类	指令助记符（包括寻址方式）	说明		字节数	周期数
无条件转移指令	LJMP addr16	长转移	PC←addr16	3	2
	AJMP addr11	绝对转移	$PC_{(10\sim0)}$←addr11	2	2
	SJMP rel	短转移(相对偏移)	PC←(PC)+rel	2	2
	JMP @A+DPTR	相对DPTR的间接转移	PC←((A))+(DPTR)	1	2
条件转移指令	JZ rel	累加器为零则转移 PC←(PC)+2，若(A)＝0，则PC←(PC)+rel		2	2
	JNZ rel	累加器为非零则转移 PC←(PC)+2，若(A)≠0，则PC←(PC)+rel		2	2
	CJNE A，direct，rel	比较直接寻址字节和A,不相等则转移 PC←(PC)+3，若(A)≠(direct)，则PC←(PC)+rel		3	2
	CJNE A，#data，rel	比较立即数和A,不相等则转移 PC←(PC)+3，若(A)≠(data)，则PC←(PC)+rel		3	2
	CJNE Rn，#data，rel	比较立即数和寄存器,不相等则转移 PC←(PC)+3，若(Rn)≠(data)，则PC←(PC)+rel		3	2
	CJNE @Ri，#data，rel	比较立即数和间接寻址RAM,不相等则转移 PC←(PC)+3，若((Ri))≠data，则PC←(PC)+rel		3	2
	DJNZ Rn，rel	寄存器减1，不为零则转移：PC←(PC)+2，Rn←(Rn)－1；若(Rn)≠0，则 PC←(PC)+rel		3	2
	DJNZ direct，rel	直接寻址字节减1,不为零则转移 PC←(PC)+3　direct←(direct)－1；若(direct)≠0，则 PC←(PC)+rel		3	2

续表 2-6

分　类	指令助记符 （包括寻址方式）	说　明	字节数	周期数
调用和返回指令	ACALL　addr11	绝对调用子程序　PC←(PC)+2，SP←(SP)+1 SP←$(PC)_L$，SP←(SP)+1 (SP)←$(PC)_H$，$PC_{10\sim0}$←addr11	2	2
	LCALL　addr16	长调用子程序　PC←(PC)+3，SP←(SP)+1 SP←$(PC)_L$，SP←(SP)+1 (SP)←$(PC)_H$，$PC_{10\sim0}$←addr16	3	2
	RET	从子程序返回　PC_H←(SP)，SP←(SP) - 1 PC_L←(SP)，SP←(SP) - 1	1	2
	RETI	从中断返回　PC_H←(SP)，SP←(SP) - 1 PC_L←(SP)，SP←(SP) - 1	1	2
空操作指令	NOP	空操作	1	1

2.3.4.1　无条件转移指令

（1）短跳转指令（-128～+127范围内转移指令）

其一般格式为：

```
SJMP　rel　　;PC←（PC）+2，PC←（PC）+rel
```

该指令又称为相对转移指令，该指令为2字节2周期指令。执行时在PC加2后将指令中补码形式的偏移量值加到PC上，并计算出转向目标地址。因此，转向的目标地址可以在这条指令前128字节到后127字节之间。该指令使用时很简单，程序执行到该指令时就跳转到标号rel处执行。

所谓相对转移，是指令中的操作数表示转移前后的相对量，而不是转移后的地址，在修改程序时，如果指令地址有变化而相对地址不变，就不需要改变这条转移指令的机器码。其中，rel常写成转移后的地址，有时写成“$”，表示该指令本身的地址，即“SJMP $”与“L：SJMP L”具有相同的功能。

（2）长跳转指令（64KB范围内转移指令）

其一般格式为：

```
LJMP　addr16　　;PC←addr16
```

该指令为3字节2周期指令。该指令提供16位地址，目标地址由指令第2字节（高8位地址）和第3字节（低8位地址）组成，因此，程序转向的目标地址可以包含程序存储器的整个64KB空间。

执行这条指令时把指令的第2个和第3个字节分别装入PC的高位和低位字节中，无条件地转向指定地址。转移的目标地址可以在64KB程序存储器地址空间的任何地方，不影响任何标志。

（3）绝对转移指令（2KB范围内转移指令）

其一般格式为：

```
AJMP   addr11          ; PC←(PC)+2, PC10~0←addr11
```

这是2KB范围内的无条件转跳指令，使程序跳转到指定的地址。该指令在运行时先将PC加2，然后得到跳转目的地址送入PC。目标地址必须与AJMP后面一条指令的第一个字节在同一个2KB区域的存储器区内（即高5位地址必须相同）。

绝对转移指令执行时分为两步：第一步是取指令操作，对PC中的内容进行两次加1操作；第二步是将PC加1两次后得到的高5位地址$PC_{15\sim11}$和指令码的低11位地址构成目标转移地址。

（4）变址寻址转移指令

其一般格式为：

```
JMP  @A+DPTR ; PC←(A)+ (DPTR)
```

该指令又称为散转指令，其功能是把累加器中的8位无符号数与数据指针DPTR中的16位数相加，将结果作为下条指令地址送入PC，不改变累加器A和数据指针DPTR中的内容，也不影响标志，利用这条指令能实现程序的跳转。

【例2-3】 若累加器A中存放待处理命令编号（0~5），程序存储器中存放着标号为PMTB的转移表首址，则执行下面的程序将根据A中命令编号转向相应的命令处理程序。

解：参考程序为：

```
PM:     MOV     R1, A           ; A←(A)*3
        RL      A
        ADD     A, R1
        MOV     DPTR, #PMTB     ; DPTR←转移表首地址
        JMP     @A+DPTR         ; 根据A值跳转到不同的入口
PMTB:   LJMP    PM0             ; 转向命令0处理入口
        LJMP    PM1             ; 转向命令1处理入口
        LJMP    PM2             ; 转向命令2处理入口
        LJMP    PM3             ; 转向命令3处理入口
        LJMP    PM4             ; 转向命令4处理入口
        LJMP    PM5             ; 转向命令5处理入口
        END
```

使用以上的调用与转移指令时应注意以下问题：

① 以上指令均为无条件，执行该类指令时程序计数器必定转向非顺序单元执行。

② 调用与返回指令常成对使用，返回指令（RET）应出现在每一个子程序的末尾。

③ 调用与返回指令都要有栈操作，使用该类指令前要建立堆栈，以便保护断点。

④ 转移指令与调用子程序指令的相同之处是它们都改变PC值，使程序转入非顺序单元执行；不同之处是调用与返回指令在子程序执行结束后一定返回原断点地址，因此一定有栈操作，执行转移指令后不一定回到原断点，因此不必使用堆栈保存断点地址。

2.3.4.2 条件转移指令

条件转移指令是在执行程序过程中需要判断是否满足某种特定条件而决定转移与否的指令。当条件满足时转移（相当于一条相对转移指令），条件不满足时则顺序执行下面的指令。当条件满足时，先把PC加到指向下一条指令的第一个字节地址，再把有符号的相对偏移量加到PC上，计算出转向地址。条件转移指令共有8条，分为零条件转移指令、比较转移指令和减1非零条件转移指令3类。

（1）零条件转移指令

这组指令执行时均需要判断累加器A中的内容是否为零作为条件转移条件，共有2条：

```
JZ      rel     ；若(A)=0，则PC←(PC)+2+rel
                ；若(A)≠0，则PC←(PC)+2
JNZ     rel     ；若(A)≠0，则PC←(PC)+2+rel
                ；若(A)=0，则PC←(PC)+2
```

第1条指令的功能是：如果累加器A中的内容为零，则执行转移，跳到标号rel处执行；若不为零就执行下一条指令。

第2条指令的功能是：如果累加器A中的内容不为零，则执行转移，跳到标号rel处执行；若为零就执行下一条指令。

这两条指令都是双字节相对转移指令，rel为相对地址偏移量。rel在程序中常用标号代替，翻译成机器码时才换算成8位相对地址，换算方法和转移地址范围与无条件转移指令中的段条件转移指令相同。

（2）比较转移指令

```
CJNE    A, direct, rel      ；若A=(direct)，则PC←PC+3
                            ；若A≠(direct)，则PC←PC+3+rel，形成Cy标志
CJNE    A, #data, rel       ；若A=data，则PC←PC+3
                            ；若A≠data，则PC←PC+3+rel，形成Cy标志
CJNE    Rn, #data, rel      ；若Rn=data，则PC←PC+3
                            ；若Rn≠data，则PC←PC+3+rel，形成Cy标志
CJNE    @Ri, #data, rel     ；若(Ri)=data，则PC←PC+3
                            ；若(Ri)≠data，则PC←PC+3+rel，形成Cy标志
```

这组指令的功能是比较两个操作数的大小，如果它们的值不相等，则执行转移。在将PC加到下一条指令的起始地址后，通过指令将最后一个字节的有符号的相对偏移量加到PC上，并计算出转向地址。如果第一个操作数（无符号整数）小于第二个操作数，则进位标志Cy = 1，否则，Cy = 0。使用该组指令不影响任何一个操作数的内容。该组指令的操作数寻址方式有寄存器寻址、直接寻址、寄存器间接寻址和立即寻址等方式。

这类指令十分有用，但使用时应注意如下问题：

① 这4条指令都是3字节指令，指令执行时PC加1三次，然后加地址偏移量rel，由于地址偏移量rel的地址范围为-128 ~ +127，因此指令的相对转移范围为-125 ~ +130。

② 这组指令执行过程中的比较操作实际上是进行减法运算，并不保存两数之差，但要形成进位标志Cy。

③ 若参与比较的两个操作数X和Y为无符号数，则可以直接根据指令执行后产生的进位标志Cy来判断两个操作数的大小，若Cy≥0，则$X \geq Y$；若Cy = 1，则$X < Y$。

④ 若参加比较的两个源操作数X和Y是带符号数的补码，则仅根据Cy无法判断它们的大小。判断带符号数的补码大小可采用如下方法：若$X > 0$，$Y < 0$，则$X > Y$；若$X < 0$，$Y > 0$，则$X < Y$；若$X > 0$，$Y > 0$，则需要对比较条件转移中产生的进位标志Cy的值作进一步判断，即若Cy = 0，则$X > Y$，若Cy = 1，则$X < Y$。

（3）减1非零条件转移指令

减1非零条件转移指令有2条：

```
DJNZ Rn, rel              ; 若（Rn）- 1≠0，则PC←(PC)+2+rel
                          ; 若(Rn) - 1 = 0，则PC←(PC)+2
DJNZ direct, rel          ; 若（direct）- 1≠0，则PC←(PC)+3+rel
                          ; 若(direct) - 1 = 0，则PC←(PC)+3
```

这组指令把源操作数减1，结果回送到源操作数中，如果结果不为0则转移，跳到标号rel处执行，等于0就执行下一条指令。该组指令源操作数的寻址方式有寄存器寻址和直接寻址方式。

第1条指令是2字节2周期指令，执行时先将Rn中的内容减1，然后判断Rn中的内容是否为零，若不为零，则程序执行转移；若为零，则程序继续执行下一条指令。

第2条指令是3字节2周期指令，指令执行时PC加1三次，指令功能和第1条指令类似，只是被减1的操作数不在Rn中，而是在direct中。

减1非零条件转移指令常用来构成循环程序，可以指定任何一个工作寄存器或内部RAM单元为计数器，对计数器赋值以后，应用上述指令实现计数循环操作。因此，该指令又称为循环条件转移指令。

2.3.4.3　子程序调用和返回指令

在程序设计中，有时因为操作要求需要反复执行某段程序，使这段程序能被公用，为了减少编写和调试程序的工作量，以及减少程序在内存储器中所占用的存储空间，常常把具有一定功能的公用程序段编制成子程序，供主程序在需要时调用。当主程序转至子程序时用调用指令，而在子程序的最后安排一条返回指令，使执行完子程序后再返回到主程序。为了保证能够正确返回，每次调用子程序时自动将下条指令地址保存到堆栈，返回时按先进后出原则再把地址弹出到PC中。

为了实现主程序对子程序的一次完整调用，主程序应该能在需要时通过调用指令自动转入子程序执行，子程序执行完后能通过返回指令自动返回调用指令的下一条指令，其中，该指令地址称为断点地址，因此，调用指令是在主程序需要调用子程序时使用的，返回指令则需要放在子程序末尾。

调用和返回指令是成对使用的，调用指令必须具有将PC中的断点地址保护到堆栈以及将子程序入口地址自动送入PC的功能；返回指令则必须具有能将堆栈中的断点地址自动恢复到PC的功能。

主程序和子程序是相对的，同一个子程序既可以作为另一个程序的子程序，也可以有自己的子程序，这种程序称为子程序的嵌套。图2–1（a）所示为一个两级嵌套的子程序调用示意图，图2–1（b）所示为两级子程序调用后堆栈中断点地址的存放情况。

当主程序中遇到子程序调用指令时，断点地址1被压入堆栈保护起来，先压入低8位，后压入高8位，当执行到子程序1中的调用指令时，断点地址2又被压入堆栈；当执行到子程序2中的返回指令时，堆栈中的断点地址2被恢复到PC，因此程序自动返回断点2处执行程序，此时堆栈指针指向断点地址1的高8位单元；当执行到子程序1中的返回指令时，断点地址1被恢复到PC，因此程序得以返回断点1处继续执行主程序，此时堆栈指针指向堆栈的栈底地址，即堆栈为空。

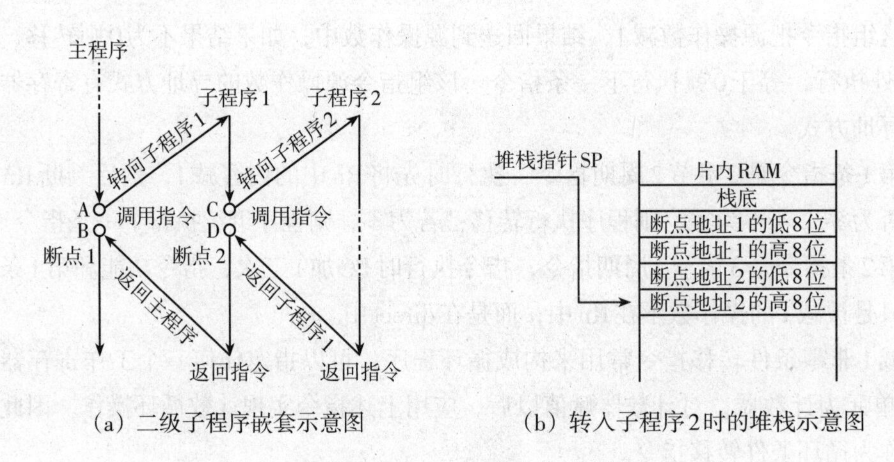

（a）二级子程序嵌套示意图　　（b）转入子程序2时的堆栈示意图

图2–1　二级子程序嵌套以及断点地址存放示意图

（1）子程序调用指令

子程序调用指令有两个功能：第一个功能是将断点地址压入堆栈保护，断点地址下一条指令地址的地址取决于调用指令的字节数，可以是（PC）+2或（PC）+3，这里的“（PC）”是调用指令第1字节所在的地址；第二个功能是将所调用子程序的入口地址送到PC中。子程序调用指令有2条：

```
ACALL    addr11    ; PC←(PC)+2
                   ; SP←(SP)+1, SP←PC7~0
                   ; SP←(SP)+1, SP←PC15~8
                   ; PC10~0←A10~0
                   ; PC15~11不变
LCALL    addr16    ; PC←(PC)+3
                   ; SP←(SP)+1, SP←PC7~0
                   ; SP←(SP)+1, SP←PC15~8
                   ; PC←addr15~0
```

第1条指令为短调用指令，又称为绝对调用指令，是一条指令长度2字节的调用子程序2KB字节范围内的无条件短调用指令，其功能是无条件地调用入口地址指定的子程序。指令执行时PC加2，获得下条指令的地址，并把这16位地址压入堆栈，栈指针加2；然后把指令中的$A_{10\sim0}$值送入PC中的P10～P0位，PC的P15～P11不变，获得子程序的起始地址必须与ACALL后面一条指令的第一个字节在同一个2KB区域的存储器区内。指令的操作码与被调用的子程序的起始地址的页号有关。

第2条指令为长调用指令，是一条3字节指令。该指令在执行时，PC先加1三次，获得断点地址（即PC+3后的地址），将其压入堆栈（先低字节后高字节），然后把指令的第2、第3字节（$A_{15\sim8}$、$A_{7\sim0}$）装入PC中，转去执行该地址开始的子程序。这条调用指令可以调用存放在存储器中64KB范围内任何地方的子程序。指令执行后不影响任何标志。

（2）返回指令

返回指令有2条：

```
RET      ; PC15~8←(SP), SP←(SP)-1
         ; PC7~0←(SP), SP←(SP)-1
RETI     ; PC15~8←(SP), SP←(SP)-1
         ; PC7~0←(SP), SP←(SP)-1
```

这两条指令的功能完全相同，都是将堆栈中断点地址恢复到PC中，从而使程序能返回到断点处继续执行程序。

第1条指令称为子程序返回指令，只能用在子程序末尾，使程序能从子程序返回到主程序。

第2条指令称为中断返回指令，只能用在中断服务程序末尾，在执行RETI指令后除了返回原程序断点地址处执行外，还要清除相应的中断优先级状态位，以允许程序响应低优先级的中断请求。

2.3.4.4 空操作指令

空操作指令只有1条：

```
NOP       ; PC←(PC)+1
```

这条空操作指令是一条单字节单周期控制指令。程序执行该指令仅使PC加1，而不进行其他任何操作，共消耗12个时钟周期时间，因此这条指令常用于延时程序中。

2.3.5 位操作类指令

位操作指令又称为布尔变量操作指令，共有17条，包括位传送、位变量修改、位运算和位控制转移指令4类，其中，位传送、位变量修改和位运算指令的操作数是以字节中的某位为单位进行操作的，而不是以字节为单位进行操作；位控制转移指令是以检测字节中的某一位的状态为条件进行转移的，而不是以整个字节为条件进行转移。位操作指令的操作对象是片内RAM的位寻址区（即20H～2FH）和SFR中的11个可以位寻址的寄存器。位操作指令如表2-7所示。

表2-7 位操作及控制转移

分类	指令助记符（包括寻址方式）	说明		字节数	周期数
位数据传送指令	MOV C，bit	直接地址位送入进位标志位	Cy←(bit)	2	1
	MOV bit，C	进位标志位送入直接地址位	bit←Cy	2	2
位变量修改指令	CLR C	进位标志位Cy清零	Cy←0	1	1
	CLR bit	清除直接地址位	bit←0	2	1
	SETB C	置进位标志位	Cy←1	1	1
	SETB bit	置直接地址位	bit←1	2	1
	CPL C	进位标志位求反	Cy←$\overline{\text{Cy}}$	1	1
	CPL bit	直接地址位求反	bit←$\overline{\text{bit}}$	2	1
位变量逻辑与、或指令	ANL C，bit	进位标志位和直接地址位相“与”	Cy←Cy ∧(bit)	2	2
	ANL C，/bit	进位标志位和直接地址位的反码相“与”	Cy←Cy∧($\overline{\text{bit}}$)	2	2
	ORL C，bit	进位标志位和直接地址位相“或”	Cy←Cy∨(bit)	2	2
	ORL C，/bit	进位标志位和直接地址位的反码相“或”	Cy←Cy∨($\overline{\text{bit}}$)	2	2
位变量条件转移指令	JNC rel	进位标志位为0则转移 PC←(PC)+2，若Cy＝0，则PC←(PC)+rel		2	2
	JB bit，rel	直接地址位为1则转移 PC←(PC)+3，若(bit)＝1，则PC←(PC)+rel		3	2
	JC rel	进位标志位为1则转移 PC←(PC)+2，若Cy＝1，则PC←(PC)+rel		2	2
	JNB bit，rel	直接地址位为0则转移 PC←(PC)+3，若（bit）＝0，则PC←(PC)+rel		3	2
	JBC bit，rel	直接地址位为1则转移，该位清0 PC←(PC)+3，若（bit）＝1，则bit←0，PC←(PC)+rel		3	2

（1）位传送指令

位传送指令有2条：

```
MOV C, bit      ; Cy←(bit)
MOV bit, C      ; bit←Cy
```

这组指令的功能是把由源操作数指出的布尔变量送到目的操作数指定的位中。其中一个操作数必须为进位标志，另一个可以是任何直接寻址位，指令不影响其他寄存器和标志。

第1条指令的功能是将位地址bit中的内容传送到PSW中的进位标志位Cy；第2条指令功能与第1条指令相反，将进位标志位Cy中的内容传送到位地址bit中。

（2）位变量修改指令

位变量修改指令有6条：

CLR　C　; Cy←0

CLR　bit　; bit←0

CPL　C　; Cy←$\overline{\text{Cy}}$

CPL　bit　; bit←$\overline{\text{bit}}$

SETB　C　; Cy←1

SETB　bit　; bit←1

这组指令的功能是将操作数指出的位清零，取反，置1，不影响其他标志位。

（3）位运算指令

这组指令共分为与、或两种逻辑运算，共有4条：

ANL C, bit　; Cy←Cy∧（bit）

ANL C, /bit　; Cy←Cy∧（$\overline{\text{bit}}$）

ORL C, bit　; Cy←Cy∨（bit）

ORL C, /bit　; Cy←Cy∨（$\overline{\text{bit}}$）

前两条指令是位操作逻辑与运算指令，其功能是将位累加器C的内容与直接位地址的内容进行逻辑与操作，并将操作结果传送到位累加器C中。如果源操作数的布尔值是逻辑0，则进位标志清零；否则进位标志保持不变。操作数前的斜线“/”表示取寻址位的逻辑非值，但不影响本身值，也不影响别的标志。源操作数的寻址方式只有直接位寻址方式。

后两条指令是位操作逻辑或指令，其功能与位逻辑与指令相同。

（4）位控制转移指令

位控制转移指令共有5条，分为以Cy中内容为条件的转移指令和以位地址中内容为条件的转移指令两种。

① 以Cy中内容为条件的转移指令。以Cy中内容为条件的转移指令有2条：

```
JC    rel       ; 若Cy = 1，则PC←(PC) +2+rel
                ; 若Cy = 0，则PC←(PC) +2
JNC   rel       ; 若Cy = 0，则PC←(PC) +2+rel
                ; 若Cy = 1，则PC←(PC) +2
```

这2条指令是相对转移指令，都是以Cy中的值来决定程序是否需要转移，这组指令通常和比较条件转移指令CJNE连用，以根据CJNE指令执行过程中形成的Cy进一步决定程序的流向或形成三分支模式。

② 以位地址中内容为条件的转移指令。以位地址中内容为条件的转移指令有3条：

```
JB    bit, rel  ; 若 (bit) = 1，则PC←(PC)+3+rel
                ; 若 (bit) = 0，则PC←(PC)+3
JNB   bit, rel  ; 若 (bit) = 0，则PC←(PC)+3+rel
                ; 若 (bit) = 1，则PC←(PC)+3
JBC   bit, rel  ; 若 (bit) = 1，则PC←(PC)+3+rel，且bit←0
                ; 若 (bit) = 0，则PC←(PC)+3
```

这类指令可以根据位地址bit中的内容来决定程序的流向，其中，第1条指令和第3条指令功能类似，只是执行JBC指令后，还需要将bit位清零。

51单片机指令系统中各个指令对标志位的影响如表2-8所示。

表2-8　　影响标志的指令

指　令	Cy	OV	AC
ADD	√	√	√
ADDC	√	√	√
SUBB	√	√	√
MUL	√	√	
DIV	√	√	
DA	√		
RRC	√		
RLC	√		
SETB　C	√		
CLR　C	√		
CPL　C	√		
ANL C，bit	√		
ANL C，/bit	√		
OR　C，bit	√		
OR　C，/bit	√		
MOV　C，bit	√		
CJNE	√		

注：√表示指令执行时对标志有影响（置位或复位）。

2.3.6　伪指令

51单片机指令系统中每一条指令都是用意义明确的助记符来表示的。这是因为计算机一般都配备汇编语言，每一条语句就是一条指令，使得CPU执行一定的操作，完成规定的功能。但是用汇编语言编写的源程序不能被计算机直接执行，因为计算机只认识机器指令（二进制编码）。因此，必须把汇编语言源程序通过汇编程序翻译成机器语言程序（称为目标程序），这个翻译过程称为汇编。汇编程序对用汇编语言编写的源程序进行汇编时，还要提供一些汇编用的控制指令，如要指定程序或数据存放的起始地址，要给一些连续存放的数据确定单元等。但是，这些指令在汇编时并不产生目标代码，不影响程序的执行，所以称为伪指令。常用的伪指令有下列几种。

（1）定位伪指令ORG

ORG伪指令总是出现在每段源程序或数据块的开始。它指明此语句后面的程序或数据块的起始地址。其一般格式为：

```
ORG nn        (绝对地址或标号)
```

在汇编时由nn确定此语句后面第一条指令（或第一个数据）的地址。该段源程序（或数据块）就连续存放在以后的地址内，直到遇到另一个“ORG　nn”语句为止。在一个汇编语言程序中允许存在多条定位伪指令，但其每一个nn值都应和前面生成的机器指令存放地址不重叠。

（2）定义字节伪指令DB

其一般格式为：

```
[标号:]   DB   字节常数或字符或表达式
```

其中，标号区段可有可无，字节常数或字符是指一个字节数据或用逗号分开的字节串，或用引号括起来的ASCII码字符串。此伪指令的功能是把字节常数或字节串存入内存连续单元中。例如：

```
        ORG 9000H
DATA1:  DB   73H. 01H, 90H
DATA2:  DB   02H
```

伪指令“ORG　9000H”指定了标号DATA1的地址为9000H，伪指令DB指定了数据73H，01H，90H顺序地存放在从9000H开始的单元中，DATA2也是一个标号，它的地址与前一条伪指令DB连续，为9003H，因此数据02H存放在9003H单元中。

（3）定义伪指令DW

其一般格式为：

```
[标号:]        DW        字或字串
```

DW伪指令的功能与DB相似，其区别在于DB是定义一个字节，而DW是定义一个字（规定为两个字节，即16位二进制数），因此DW主要用来定义地址。存放时一个字需要两个单元。

（4）赋值伪指令EQU

其一般格式为：

```
[标号:]        EQU 操作数
```

EQU伪指令的功能是将操作数赋予标号，使两边的两个量等值。例如：

```
AREA   EQU    1000H
```

即给标号AREA赋值为1000H。

例如：

```
STK    EQU    AREA
```

即相当于STK = AREA。若AREA已赋值为1000H，则STK也为1000H。

使用EQU伪指令给一个标号赋值后这个标号在整个源程序中的值是固定的。也就是说，在一个源程序中，任何一个标号只能赋值一次。

（5）定义存储空间伪指令DS

其一般格式为：

```
DS    表达式
```

在汇编时，从指定地址开始保留“表达式”的值所指定的存储单元。例如：

```
ORG 1000H
DS   07H
DB   20H, 20
DW   12H
```

经过汇编后，从地址1000H开始保留7个存储单元，然后从1007H处开始的存储单元的内容为

（1007H）= 20H

（1008H）= 14H

（1009H）= 00H

（100AH）= 12H

注意

DB、DW、DS伪指令都是只对程序存储器起作用，而不能对数据存储器进行初始化。

（6）定义位地址符号伪指令BIT

其一般格式为：

字符名称　BIT　　　位地址

这里的“字符名称”与标号不同（其后没有“:”），但是必需的，其功能是将“位地址”赋值给“字符名称”。例如：

```
P11  BIT  P1.1
A02  BIT  02H
```

通过这两条指令，P1口的位1地址91H赋值给了P11，而A2的值赋予02H。

（7）汇编结束伪指令END

其一般格式为：

［标号:］　　　END ［地址或标号］

其中，标号以及操作数字段的地址或标号不是必要的。

END伪指令是一个结束标志，用来指示汇编语言源程序段在此结束。因此，在一个源程序中只允许出现一个END语句，并且必须放在整个程序（包括伪指令）的最后面，是源程序模块的最后一个语句。如果END语句出现在中间，则汇编程序将不汇编END后面的语句。例如：

```
        ORG  8400H
        MOV  A, R2
        MOV  DPTR, #TBJ3
        MOVC A, @A+DPTR
        JMP  @A+DPTR
TBJ3:   DW   PRG0
        DB   PRG1
        DB   PRG2
PRG0:   EQU  8450H
PRG1:   EQU  80H
PRG2:   EQU  B0H
        END
```

上述程序中的伪指令规定：程序存放在从8400H开始的单元中，字节数据存放在从标号地址TBJ3开始的单元中，与程序区相连，标号PRG0赋值为8450H，PRG1赋值为80H，PRG2赋值为B0H。

2.4　汇编语言程序设计基础

程序设计是为了解决某一个问题，将指令有序地组合在一起。程序有简有繁，有些复杂程序往往是由简单的基本程序所构成的。采用汇编语言编制程序的过程称为汇编语言程序设计。对于一个应用程序的设计，从拟定设计任务到编制的程序调试通过，通常分为如下几个步骤。

① 分析问题：根据给定问题，确定所需要的条件、原始数据、输入输出信息、运行速度要求、运算精度要求等指标。

② 建立数学模型：根据要解决的实际问题，反复研究分析，寻找出规律，并归纳出数据模型。

③ 确定符合计算机运算的算法：解决一个实际问题往往有多种方法，而计算机算法比较灵活，一般要优选出逻辑简单、运算速度快、精度高的算法，此外，还应考虑编程简单、占用内存少等要求。

④ 绘制流程图：程序流程图是解题步骤及其算法进一步具体化的重要环节，是程序设计的重要环节，它直观、清晰地体现了程序设计思路。流程图由预先约定的各种图形、流程线及必要的文字符号构成。

⑤ 确定数据结构：合理地选择和分配内存工作单元以及工作寄存器。

⑥ 编写源程序：根据流程图选择适当的指令和寻址方式，实现流程图中每个框图的功能要求，完成51单片机汇编语言程序设计。

⑦ 程序修改与调试：将编制好的源程序进行编译获得可以执行的目标代码，通常需要使用仿真器或仿真软件进行仿真调试，修改源程序中的错误，对程序运行结果进行分析，直至正确为止。同时，在不断的调试中还要尽量优化程序，缩短程序的长度，提高运算速度和节省存储空间。

程序编写是一个较复杂、艰难的过程，要有较强的抽象思维和逻辑思维能力。学习编程时，一般先阅读程序、分析程序。程序看懂了，再编写一些短小、简单的程序，记下一些专用语句的编程方法，然后逐步编写长程序。编好的程序要用软件或硬件仿真检验其正确性。以下的程序为了学习的方便全部都可以进行全软件仿真，每一个程序都可在仿真软件中检验它的正确性。

2.4.1 汇编语言程序的格式

汇编语言分为3个部分，即标号、操作码和操作数。每个部分之间要用分隔符隔开，分隔符可以采用空格、冒号、分号，具体格式如下：

```
标号:    操作码        操作数     ；注释
```

必须严格按照语句格式编写程序，对于任意汇编语句，只有操作码是必不可少的。

（1）标号

标号位于语句的最前面，由1～8个字母和数字组成，它代表该语句的地址。标号必须由字母打头，以冒号结尾，不能使用指令助记符、伪指令或寄存器名。标号不是语句的必要组成部分，在需要时才使用。

以下是一些正确的标号使用方法，如B3、DA、AD、DELY、LOOP、START等；而有些字符串不能用作标号，如4A、A+B、END、ADD、EQU等。

（2）操作码

操作码是指令的助记符，表示语句的性质，它是语句的核心部分，不可以省略。

（3）操作数

操作数与操作码之间用空格分开。操作数一般有目的操作数和源操作数，操作数之间用逗号分开。操作数可以是立即数，也可以是地址，但必须满足寻址方式的规定。51单片机的111条汇编语言指令大多有两个操作数，但也有只有一个操作数（如CLR A）或无操作数（如NOP）的。操作数中的常数可以是二进制数、八进制数、十进制数、十六进制数和字符串常数。二进制数以B结尾，八进制数以O结尾，十进制数以D结尾或省略，十六进制数以H结尾，字符串用单引号引用。

（4）注释

注释是为了方便阅读程序而附加的说明，一个好的程序员应养成良好的添加注释的习惯。注释与操作数之间用分号隔开。例如：

```
LOOP:    MOV     A, #10H        ；将10H送入寄存器A中
```

2.4.2 汇编语言程序的基本结构

汇编语言程序的基本结构形式有顺序结构、分支结构、循环结构等。

（1）顺序结构

顺序程序是最简单的程序结构，也称为直线程序。这种程序中既无分支、循环，也不调用子程序，程序按顺序逐一执行指令。

（2）分支结构

分支程序是通过条件转移指令实现的，即根据条件对程序的执行进行判断，若满足条件，则进行程序转移；若不满足条件，就顺序执行程序。

在51指令系统中，通过条件判断实现单分支程序转移的指令主要有JZ、JNZ、CJNE和DJNZ等。此外，还有以位状态作为条件进行程序分支的指令，如JC、JNC、JB、JNB和JBC等。使用这些指令，完成以0、1、正、负、相等、不相等等作为各种条件判断依据的程序转移。分支程序又分为单分支和多分支结构。

（3）循环结构

循环程序是最常见的程序组织方式，在程序运行时，有时需要连续重复执行某段程序，这时可以使用循环程序。这种设计方法可大大简化程序。

循环程序的结构一般包括如下几个部分：

① 置循环初值。对于循环过程中所使用的工作单元，在循环开始时应进行初始化。例如，工作寄存器初值设置、计数初值设置、地址指针、长度设置等，这是循环程序中的一个重要部分，不注意就很容易出错。

② 循环体。循环体即重复执行的程序段部分。

③ 修改控制变量。在循环程序中，必须给出循环结束条件。常见的是计数循环，当

循环了一定的次数后，就停止循环。在单片机中，一般用一个工作寄存器R*n*或直接寻址单元作为计数器，对该计数器赋初值作为循环次数，每循环一次，计数器的值就减1，即修改循环控制变量，当计数器的值减为0时停止循环。

④ 循环控制部分。循环控制部分根据循环结束条件判断是否结束循环。51单片机采用循环条件转移指令DJNZ来自动修改控制变量并能结束循环。

2.4.3 顺序结构程序设计

顺序结构程序是最简单、最基本的一种程序，又称为简单程序，是按照逻辑操作顺序从某一条指令开始依次顺序执行。顺序结构程序中没有分支、循环或子程序，可以完成一定的功能，它是构成复杂程序的基础。

【例2-4】 无符号多字节加法。

解：假设被加数存放在片内RAM的10H（低位字节）、11H（高位字节）中，加数存放在12H（低位字节）、13H（高位字节）中，运算结果存放在10H（低位字节）、11H（高位字节）中。

参考程序如下：

```
START:  PUSH    ACC       ；将累加器A中的内容压入堆栈保护
        MOV     R0, #10H  ；将10H地址值送入R0
        MOV     R1, #12H  ；将12H地址值送入R1
        MOV     A, @R0    ；被加数的低字节内容送入A中
        ADD     A, @R1    ；低字节数相加
        MOV     @R0, A    ；低字节数相加的操作结果存入10H单元中
        INC     R0        ；指向被加数的高位字节
        INC     R1        ；指向加数的高位字节
        MOV     A, @R0    ；被加数的高位字节送入累加器A中
        ADDC    A, @R1    ；高位字节数带进位相加
        MOV     @R0, A    ；高位字节数相加的操作结果存入11H单元中
        CLR     A         ；累加器中的进位标志Cy清零
        ADDC    A, #00H   ；
        MOV     20H, A    ；进位数暂存入20H单元中
        POP     ACC       ；恢复累加器A中的内容
```

这里将累加器A中的内容压入堆栈进行保护，如果原R0、R1中有内容，也应压入堆栈进行保护。如果相加结果高位字节的最高位产生进位且有意义，应对进位标志Cy位进行检测并进行处理。

2.4.4 分支程序设计

分支结构程序是根据某种条件判断结果决定程序的流向。分支程序的特点是程序执

行流程中包含条件判断，符合条件要求和不符合条件要求的有不同的处理路径。

分支结构程序是通过执行条件转移指令或散转指令来实现的。51指令系统中，除了零条件转移指令、比较转移指令外，还有一些位操作转移指令，将这些指令结合在一起使用可以完成多种条件判断，如正负判断、溢出判断、大小判断等。

分支结构程序一般分为简单分支程序和散转程序两类。

（1）简单分支程序

简单分支程序有3种形式，如图2-2所示。

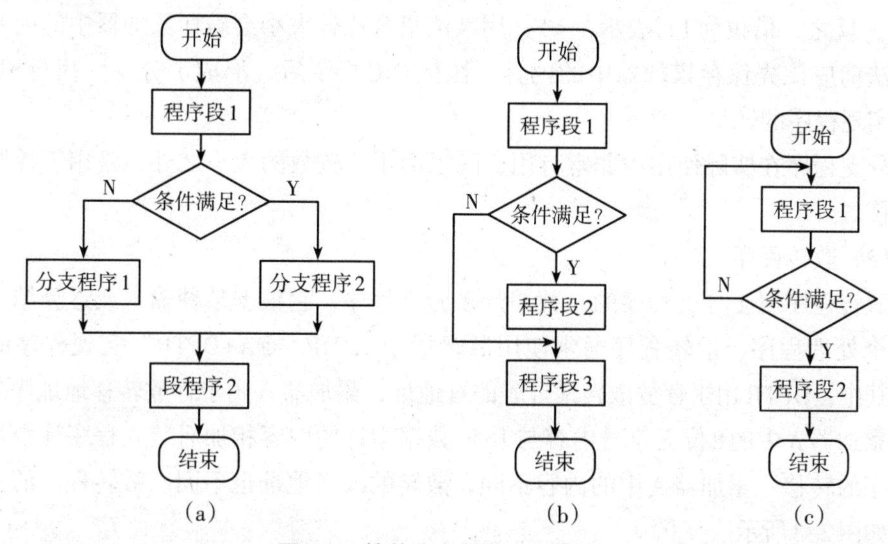

图2-2　简单分支程序流程图

【例2-5】 两个无符号数比较大小。

解：设两个连续外部RAM单元ST1和ST2中存放不带符号的二进制数，找出其中的大数存入ST3单元中。

参考程序如下：

```
          ORG 8000H
          ST1  EQU 8040H
START1:   CLR  C                 ；进位标志位清零
          MOV DPTR, #ST1         ；设置数据指针
          MOVX A, @DPTR          ；取第一个数
          MOV  R2, A             ；暂存R2
          INC   DPTR
          MOVX A, @DPTR          ；取第二个数
          SUBB A, R2             ；比较两数
          JNC  BIG1
          XCH A, R2              ；第一个数大
BIG0:     INC  DPTR
          MOVX @DPTR, A          ；保存大数
```

```
        SJMP $
BIG1:   MOVX A, @DPTR       ; 第二个数大
        SJMP BIG0
        END
```

本程序中，用减法指令SUBB来比较两数的大小。由于这是一条带借位的减法指令，因此在执行该指令前，先把进位标志位清零。用减法指令通过借位（Cy）的状态比较两数的大小是常用的比较方法。设有两数X和Y，当$X \geq Y$时，用$X-Y$的结果无借位（CY），反之，借位为1，表示$X<Y$。用减法指令比较大小会破坏累加器中的内容，因此做减法前应该先保存累加器中的内容。执行JNC指令后，形成了分支。执行SJMP指令后，实现程序的转移。

分支程序在实际使用中非常有用，除了用于比较数的大小之外，常用于控制子程序的转移。

（2）散转程序

散转程序属于分支程序的一种并行多分支程序，它根据某种输入或运算结果分别转向各个处理程序。散转程序通常使用散转指令“JMP　@A+DPTR”实现程序的跳转操作，其中，DPTR用于存放散转地址表的首地址，累加器A用于存放转移地址序号。该指令将累加器A中的8位无符号内容与16位数据指针的内容相加后装入程序计数器中，实现程序的转移。累加器A中的内容不同，散转的入口地址也不同。散转程序的基本结构流程如图2-3所示。

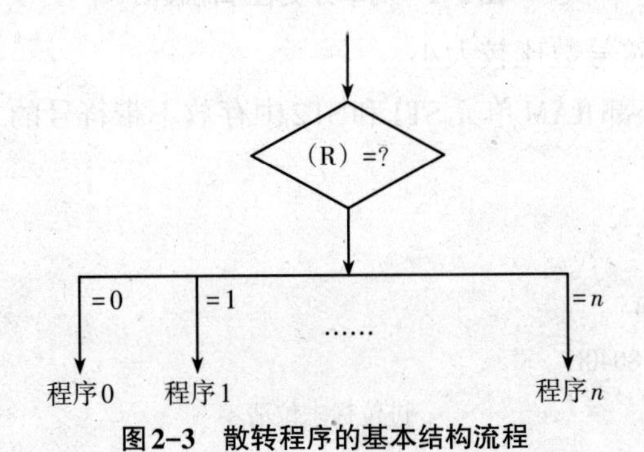

图2-3　散转程序的基本结构流程

【例2-6】 根据R2的内容转向对应处理程序，处理程序的入口地址分别为PRG0～PRGn。

解：参考程序如下：

```
ORG   0000H
PJ1:    MOV DPTR, #TAB1
        MOV A, R2
        ADD A, R2              ;（R2）*2
        JNC  PJ11
```

```
        INC  DPH
PJ11:   MOV R3, A           ; (R2) *2暂存于R3
        MOVC A, @A+DPTR
        XCH A, R3           ; 处理程序入口地址的高8位暂存于R3中
        INC  A
        MOVC A, @A+DPTR
        MOV DPL, A          ; 处理程序入口地址的低8位送入DPL
        MOV DPH, R3         ; 处理程序入口地址的高8位送入DPH
        CLR  A
        JMP  @A+DPTR        ; 转向处理程序入口
TAB1:   DW  PRG0            ; n个子程序的首地址
        DW  PRG1
        …
        DW  PRGn
```

2.4.5　循环程序设计

循环程序的特点是程序中含有可以重复执行的程序段，该程序段称为循环体，当满足某种条件时能重复执行某一段程序。采用循环程序时，可以减少指令和节省存储单元，可能使程序结构紧凑和增强可读性。

循环程序一般由5部分组成。

① 循环初始化：循环初始化程序段位于循环程序的开头部分，为循环程序做准备，如设置循环次数计数器的初值，地址指针置初值，为循环变量赋初值等。

② 循环处理：这部分程序段位于循环体内，是循环程序的工作程序，需要重复执行，要求编写得尽可能简练，以提高程序的执行速度，是循环程序的实体。

③ 循环修改：每执行一次循环体后，对指针做一次修改，使指针指向下一数据所在的位置，为进入下一轮处理做准备。

④ 循环控制：根据循环次数计数器的状态或循环条件检查循环是否能继续进行，若达到了循环次数或循环条件不满足，应控制退出循环，否则继续循环。

⑤ 循环结束：这部分程序用于分析及存放循环程序执行结果，以及恢复各工作单元的初始值。

通常将循环处理、循环修改和循环控制这3部分称为循环体。

循环程序的结构一般有两种形式。

① 先处理后判断：先进入处理部分，再控制循环，即至少执行一次循环体，如图2-4（a）所示。

② 先判断后处理：先控制循环，后进入处理部分，即先根据判断结果控制循环的执行与否，有时可以不进入循环体就退出循环程序，如图2-4（b）所示。

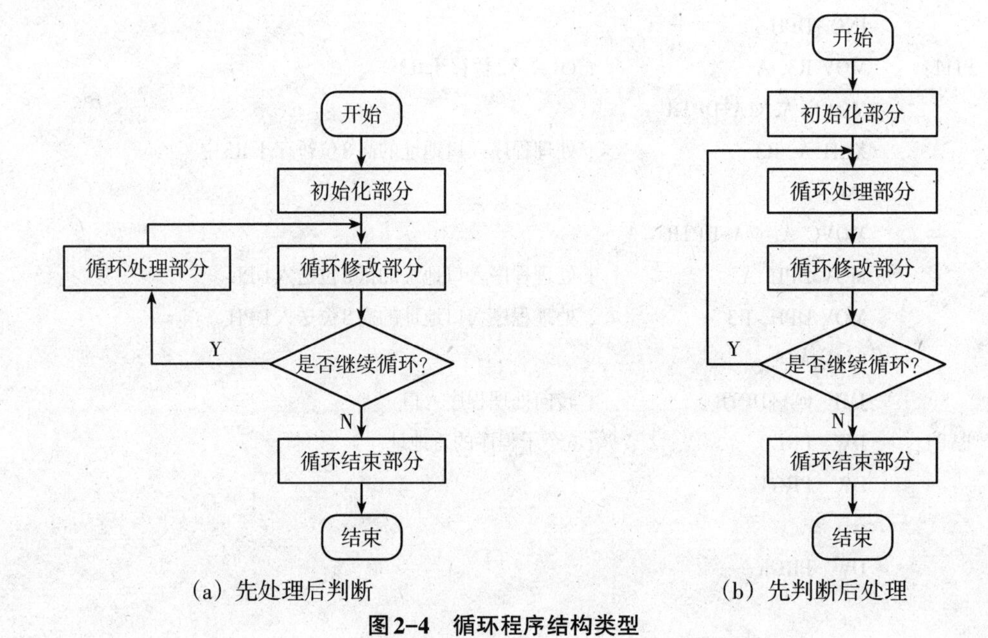

（a）先处理后判断　　　　（b）先判断后处理

图2-4　循环程序结构类型

不论是先处理后判断，还是先判断后处理，循环程序的关键是控制循环的次数。根据需要解决问题的实际情况，对循环次数的控制有多种：若循环次数已知，可以用计数器来控制循环；若循环次数未知，可以按条件控制循环。

【例2-7】 已知内部RAM的BLOCK单元开始有一个无符号数据块，块长存于LEN单元，试编写出数据块中各数据的累加和并存入SUM单元的程序。

解：为了对两种循环结构有个比较全面的了解并对比分析，下面给出两种程序设计方案。

方案1：先判断后处理（见图2-5（a））。

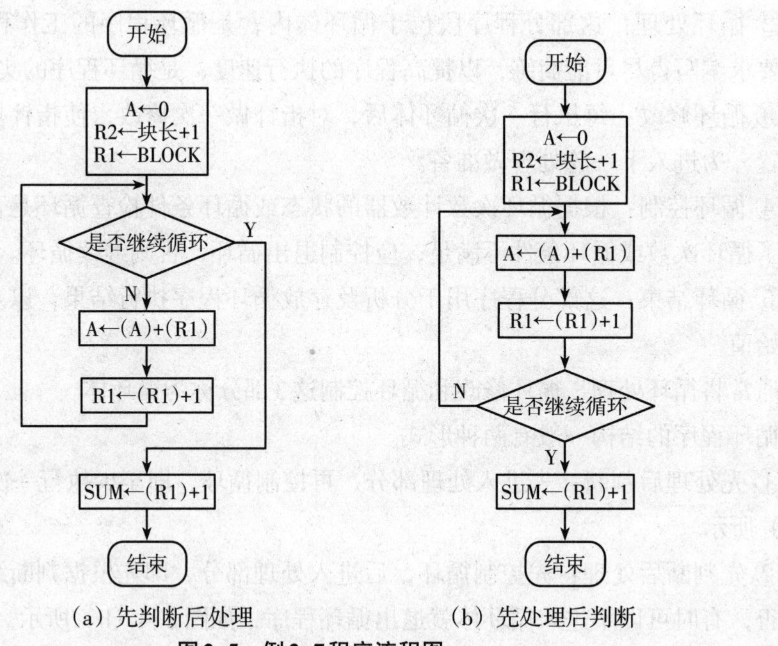

（a）先判断后处理　　　　（b）先处理后判断

图2-5　例2-7程序流程图

参考程序如下：

```
        ORG 0200H
LEN     DATA    20H
SUM     DATA    21H
BLOCK   DATA    22H
        CLR   A              ; 累加器A清零
        MOV R2, LEN          ; 块长送入R2
        MOV R1, #BLOCK       ; 数据块初始地址送入R1
        INC   R2             ; R2←块长+1
        SJMP CHECK
LOOP:   ADD  A, @R1          ; A←（A）+（(R1)）
        INC   R1             ; 修改数据块指针R1
CHECK:  DJNZ  R2, LOOP       ; 若未完，则转向LOOP处
        MOV SUM, A           ; 将累加和存入SUM单元
        SJMP $
        END
```

方案2：先处理后判断，见图2-5（b）。
参考程序如下：

```
        ORG 0200H
LEN     DATA    20H
SUM     DATA    21H
BLOCK   DATA    22H
        CLR  A               ; 累加器A清零
        MOV R2, LEN          ; 块长送入R2
        MOV R1, #BLOCK       ; 数据块初始地址送入R1
NEXT:   ADD  A, @R1          ; A←（A）+（(R1)）
        INC  R1              ; 修改数据块指针R1
        DJNZ R2, NEXT        ; 若未完，则转向NEXT处
        MOV SUM, A           ; 将累加和存入SUM单元
        SJMP $
        END
```

上述两个程序是有区别的，若数据块长不等于0，则两个程序的执行结果相同；若数据块长等于0，则先处理后判断程序的执行是有错误的，也就是说，先处理后判断程序至少有一次执行循环体内的程序。

【例2-8】测试字符串长度。

解：设有一串字符依次存放在从50H单元开始的连续单元中，该字符串以回车符为

结束标志，测得的字符串长度存入R2中。测试字符串长度程序是将该字符串中的每一个字符依次与回车符相比，若不相等，则统计字符串长度的计数器加1，继续比较；若相等，则表示该字符串结束，计数器中的值就是字符串的长度。

参考程序如下：

```
        ORG 0000H
CONT:   MOV R2,#00H              ;设置初始长度
        MOV R0,#50H              ;数据指针R0置初值
NEXT:   CJNE @R0,#0DH,LOOP3
        RET
LOOP3   INC  R0
        INC  R2
        SJMP NEXT
        END
```

待测字符以ASCII码形式存放在RAM中，回车符的ASCII码为0DH，程序中用一条“CJNE @R0，#0DH，LOOP3”指令实现字符比较及控制循环的任务，当循环结束时，R2的内容为字符串长度。

【例2-9】 将内部RAM以40H为起始地址的8个单元中的内容传到以60H为起始地址的8个单元中。

解：此程序的编写要用到间接寻址方法，它的基本编程思路是先读取一个单元的内容，将读取的内容送到指定单元，再循环送第二个，直到送完为止。

参考程序如下：

```
        ORG 0000H
        MOV R0, #40H       ; 设定内部RAM取数单元的起始地址
        MOV A, @R0         ; 读出数送A暂存
        MOV R1, #60H       ; 设定内部RAM存数单元的起始地址
        MOV @R1, A         ; 送数到60H单元
        MOV R7, #08        ; 设定送数的个数
LOOP:   INC  R0            ; 取数单元加1，指向下一个单元
        INC  R1            ; 存数单元加1，指向下一个单元
        MOV A, @R0         ; 读出数送A暂存
        MOV @R1, A         ; 送数到新单元
        DJNZ R7, LOOP      ; 如果未送完则转到LOOP标号处继续传送
        END                ; 结束
```

【例2-10】 编写10s延时程序。

解：延时程序与51单片机执行指令的时间有关，如果使用6MHz晶振，一个机器周期为2μs，计算出执行一条指令以至一个循环所需要的时间，给出相应的循环次数，便

能达到延时的目的。

参考程序如下：

```
DEL：    MOV R5, #50
DEL0：   MOV R6, #200
DEL1：   MOV R7, #248
DEL2：   DJNZ R7, DEL2      ; 1ms延时循环
         DJNZ R6, DEL1      ; 200ms延时循环
         DJNZ R5, DEL0      ; 10s延时循环
         RET
```

本例延时程序实际延时为9.980304s。它是一个三重循环程序，利用程序嵌套的方法对时间实行延迟是程序设计中常用的方法。

如果一个循环体中包含了其他的循环程序，即循环中嵌套着循环，这种程序称为多重循环程序。使用多重循环程序时，必须注意以下几点。

① 循环嵌套必须层次分明，不允许产生内外层循环交叉现象。

② 外循环可以一层层向内循环进入，结束时由里往外一层层退出。

③ 内循环体可以直接转入外循环体，实现一个循环由多个条件控制的循环结构方式。

根据以上程序可编出多重循环程序，也可编出一（单）重循环程序：

```
LOOP：   MOV R7, #0FFH
LOP1：   DJNZ R7, LOP1
         RET
```

还可编出两重循环程序：

```
DEL0：   MOV   R6, #200
DEL1：   MOV   R7, #248
DEL2：   DJNZ  R7, DEL2
         DJNZ  R6, DEL1
         RET
```

2.4.6　查表程序设计

在许多情况下，也可以改用查表方法解决问题，而且要简单得多。因此，在实际应用中，常常需要编制查表程序以缩短程序长度和提高程序执行效率。

所谓查表，是根据存放在ROM中数据表格的项来查找和它对应的表中值。例如，查$Y=X^2$（设X为0～9）的平方表时，可以预先计算出X为0～9时的Y值作为数据表格，存放在初始地址为DTAB的ROM存储器中，并使X的值和数据表格的项数（所查数据的实际地址对DTAB的偏移量）一一对应，这样就可以根据DTAB+X来找到和X对应的Y值。

51单片机的指令系统中有两条专用的查表指令：

```
MOVC A, @A+DPTR
MOVC A, @A+PC
```

上述两条指令是查表程序的基础，详见2.3.1节。

用查表的方法设计程序，往往可以使复杂的运算或转换过程简化，缩短程序的长度和执行时间。查表程序是一种常用程序，它广泛应用于LED数码显示器控制、打印输出以及数据补偿、计算、转换等功能程序中，具有程序简单、执行速度快等优点。

采用“MOVC　A，@A+PC”指令查表，其步骤可以分为如下3步。

① 使用传送指令把所查数据表格的项数送入累加器A中。

② 使用“ADD　A，#data”指令对累加器A进行修正，data值由下式确定：

PC+data = 数据表初始地址DTAB

其中，PC是查表指令“MOVC A，@A+PC”的下一条指令码的初始地址。因此，data值实际上等于查表指令和数据表格之间的字节数。

③ 采用查表指令“MOVC A，@A+PC”完成查表。

【例2-11】 利用查表程序实现$Y = X^2$（$X = 0 \sim 9$）。

解：设变量X的值存放在内存的40H单元中，变量Y的值存放在内存的41H单元中。先使用查表指令“MOVC A，@A+DPTR”编写程序（如参考程序1），再利用查表指令“MOVC A，@A+PC”编写程序（如参考程序2）。

参考程序1：

```
        ORG 0000H
START:  MOV  A, 40H
        MOV  DPTR, #TAB
        MOVC A, @A+DPTR
        MOV 41H, A
TAB:    DB  0, 1, 4, 9, 16, 25, 36, 49, 64, 81
        END
```

参考程序2：

```
        ORG 1000H
START:  MOV A, 40H
        ADD A, #02H
        MOVC A, @A+PC
        MOV 41H, A
        DB  0, 1, 4, 8, 16, 25, 36, 49, 64, 81
        END
```

参考程序2中，执行完第1条指令“MOV A，40H”后，A中的内容为X的值。第2条指令“ADD A，#02H”的作用是为了正确定位表的位置，以便使第3条指令能正确读取出与X对应的Y值。

【例2-12】 用查表方法编写彩灯控制程序，编程使彩灯先顺次点亮，再逆次点亮，然后连闪3下，反复循环。

解：

```
        ORG 0000H
START:  MOV DPTR, #TAB
LOOP:   CLR  A
        MOVC A, @A+DPTR
        CJNE A, #03H, LOOP1
        JMP  START
LOOP1:  MOV P1, A
        ACALL DEL
        INC     DPTR
        JMP     LOOP
TAB:    DB      01H, 02H, 04H, 08H, 10H, 20H, 40H, 80H
        DB      80H, 40H, 20H, 10H, 08H, 04H, 02H, 01H
        DB      00H, 0FFH, 00H, 0FFH, 00H, 0FFH, 03H
DEL:    MOV R7, #0FFH
DEL1:   MOV R6, #0FFH
DEL2:   DJNZ R6, DEL2
        DJNZ R7, DEL1
        RET
        END
```

2.4.7 子程序设计

所谓子程序，是指完成确定任务并能为其他程序反复调用的程序段，调用子程序的程序叫作主程序或调用程序。在实际程序中，常常会多次进行一些相同的计算和操作，如数制转换、函数式计算等，如果每次都从头开始编制一段程序，不仅麻烦，而且浪费存储空间。因此，对一些常用的程序段，以子程序的形式事先存放在存储器的某一区域，当主程序在运行过程中需要调用子程序时，只需要执行调用子程序的指令，使程序转至子程序，子程序处理完毕，返回主程序，继续进行以后的操作。

在实际应用中，几乎所有的实用程序都是由许多子程序构成的。子程序常常可以构成子程序库，集中放在某一存储空间，供主程序随时调用，因此，采用子程序能使整个程序结构简单，缩短程序设计时间，减少对存储空间的占用。主程序和子程序是相对的，没有主程序就不会有子程序，同一程序既可以作为另一程序的子程序，也可以有独立的子程序，也就是说，子程序允许嵌套。子程序在结构上应具有通用性和独立性，编写子程序时应注意以下问题：

① 子程序的第1条指令地址称为子程序的初始地址或入口地址。该指令前必须有标号，标号应以子程序任务定名，以便于阅读。

② 主程序调用子程序是通过安排在主程序中的调用指令实现的，子程序返回主程序必须执行安排在子程序末尾的一条RET返回指令。

③ 主程序调用子程序和从子程序返回主程序，计算机能自动保护和恢复主程序的断点地址。但对于各个工作寄存器、特殊功能寄存器和内存单元中内容，如果需要保护和恢复的话，就必须在子程序开头和末尾（RET指令前）使用一些能够保护和恢复它们的指令。

④ 为了使所编写的子程序可以放在64KB内存的任何子域并能为主程序调用，子程序内部必须使用相对转移指令，而不使用其他转移指令，以便汇编时生成浮动代码。

⑤ 子程序参数可以分为入口和出口参数两类：入口参数指子程序需要的原始参数，由调用它的主程序通过约定的工作寄存器R0 ~ R7、特殊功能寄存器（SFR）、内存单元或堆栈等预先传送给子程序使用；出口参数是由子程序根据入口参数执行程序后获得的结果参数，应由子程序通过约定的R0 ~ R7、SFR、内存单元或堆栈等传递给主程序使用。

51单片机常用的传送子程序参数方法有以下几种。

2.4.7.1 工作寄存器或累加器传递参数

此方法是把入口参数或出口参数存放在工作寄存器或累加器中的方法。使用这种方法程序最简单，运算速度也最高。它的缺点是工作寄存器数量有限，不能传递太多的数据；主程序必须先把数据送到工作寄存器；参数个数固定，不能由主程序任意设定。

【例2-13】 编写程序实现 $y = x_1^2 + x_2^2$。

解：设 x_1，x_2，y 分别存放于片内RAM的X1，X2，Y单元中。设计查表平方表子程序，平方和在主程序中相加得到。

参考程序如下：

```
；子程序名：SQR
；子程序功能：求1个字节数的平方子程序
；子程序入口：（A）＝待处理的一个字节数
；子程序出口：（A）＝该数的平方和
        ORG     00H
        X1      EQU 30H
        X2      EQU 40H
        Y       EQU 50H
START：  MOV     A, X1         ；调用查表程序
        ACALL   SQR
```

```
MOV     R1, A         ; x1²存放在R1中
MOV     A, X2
ACALL SQR             ; 调用查表程序
ADD     A, R1
MOV     Y, A
```

查表平方子程序SQR见例2-11。

2.4.7.2 用指针寄存器传递参数

由于数据一般存放在存储器中，而不是存放在工作寄存器中，因此可用指针来指示数据的位置，这样可以大大节省传递数据的工作量，并可实现可变长度运算。一般地，如果参数在内部RAM中，可用R0或R1作指针。进行可变长度运算时，可用一个寄存器指出数据长度，也可在数据中指出其长度（如使用结束标记符）。

【例2-14】 将（R0）和（R1）指向的内部RAM中的两个3字节无符号整数相加，结果送到（R0）指向的内部RAM中。入口时，（R0）、（R1）分别指向加数和被加数的低位字节，出口时（R0）指向结果的高位字节。

解：利用51单片机的带进位加法指令，参考程序如下：

```
        ORG 0000H
        MOV R7, #3
        CLR  C
NADD1:  MOV A, @R0
        ADDC A, @R1
        MOV @R0, A
        DEC  R0
        DEC  R1
        DJNZ R7, NADD1
        INC  R0
        RET
        END
```

2.4.7.3 用堆栈传递参数

堆栈可以用于传递参数。调用时，主程序可用PUSH指令把参数压入堆栈中。然后子程序可按栈指针访问堆栈中的参数，同时可把结果参数送回堆栈中。返回主程序后，可用POP指令得到这些结果参数。这种方法的优点是简单，能传递大量参数，不必为特定的参数分配存储单元。使用这种方法时，由于参数在堆栈中，因此大大简化了中断响应时的现场保护。

实际使用时，不同的调用程序可使用不同的技术来决定或处理这些参数。下面以几

个简单的例子说明用堆栈传递参数的方法。

【例2-15】 编写将一位十六进制数转换为ASCII码的子程序。

解：

参考程序如下：

```
        ORG 0000H
HASC:   MOV R0,SP
        DEC R0
        DEC R0              ；R0为参数指针
        XCH A, @R0          ；保护ACC，取出参数
        ANL A, #0FH
        ADD A, #2           ；加偏移量
        MOVC A, @A+PC
        XCH A, @R0          ；查表结果放回堆栈中
        RET
        DB '0123456789'     ；十六进制数的ASCII字符表
        DB 'ABCDEF'
        END
```

子程序HASC把堆栈中的一位十六进制数变成ASCII码。它先从堆栈中读出调用程序存放的数据，然后用它的低4位访问一个局部的16位的ASCII码表，把得到的ASCII码放回堆栈中，然后返回。它不改变累加器的值，可以按不同的情况调用这个程序。

【例2-16】 把内部RAM中50H、51H的双字节十六进制数转换为4位ASCII码，存放于（R1）指向的4个内部RAM内部单元。

解：利用如下方法调用例2-15中的子程序。

参考程序如下：

```
        ORG     0000H
HA24:   MOV     A, 50H
        SWAP    A
        PUSH    ACC
        ACALL   HASC
        POP     ACC
        MOV     @R1, A
        INC     R1
        PUSH    50H
        ACALL   HASC
        POP     ACC
        MOV     @R1, A
        INC     R1
```

```
        MOV     A, 51H
        SWAP    A
        PUSH    ACC
        ACALL   HASC
        POP     ACC
        MOV     @R1, A
        INC     R1
        PUSH    51H
        ACALL   HASC
        POP     ACC
        MOV     @R1, A
        END
```

HASC子程序只完成了一位十六进制数到ASCII码的转换，对于一个字节中的两个十六进制数，需要由主程序把它分成两个一位十六进制数，然后两次调用HASC子程序才能完成转换。对于需要多次使用该功能的程序的场合，需要占用很多程序空间。

下面介绍将一个字节的两位十六进制数变成两位ASCII码的子程序。程序仍采用堆栈来传递参数，但传到子程序的参数为一个字节，传回主程序的参数为两个字节，这样堆栈的大小在调用前后不一样。在子程序中，必须对堆栈内的返回地址和栈指针进行修改。

【例2-17】 编写将一个字节的两位十六进制数转换为两位ASCII码子程序。

解：参考程序如下：

```
        ORG 0000H
HTA2：  MOV R0, SP
        DEC R0
        DEC R0
        PUSH ACC            ；保护累加器中的内容
        MOV A, @R0          ；取出参数
        ANL A, #0FH
        ADD A, #14          ；加偏移量
        MOVC    A, @A+PC
        XCH A, @R0          ；低位的ASCII码放入堆栈中
        SWAP    A
        ANL A, #0FH
        ADD A, #7           ；加偏移量
        MOVC A, @A+PC
        INC R0
        XCH A, @R0          ；高位的ASCII码放入堆栈中
```

```
        INC  R0
        XCH A, @R0          ；高位返回地址放入堆栈，并恢复累加器中的内容
        RET
        DB   '0123456789'
        DB   'ABCDEF'
        END
```

【例2-18】 将内部RAM中50H、51H中的内容以4位十六进制数ASCII形式串行发送出去。

解：可用如下参考程序调用HTA2程序：

```
        ORG 0000H
SCOT4:  PUSH     50H
        ACALL    HTA2
        POP      ACC
        ACALL    COUT
        POP      ACC
        ACALL    COUT
        PUSH     51H
        ACALL    HTA2
        POP      ACC
        ACALL    COUT
        POP      ACC
        ACALL    COUT
COUT:   JNB      TI, COUT        ；字符发送子程序
        CLR      TI
        MOV      SBUF, A
        RET
        END
```

在例2-17的程序中，修改返回地址由“XCH　A，@R0”指令来完成。对于修改栈指针的操作，这里并不需要，因为在子程序中，“PUSH　ACC”指令已经使栈指针加1。如果在子程序出口处，栈指针与实际的栈内容不相符合，这时应修改栈指针。因为一般在用栈指针传递参数的子程序中，均用数据指针R0或R1来修改栈内容（包括返回地址），并且一般在最后修改返回地址，故可在返回前加入一条“MOV SP，R0”或“MOV SP，R1”指令，即可完成栈指针的修改。这种方法适用于各种情况，包括调用参数多于结果参数和调用参数少于结果参数等各种场合。

2.4.7.4 程序段参数传递

以上这些参数传递方法，多数是在调用子程序前把值装入适当的寄存器传递参数。如果有许多常数参数，这种方法就不太适用，因为每个参数需要一个寄存器传递，并且在每次调用子程序时需要分别用指令把它们装入寄存器中。

如果需要大量参数，并且这些参数均为常数，程序段参数传递方法（有时也称为直接参数传递）是传递常数的有效方法。调用时，常数作为程序代码的一部分，紧跟在调用子程序后面。子程序根据栈内的返回地址决定从何处找到这些常数，然后在需要时从程序存储器中读出这些参数。

【例2-19】 编写字符串发送子程序。

解：在实际应用中，经常需要发送各种字符串。这些字符串通常放在程序存储器（EPROM）中。按照通常方法，需要先把这些字符装入RAM中，然后用传递指针的方法来实现参数传递。为了简便，也可把字符串放在EPROM独立区域中，然后用传递字符串首地址的方法来传递参数，以后子程序可按该地址用MOVC指令从EPROM中读出并发送该字符串。但是最简单的方法是采用程序段参数传递方法。下面的参考程序中字符串全以0结束。

```
        ORG 0000H
SOUT:   POP  DPH              ; 栈中指针
        POP  DPL
SOT1:   CLR  A
        MOVC A, @A+DPTR
        INC  DPTR
        JZ   SEND
        JNB  TI, $            ; $为本条指令地址
        CLR  TI
        MOV SBUF, A
        SJMP SOT1
SEND:   JMP  @A+DPTR
        END
```

下面以发送字符串'C51 CONTROLLER'为例，说明该子程序的使用方法。

```
ACALL   SOUT
DB   'C51 CONTROLLER'
DB   0AH, 0DH, 0
…
```

上面这种子程序有如下几个特点。

① 它不以一般的返回指令结尾，而是采用基寄存器加变址寄存器间接转移指令来返回参数表后的第一条指令。一开始的POP指令已调整了栈指针的内容。

② 它可适用于ACALL或LCALL，因为这两种调用指令均把下一条指令或数据字节的地址压入栈中。调用程序可位于51单片机全部地址空间的任何地方，因为MOVC指令能访问所有64KB存储区。

③ 传递到子程序的参数可按最方便的次序排列，而不必按使用的次序排列。子程序在每一条MOVC 指令前为累加器装入适当的参数，这样基本上可“随机访问”参数表。

④ 子程序只使用累加器A和数据指针DPTR，应用程序可以在调用前把这些寄存器压入堆栈中，保护它们的内容。

前面介绍了4种基本的参数传递方法，实际上，可以按需要合并使用两种或几种参数传递方法，以达到减少程序长度、加快运行速度、节省工作单元等目标。

本章小结

本章分4个部分介绍了51单片机指令系统和汇编语言程序设计：首先，介绍了51单片机的指令格式，包括指令格式、指令的字节数以及指令的分类；其次，详细地介绍了51单片机的寻址方式，包括立即寻址、直接寻址、寄存器寻址、寄存器间接寻址、变址寻址、相对寻址和位寻址的概念，并介绍了不同寻址方式的特点和使用方法；再次，重点介绍了51单片机的指令，并对111条指令进行了系统分类，分别介绍了数据传送指令、算术运算指令、逻辑运算指令、控制转移指令、位操作指令和伪指令；最后，介绍了汇编语言程序设计基础，详细介绍了顺序结构程序、分支程序、循环程序、查表程序和子程序的设计原则，并列举了大量实例进行说明。

习题与思考

1. 51单片机指令系统中有哪些寻址方式？其相应的寻址空间是多少？

2. 什么是源操作数和目的操作数？通常在指令中如何加以区分？

3. 试编程将片内RAM的20H单元中的内容与R1中的内容进行交换。

4. 判断下列说法是否正确？

（1）立即寻址方式是被操作的数据本身在指令中，而不是它的地址在指令中。

（2）指令周期是执行一条指令的时间。

（3）指令中直接给出的操作数称为直接寻址。

5. 在基址加变址寻址方式中，以________作为变址寄存器，以________或________作为基址寄存器。

6. 判断以下指令的正误：

（1）MOV　28H, @R2　　（2）DEC　DPTR　　（3）INC　DPTR

（4）CLR　R0　　（5）CPL R5　　（6）MOV R0, R1

（7）PHSH DPTR　　（8）MOV F0, C　　（9）MOV F0, ACC.3

（10）MOVX A, @R1　　（11）MOV C, 30H　　（12）RLC R0

7. 执行如下程序后累加器A和程序状态字中的内容是什么？

（1）
```
MOV  A, #0FEH
ADD  A, #0FEH
```

（2）
```
MOV  A, #92H
ADD  A, #0A4H
```

8. 下列程序段的功能是什么？

```
PUSH  ACC
PUSH  B
POP   ACC
POP   B
```

9. 已知程序执行前有PC＝2000H，A＝02H，SP＝52H，（51H）＝FFH，（52H）＝FFH。下述程序执行后，A＝________；SP＝________；（51H）＝________；（52H）＝________；PC＝________。

```
POP     DPH
POP     DPL
MOV     DPTR, #4000H
RL      A
MOV     B, A
MOVC    A, @A+DPTR
PUSH    ACC
MOV     A, B
INC     A
MOVC    A, @A+DPTR
PUSH    ACC
RET
ORG     4000H
DB  10H, 80H, 30H, 50H, 30H, 50H
```

10. 简述汇编语言程序的基本结构。

11. 下列程序段经过汇编后，从1000H开始的各有关存储单元的内容将是什么？

```
ORG     1000H
TAB1    EQU     1234H
TAB2    EQU     3000H
```

```
DB      "MAIN"
DW      TAB1, TAB2, 70H
```

12. 若SP＝60H，标号LABEL所在的地址为3456H。LCALL指令的地址为2000H，执行如下指令后，堆栈指针SP和堆栈内容发生了什么变化？PC的值等于什么？如果将指令LCALL直接换成ACALL是否可以？如果换成ACALL指令，可调用的地址范围是什么？

```
2000H    LCALL   LABEL
```

第3章　51单片机的硬件资源

第1章和第2章对51单片机的系统结构和指令系统进行了总体介绍，详细讲述了单片机内部包含的主要部件，如CPU、控制器、特殊功能寄存器及内部存储空间的分配等，这些部件必须在程序的控制下才能发挥作用。本章将对前面尚未详细介绍的51单片机的硬件资源进行详尽的讨论，包括并行I/O口、中断系统、定时器/计数器、串行口等。

3.1　51单片机并行I/O口

输入/输出（I/O）接口是CPU和外设间信息交换的桥梁，它可以是一块单独的大规模集成电路，也可以同CPU一起集成在一块芯片上。I/O接口分为并行接口和串行接口两种，本节介绍并行I/O口，串行接口将在3.4节中详细介绍。

3.1.1　I/O口的作用

I/O口是CPU与外设进行信息交换的主要通道，其主要作用如下。

（1）实现和不同外设的速度匹配

不同外设的工作速度有很大差别，但大多数外设的速度相对于CPU的微秒级或毫秒级的运算速度来说都是很慢的，因此，要想使外设和CPU之间传递信息，I/O接口电路本身就必须能够实现CPU和外设间的工作速度匹配。一般来说，I/O接口电路采用中断方式传送数据，以提高CPU的工作效率。

（2）改变数据传送方式

通常I/O口传递的数据有并行和串行两种方式。对于8位单片机而言，并行传递是指数据在8条数据总线上同时传送，一次传送8位二进制数；串行传递是指数据在一条数据总线上分时传送，一次只能传送1位二进制数。一般地，数据在CPU内部传送采用并行传递方式，但有些外设中的数据传送采用串行方式，因此，当CPU和采用串行传送数据的外设之间进行信息交换时，I/O口电路就必须具有能够改变数据传送方式的功能，也就是说，这种I/O接口电路必须具有能将串行数据和并行数据相互转换的功能。

（3）改变信号的性质和电平

CPU和外设之间交换的信息有两类：一类是数据型的，如程序代码、地址和数据；另一类是状态和命令型的，状态信息包含了外设的工作状态信息，命令信息用于控制外设的工作模式。因此，I/O接口必须能将外设传送过来的状态信息归一化后传递给CPU，又能自动根据要求给外设发送控制命令。

一般地，CPU的输入/输出数据和控制信号是TTL电平（例如，小于0.6V表示“0”信号，大于3.4V表示“1”信号），而外设的信号电平类型较多，为了实现CPU和外设之间的信号传送，I/O接口电路也要能具备信号电平的自动转换功能。

3.1.2 内部并行I/O口

51单片机内部提供了4个并行I/O口，分别为P0、P1、P2和P3口，其中，P0口为三态双向端口，负载能力为8个LS型TTL门电路；P1～P3为准双向端口，用作输入时，端口锁存器必须先写“1”，负载能力为4个LS型TTL门电路。

（1）P0口

P0口是一个漏极开路型双向I/O口，每位能驱动8个LS型TTL负载。在访问外存储器时，P0分时提供低8位地址和8位数据的复用总线；当不接片外存储器或不扩展I/O接口时，P0可作为一个通用输入/输出口。当P0口作为输入口使用时，应先向口锁存器写“1”，此时P0口的全部引脚浮空，可作为高阻抗输入；当P0口作为输出口使用时，由于输出电路为漏极开路电路，必须外接上拉电阻。

P0口的字节地址为80H，位地址为80H～87H，该口的各位口线具有完全相同但又相互独立的逻辑电路，P0口的位结构电路原理如图3-1所示。其中包括如下部件。

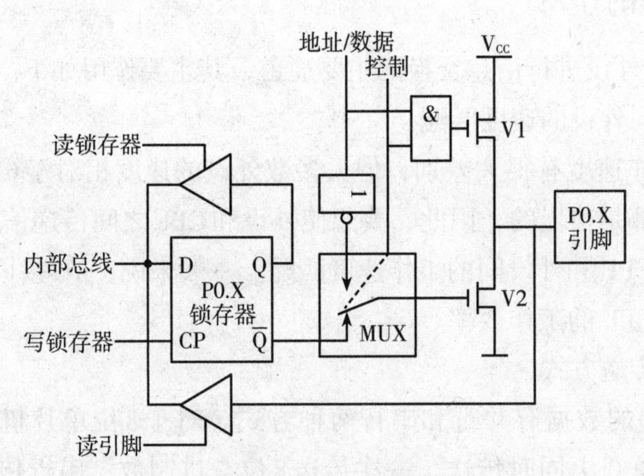

图3-1 P0口位结构

①1个数据输出锁存器，用于进行数据位的锁存。

②2个三态数据输入缓冲器，分别用于锁存器数据和引脚数据的输入缓冲。

③1个多路转向开关（MUX），开关的一个输入来自锁存器，另一个输入为“地址/数据”。输入转接由“控制”信号控制。之所以设置多路转换开关，是因为P0口既可以

作为通用的I/O口，又可以作为单片机系统的地址/数据线使用，即在控制信号的作用下，由MUX实现锁存器输出和地址/数据线之间的转换。

④ 1个输出驱动电路和1个输出控制端。输出驱动电路由一对场效应管组成，其工作状态受输出端的控制，输出控制端由1个与门、1个反相器和1个转向开关MUX组成。对于8051/8751来说，P0口既可作为输入/输出口，又可作为地址/数据总线使用。

在实际应用中，P0口在绝大多数的情况下都是作为单片机系统的地址/数据线使用。当传送地址或数据时，CPU发出控制信号，打开上面的与门，使多路转向开关MUX倒向上边，使内部地址/数据线与下面的场效应管反相接通，这时的输出驱动电路由于上下两个场效应管（FET）处于反相，形成推拉式电路结构，大大提高了单片机的负载能力。当输入数据时，数据信号则直接从引脚通过输入缓冲器进入内部总线。

P0口也可以作为通用的I/O口使用。这时，CPU传递过来的控制信号为低电平，封锁了与门，并将输出驱动电路的上拉场效应管截止，而多路的转向开关MUX倒向下边，与D锁存器的输入端 $\bar{Q}$ 接通。

当P0口作为输出口使用时，由锁存器和驱动电路构成数据输出通路。由于通路已有输出锁存器，因此，数据输出可以与外设直接相接，无需再增加数据锁存器电路。进行数据输出时，来自CPU的写脉冲加在D锁存器的CP端，数据写入D锁存器，并向端口引脚输出。注意，由于输出电路是漏极开路电路，必须外接上拉电阻才能有高电平输出。

当P0口作为输入口使用时，应区分读引脚和读端口（或称读锁存器）两种情况，因此，在端口电路中有两个用于读入的三态缓冲器。读引脚就是该芯片的引脚上的数据，这时，使用下方的缓冲器，由“读引脚”信号将缓冲器打开，引脚上的数据经过缓冲器通过内部总线读进来；读端口则是通过上面的缓冲器将锁存器Q端口的状态读进来。

（2）P1口

P1口是一个有内部上拉电阻的准双向口，P1口的每一位口线能独立用作输入线或输出线。用作输出时，如将“0”写入锁存器，场效应管导通，输出线为低电平，即输出为“0”。因此在用作输入时，必须先将“1”写入口锁存器，使场效应管截止。该口线由内部上拉电阻提拉成高电平，同时也能被外部输入源拉成低电平，即当外部输入“1”时该口线为高电平，而输入“0”时，该口线为低电平。P1口用作输入时，可被任何TTL电路和MOS电路驱动，由于具有内部上拉电阻，也可以直接被集电极开路和漏极开路电路驱动，不必外加上拉电阻。P1口可驱动4个LS型TTL门电路。

P1口的字节地址为90H，位地址为90H～97H，其位结构电路原理如图3-2所示，P1口只能作为通用的I/O使用，所以在电路结构上与P0口有些不同。

① P1口只传送数据，因此，不需要多路转向开关MUX。

② 由于P1口用来传送数据，因此，输出电路中有上拉电阻，上拉电阻与场效应管共同组成输出驱动电路。这样，电路的输出不是三态的，所以P1口是准双向口。

③ 当P1口作为输出口使用时，能够对外提供推拉电流负载，外电路无需再接上拉电阻。

④ 当P1口作为输入口使用时，应先向其锁存器写入“1”，使其输出驱动电路的场效应管截止。

（3）P2口

P2口是一个带有内部上拉电阻的8位准双向通用I/O口，每一位口线能驱动4个LS型TTL负载；当系统中接有外部存储器时，P2口用于输出高8位地址A15～A8。

P2口的字节地址为A0H，位地址为A0H～A7H。P2口的位结构电路原理如图3-3所示，引脚上拉电阻同P1口。在结构上，P2口比P1口多一个输出控制部分。

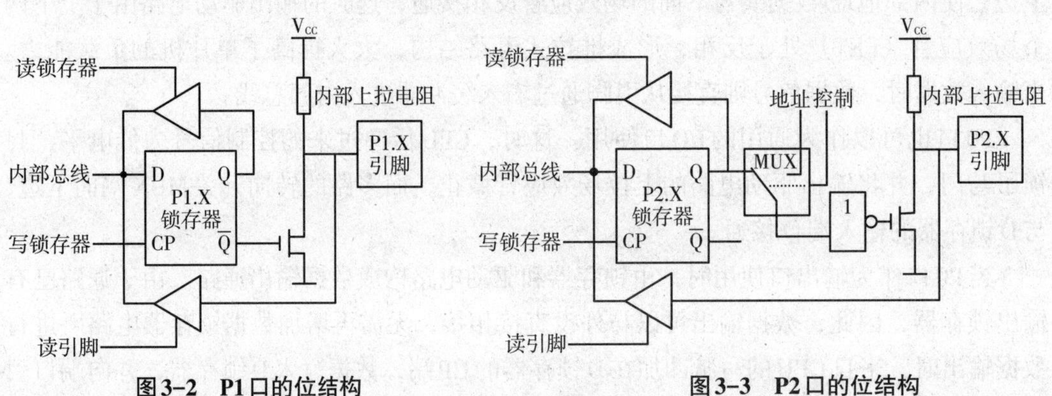

图3-2　P1口的位结构　　**图3-3　P2口的位结构**

在实际应用中，P2口用于为系统提供高位地址，因此，同P0口一样，在P2口电路中有一个多路转向开关MUX，但MUX的一个输入端不再是“地址/数据”，而是单一的“地址”，这是因为P2口只作为地址线使用，而不是作为数据线使用。当P2口作为高位地址线使用时，多路转向开关应倒向“地址”端。由于P2只作为地址线使用，端口的输出可以不是三态的，因此，P2口也是一个准双向口。

此外，P2口也可以作为通用I/O口使用，这时多路转向开关MUX倒向锁存器Q端。

（4）P3口

P3口是一个多用途的端口，也是一个准双向口，作为第一功能使用时，其功能同P1口。P3口的字节地址为B0H，位地址为B0H～B7H。P3口的位结构电路原理如图3-4所示。

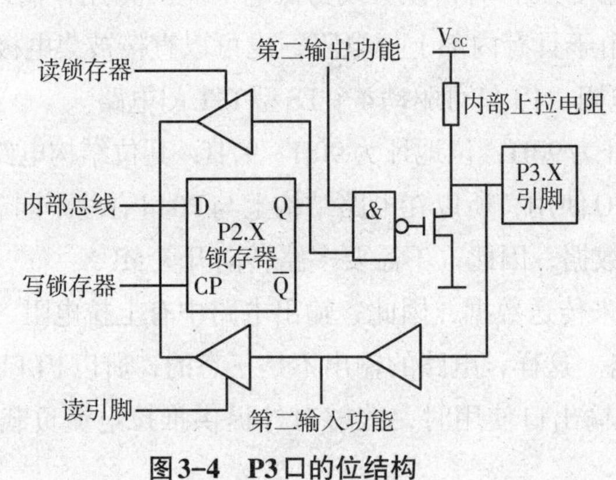

图3-4　P3口的位结构

虽然P3口可以作为通用I/O使用，但在实际应用中常常使用其第二功能，如表3-1所示。

表3-1　　P3口线的第二功能

口　线	第二功能	信号名称
P3.0	RxD	串行数据接收
P3.1	TxD	串行数据发送
P3.2	$\overline{\mathrm{INT0}}$	外部中断0请求
P3.3	$\overline{\mathrm{INT1}}$	外部中断1请求
P3.4	T0	定时器/计数器0计数输入
P3.5	T1	定时器/计数器1计数输入
P3.6	$\overline{\mathrm{WR}}$	外部RAM写选通
P3.7	$\overline{\mathrm{RD}}$	外部RAM读选通

为了适应P3口的需要，在口电路中增加了第二功能控制逻辑。第二功能信号有输入和输出两种情况。

① 输出的第二功能信号引脚。当作为通用的I/O口使用时，电路中的“第二输出功能”线应保持高电平，与非门开通，以维持从锁存器到输出端数据输出通路的畅通。当输出第二功能信号时，该锁存器应预先设置“1”，使与非门对第二功能信号的输出是畅通的，从而实现第二功能信号的输出。

② 第二功能作为输入信号的引脚时，在口线的输入通路上增加了一个缓冲器，输入的信号就从这个缓冲器的输出端取得。而作为通用的I/O口线使用的数据输入仍取自三态缓冲器的输出端。

③ P3口无论是作为输入口使用还是作为第二功能信号的输入使用，输出电路中的锁存器输出和“第二功能输出信号”线都应保持高电平。

3.1.3　内部并行I/O口的应用

51单片机内部4个并行I/O口共有3种操作方式，即输出数据方式、读端口数据方式和读端口引脚方式。

在数据输出方式下，CPU通过一条数据操作指令就可以将输出数据写入P0～P3的端口锁存器，然后通过输出驱动器送到端口引脚。因此，凡是端口操作指令都能达到从端口引脚上输出数据的目的。例如，下面的指令均可以在P0口输出数据：

```
MOV P0,A        ;累加器A中的内容送入P0中
ANL P0,A        ;P0口的内容和累加器A中的内容进行逻辑与操作后送入P0口
```

读端口数据方式是一种仅对端口锁存器中的数据进行读入的操作方式，CPU读入的这个数据并非端口引脚的数据。因此，CPU只要一条传送指令就可以将端口锁存器中的数据读入累加器A或内部RAM中。例如，下面的指令可以从P1口输入数据：

```
MOV A, P1        ; P1锁存器中的数据送入累加器A中
MOV 20H, P1      ; P1锁存器中的数据送入内部RAM的20H单元中
```

读端口引脚方式可以从端口引脚上读入信息。在这种方式下，CPU首先必须使预读端口引脚所对应的锁存器设置“1”，以便驱动器中的T2管截止，然后打开输入三态缓冲器，使相应端口引脚上的信号输入CPU内部数据总线。因此，用户在读引脚时必须连续使用两条指令。例如，读P1口第4位引脚上的信号的程序如下：

```
MOV P1, #0FH     ; 使P1口低四位锁存器置“1”
MOV A, P1        ; 读P1口第4位引脚信号
```

应当指出，51单片机内部4个I/O口既可以字节寻址，也可以位寻址，每一位既可以用作输入，也可以用作输出。

3.2 51单片机中断系统

在CPU与外设交换信息时，存在一个快速的CPU与慢速的外设间的矛盾。为了解决这个问题，采用了中断技术。良好的中断系统能提高计算机实时处理的能力，实现CPU与外设分时操作和自动处理故障，从而扩大了计算机的应用范围。

当CPU正在处理某项事务的时候，如果外界或内部发生了紧急事件，要求CPU暂停正在处理的工作转而去处理这个紧急事件，待处理完以后再回到原来被中断的地方，继续执行原来被中断了的程序，这个过程称为中断。向CPU提出中断请求的源称为中断源。微型计算机一般允许有多个中断源。当几个中断源同时向CPU发出中断请求时，CPU应优先响应最需要紧急处理的中断请求。为此，需要规定各个中断源的优先级，使CPU在多个中断源同时发出中断请求时能找到优先级最高的中断源，响应它的中断请求，在优先级高的中断请求处理完以后再响应优先级低的中断请求。

当CPU正在处理一个优先级低的中断请求的时候，如果发生另一个优先级比它高的中断请求，CPU能暂停正在处理的中断源的处理程序，转去处理优先级高的中断请求，待处理完以后再回到原来正在处理的低级中断程序，这种高级中断源能中断低级中断源的中断处理，称为中断嵌套。

51单片机允许有5个中断源，提供两个中断优先级（能实现二级中断嵌套）。每一个中断源的优先级的高低都可以通过编程来设定。中断源的中断请求是否能得到响应，受中断允许寄存器（IE）的控制；各个中断源的优先级可以由中断优先级寄存器（IP）中

的各位来确定；同一优先级中的各中断源同时请求中断时，由内部的查询逻辑来确定响应的次序。这些内容都将在本节中讨论。

3.2.1　中断的定义

中断是指计算机暂停原程序的执行转而为外部设备服务（即执行中断服务程序），并在服务完成后自动返回原程序继续执行的过程。中断由中断源产生，中断源在需要时可以向CPU提出中断请求，中断请求通常是一种电信号，CPU一旦对这个信号进行检测和响应，便自动转入该中断源的终端服务程序执行，并在执行完后自动返回原程序继续执行。中断又可以定义为CPU自动执行终端服务程序并返回原程序继续执行的过程。

引入中断的概念可以提高单片机的工作效率和处理数据的实时性。

（1）提高CPU的工作效率

CPU有了中断功能可以通过分时操作启动多个外设同时工作，并能对它们进行统一管理。CPU执行主程序中的有关指令可以使各种外设并行工作，而且任何一个外设在工作完成后都可以通过中断得到满意服务，因此，CPU在与外设交换信息时通过中断就可以避免不必要的等待和查询，从而大大提高了工作效率。

（2）提高处理数据的实时性

在实时控制系统中，被控系统的实时参数、溢出数据和故障信息都必须为计算机及时采集、处理和分析，以便对系统实施正确调节和控制。因此，计算机对实时数据的处理时效常常是被控系统的关键，是影响产品质量和系统安全的关键。CPU有了中断功能，系统的故障信息就可以通过中断立即传递给CPU，使其可以迅速采集实时数据和故障信息，并作出相应的响应。

3.2.2　中断源

中断源是指引起中断原因的设备或部件，或者发出中断请求信号的源，不同型号的单片机系统的中断源数量也不同，51单片机提供了5个中断源，均有两级优先级，通过4个中断控制器（即IE、IP、TCON和SCON）进行中断管理，其结构如图3-5所示。

具体地，51单片机中断系统如图3-5所示，其中包括5个中断源。

① $\overline{\text{INT0}}$：来自P3.2引脚上的外部中断请求（外中断0）。

② $\overline{\text{INT1}}$：来自P3.3引脚上的外部中断请求（外中断1）。

③ T0：片内定时器/计数器0溢出（TF0）中断请求。

④ T1：片内定时器/计数器1溢出（TF1）中断请求。

⑤ 串行口：片内串行口完成一帧发送或接收中断请求源TI或RI。

每一个中断源都对应一个中断请求标志位，它们设置在特殊功能寄存器TCON和SCON中。当这些中断源请求中断时，分别由TCON和SCON中的相应位来锁存。

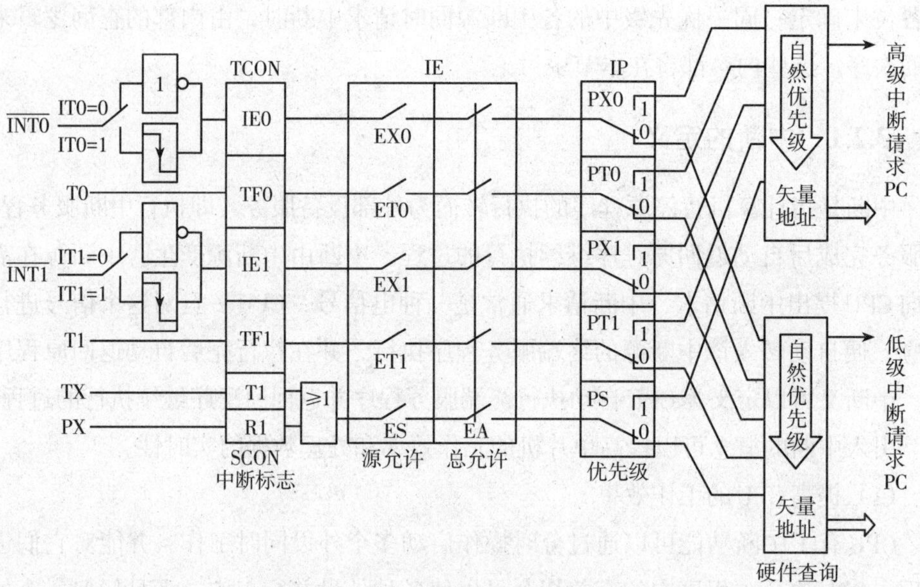

图3-5　51单片机中断系统结构

以计算机为控制核心的系统中，中断源常见的类型和形式如下：

（1）外设中断源

外设主要为单片机输入输出数据，是最原始和最广泛的中断源。在用作中断源时，外设通常在输入或输出一个数据时能自动产生一个“中断请求”信号（TTL高电平或TTL低电平）并送给CPU的中断请求输入线 $\overline{\text{INT0}}$ 和 $\overline{\text{INT1}}$，以供CPU检测和响应。例如，打印机打印完一个字符时可以通过中断请求CPU为它传送下一个打印字符，或人们在键盘上按下一个键符时也可以通过键盘中断请求CPU从其中获取输入的键符编码，因此，打印机和键盘都可以作为中断源。

（2）控制对象中断源

在计算机用作实时控制系统时，被控对象常常被用作中断源，用于产生中断请求信号，请求CPU及时采集系统的控制参量、溢出参数以及请求发送/接收数据等。例如，电压、电流、温度、压力、流量和流速等超越了设定值的上限或下限，以及开关和继电器的闭合或断开都可以作为中断源来产生中断请求信号，请求CPU通过执行终端服务程序对中断进行处理。因此，被控对象常常是用作实时控制系统的中断源。

（3）故障中断源

故障源作为中断源是要CPU以中断方式对已发生的故障进行分析处理。单片机故障源有内部和外部之分：内部故障源引起内部中断，如被零除中断等；外部故障源引起外部中断，如掉电中断等。在掉电时，掉电检测电路检测到它时就自动产生一个掉电中断请求，CPU检测到后便通过执行掉电中断服务程序来保护现场和启动备用电池，以便电源恢复正常后继续执行掉电前的程序指令。

（4）定时脉冲中断源

定时脉冲中断源又称为定时器中断源，实际上是一种定时脉冲电路或定时器。定时脉冲中断源用于产生定时器中断，定时器中断有内部和外部之分。内部定时器中断由CPU内部的定时器/计数器溢出（即由全“1”变为全“0”）时自动产生，故称为内部定时器溢出中断；外部定时器中断通常由外部定时电路的定时脉冲通过CPU的中断请求输入线引起。无论是内部定时器中断还是外部定时器中断，都可以使CPU进行计时处理，以便达到时间控制目的。

3.2.3 中断控制

51单片机设置了4个专用寄存器，用于中断控制，用户通过设置其状态来管理中断系统。

（1）定时器控制寄存器（TCON）

TCON是定时器/计数器0和1（T0、T1）的控制寄存器，它同时也用来锁存T0、T1的溢出中断请求源和外部中断请求源。TCON寄存器中与中断有关的位如下。

D7	D6	D5	D4	D3	D2	D1	D0
TF1	TR1	TF0	TR0	IE1	IT1	IE0	IT0

其中：

① TF1是定时器/计数器1（T1）的溢出中断标志。当T1从初值开始加1计数到计数满产生溢出时，由硬件使TF1置“1”，直到CPU响应中断时由硬件复位。

② TF0是定时器/计数器0（T0）的溢出中断标志。其作用同TF1。

③ IE1是外部中断1中断请求标志。如果IT1 = 1，则当外部中断1引脚$\overline{\text{INT1}}$上的电平由1变0时，IE1由硬件置位，外部中断1请求中断。在CPU响应该中断时由硬件清零。

④ IT1是外部中断1（$\overline{\text{INT1}}$）触发方式控制位。如果IT1为1，则外部中断1为负边沿触发方式（CPU在每个机器周期的S5P2时刻采样$\overline{\text{INT1}}$脚的输入电平，如果在一个周期中采样到高电平，在下个周期中采样到低电平，则硬件使IE1置1，向CPU请求中断）；如果IT1为0，则外部中断1为电平触发方式。此时外部中断是通过检测$\overline{\text{INT1}}$端的输入电平（低电平）来触发的。采用电平触发时，输入到$\overline{\text{INT1}}$的外部中断源必须保持低电平有效，直到该中断被响应。同时在中断返回前必须使电平变高，否则将会再次产生中断。

⑤ IE0是外部中断0中断请求标志。如果IT0置1，则当$\overline{\text{INT0}}$上的电平由1变0时，IE0由硬件置位。在CPU把控制转到中断服务程序时由硬件使IE0复位。

⑥ IT0是外部中断源0触发方式控制位。其含义同IT1。

（2）串行口控制寄存器（SCON）

串行口控制寄存器（SCON）中的高6位用于串行口控制，其功能将在后续章节中介绍；低2位（RI、TI）用作串行口中断标志，如下所示。

D7	D6	D5	D4	D3	D2	D1	D0
SM0	SM1	SM2	REN	TB8	RB8	TI	RI

其中：

① RI是串行口接收中断标志。在串行口方式0中，每当接收到第8位数据时，由硬件置位RI；在其他方式中，当接收到停止位的中间位置时置位RI。注意，当CPU转入串行口中断服务程序入口时不复位RI，必须由用户使用软件来使RI清零。

② TI是串行口发送中断标志。在方式0中，每当发送完8位数据时由硬件置位TI；在其他方式中于停止位开始时置位，TI也必须由软件来复位。

在51单片机串行口中，TI和RI的逻辑“或”作为一个内部中断源，二者之一置位都可以产生串行口中断请求，然后在中断服务程序中测试这两个标志位，以决定是发送中断还是接收中断。

（3）中断允许控制寄存器（IE）

在51单片机中断系统中，中断允许或禁止是由片内的中断允许寄存器（特殊功能寄存器）控制的。IE中各位的功能如下：

D7	D6	D5	D4	D3	D2	D1	D0
EA	—	—	ES	ET1	EX1	ET0	EX0

其中：

① EA是CPU中断允许标志。EA＝0，CPU禁止所有中断，即CPU屏蔽所有的中断请求；EA＝1，CPU开放中断。但每个中断源的中断请求是允许还是被禁止还需要由各自的允许位确定（见D4～D0位说明）。

② ES是串行口中断允许位。ES＝1，允许串行口中断；ES＝0，禁止串行口中断。

③ ET1是定时器/计数器1（T1）的溢出中断允许位。ET1＝1，允许T1中断；ET1＝0，禁止T1中断。

④ EX1是外部中断1中断允许位。EX1＝1，允许外部中断1中断；EX1＝0，禁止外部中断1中断。

⑤ ET0是定时器/计数器0（T0）的溢出中断允许位。ET0＝1，允许T0中断；ET0＝0，禁止T0中断。

⑥ EX0是外部中断0中断允许位。EX0＝1，允许外部中断0中断；EX0＝0，禁止外部中断0中断。

51单片机中断系统的管理是由中断允许总控制（EA）和各中断源的控制位共同作用来实现的，缺一不可。当系统复位后，IE各位均清零，即禁止所有中断。

（4）中断优先级控制寄存器（IP）

51单片机中断系统提供两个中断优先级，对于每一个中断请求源都可以编程为高优先级中断源或低优先级中断源，以便实现二级中断嵌套。中断优先级是由片内的中断优先级寄存器（特殊功能寄存器）控制的。IP寄存器中各位的功能说明如下：

D7	D6	D5	D4	D3	D2	D1	D0
—	—	—	PS	PT1	PX1	PT0	PX0

其中：

① PS是串行口中断优先级控制位。PS = 1，串行口定义为高优先级中断源；PS = 0，串行口定义为低优先级中断源。

② PT1是T1中断优先级控制位。PT1 = 1，定时器/计数器1定义为高优先级中断源；PT1 = 0，定时器/计数器1定义为低优先级中断源。

③ PX1是外部中断1中断优先级控制位。PX1 = 1，外部中断1定义为高优先级中断源；PX1 = 0，外部中断1定义为低优先级中断源。

④ PT0是定时器/计数器0（T0）中断优先级控制位，功能同PT1。

⑤ PX0是外部中断0中断优先级控制位，功能同PX1。

中断优先级控制寄存器中的各个控制位都可由编程来置位或复位（用位操作指令或字节操作指令），单片机复位后IP中各位均为0，各个中断源均为低优先级中断源。

3.2.4　中断优先级结构

51单片机中断系统具有两级优先级（由IP寄存器把各个中断源的优先级分为高优先级和低优先级），它们遵循下列两条基本规则。

① 低优先级中断源可被高优先级中断源所中断，而高优先级中断源不能被任何中断源所中断；

② 一种中断源（不管是高优先级还是低优先级）一旦得到响应，与它同级的中断源不能再中断它。

为了实现上述两条规则，中断系统内部包含两个不可寻址的优先级状态触发器。其中一个用来指示某个高优先级的中断源正在得到服务，并阻止所有其他中断的响应；另一个触发器则指出某低优先级的中断源正得到服务，所有同级的中断都被阻止，但不阻止高优先级中断源。

当同时收到几个同一优先级的中断时，响应哪一个中断源取决于内部查询顺序。其优先级排列如下：

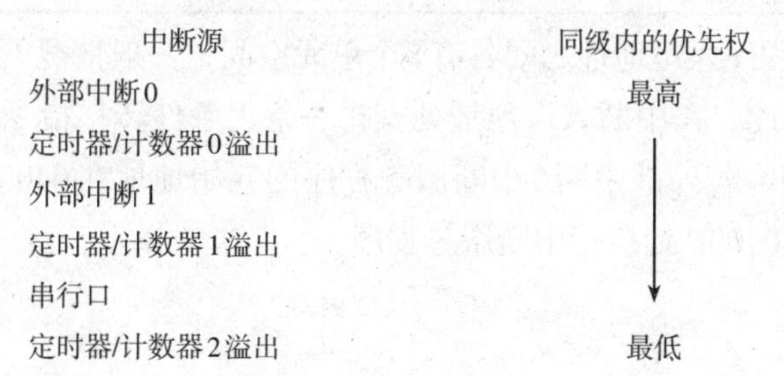

3.2.5　中断响应

CPU在本条指令机器周期的末尾（即S5P2状态）时刻采样中断标志，并将其锁存在相应中断标志位中，在下一个机器周期（即响应中断的第一个机器周期S6）对采样到的中断进行查询。如果在前一个机器周期的S5P2有中断标志，则在查询周期内便会查询到并按优先级高低进行中断处理，中断系统将控制程序转入相应的中断服务程序。下列3个条件中任何一个都能封锁CPU对中断的响应：

① CPU正在处理同级的或高一级的中断；

② 现行的机器周期不是当前所执行指令的最后一个机器周期；

③ 当前正在执行的指令是返回（RETI）指令或是对IE或IP寄存器进行读/写的指令。

上述3个条件中，第2条是保证把当前指令执行完；第3条是保证如果在当前执行的是RETI指令或是对IE、IP进行访问的指令，必须至少再执行完一条指令之后才会响应中断。

中断查询在每个机器周期中重复执行，所查询到的状态为前一个机器周期的S5P2时采样到的中断标志。这里要注意的是，如果中断标志被置位，但因上述条件之一的原因而未被响应，或上述封锁条件已撤销，但中断标志位已不再存在（已不再是置位状态），则被拖延的中断就不再被响应，CPU将丢弃中断查询的结果。也就是说，CPU对中断标志置位后，对于未及时响应而转入中断服务程序的中断标志不作记忆。

CPU响应中断时，先置相应的优先级激活触发器，封锁同级和低级的中断，然后根据中断源的类别，在硬件的控制下使程序转向相应的向量入口单元，执行中断服务程序。

硬件调用中断服务程序时，把程序计数器的内容压入堆栈（但不能自动保存程序状态字的内容），同时把被响应的中断服务程序的入口地址装入程序计数器中。51单片机的5个中断源服务程序的入口地址如表3-2所示。

表3-2　　51单片机的中断服务程序入口地址

中断源	入口地址
外部中断0	0003H
定时器0溢出	000BH
外部中断1	0013H
定时器1溢出	001BH
串行口中断	0023H

这5个中断服务程序入口地址之间各有8个单元空间，一般情况下难以容纳一个完整的中断服务程序。为此，在中断入口地址处安排一条无条件转移指令，以跳转到用户的服务程序入口。例如，若外部中断0中断服务程序的起始地址在0400H单元，则执行如下指令后便可以转入0400H处执行中断服务程序：

```
ORG     0003H
LCALL   0400H
```

中断服务程序的最后一条指令必须是中断返回指令RETI。CPU执行完这条指令后，把响应中断时所置位的优先级激活，将触发器清零，然后从堆栈中弹出两个字节内容（断点地址）装入PC中，CPU就从原来被中断处重新执行被中断的程序。

3.2.6　中断响应时间

外部中断 $\overline{INT0}$ 和 $\overline{INT1}$ 的电平在每个机器周期的S5P2时被采样并锁存到IE0和IE1中，这个置入到IE0和IE1的状态在下一个机器周期才被查询电路查询，如果产生了一个中断请求，而且满足响应的条件，CPU响应中断，由硬件生成一条长调用指令转到相应的服务程序入口。这条指令是双机器周期指令。因此，从中断请求有效到执行中断服务程序的第1条指令的时间间隔至少需要3个完整的机器周期。

如果中断请求被前面所述的3个条件之一所封锁，将需要更长的响应时间。若一个同级的或高优先级的中断已经在进行，则延长的等待时间显然取决于正在处理的中断服务程序的长度，如果正在执行的一条指令还没有进行到最后一个周期，则所延长的等待时间不会超过3个机器周期，这是因为51指令系统中最长的指令（MUL和DIV）也只有4个机器周期；假若正在执行的是RETI指令或者访问IE或IP指令，则延长的等待时间不会超过5个机器周期（为完成正在执行的指令还需要1个周期，加上为完成下一条指令所需要的最长时间，即4个机器周期，如MUL和DIV指令）。

因此，在系统中只有一个中断源的情况下，响应时间总是在3～8个机器周期。

3.2.7　中断请求的撤除

在中断请求被响应前，中断源发出的中断请求是由CPU锁存在特殊功能寄存器TCON和SCON的相应中断标志位中的。一旦某个中断请求得到响应，CPU必须把它的相应中断标志位复位成“0”状态；否则，51单片机就会因为中断标志位未能得到及时撤除而重复响应同一中断请求，这是绝对不能容许的。

8031、8051、89C51和8751单片机有5个中断源，但实际上分属3种中断类型。这3种类型是外部中断、定时器溢出中断和串行口中断。对于这3种中断类型的中断请求，其撤除方法是不相同的。现对它们分述如下。

（1）定时器溢出中断请求的撤除

TF0和TF1是定时器溢出中断标志位，它们因为定时器溢出中断源的中断请求的输入而置位，因为定时器溢出中断得到响应而自动复位成“0”状态。因此，定时器溢出中断源的中断请求是自动撤除的，用户不必专门为它们撤除。

（2）串行口中断请求的撤除

TI和RI是串行口中断的标志位，中断系统不能自动将它们撤除，这是因为51单片机进入串行口中断服务程序后常需要对它们进行检测，以测定串行口发生了接收中断还是发送中断。为了防止CPU再次响应这类中断，用户应在中断服务程序的适当位置通过如下指令将它们撤除。

```
CLR   TI        ；撤除发送中断
CLR   RI        ；撤除接收中断
```

若采用字节型指令，也可采用如下指令：

```
ANL    SCON, #0FCH        ; 撤除发送和接收中断
```

（3）外部中断请求的撤除

外部中断请求有两种触发方式：电平触发和负边沿触发。对于这两种不同的中断触发方式，51单片机撤除它们的中断请求的方法是不相同的。

在负边沿触发方式下，外部中断标志IE0或IE1是依靠CPU两次检测$\overline{\text{INT0}}$或$\overline{\text{INT1}}$上的触发电平状态而置位的。因此，芯片设计者使CPU在响应中断时自动复位IE0或IE1就可撤除$\overline{\text{INT0}}$或$\overline{\text{INT1}}$上的中断请求，因为外部中断源在得到CPU的中断服务时是不可能再在$\overline{\text{INT0}}$或$\overline{\text{INT1}}$上产生负边沿而使中断标志位IE0或IE1置位的。

在电平触发方式下，外部中断标志IE0或IE1是依靠CPU检测$\overline{\text{INT0}}$或$\overline{\text{INT1}}$上的低电平而置位的。尽管CPU响应中断时相应中断标志IE0或IE1能自动复位成“0”状态，但若外部中断源不能及时撤除它在$\overline{\text{INT0}}$或$\overline{\text{INT1}}$上的低电平，就会再次使已经变成“0”的中断标志IE0或IE1置位，这是绝对不能允许的。因此，电平触发型外部请求的撤除必须使$\overline{\text{INT0}}$或$\overline{\text{INT1}}$上的低电平随着其中断被CPU响应而变成高电平。一种可供采用的电平型外部中断的撤除电路如图3-6所示。由图可见，当外部中断源产生中断请求时，D触发器复位成“0”状态，D端的低电平被送到$\overline{\text{INT0}}$端，该低电平被51单片机检测到后就使中断标志IE0置“1”。51单片机响应$\overline{\text{INT0}}$上的中断请求便可转入$\overline{\text{INT0}}$中断服务程序执行，因此可以在中断服务程序开头安排如下程序来撤除$\overline{\text{INT0}}$上的低电平。

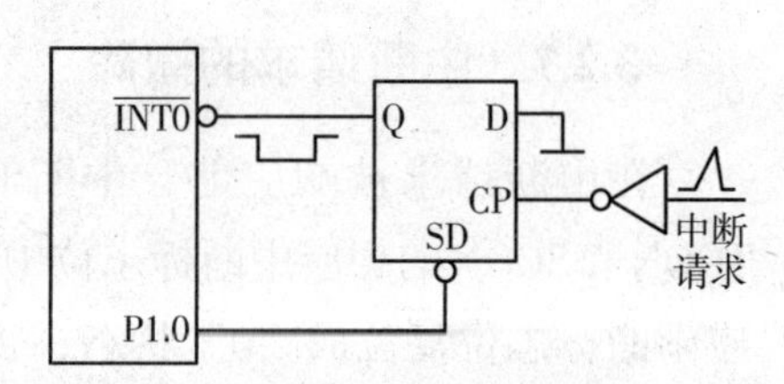

图3-6　电平外部中断的撤除电路

```
INSVR: ANL P1, #0FEH
       ORL P1, #01H
       CLR IE0
       …
       END
```

51单片机执行上述程序就可在P1.0上产生一个宽度为2个机器周期的负脉冲。在该负脉冲作用下，Q触发器被置位成“1”状态，$\overline{\text{INT0}}$上的电平也因此而变高，从而撤除了其上的中断请求。

3.2.8　中断系统的初始化

51单片机中断系统功能是可以通过上述特殊功能寄存器统一管理的，中断系统初始化是指用户对这些特殊功能寄存器中的各控制位进行赋值。

（1）中断系统初始化

中断系统初始化步骤如下：

① 开启相应中断源的中断；

② 设定所用中断源的中断优先级；

③ 若为外部中断，则应规定是低电平还是负边沿的中断触发方式。

【例3-1】 编写 $\overline{INT1}$ 为低电平触发的中断系统初始化程序。

解：① 采用位操作指令。

```
SETB  EA          ；开启总中断
SETB  EX1         ；开启 INT1 中断
SETB  PX1         ；令 INT1 为高优先级
CLR   IT1         ；令 INT1 为电平触发
```

② 采用字节型指令。

```
MOV IE, #84H          ；开启 INT1 中断
ORL IP, #04H          ；令 INT1 为高优先级
ANL TCON, #0FBH       ；令 INT1 为电平触发
```

显然，采用位操作指令进行中断系统初始化是比较简单的，因为用户不必记住各控制位寄存器中的确切位置，而各控制位名称是比较容易记忆的。

（2）外部中断设定的步骤

```
ORG 03H（13H）              ；INT0（INT1）外部中断的起始地址
JMP EXT                     ；中断时跳至中断子程序EXT
MOV IE, #10000001BH         ；INT0 中断使能
MOV IE, #10000100BH         ；INT1 中断使能
MOV IP, #00000001BH         ；INT0 中断优先
MOV IP, #00000100BH         ；INT1 中断优先
MOV TCON, #00000000B        ；设定 INT0 为电平触发
MOV TCON, #00000001B        ；设定 INT0 为负边沿触发
MOV TCON, #00000000B        ；设定 INT1 为电平触发
MOV TCON, #00000100B        ；设定 INT1 为负边沿触发
```

（3）TIMER0或TIMER1的中断请求

当计数溢出时会设定TFX = 1，而对51单片机提出中断请求。TIMER0或TIMER1中断请求设定的步骤如下：

① 设定中断起始地址。

```
ORG   0BH     ；TIMER0
ORG   1BH     ；TIMER1
```

② 设定工作方式。

```
MOV TMOD, #XXXXXXXXB
```

③ 设定计数值。

```
MOV THX, #XXXX
MOV TLX, #XXXX
```

④ 设定中断使能。

```
MOV IE, #1000X0X0
```

3.2.9 外部中断源的扩展

51单片机只提供了两个外部中断请求输入端，在实际应用中，如果需要使用多个外部中断源，就必须进行外部中断源的扩展。下面介绍两种常用的外部中断源扩展方法。

（1）定时器/计数器用于外部中断源的扩展

51单片机有两个定时器/计数器，它们用作计数器使用时，技术输入端T1或T0发生负跳变将计数器加1。利用此特性，适当处理计数器初值，就可以将计数器输入端T1或T0作为外部中断源请求输入端，而定时器/计数器的溢出中断TF1或TF0作为外部中断请求标志。例如，将定时器/计数器0设置为工作方式2、计数模式，计数初值为0FFH，且允许中断，其初始化程序如下：

```
ORG 0000H
MOV TMOD, #06H          ; 设置定时器0为工作方式2，计数模式
MOV TH0, #0FFH          ; 设置计数器初值
MOV TL0, #0FFH
SETB    BET0            ; 允许定时器中断
SETB    EA              ; CPU开中断
SETB    TR0             ; 启动定时器0
…
```

执行以上程序后，当定时器/计数器0计数输入T0的信号发生负跳变时，TL0加1，产生溢出，标志位TF0置1，向CPU发出中断请求，同时，TH0的值重新送入TL0中，这样，T0端相当于脉冲方式的外部中断请求输入端。

用此方法扩展外部中断源是以占用内部定时中断为代价的。

（2）查询式扩展外部中断源

当外部中断源较多时，可以采用查询式扩展外部中断源。将多个中断源通过硬件（如或非门）引入外部中断源输入端（$\overline{INT0}$或$\overline{INT1}$），同时又连到某I/O接口。这样，每个中断源都可能引起中断，并在中断服务程序中通过软件查询的次序便可以确定是哪一个中断源正在进行中断请求，其查询的次序由中断源优先级决定，这样，可实现多个外部中断源的扩展。图3-7所示为5个外部中断源的连接电路，其中，设备1～4经过OC门

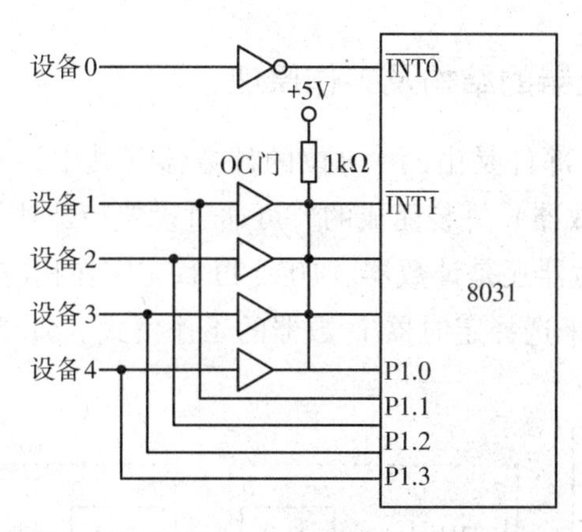

图3–7 查询式扩展外部中断源连接电路图

与$\overline{INT1}$连接，并连接到P1.0~P1.3上，均采用电平触发方式；设备0为最高级中断源，单独作为外部中断0的输入信号。外部中断1的终端服务程序如下：

```
INTR:     PUSH   PSW          ；程序状态字压入堆栈保护
          PUSH   A            ；累加器A中的内容压入堆栈保护
          JNB    P1.0, DVT1   ；P1.0引脚为0， 转到设备1中断服务程序
          JNB    P1.1, DVT2   ；P1.1引脚为0， 转到设备2中断服务程序
          JNB    P1.2, DVT3   ；P1.2引脚为0， 转到设备3中断服务程序
          JNB    P1.3, DVT4   ；P1.3引脚为0， 转到设备4中断服务程序
INTR1:    POP    A
          POP    PSW
          RETI
          …
DVT1:     …                   ；设备1中断服务程序入口
          AJMP   INTR1        ；跳转到INTR1
DVT2:     …                   ；设备2中断服务程序入口
          AJMP   INTR1        ；跳转到INTR1
DVT3:     …                   ；设备3中断服务程序入口
          AJMP   INTR1        ；跳转到INTR1
DVT4:     …                   ；设备4中断服务程序入口
          AJMP   INTR1        ；跳转到INTR1
```

3.3 51单片机定时器/计数器

在实时控制系统中，常常需要有实时时钟以实现定时或延时控制，51单片机内部提供了两个16位可编程的定时器/计数器，即定时器T0和定时器T1，它们既可用作定时器方式，又可用作计数器方式。它们各由两个独立的8位寄存器组成，利用T0和T1可以完成事件计数、测量时间间隔和脉冲宽度、产生定时中断请求等功能。

3.3.1 定时器/计数器的结构及工作原理

定时器/计数器的基本部件是由两个8位的计数器（其中，TH1、TL1是T1的计数器，TH0、TL0是T0的计数器）拼装而成的。可通过设置特殊功能寄存器TMON中的控制位来选择T0或T1为定时器还是计数器。T0或T1状态字在相应的特殊功能寄存器中，通过对控制寄存器的设置来选择定时器/计数器的工作模式。51单片机定时器/计数器的结构如图3-8所示。

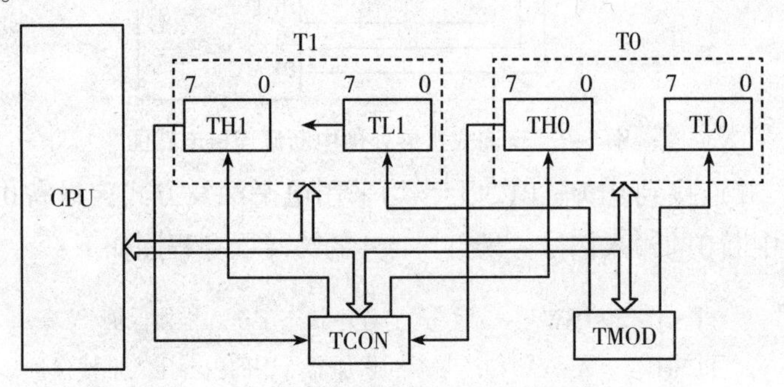

图3-8 51单片机定时器/计数器结构图

在作为定时器使用时，输入的时钟脉冲是由晶体振荡器的输出经过12分频后得到的，所以定时器也可看作对计算机机器周期的计数器（因为每个机器周期包含12个振荡周期，因此每一个机器周期定时器加1，可以把输入的时钟脉冲看成机器周期信号）。故其频率为晶振频率的1/12。如果晶振频率为12MHz，则定时器每接收一个输入脉冲的时间为1μs。

当它用于对外部事件进行计数时，接相应的外部输入引脚T0（P3.4）或T1（P3.5）。在这种情况下，当检测到输入引脚上的电平由高跳变到低时，计数器就加1（它在每个机器周期的S5P2时采样外部输入，当采样值在这个机器周期为高，在下一个机器周期为低时，则计数器加1）。加1操作发生在检测到这种跳变后的一个机器周期中的S3P1时刻，因此需要两个机器周期来识别一个从“1”到“0”的跳变，故最高计数频率为晶振频率的1/24。这就要求输入信号的电平在跳变后至少应在一个机器周期内保持不变，以保证在给定的电平再次变化前至少被采样一次。

3.3.2 控制定时器/计数器的寄存器

定时器/计数器有4种工作方式，其工作方式的选择及控制都由两个特殊功能寄存器（TMOD和TCON）的内容来决定。用指令改变TMOD或TCON的内容后，则在下一条指令的第一个机器周期的S1P1时起作用。

（1）定时器的方式寄存器TMOD

特殊功能寄存器TMOD为定时器的方式控制寄存器，寄存器中每位的定义如图3-9所示。TMOD的地址为89H，高4位用于定时器1，低4位用于定时器0，其中，M1、M0用来确定所选的工作方式。

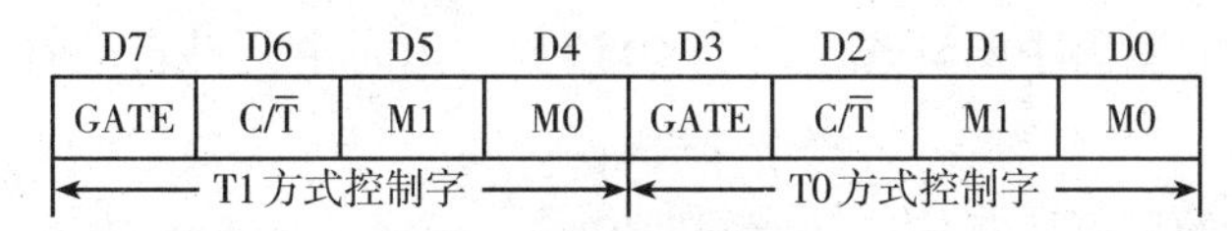

图3–9　TMOD寄存器中各位的定义

① M1、M0：定时器/计数器4种工作方式选择位如表3–3所示。

表3–3　　工作方式选择表

M1	M0	方　式	说　明
0	0	0	13位定时器/计数器
0	1	1	16位定时器/计数器
1	0	2	自动装入时间常数的8位定时器/计数器
1	1	3	对T0分为两个8位独立计数器；对T1置方式3时停止工作（无中断重装8位计数器）

② $C/\overline{T}$：定时器方式或计数器方式选择位。$C/\overline{T}=0$时，为定时器方式，采用晶振脉冲的12分频信号作为计数器的计数脉冲，即对机器周期进行计数。若选择12MHz晶振，则定时器的技术频率为1MHz，通过定时器的计数值便可以确定计数时间，因此称为定时器方式。$C/\overline{T}=1$时，为计数器方式。采用外部引脚（T0为P3.4，T1为P3.5）的输入脉冲作为计数脉冲，当T0或T1输入发生从高到低的负跳变时，计数器加1，最高计数频率为晶振频率的1/14。

③ GATE：定时器/计数器运行控制位，用来确定对应的外部中断请求引脚（$\overline{INT0}$、$\overline{INT1}$）是否参与T0或T1的操作控制。当GATE＝0时，只要定时器控制寄存器TCON中的TR0（或TR1）被置1，T0（或T1）被允许开始计数（TCON中各位的含义见后面的叙述）；当GATE＝1时，不仅要将TCON中的TR0或TR1置位，还需要P3口的$\overline{INT0}$或$\overline{INT1}$引脚为高电平才允许计数。

（2）定时器控制寄存器TCON

特殊功能寄存器TCON用于控制定时器的操作以及对定时器中断的控制，包括对定时器的启动、停止以及溢出时设定标志位和外部中断触发方式等。其地址为88H，位地址为88H～8FH，控制字各位的定义如图3–10所示。其中，D0～D3位与外部中断有关，已在中断系统一节中做过介绍。

D7	D6	D5	D4	D3	D2	D1	D0
TF1	TR1	TF0	TR0	IE1	IT1	IE0	IT0
				←用于外部中断→			

图3–10　TCON寄存器中各位的定义

其中，低4位与外部中断有关，高4位的功能如下。

① TR0：T0的运行控制位。该位是由软件置位或复位的，以实现启动计数或停止计数。当GATE（TMOD.3）为0、TR0为1时允许T0计数，TR0为0时禁止T0计数；当GATE为1、TR0为1且$\overline{INT0}$输入高电平时，才允许T0计数，TR0为0或$\overline{INT0}$输入为低电平时禁止T0计数。

② TF0：T0的溢出中断标志位。当T0计数溢出时由硬件自动置1，在CPU中断处理时由硬件清为0。

③ TR1：T1的运行控制位，功能同TR0。

④ TF1：T1的溢出中断标志位，功能同TF0。

TMOD和TCON寄存器在复位时其每一位均清零。

3.3.3 定时器/计数器的初始化

（1）初始化步骤

51单片机内部定时器/计数器的功能是由软件设置的，其工作方式和工作过程均可由51单片机通过程序对它进行设定和控制。因此，51单片机在定时器/计数器工作前必须先对它进行初始化。初始化步骤如下：

① 根据题目要求先给定时器方式寄存器TMOD选送一个方式控制字，以设定定时器/计数器的相应工作方式。

② 根据实际需要给定时器/计数器选送定时器初值或计数器初值，以确定需要定时的时间和需要计数的初值。

③ 根据需要给中断允许寄存器选送中断控制字和给中断优先级寄存器选送中断优先级字，以开放相应中断和设定中断优先级。

④ 给定时器控制寄存器TCON选送命令字，以启动或禁止定时器/计数器的运行。一般使用指令“SETB Tri”来启动定时器/计数器。

若第一步设置为软启动，即GATE设置为0，以上指令执行后，定时器即可以开始工作；若GATE设置为1，还必须由外部中断引脚 $\overline{\text{INT0}}$ 和 $\overline{\text{INT1}}$ 共同控制，只有当 $\overline{\text{INT0}}$ 和 $\overline{\text{INT1}}$ 引脚电平为高时，以上指令执行后定时器才启动工作。一旦定时器启动后就按照规定的方式进行定时或计数。

（2）计数器初值的计算

定时器/计数器可用软件随时随地启动和关闭，启动时它就自动加“1”计数，一直计到满，即全为“1”，若不停止，计数值从全“1”变为全“0”，同时将计数溢出位置“1”并向CPU发出定时器溢出中断申请。对于各种不同的工作方式，最大的定时时间和计数值不同。在使用中就会出现两个问题：

① 要产生比定时器最大的定时时间还要小的时间和计数器最大的计数次数还要小的计数次数怎么办?

② 要产生比定时器最大的定时时间还要大的时间和计数器的最大计数次数还要大的计数次数怎么办?

解决第一个问题只要给定时器/计数器设置一个非零初值，启动定时器/计数器时，定时器/计数器不从0开始，而是从初值开始，这样就可得到比定时器/计数器最大的定时时间和计数次数还要小的时间和计数次数。解决第二个问题要用到循环程序，循环几次就相当于乘几。例如，要产生1s的定时，可先用定时器产生50ms的定时，再循环20次即可，因为1s = 1000ms，也可用其他的组合。有时也可采用中断来实现。由上可见，解决问题的基本出路在于初值的计算。下面具体讨论计数器的初值和最大值的计算。

把计数器从初值开始作加1计数到计满为全1所需要的计数值设定为C，将计数初值设定为D，由此便可得到如下公式：

$$D = M - C \tag{3-1}$$

式中，M为计数器模值，该值和计数器工作方式有关。在方式0时$M = 2^{13}$，在方式1时$M = 2^{16}$，在方式2和方式3时M为2^8。

在定时器模式下，计数器由单片机脉冲经过12分频后计数。因此，定时器定时时间T的计算公式为：

$$T = (T_M - T_C)12/f_{osc}\ (\mu s) \tag{3-2}$$

式中，T_M为计数器从初值开始做加1计数到计满为全1所需要的时间，T_M为模值，和定时器的工作方式有关；f_{osc}是单片机晶体振荡器的频率；T_C为定时器的定时初值。

在式（3-2）中，若设$T_C = 0$，则定时器定时时间为最大（初值为0，计数从全0到全1，溢出后又为全0）。由于M的值和定时器工作方式有关，因此不同工作方式下定时器的最大定时时间也不一样。例如，若设单片机主脉冲的晶体振荡器频率$f_{osc} = 12MHz$，则最大定时时间为：

方式0时　　$T_M = 2^{13} \times 1\mu s = 8.192ms$

方式1时　　$T_M = 2^{16} \times 1\mu s = 65.536ms$

方式2和3时　　$T_M = 2^8 \times 1\mu s = 0.256ms$

【例3-2】 若单片机时钟频率f_{osc}为12MHz，计算定时2ms所需的定时器初值。

解：由于定时器工作在方式2和方式3下的最大定时时间只有0.256ms，因此要想获得2ms定时时间的定时器，必须工作在方式0或方式1。

若采用方式0，则根据式（3-2）可得定时器初值：

$$T_C = 2^{13} - \frac{2ms}{1\mu s} = 6192 = 1830H$$

这不是定时器工作在方式0时的初值，因为定时器工作在方式0时是13位，高字节8位，低字节5位，所以还要进行适当的变换，因为1830H可写成0001 1000 0011 0000，按13位重新组合成00011000001 10000，这组数就可拼成1100 0001 0001 0000，这样就得到定时器工作在方式0时的初值C110H，即TH0应装C1H，TL0应装10H（高3位为0）。

若采取方式1，则有：

$$T_C = 2^{16} - 2ms/1\mu s = 63536 = F830H$$

即TH0应装入F8H，TL0应装入30H。

【例3-3】 设T1用作定时器，以方式1工作，定时时间为10ms；T0用作计数器，以方式2工作，外界发生一次事件即溢出。试给出定时器的初始化程序。

解：T1的时间常数为：

$$(2^{16}-T_C)\times 2\mu s=10ms$$

$$T_C=EC78H$$

参考程序如下：

```
MOV  TMOD, #16H        ; T1定时方式1，T0计数方式2，即置TMOD寄存器的内容为00010110
MOV  TL0, #0FFH        ; T0时间常数送TL0
MOV  TH0, #0FFH        ; T0时间常数送TH0
MOV  TL1, #78H       ; T1时间常数（低8位）送TL1
MOV  TH1, #0ECH        ; T1时间常数（高8位）送TH1
SETB  TR0              ; 置TR0为1，允许T0启动计数
SETB  TR1              ; 置TR1为1，允许T1启动计数
```

【例3-4】 设定时器T0以方式1工作，编写一个延时1s的子程序。

解：若主频频率为6MHz，可求得T0的最大定时时间：

$$T_M=2^{16}\times 2\mu s=131.072ms$$

用定时器获得100ms的定时时间再加10次循环得到1s的延时，可算得100ms定时的定时初值：

$$(2^{16}-T_C)\times 2\mu s=100ms=100000\mu s$$

$$T_C=2^{16}-50000=15536=3CB0H$$

参考程序如下：

```
        ORG  0000H
        MOV  TMOD, #01H
        MOV  R7, #10
TIME:   MOV  TL0, #0B0H
        MOV  TH0, #3CH
        SETB       TR0
LOOP1:  JBC  TF0, LOOP2
        SJMP  LOOP1
LOOP2:  DJNZ  R7, TIME
        RET
        END
```

3.3.4 定时器/计数器的工作方式

51单片机的定时器/计数器共有4种工作模式，即方式0、方式1、方式2和方式3。定时器T0和定时器T1的工作原理基本相同。各种方式的选择是通过TMOD的M1、M0两位进行编码来实现的。

3.3.4.1　方式0

（1）逻辑电路图

当TMOD中的M1M0＝00H时，定时器/计数器就以方式0进行工作。图3-11所示是方式0的逻辑电路图。方式0是13位计数器结构的工作方式，其计数器由TH0的全部8位和TL0的低5位构成，TL0的高3位不用。

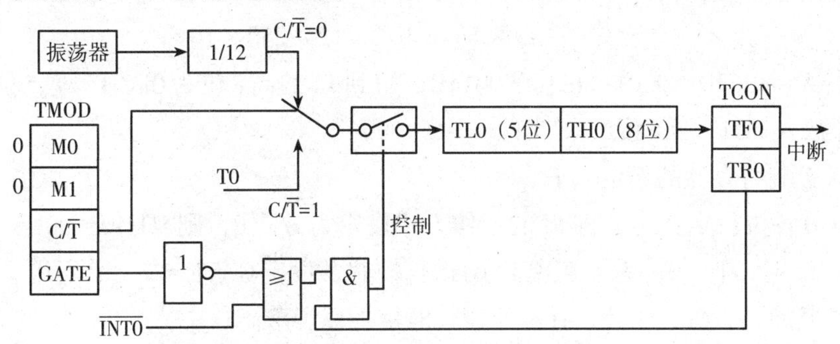

图3-11　定时器/计数器方式0的逻辑电路图

当C/T̄ ＝0时，多路转向开关接通振荡器的12分频输出，13位计数器以此进行计数，这就是所谓定时器工作方式；当C/T̄ ＝1时，多路转向开关接通计数引脚T0，外部计数脉冲由引脚T0输入，当计数脉冲发生负跳变时，计数器加1，这就是所谓计数器工作方式。不管是哪种工作方式，当TL0的低5位计数溢出时，向TH0进位；而当全部13位计数溢出时，则向计数溢出标志位TF0进位。

计数器的启动和停止主要由门控位GATE和运行控制位TR0来控制。当GATE＝0时，计数器的运行条件只取决于TR0；当GATE＝1时，则由TR0和$\overline{\text{INT0}}$共同决定。

① 由TR0控制。如图3-11所示，若要运行控制位TR0能够控制定时器/计数器的运行，则其或门的输出一定是1，这就意味着要设置GATE＝0或$\overline{\text{INT0}}$ ＝1。因此，在单片机的定时或计数应用中，要注意定时器方式寄存器TMOD的GATE位一定要设置为0。

② 由$\overline{\text{INT0}}$控制。当GATE＝0且TR0＝1时，定时器/计数器的或门只受$\overline{\text{INT0}}$控制，与门也可以间接接受$\overline{\text{INT0}}$控制，于是，外部中断信号电平通过引脚P3.2直接启动或关闭计数通道，这种控制方法常用来测量外部信号的脉冲宽度。

（2）定时和计数的应用

在方式0下，当为计数工作方式时，计数值的范围是1～8192（2^{13}）；当为定时工作方式时，定时时间的计算公式为：

$$T=（2^{13}-\text{计数初值}）\times \text{晶振周期} \times 12 \tag{3-3}$$

若晶振频率为6MHz，则其最小定时时间为：

$$T_{min}=[2^{13}-(2^{13}-1)]\times 1/6\times 10^{-6}\times 12=2\times 10^{-6}=2\ (\mu s)$$

最大定时时间为：

$$T_{max}=(2^{13}-0)\times 1/6\times 10^{-6}\times 12=2^{14}\times 10^{-6}=16384\ (\mu s)$$

【例3–5】 设单片机晶振频率$f_{osc}=6\text{MHz}$，使用定时器1以方式0产生500μs的等宽正方波连续脉冲，并由P1.0输出，以查询方式完成。

解：首先计算计数初值。

要产生500μs的等宽正方波脉冲，则需要P1.0端口以250μs为周期交替输出高、低电平，为此，定时时间应为250μs。使用晶振频率$f_{osc}=6\text{MHz}$，则一个机器周期为2μs。方式0为13位计数结构。设待求的计数初值为X，根据公式（3–3），则有：

$$(2^{13}-X)\times 1/6\times 10^{-6}\times 12=250\times 10^{-6}$$

解得$X=8067D=0001111110000011B$，得到T1的高8位为0FCH，低5位为03H，其中高8位放入TH1，低5位放入TL1。

相关控制寄存器的设定如下。

TMOD各位设定：为了将T1的工作方式设定为方式0，则M1M0＝00H；为了实现定时功能，设定$C/\overline{T}=0$；为了实现T1的运行控制，设定GATE＝0；T0不用，一般来说不需要改变其原始设置，为此，在程序设计时应加以屏蔽。

TCON（地址：88H）是可以位寻址的，故采用位寻址方式，设置TR1＝1来控制启动定时器T1，设置TR1＝0来停止定时器T1。

IE的设定：本题要求采用查询方式，当定时时间到定时器溢出标志位TF1置1时，不允许产生中断，故应禁止中断，即置IE＝00H。

参考程序如下：

```
        ANL TMOD, #0FH       ；设置T1为定时工作方式0
        ORL TMOD, #00H
        MOV TH1, #0FCH       ；设置计数初值
        MOV TL1, #03H
        MOV IE, #00H         ；禁止中断
        SETB TR1             ；启动定时器
LOOP：  JBC TF1, LOOP1       ；查询计数溢出
        AJMP LOOP
LOOP1： MOV TH1, #0FCH       ；重新设置计数初值
        MOV TL1, #03H
        CPL P1.0             ；输出取反
        AJMP LOOP            ；重复循环
        END
```

3.3.4.2 方式1

当TMOD中的M1M0＝01H时，定时器/计数器以方式1进行工作。方式1是16位计数结构的工作方式，计数器由TH0全部的8位和TL0全部的8位构成，其逻辑电路和工作方式与方式0相同，唯一的区别是方式1的计数器长度为16位。图3–12给出了定时器/计数

器以方式1工作的逻辑电路图。

51单片机之所以重复设置几乎完全一样的方式0和方式1，主要是出于与MCS-48单片机兼容的考虑。

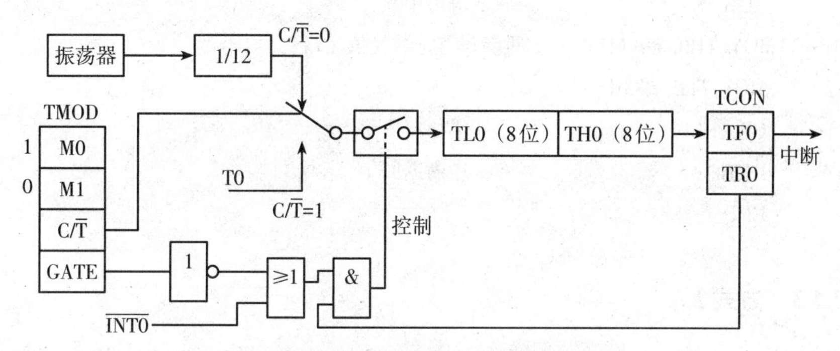

图3-12　定时器/计数器方式1的逻辑电路图

当定时器/计数器在方式1下作为计数器使用时，其计数范围1～65536（2^{16}）。

当定时器/计数器在方式1下作为定时器使用时，其定时时间计算公式为：

$$T=(2^{16}-\text{计数初值})\times\text{晶振周期}\times 12 \qquad (3-4)$$

若晶振频率为6MHz，则其最小定时时间为：

$$T_{min}=[2^{16}-(2^{16}-1)]\times 1/6\times 10^{-6}\times 12=2\times 10^{-6}=2\ (\mu s)$$

最大定时时间为：

$$T_{max}=(2^{16}-0)\times 1/6\times 10^{-6}\times 12=131072\times 10^{-6}=131072\ (\mu s)$$

【例3-6】 设单片机晶振频率f_{osc}= 6MHz，使用定时器0以方式1产生500μs的等宽正方波连续脉冲，并由P1.0输出，编写其相关程序。

解：解题步骤与例3-5类似。

计算计数初值：

$$(2^{16}-X)\times 1/6\times 10^{-6}\times 12=250\times 10^{-6}$$

解得X=65411D=0FF83H，则有TH0=0FFH，TL0=83H。

设置相关控制寄存器：设置TMOD为XXXX0001B，IE和TCON均采用位寻址方式。

参考程序如下：

```
       ORG 0000H
       AJMP MAIN
       ORG 000BH
       AJMP INTP
       ORG 0100H
MAIN:  ANL TMOD, #0F0H        ；设置定时器T0工作方式1
       ORL TMOD, #01H         ；不影响定时器T1的工作
       MOV TH0, #0FFH         ；设置计数初值
       MOV TL0, #83H
```

```
        SETB EA              ; CPU开中断
        SETB ET0             ; 定时器T0开中断
        SETB TR0             ; 启动定时器T0
        SJMP $               ; 等待中断
INTP:   MOV TH0, #0FFH       ; 重新设置计数初值
        MOV TL0, #83H
        CPL P1.0             ; 输出取反
        RETI                 ; 中断返回
        END
```

3.3.4.3 方式2

方式0和方式1的特点是计数溢出后，计数回“0”，而不能自动重装初值，因此，循环定时或循环计数应用时就存在反复设置计数初值的问题，不但影响了定时精度，也增加了程序设计的复杂程度。方式2就是针对这类问题而设置的，它具有自动重装计数初值的功能。当TMOD中的M1M0 = 10H时，定时器/计数器就以方式2进行工作。

方式2中将16位的计数器拆成2个8位计数器，低8位TL用作计数器，高8位TH用作预置计数器，初始化时将计数初值分别装入TL和TH中。当计数溢出时，由预置计数器自动给计数器TL重新装入初值。方式2的逻辑电路图如图3-13所示。

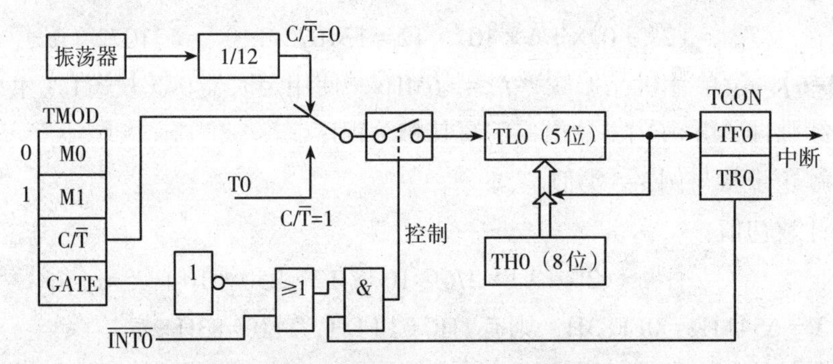

图3-13 定时器/计数器方式2的逻辑电路图

初始化时，8位计数初值同时装入TL0和TH0中，TL0计数溢出时，置位TF0，同时将保存在预置计数器TH0中的计数初值自动装入TL0，然后TL0重新计数，如此循环重复工作。这不但省去了程序中的重装初值指令，而且有利于提高定时精度。但这种工作方式是8位计数结构，计数值有限，最大只能达到255。

方式2的自动重装功能非常适用于循环定时或循环计数应用，如用于固定宽度的脉冲和用作串行数据通信的波特率发生器。

【例3-7】 设单片机晶振频率f_{osc} = 6MHz，使用定时器0以方式2产生100μs的定时，在P1.0端口输出周期为200μs的连续正方波脉冲，编写其相关程序。

解：解题步骤与例3-5类似。

计算计数初值：

$$(2^8 - X) \times 1/6 \times 10^{-6} \times 12 = 100 \times 10^{-6}$$

解得 $X = 206D = 0CEH$。

设置相关控制寄存器：

设置TMOD为M1M0 = 10H；为了实现定时功能，设定 $C/\overline{T}=0$；为了允许T0能通过TR0进行运行控制，设置GATE = 0；T1不用，一般来说不需要改变其原始设置，为此，在程序设计时应加以屏蔽。

IE和TCON均采用位寻址方式，即分别将相应位置“1”或清零。

使用查询方式的参考程序如下：

```
             ANL TMOD, #0FH     ; 设置T0为定时工作方式2
             ORL TMOD, #02H
             MOV TH0, #0CEH     ; 设置计数初值
             MOV TL0, #0CEH
             MOV IE, #00H       ; 禁止中断
             SETB TR0           ; 启动定时器
LOOP:    JBC TF0, LOOP1         ; 查询计数溢出
         AJMP LOOP
LOOP1:   CPL P1.0               ; 输出方波，初值自动装入
         AJMP LOOP              ; 重复循环
         END
```

使用中断方式的参考程序如下：

```
             ANL TMOD, #0FH     ; 设置T0为定时工作方式2
             ORL TMOD, #02H
             MOV TH0, #0CEH     ; 设置计数初值
             MOV TL0, #0CEH
             SETB EA            ; CPU开中断
             SETB ET0           ; 定时器T0开中断
             SETB TR0           ; 启动定时器
             SJMP $             ; 中断服务程序
             CPL P1.0           ; 输出取反
             RETI               ; 中断返回
```

3.3.4.4　方式3

方式3是为了增加一个附加的8位定时器/计数器而提供的，使得51单片机具有3个定时器/计数器。方式3只适用于定时器/计数器T0，定时器/计数器T1处于方式3时，相当于TR1 = 0，停止计数。与前3种工作方式不同，定时器/计数器在方式3下工作对T1和

T0的设置和使用是不同的，下面分别加以介绍。

（1）在工作方式3下工作的定时器/计数器T0

当TMOD中的M1M0 = 11H时，定时器/计数器T0工作在方式3下，此时，定时器/计数器被拆成两个独立的8位TL0和TH0，其中，TL0既可以用作计数器，又可以用作定时器，T0的各控制位和引脚信号全部归它使用，其功能和运行方式与方式0和方式1完全相同，其逻辑电路结构也极为相似。方式3下的逻辑电路图如图3-14（a）所示。

定时器/计数器T0的高8位TH0只能用作简单的定时器。由于定时器/计数器T0的控制位已经被TL0占用，因此，只好借用定时器/计数器T1的控制位TR1和TF1，即以计数溢出置位TF1，而定时的启动和停止则由TR1的状态来控制，如图3-14（b）所示。

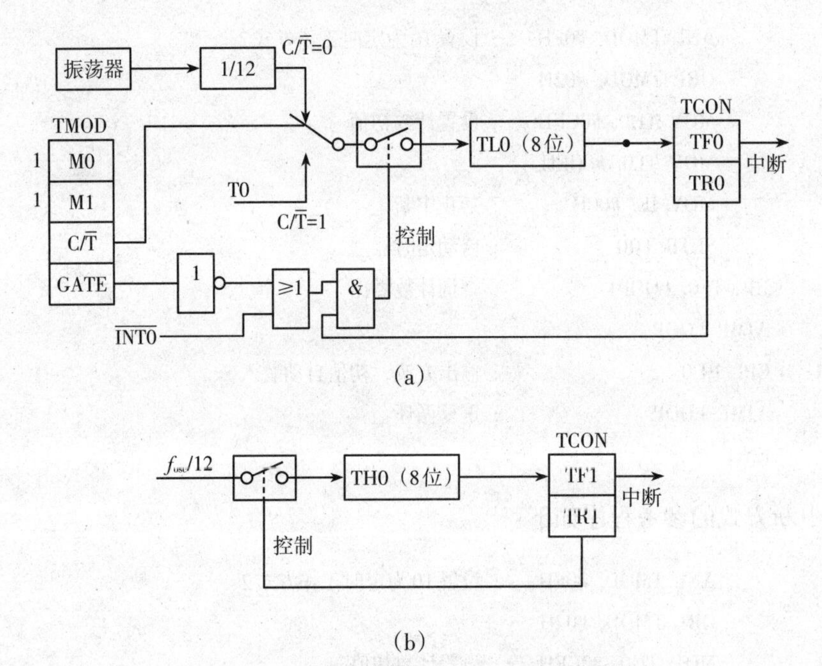

图3-14　定时器/计数器方式3的逻辑电路图

由于TL0既能作为定时器使用，又能作为计数器使用，而TH0只能作为定时器使用，因此，在工作方式3下，定时器/计数器T0构成两个定时器或一个定时器加一个计数器。

（2）在定时器/计数器T0设置为工作方式3时的定时器/计数器T1

这里只讨论定时器/计数器T0设置为工作方式3时，定时器/计数器T1的使用情况。因为T0工作在方式3时，已经借用了T1的运行控制位TR1和计数溢出标志位TF1，所以T1不能工作在方式3，只能工作在方式0、方式1或方式2，并且在T0已工作在方式3下时，T1通常用作串行口的波特率发生器，以确定串行通信的速率。因为已经没有计数溢出标志位TF1可供使用，因此，只能将计数溢出直接送给串行口，如图3-15所示。

当T0作为波特率发生器使用时，只需要设置好工作方式，便可以自动运行。如果要停止工作，只需要送入一个将其设置为方式3的方式控制字即可。

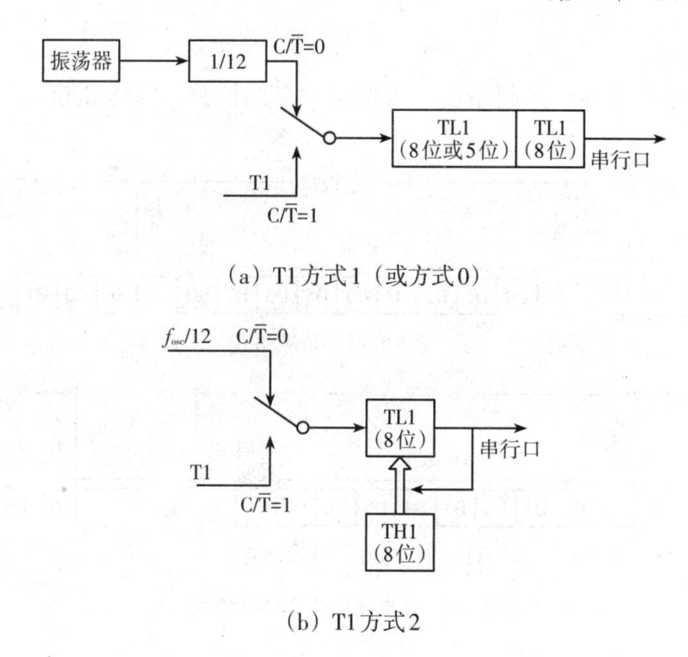

图3–15　定时器/计数器T0在方式3时的T1使用

3.4　51单片机串行通信

3.4.1　串行通信

串行通信是一种能将二进制数据按位传送的通信，它所需要的传输线极少，特别适用于分级、分层和分布式控制系统以及远程通信。

按照串行数据的同步方式，串行通信可以分为同步通信和异步通信两类。同步通信是按照软件识别同步字符来实现数据的发送与接收，异步通信是一种利用字符的再同步计数的通信方式。

3.4.1.1　异步通信

在异步通信中，数据通常以字符或字节为单位组成字符帧传送。字符帧由发送端一帧一帧地发送。发送端和接收端可以由各自的时钟来控制数据的发送和接收，这两个时钟源彼此独立，互不同步。

异步通信通过规定字符帧格式来协调发送端和接收端的数据发送和接收。正常情况下，发送线为高电平（即逻辑“1”），每当接收端检测到传输线上发送过来的低电平（即逻辑“0”），就知道发送端已经开始发送数据；当接收端接收到字符帧中的停止位时，就确定数据发送结束。

在异步通信中，字符帧格式和波特率是两个重要指标，由用户根据实际情况选定。

（1）字符帧

字符帧也叫作数据帧，由起始位、数据位、奇偶校验位和停止位4个部分组成，如图3-16所示。

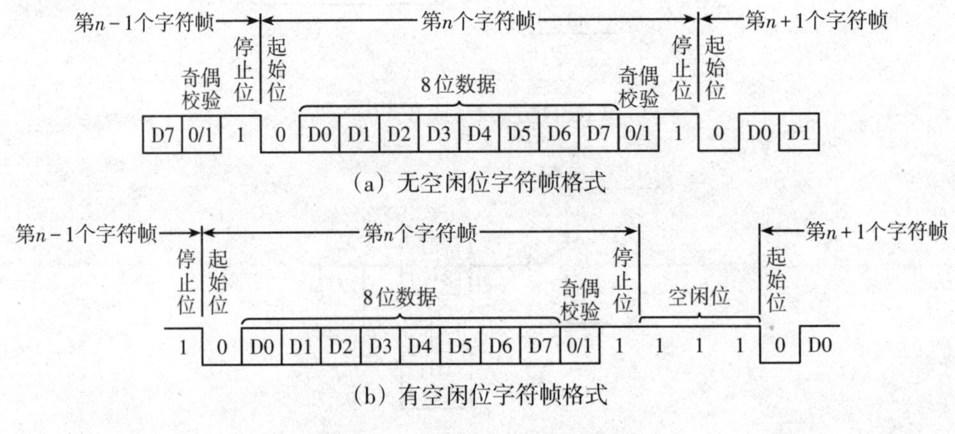

（a）无空闲位字符帧格式

（b）有空闲位字符帧格式

图3-16　异步通信的字符帧格式

异步通信的字符帧中各部分的结构和功能如下。

① 起始位：位于字符帧的开头，只占一位，始终为逻辑“0”（低电平），用于向接收设备表示发送端开始发送一帧数据。

② 数据位：位于起始位之后，用户根据情况可取5位、6位、7位或8位，低位在前，高位在后。若所传送的数据为ASCII字符，则常取7位。

③ 奇偶校验位：位于数据位之后，仅占一位，用于表示串行通信中是采用奇校验还是偶校验，由用户根据情况选择。

④ 停止位：位于字符帧末尾，为逻辑“1”（高电平），通常可取1位、1.5位或2位，用于向接收端表示一帧数据已经发送完毕，也为下一帧数据传送做准备。

在串行通信中，发送端一帧一帧地发送数据，接收端也是一帧一帧地接收数据，两个相邻字符帧之间可以无空闲位，也可以有若干空闲位，由用户根据需要确定。图3-16（b）给出了具有3个空闲位的字符帧格式。

（2）波特率

波特率是指数据信号对载波的调制速率，它用单位时间内载波调制状态改变的次数来表示，其单位是波特（Baud）。比特率是数字信号的传输速率，它用单位时间内传输的二进制代码的有效位数（bit）来表示，其单位为每秒比特数（bit/s）。波特率有时候会同比特率混淆。实际上后者是对信息传输速率（传信率）的度量；波特率可以被理解为单位时间内传输码元符号的个数（传符号率），通过不同的调制方法可以在一个码元上负载多个比特信息。

波特率与比特率的关系是：比特率 = 波特率 × 单个调制状态对应的二进制位数。

因此，在51单片机中，由于采用两相调制，即单个调制状态对应1个二进制位，所以波特率等于比特率。在本书后面的内容中，为了便于理解和计算，一般采用bit/s作为波特率的单位。

波特率是串行通信的重要指标，用于表征数据传输的速度。波特率越高，表明数据传输速度越快，但和字符的实际传输速率有所不同。字符的实际传输速率是指每秒内所传字符帧的帧数，与字符帧格式有关。例如，在波特率为1200bit/s的串行通信系统中，若采用无空闲位字符帧格式（见图3-16（a）），则字符的实际传输速率为1200/11 = 109.09（帧/秒）；若采用有空闲位字符帧格式（见图3-16（b）），则字符的实际传输速率为1200/14 = 85.71（帧/秒）。因此，在实际应用中一定要注意串行通信系统中字符帧的格式。

字符帧的每一位传输时间定义为波特率的倒数，例如，波特率为1200bit/s的通信系统，其每一位数据的传输时间 T_d = 1/1200 = 0.833（ms）。

波特率还和信道的频带有关，波特率越高，信道的频带就越宽。因此，波特率也是衡量通信信道频宽的重要指标。波特率不同于发送时钟和接收时钟，常常是时钟频率的1/16或1/64。

异步通信的优点是不需要传送同步脉冲，字符帧长度也不受限制，故所需要的设备简单；缺点是字符帧中因为包含起始位和停止位而降低了有效数据的传输速率。

3.4.1.2　同步通信

同步通信是一种连续串行传送数据的通信方式，一次通信只传送一帧信息。这里的信息帧和异步通信中的字符帧不同，通常包含若干个数据字符，如图3-17所示。

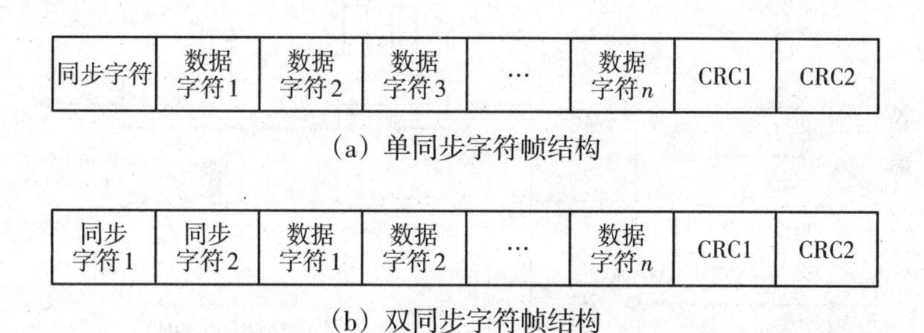

图3-17　同步通信中的字符帧格式

同步通信中的字符帧由同步字符、数据字符和校验字符（CRC）三部分组成，其中，同步字符位于帧结构的开头，用于确认数据字符的开始；数据字符在同步字符之后，个数不受限制，由所需传输的数据块长度决定；校验字符有1个或2个，位于帧结构的末尾，用于接收端对接收到的数据字符的正确性进行校验。

在同步通信中，同步字符可以采用统一的标准格式，也可以由用户在传送之前相互约定好。在单同步通信字符帧结构中，如图3-17（a）所示，同步字符通常采用ACSII码中规定的SYN（即16H）代码；在双同步通信字符帧结构中，同步字符一般采用国际通用标准代码EB90H。

同步通信的数据传输速率较高，通常可达到56Mbit/s或更高，同步通信的缺点是要求发送时钟和接收时钟保持严格同步，故发送时钟除了应和发送波特率保持一致外，还要求将其同时传送到接收端。

3.4.2 51单片机串行接口

51单片机内部的串行接口是全双工的，即它能同时发送和接收数据。发送缓冲器只能写入，不能读出；接收缓冲器只能读出，不能写入。串行口还有接收缓冲作用，即从接收寄存器中读出前一个已收到的字节之前就能开始接收第2个字节。

两个串行口数据缓冲器（实际上是两个寄存器）通过特殊功能寄存器SBUF来访问。写入SBUF的数据存储在发送缓冲器，用于串行发送；从SBUF读出的数据来自接收缓冲器。两个缓冲器共用一个地址99H（特殊功能寄存器SBUF的地址）。

3.4.2.1 串行口结构

51单片机具有一个可编程的全双工串行通信接口，它可以用作UART，也可以用作同步移位寄存器，其数据帧格式可以有8位、10位或11位，并能对波特率进行设置，使用方便灵活。

51单片机通过串行数据接收端引脚RXD（P3.0）和串行数据发送端TXD（P3.1）与外界进行通信。其内部结构如图3-18所示。

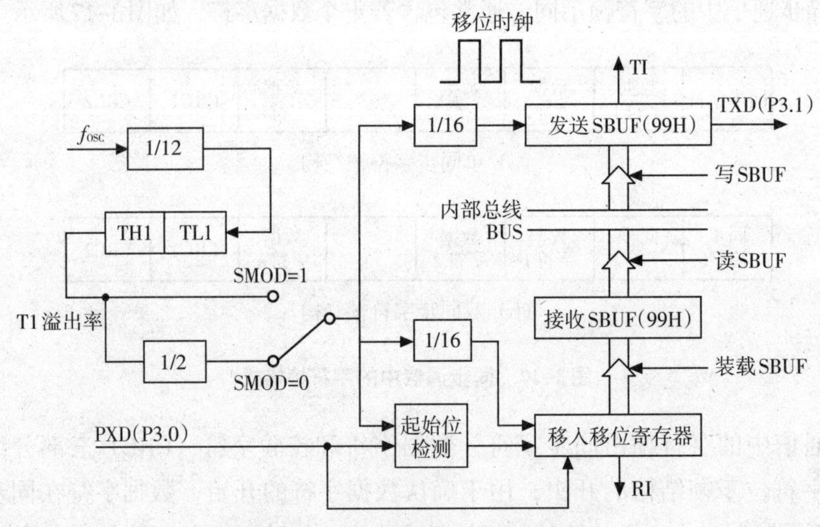

图3-18 51单片机串行口内部结构

51单片机串行接口有两个物理上独立的接收、发送缓冲器SBUF，它们占用同一地址99H，可实现同时发送和接收数据。串行发送与接收的速率与移位时钟同步。51单片机用定时器T1作为串行通信的波特率发生器，T1溢出率经过2分频（或不分频）后再经过16分频，作为串行发送或接收的一位脉冲。移位脉冲的速率即为波特率。

51单片机串行口接收器是双缓冲结构，在前一个字节从接收缓冲器SBUF被读出之前，第2个字节即开始被接收（串行输入至移位寄存器），但是，在第2个字节接收完毕而前一个字节CPU未读取时，会丢失前一个字节。

串行口的发送和接收都是以特殊功能寄存器SBUF的名义进行读或写的。当向SBUF发出写命令时，即向发送缓冲器SBUF装载并开始启动TXD引脚向外发送一帧数据，发送完成后，将发送中断标志位进行置位（TI = 1）。

在满足串行口接收终端标志位RI = 0的条件下，置允许接收位REN = 1，就能从RXD引脚接收一帧数据进入移位寄存器，并装载到接收缓冲器SBUF中，同时置位RI = 1。当进行读SBUF命令时，便从接收缓冲器SBUF中取出信息，通过51单片机内部总线送入CPU。

3.4.2.2　串行口控制寄存器

控制串行口的寄存器有两个特殊功能寄存器：串行口控制寄存器（SCON）和电源控制寄存器（PCON）。

（1）串行口控制寄存器

特殊功能寄存器用于定义串行口的操作方式和控制它的某些功能。其字节地址为98H。寄存器中各位内容如下：

D7	D6	D5	D4	D3	D2	D1	D0
SM0	SM1	SM2	REN	TB8	RB8	T1	R1

① SM0、SM1：串行口操作方式选择位，两个选择位对应4种状态，所以串行口能以4种方式工作。

② SM2：允许方式2和3的多机通信使能位，在方式2或3中，若SM2置为1，且接收到的第9位数据（RB8）为0，则接收中断标志RI不会被激活，在方式1中，若SM2 = 1，则只有收到有效的停止位时才会激活RI。在方式0中，SM2必须置为0。

③ REN：允许串行接收位。由软件置位或清零，使允许接收或禁止接收。

④ TB8：是方式2和3中要发送的第9位数据，可按需要由软件置位或复位。

⑤ RB8：是方式2和3中已接收到的第9位数据。在方式1中，若SM2 = 0，RB8是接收到的停止位。在方式0中，不使用RB8位。

⑥ TI：发送中断标志。在方式0中当串行发送完第8位数据时由硬件置位；在其他方式中，在发送停止位的开始时由硬件置位。当TI = 1时，申请中断，CPU响应中断后，发送下一帧数据。在任何工作方式中，该位都必须由软件清0。

⑦ RI：接收中断标志。在方式0中串行接收到第8位结束时由硬件置位。在其他方式中，在接收到停止位的中间时刻由硬件置位。RI = 1时申请中断，要求CPU取走数据。但在方式1中，当SM2 = 1时，若未接收到有效的停止位，则不会对RI置位。在任何工作方式中，该位都必须由软件清零。在系统复位时，SCON中的所有位都被清零。

（2）电源控制寄存器

电源控制寄存器是一个特殊功能寄存器，没有位寻址功能，字节地址为87H。其格式如下：

次序	D7	D6	D5	D4	D3	D2	D1	D0
位符号	SMOD	—	—	—	GF1	GF0	PD	ID

其中，D7位（SMOD）为波特率选择位。其他均无意义。复位时的SMOD值为0。可用“MOV PCON，#80H”或“MOV 87H，#80H”指令使该位置1。当SMOD = 1时，在串行口方式1、2或3情况下，波特率提高一倍。

3.4.3 51单片机串行通信的工作方式

串行口的操作方式由SM0、SM1定义，编码和功能如表3-4所示。

表3-4 串行口方式选择

SM0	SM1	方　式	功能说明	波特率
0	0	0	移位寄存器方式	$f_{osc}/12$
1	1	1	8位异步收发方式	可变
1	0	2	9位异步收发方式	$f_{osc}/64$或$f_{osc}/32$
1	1	3	9位异步收发方式	可变

（1）方式0

串行口的工作方式0为移位寄存器输入/输出方式，可外接移位寄存器，以扩展I/O口，也可外接同步输入/输出设备。

① 方式0输出（发送）。串行数据通过RXD引脚输出，而在TXD引脚输出移位时钟，作为移位脉冲输出端。当一个数据写入串行口数据缓冲器时，就开始发送。在此期间，发送控制器送出移位信号，使发送移位寄存器的内容右移一位。直至最高位（D7位）数字移出后，停止发送数据和移位时钟脉冲。完成了发送一帧数据的过程，并置TI为1，就申请中断。若CPU响应中断，则从0023H单元开始执行串行口中断服务程序。

② 方式0输入（接收）。当串行口定义为方式0时，RXD端为数据输入端，TXD端为同步脉冲信号输出端。接收器以振荡频率的1/12的波特率接收TXD端输入的数据信息。

REN（SCON.4）为串行口接收器允许接收控制位。当REN = 0时，禁止接收；当REN = 1时，允许接收。当串行口置为方式0，且满足REN = 1和RI（SCON.0）= 0的条件时，就会启动一次接收过程。在机器周期的S6P2时刻，接收控制器向输入移位寄存器写入11111110，并使移位时钟由TXD端输出。从RXD端（P3.0引脚）输入数据，同时使输入移位寄存器的内容左移一位，在其右端补上刚由RXD引脚输入的数据。这样，原先在输入移位寄存器中的1就逐位从左端移出，而在RXD引脚上的数据就逐位从右端移入。当写入移位寄存器中最右端的一个0移到最左端时，其右边已经接收了7位数据。这时，将通知接收控制器进行最后一次移位，并把所接收的数据装入SBUF。在启动接收过程开始后的第10个机器周期的S1P1时刻，SCON中的RI位被置位，从而发出中断申请。至此，完成了一帧数据的接收过程。若CPU响应中断，就去执行由0023H作为入口地址的中断服务程序。

方式0主要用于使用CMOS或TTL移位寄存器进行I/O扩展的场合。

51单片机串行口可以外接串行输入并行输出移位寄存器作为输出口，还可以外接并行输入串行输出移位寄存器作为输入口。

方式0发送或接收完8位数据，由硬件置位发送中断标志TI或接收中断标志RI。但CPU响应中断请求转入中断服务程序时并不清TI或RI。因此，中断标志TI或RI必须由用户在程序中清零（可使用“CLR　TI”或“CLR　RI”指令，也可以使用“ANL　SCON，#0FEH”或“ANL　SCON，#0FDH”等指令）。

通常串行口以方式0工作时，SM2位（多机通信制位）必须为0。

（2）方式1

串行口工作在方式1时，被控制为波特率可变的8位异步通信接口。传送一帧信息为10位，即1位起始位（0）、8位数据位（低位在先）和1位停止位（1）。数据位由TXD发送，由RXD接收。波特率是可变的，取决于定时器1或2的溢出速率。

① 方式1发送。CPU执行任何一条以SBUF为目标寄存器的指令就启动发送。先把起始位输出到TXD，然后把移位寄存器的输出位送到TXD。接着发出第一个移位脉冲（SHIFT），使数据右移一位，并从左端补入0。此后数据将逐位由TXD端送出，而其左边不断补入0。当发送完数据位时，置位中断标志位TI。

② 方式1接收。串行口以方式1输入时，当检测到RXD引脚上由1到0的跳变时开始接收过程，并复位内部16分频计数器，以实现同步。计数器的16个状态把1位时间等分成16份，并在第7、8、9个计数状态时采样RXD的电平，因此每位数值采样3次，当接收到的3个值中至少有两个值相同时，这两个相同的值才被确认接收。这样可排除噪声干扰。如果检测到起始位的值不是0，则复位接收电路，并重新寻找另一个1到0的跳变。当检测到起始位有效时，才把它移入移位寄存器并开始接收本帧的其余部分。一帧信息也是10位，即1位起始位、8位数据位（先低位）和1位停止位。在起始位到达移位寄存器的最左位时，它使控制电路进行最后一次移位。在产生最后一次移位脉冲并且能满足两个条件（RI = 0，接收到的停止位为1或SM2 = 0）时，停止位进入RB8，8位数据进入SBUF，并且置位中断标志RI。如果上述两个条件中任何一个不满足，将丢失接收的帧。中断标志RI必须由用户在中断服务程序中清零。

通常串行口以方式1工作时，SM2置为“0”。

（3）方式2和方式3

串行口工作在方式2和方式3时，被自定义为9位的异步通信接口，发送（通过TXD）和接收（通过RXD）一帧信息都是11位，即1位起始位（0）、8位数据位（低位在先）、1位可编程位（即第9位数据）和1位停止位（1）。方式2和方式3的工作原理相似，唯一的差别是方式2的波特率是固定的，为$f_{osc}/32$或$f_{osc}/64$；方式3的波特率是可变的，利用定时器1或定时器2作为波特率发生器。

① 方式2和方式3发送。方式2和方式3的发送过程是由执行任何一条以SBUF作为

目的寄存器的指令来启动的。由“写入SBUF”信号把8位数据装入SBUF，同时把TB8装到发送移位寄存器的第9位上（可由软件把TB8赋值为0或1），并通知发送控制器要求进行一次发送，发送开始，把一个起始位（0）放到TXD端，经过一位时间后，数据由移位寄存器送到TXD端，通过第一位数据，出现第一个移位脉冲。在第一次移位时，把一个停止位“1”由控制器的停止位送入移位寄存器的第9位。此后，每次移位时，把0送入第9位。因此，当TB8的内容移到移位寄存器的输出位置时，其左边的一位是停止位“1”，再往左的所有位全为“0”。这种状态被零检测器检测到后，就通知发送控制器作最后一次移位，然后置TI = 1，请求中断。第9位数据（即SCON中的TB8的值）由软件置位或清零，可以作为数据的奇偶校验位，也可以作为多机通信中的地址、数据标志位。如果把TB8作为奇偶校验位，可以在发送中断服务程序中，在数据写入SBUF之前先将数据的奇偶位写入TB8。

② 方式2和方式3接收。方式2和方式3的接收过程与方式1类似。数据从RXD端输入，接收过程由RXD端检测到负跳变时开始（CPU对RXD不断采样，采样速率为所建立的波特率的16倍），一旦检测到负跳变，16分频计数器就立即复位，同时把1FFH写入输入移位寄存器。计数器的16个状态把移位时间等分成16份，在每一位的第7、8、9个状态时，位检测器对RXD端的值采样。如果所接收到的起始位不是0，则复位接收电路等待另一个负跳变的来到。若起始位有效（= 0），则起始位移入输入移位寄存器，并开始接收这一帧的其余位。当起始位0移到最左边时，通知接收控制器进行最后一次移位。把8位数据装入接收缓冲器，第9位数据装入SCON中的RB8，并置中断标志RI = 1。数据装入接收缓冲器和RB8，并置位RI，只在产生最后一个移位脉冲，并且要满足两个条件（RI = 0，SM2 = 0；接收到的第9位数据为1）时才会进行，如果不满足上述条件，接收到的数据信息就会丢失，而且中断标志RI不置1。

在方式2和方式3中装入RB8的是第9位数据，而不是停止位（方式1中装入的是停止位）。所接收的停止位的值可用于多机处理（多机通信中的地址/数据标志位），也可作为奇偶校验位。

（4）多机通信

如前所述，串行口以方式2和方式3接收时，若SM2（串行口控制寄存器SCON中的SM2为多机通信控制位）为1，则只有当接收器收到的第9位数据为1时，数据才装入接收缓冲器，并将中断标志RI置“1”，向CPU发出中断申请；如果接收到的第9位数据为0，则不产生中断标志，信息将丢失。而当SM2为0时，则接收到一个数据字节后，不管第9位数据是1还是0，都产生中断标志（RI = 1），将接收到的数据装入接收缓冲器。利用这个特点可实现多个51单片机之间的通信。图3-19所示为一种简单的主从式的多机系统，主机控制与从机之间的通信，从机之间的通信只能经过主机才能实现，从机是被动的。

从机系统由从机的初始化程序（或相关的处理程序）将串行口编程为方式2或方式3

接收，且置SM2为1，允许串行口中断，当主机要发送一个数据块给从机时，它先送出一个地址字节，以辨认目标从机。地址字节与数据字节可用第9位来区别，发出地址信息时第9位为1，发送数据（包括命令）信息时第9位为0。当主机发送地址时，各从机的串行口接收到第9位信息（RB8）为1，则把中断标志RI置“1”。这样，使每一台从机都检查所接收到的地址是否与本机相符，若为本机地址，则清除SM2（=0），并准备接收即将到来的数据（或命令），没有被寻址的从机则保持SM2=1的状态，这些从机将“不理睬”进入到串行口的数据字节。在主机发送数据时，各从机的串行口接收到RB8为0的信息，只有被寻址的从机（已清SM2）激活中断标志RI，接收主机的数据（或执行主机的命令），实现与主机的信息传送。其余从机因为SM2 ≠ 0，且第9位RB8为0，不满足接收数据的条件。

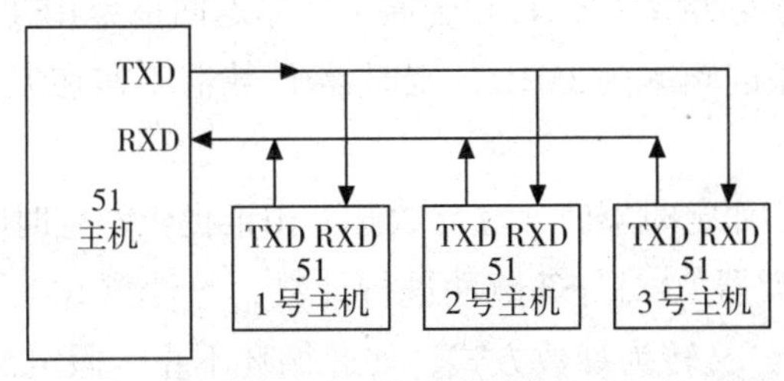

图3–19　多处理机通信

本章小结

本章分四个部分介绍了51单片机的硬件资源，包括并行I/O口、中断系统、定时器/计数器和串行接口。第一部分介绍了51单片机I/O接口的作用，重点讲解了51单片机的内部并行I/O接口P0～P1，并举例对其应用进行了介绍；第二部分详细介绍了51单片机的中断定义、中断源、中断的控制、中断的优先级、中断响应时间、中断请求的撤除、中断系统的初始化以及外部中断源的扩展等，并列举了大量的例子；第三部分介绍了51单片机的定时器/计数器，主要介绍了定时器/计数器的结构及工作原理，控制定时器/计数器的内部特殊功能寄存器TMOD和TCON，并对定时器/计数器的初始化和工作方式进行了重点讲解，并列举了大量的例题进行说明；第四部分对51单片机的串行通信及串行接口进行了介绍。

习题与思考

1. 51单片机的4个I/O口在使用上有哪些分工和特点？
2. 什么是中断？51单片机中断源能实现哪些功能？
3. 下列说法错误的是________。

A. 各中断源发出的中断请求信号都会标记在51系统中的IE寄存器中

B. 各中断源发出的中断请求信号都会标记在51系统中的TMOD寄存器中

C. 各中断源发出的中断请求信号都会标记在51系统中的IP寄存器中

D. 各中断源发出的中断请求信号都会标记在51系统中的TCON与SCON寄存器中

4. 51单片机响应外部中断的典型时间是多少？在哪些情况下，CPU将推迟对外部中断请求的响应？

5. 中断查询确认后，在下列各种51单片机的运行情况中，能立即进行响应的是____。

A. 当前正在进行高优先级中断处理

B. 当前正在执行RETI指令

C. 当前指令是DIV，并且正处于取指令的机器周期

D. 当前指令是MOV A，R3

6. 中断服务子程序返回指令RETI和普通子程序返回指令RET有什么区别？

7. 如果采用的晶振的频率为3MHz，定时器/计数器工作在方式0、1、2下，其最大的定时时间各为多少？

8. 定时器/计数器用作定时器时，其计数脉冲由谁提供？定时时间与哪些因素有关？

9. 采用定时器/计数器T0对外部脉冲进行计数，每计数100个脉冲后，T0转为定时工作方式。定时1ms后，又转为计数方式，如此循环不止。假定51单片机的晶体振荡器的频率为6MHz，使用方式1实现，要求编写出程序。

10. 定时器/计数器的工作方式2有什么特点？适用于哪些应用场合？

11. 判断下列的说法是否正确？

（1）特殊功能寄存器SCON与定时器/计数器的控制无关。

（2）特殊功能寄存器TCON与定时器/计数器的控制无关。

（3）特殊功能寄存器IE与定时器/计数器的控制无关。

（4）特殊功能寄存器TMOD与定时器/计数器的控制无关。

12. 简述串行口接收和发送数据的过程。

13. 串行口有几种工作方式？有几种帧格式？各种工作方式的波特率如何确定？

14. 串行口工作方式1的波特率是________。

A. 固定的，为$f_{osc}/32$

B. 固定的，为$f_{osc}/16$

C. 可变的，通过定时器/计数器T1的溢出率设定

D. 固定的，为$f_{osc}/64$

15. 为什么定时器/计数器T1用作串行口波特率发生器时，采用方式2？若已知时钟频率、通信波特率，如何计算其初值？

16. 设计一个发送程序，将片内RAM地址为20H～2FH中的数据串行发送（要求采用中断方式），设串行口采用工作方式2。

第4章　C51程序设计基础

以往，人们研制单片机应用系统，几乎均使用汇编语言编写应用程序。尽管汇编语言具有执行速度快等优点，但其程序可读性较差，不便移植，调试也比较麻烦。C51语言恰好克服了汇编语言的缺点。本章开始对C51语言程序设计内容做简要论述，有C51语言基础的读者可根据需要，选学本章内容。

4.1　C51语言的符号类型

4.1.1　标识符

在计算机中占有存储器位置的量都叫作对象。对象分为两大类：数据和程序。数据是指计算机要处理的对象，而程序是对计算机处理过程的描述。为了唯一地表达单个或者成块的一组数据和程序语句，需要用标识符把它们命名后才能使用。

标识符是用来表示组成C51程序的常量、变量、语句标号以及用户自定义函数的名称等。C51标识符的定义十分灵活，但作为标识符必须满足以下规则：

① 所有标识符必须由英文字母（A ~ Z，a ~ z）或下划线（_）开头；

② 标识符的其他部分可以用字母、下划线（_）或数字（0 ~ 9）组成；

③ 大小写字母表示不同的意义，即代表不同的标识符；

④ 标识符的最大长度因机器而异，一般默认为32个字符；

⑤ 标识符不能使用C51语言的关键字。

4.1.2　关键字

关键字是C51语言和C51编译器专用的字符序列，在选用标识符的时候不可与关键字重名，否则程序无法编译运行。C51编译器的主要关键字及其简单说明如表4-1所示。

表4-1　　　　C51中的主要关键字

关键字	用　途	说　明
auto	存储种类声明	声明局部变量，默认值为此
break	程序语句	退出最内层循环
case	程序语句	switch语句中的选择项
char	数据类型声明	单字节整型数或字符型数据
const	存储类型声明	在程序执行过程中不可更改的常量值
continue	程序语句	转向下一次循环
default	程序语句	switch语句中的无相符选择项
do	程序语句	构成do…while循环结构
double	数据类型声明	双精度浮点数
else	程序语句	构成if…else选择结构
enum	数据类型声明	枚举
extern	存储种类声明	在其他程序模块中声明了的全局变量
float	数据类型声明	单精度浮点数
for	程序语句	构成for循环结构
goto	程序语句	构成goto转移结构
if	程序语句	构成if…else选择结构
int	数据类型声明	基本整型数
long	数据类型声明	长整型数
register	存储种类声明	使用CPU内部寄存器的变量
return	程序语句	函数返回
short	数据类型声明	短整型数
signed	数据类型声明	有符号数，二进制数据的最高位为符号位
sizeof	运算符	计算表达式或数据类型的字节数
static	存储种类声明	静态变量
struct	数据类型声明	结构类型数据
swith	程序语句	构成switch选择结构
typedef	数据类型声明	重新进行数据类型定义
union	数据类型声明	联合类型数据
unsigned	数据类型声明	无符号数数据
void	数据类型声明	无类型数据
volatile	数据类型声明	该变量在程序执行中可被隐含地改变

续表 4–1

关键字	用 途	说 明
while	程序语句	构成while和do…while循环结构
bit	位标量声明	声明一个位标量或位类型的函数
sbit	位标量声明	声明一个可位寻址变量
sfr	特殊功能寄存器声明	声明一个特殊功能寄存器
sfr16	特殊功能寄存器声明	声明一个16位的特殊功能寄存器
data	存储器类型声明	直接寻址的内部数据存储器
bdata	存储器类型声明	可位寻址的内部数据存储器
idata	存储器类型声明	间接寻址的内部数据存储器
pdata	存储器类型声明	分页寻址的外部数据存储器
xdata	存储器类型声明	外部数据存储器
code	存储器类型声明	程序存储器
interrupt	中断函数声明	定义一个中断函数
reentrant	可重入函数声明	定义一个可重入函数
using	寄存器组定义	定义芯片的工作寄存器

4.1.3 运算符

在C51语言中，运算符主要可以分为三大类：算术运算符、逻辑运算符和关系运算符。除此之外，还有一些用于完成特殊任务的运算符。

（1）算术运算符

C51语言的算术运算符如表4–2所示。

表 4–2 算术运算符

操作符	作 用
+	加或取正（一目）
–	减或取负（一目）
*	乘
/	除
%	取模
– –	减1
++	加1

①一目和二目操作。一目操作是指对一个操作数进行操作。例如：-a是对a进行一目负操作。二目操作（或多目操作）是指对两个操作数（或多个操作数）进行操作。加、减、乘法运算容易理解。需要注意的是除法和取模运算。

例如：

15/2的结果是15除以2的商的整数部分7；

15%2的结果是15除以2的余数部分1。

对于取模运算符“%”，不能用于浮点数。

② 增量运算 。在C51中有两个很有用的运算符，即增1运算符“++”和减1运算符“－－”，运算符“++”使操作数加1，而“－－”则使操作数减1。

例如：

x = x + 1可写成x+ +或+ +x；

x = x－1可写成x－－或－－x。

例如：

x+ +（x－－）与+ +x（－－x）在上例中没有什么区别，但x = m+ +与x = + +m却有很大差别。

x = m+ +表示将m的值赋给x后，m加1；x = + +m表示m先加1后，再将新值赋给x。

（2）逻辑运算符

逻辑运算符是指用形式逻辑原则来建立数值间关系的符号，逻辑运算符如表4–3所示。

表4–3　　逻辑运算符

操作符	作　用
&&	逻辑与
||	逻辑或
!	逻辑非

（3）关系运算符

关系运算符是比较两个操作数大小的符号，关系运算符如表4–4所示。

表4–4　　关系运算符

操作符	作　用
>	大于
>=	大于等于
<	小于
<=	小于等于
==	恒等于
!=	不等于

关系运算符和逻辑运算符的关键是真（true）和假（false）的概念。true可以是不为0的任何值，而false则为0。使用关系运算符和逻辑运算符表达式时，若表达式为真，则返回1；否则，返回0。

例如：

100 > 99返回1；

10 >（2+10）返回0；

！1&&0返回0。

对于上面的表达式“！1&&0”，先求“！1”和先求“1&&0”将会得出不同的结果，那么何者优先呢？这在C语言中是有规定的。

（4）运算符的优先级

C语言规定了运算符的优先次序即优先级。当一个表达式中有多个运算符参加运算时，将按表4–5所规定的优先级进行运算。表中优先级从上往下逐渐降低，同一级别优先级相同。

例如：

10 > 4&&！（100 < 99）||3 < = 5的值为1；

10 > 4&&！（100 < 99）&&3 < = 5的值为0。

表4–5　　C语言运算符的优先级和结合性

级 别	类 别	名 称	运 算符	结合性
1	强制转换、数组、结构、联合	强制类型转换	( )	右结合
		下标	[ ]	
		存取结构或联合成员	-> 或.	
2	逻 辑	逻辑非	！	左结合
	位操作	按位取反	~	
	增 量	加1	++	
	减 量	减1	--	
	指 针	取地址	&	
		取内容	*	
	算 术	单目减	–	
	长度计算	长度计算	sizeof	
3	算 术	乘	*	右结合
		除	/	
		取模	%	
4	算术和指针运算	加	+	
		减	–	
5	位操作	左移	<<	
		右移	>>	

续表 4–5

级别	类别	名称	运算符	结合性
6	关系	大于等于	>=	
		大于	>	
		小于等于	<=	
		小于	<	
7		恒等于	==	右结合
		不等于	!=	
8	位操作	按位与	&	
		按位异或	^	
		按位或	|	
9	逻辑	逻辑与	&&	
		逻辑或	||	
10	条件	条件运算	?:	左结合
11	赋值	赋值	=	
		复合赋值	Op=	
12	逗号	逗号运算	,	右结合

4.1.4 分隔符

分隔符中有许多符号是与运算符相重的。C51语言允许这种重用，可以通过符号在上下文中的位置和作用来区别。C51语言中使用的分隔符有如下几种：

[] () {} , ; : … * = ^ #

（1）方括号对分隔符

该分隔符用于对数组变量的说明。字符数组变量的定义说明格式为：

```
char str [ ] ="string";
```

因为“[ ]”不是运算符，方括号对中间缺少下标变量是允许的。对于字符数组变量，C51编译器根据后面的字符串实际长度来安排内存。

（2）圆括号对分隔符

该分隔符在程序中被大量应用，其作用就是将一定的对象分离出来。

例如：

```
d=c* (a+b);
```

这里用圆括号对“( )”隔离出a+b，用以破例提前执行低优先级的运算。

（3）花括号对分隔符

该分隔符的主要用途是分离出多语句组成的复合语句。除了在函数定义时函数体需要用花括号分隔符“{}”括起来外，在程序的任何地方都可以根据需要用“{}”来分隔出复合语句。

例如：

```
if (d = =z)
  {+ +x;
   func ();
  }
```

这里用“{}”分离多语句组成复合语句。此外，花括号分隔符还应用在给数组变量赋初值中，例如：

```
char array [5] = {1, 2, 3, 4, 5};
```

(4) 逗号分隔符

逗号分隔符与逗号运算符不同，它是用来分隔处于同等位置的几个元素的。

例如：

```
int a, b, c;
```

这里使用逗号分隔符对多个变量进行声明。

在函数参数说明中，如“void func (int n, float f, char ch);”中，逗号分隔符在参数表中分隔各个参数。在函数调用“func ((表达式1, 表达式2), f, ch);”中，第一个参数“(表达式1, 表达式2)”中的逗号为逗号运算符，而在整个实参表中的逗号为分隔符。

(5) 分号分隔符

分号分隔符又称终结符，标志一个语句的终结。分号分隔符还可以单独使用，即只用分号分隔符构成空语句。

(6) 冒号分隔符

在语句行中用冒号分隔符分隔出一个标识符作为这个语句的标号。在C51语言中，标号是冒号分隔符分隔出的标识符后第一条语句在内存中的地址。

(7) 省略号分隔符

省略号分隔符在C51语言中用于函数的参数表中，表示从它出现的地方开始有可变个数的参数。例如，“int printf (char * fmt, …)”中的省略号表示fmt之后可以有任意多个参数，具体个数由调用时实参表中所含的变量个数来决定。

(8) 星号分隔符

星号分隔符作为指针的说明符。例如，char * cptr中，星号分隔符加在标识符前，说明该标识符为指针名。指针的类型是根据它指向内容的类型来定义的。在这里指针cptr的类型是char。

（9）等号分隔符

等号分隔符作为初始化分隔符使用。它与等号运算符的不同在于：等号分隔符是在初始化变量时给变量赋初值，而等号运算符是用来在运行中给变量赋值。

（10）“^”分隔符

“^”分隔符是在进行字位型变量定义时使用的，用它可以将一个整型变量的某一位分离出来作为一个字位型数据。

（11）预处理器伪指令符“#”

如果在某行第一个非空白字符为“#”，则表示该行是预处理器的伪指令语句行。它虽然处在源程序中，但是并不产生程序代码，而是通知预处理器如何操作。

4.2 常量与变量

4.2.1 基本数据类型

C51的基本数据类型如表4-6所示。表中列出了KEIL uVision2 C51编译器所支持的数据类型。在标准C语言中基本的数据类型为char、int、short、long、float和double，而在C51编译器中int和short类型相同，float和double类型相同，这里没有一一列出。

表4-6　KEIL uVision2 C51编译器所支持的数据类型

数据类型	长　度	值　域
unsigned char	单字节	0~255
signed char	单字节	−128~+127
unsigned int	双字节	0~65535
signed int	双字节	−32768~−32767
unsigned long	四字节	0~4294967295
signed long	四字节	−2147483648~−2147483647
float	四字节	±1.175494E−38~±3.402823E+38
*	1~3个字节	对象的地址
bit	位	0或1
sfr	单字节	0~255
sfr16	双字节	0~65535
sbit	位	0或1

（1）char（字符型）

char的长度是一个字节，通常用于定义处理字符数据的变量或常量，分为无符号字符类型（unsigned char）和有符号字符类型（signed char），默认值为signed char类型。unsigned char类型用字节中所有的位来表示数值，可以表达的数值范围是0~255。

signed char类型用字节中的最高位表示数据的符号，“0”表示正数，“1”表示负数，负数用补码表示，所能表示的数值范围是-128～+127。unsigned char常用于处理ASCII字符或用于处理小于或等于255的整型数。

（2）int（整型）

int的长度为两个字节，用于存放一个双字节数据，分为符号整型数（signed int）和无符号整型数unsigned int，默认值为signed int类型。signed int表示的数值范围是-32768～-32767，字节中的最高位表示数据的符号，“0”表示正数，“1”表示负数。unsigned int表示的数值范围是0～65535。

（3）long（长整型）

long型的长度为4个字节，用于存放一个4字节数据，分为有符号长整型signed long和无符号长整型（unsigned long），默认值为signed long类型。signed long表示的数值范围是-2147483648～-2147483647，字节中最高位表示数据的符号，“0”表示正数，“1”表示负数。unsigned long表示的数值范围是0～4294967295。

（4）float（浮点型）

float型在十进制中具有7位有效数字，是符合IEEE－754标准的单精度浮点型数据，占用4个字节。

（5）指针型

指针型本身就是一个变量，这个变量中存放的是指向另一个数据的地址。这个指针变量要占用一定的内存单元，对不同的处理器长度也不尽相同，在C51中它的长度一般为1～3个字节。

（6）bit（位标量）

bit是C51编译器的一种扩充数据类型，利用它可定义一个位标量，但不能定义位指针，也不能定义位数组。它的值是一个二进制位，不是0就是1，类似一些高级语言中的boolean类型中的true和false。

（7）sfr（特殊功能寄存器）

sfr也是一种扩充数据类型，占用一个内存单元，值域为0～255。利用它可以访问51单片机内部的所有特殊功能寄存器。

（8）sfr16（16位特殊功能寄存器）

sfr16占用两个内存单元，值域为0～65535。sfr16和sfr一样用于操作特殊功能寄存器，所不同的是它用于操作占有两个字节的寄存器，如定时器T0和T1。

（9）sbit（可寻址位）

sbit同样是C51中的一种扩充数据类型，利用它可以访问芯片内部的RAM中的可寻址位或特殊功能寄存器中的可寻址位。

4.2.2　常量

所谓常量，是在程序运行过程中不能改变值的量。常量的数据类型有整型、浮点型、字符型、字符串型和位标量。

常量的数据类型说明如下。

① 整型常量可以表示为十进制数，如123、0、-89等，如果表示为十六进制数则以0x开头，如0x34、-0x3B等。长整型就在数字后面加字母L表示，如104L、034L、0xF340L等。

② 浮点型常量可分为十进制和指数表示形式。十进制由数字和小数点组成，如0.888、3345.345、0.0等，整数或小数部分为0，可以省略，但必须有小数点。指数表示形式为：

[±] 数字 [. 数字] e [±] 数字

[ ] 中的内容为可选项，其中，内容根据具体情况可有可无，但其余部分必须有，如125e3、7e9、-3.0e-3。

③ 字符型常量是单引号内的字符，如'a'、'd'等，对于不可以显示的控制字符，可以在该字符前面加一个反斜杠"\"组成专用转义字符。常用的转义字符如表4-7所示。

表4-7　　转义字符表

转义字符	含　义	ASCII码（十六进制/十进制）
\o	空字符	00H/0
\n	换行符	0AH/10
\r	回车符	0DH/13
\t	水平制表符	09H/9
\b	退格符	08H/8
\f	换页符	0CH/12
\'	单引号	27H/39
\"	双引号	22H/34
\\	反斜杠	5CH/92

④ 字符串型常量由双引号内的字符组成，如"test"、"OK"等。" "为空字符串。在使用特殊字符时同样要使用转义字符（如双引号）。在C语言中字符串常量是作为字符类型数组来处理的，在存储字符串时系统会在字符串尾部加上'\o'转义字符以作为该字符串的结束符。字符串常量"A"和字符常量'A'是不同的，前者在存储时多占用一个字节的空间。

⑤ 位标量，它的值是一位二进制数。

常量可用在不必改变值的场合，如固定的数据表、字库等。常量的定义方式有几种，如下例。

```
#difine False 0x0;              //用预定义语句可以定义常量，这里定义False为0，True为1
#difine True 0x1;
unsigned int code a=100;        //将a定义在程序存储器中并赋值
const unsigned int c=100;       //定义c为无符号int常量并赋值
```

4.2.3 变量

所谓变量，是在程序运行过程中能改变值的量。定义一个变量的格式如下：

[存储种类] 数据类型 [存储器类型] 变量名表

其中除了数据类型和变量名表是必要的，其他都是可选项。存储种类有4种：自动（auto）、外部（extern）、静态（static）和寄存器（register），默认类型为自动（auto）。存储器类型的说明就是指定该变量在C51硬件系统中所使用的存储区域，并在编译时准确定位。值得注意的是，在AT89C51芯片中RAM只有低128位，位于80H～FFH的高128位则在MCS-52芯片中才有用，并和特殊寄存器地址重叠。

（1）自动变量

这种存储类型是使用最广泛的一种类型。C51语言规定，函数内凡未加存储类型说明的变量均视为自动变量，也就是说，自动变量可省去说明符auto。在前面各章的程序中所定义的变量凡未加存储类型说明符的都是自动变量。自动变量具有以下特点：

① 自动变量的作用域仅限于定义该变量的个体内。在函数中定义的自动变量只在该函数内有效。在复合语句中定义的自动变量只在该复合语句中有效。

② 自动变量属于动态存储方式，只有在使用它，即定义该变量的函数被调用时，才给它分配存储单元，开始它的生存期，函数调用结束，释放存储单元，结束生存期。因此，函数调用结束之后，自动变量的值不能保留。在复合语句中定义的自动变量在退出复合语句后也不能再使用，否则将引起错误。

③ 由于自动变量的作用域和生存期都局限于定义它的个体内（函数或复合语句内），因此不同的个体中允许使用同名的变量而不会混淆。即使是在函数内定义的自动变量也可与该函数内部的复合语句中定义的自动变量同名。

④ 对构造类型的自动变量如数组等，不可做初始化赋值。

（2）外部变量

外部变量有两个特点：

① 外部变量和全局变量是对同一类变量的两种不同角度的提法。全局变量是从它的作用域提出的；外部变量是从它的存储方式提出的，表示了它的生存期。

② 当一个源程序由若干个源文件组成时，在一个源文件中定义的外部变量在其他的源文件中也有效。

（3）静态变量的类型

静态变量属于静态存储方式，但是属于静态存储方式的量不一定就是静态变量。例如，外部变量虽然属于静态存储方式，但不一定是静态变量，必须使用static说明符加以定义后才能称为静态外部变量，或称静态全局变量。自动变量属于动态存储方式，但是也可以用static说明符定义它为静态自动变量，或称静态局部变量，从而称为静态存储方式。由此看来，一个变量可由static说明符进行再说明，并改变其原有的存储方式。

（4）寄存器变量

上述各类变量都存放在存储器内，因此当对一个变量频繁读写时，必须要反复访问内存储器，从而花费大量的存取时间。为此，C51语言提供了另一种变量，即寄存器变量。这种变量存放在CPU的寄存器中，使用时不需要访问内存，而直接从寄存器中读写，这样可提高效率。寄存器变量的说明符是register。对于循环次数较多的循环控制变量及循环体内反复使用的变量均可定义为寄存器变量。对于寄存器变量还要说明以下几点：

① 只有自动变量和形式参数才可以定义为寄存器变量。因为寄存器变量属于动态存储方式。凡是需要采用静态存储方式的量都不能定义为寄存器变量。

② 在Turbo C、MS C等微机上使用的C语言中，实际上是把寄存器变量当成自动变量处理的，因此速度并不能提高。而在程序中允许使用寄存器变量只是为了与标准C语言保持一致。

③ 即使是能真正使用寄存器变量的机器，由于CPU中寄存器的个数是有限的，因此使用寄存器变量的个数也是有限的。

4.2.4 变量的作用范围

C语言中所有变量都有自己的作用域，声明变量的类型不同，其作用域也不同。C语言中的变量按照作用域的范围可分为两种，即局部变量和全局变量。

（1）局部变量

局部变量也称为内部变量。局部变量是在函数内进行定义说明的。其作用域仅限于函数内，离开该函数后再使用这种变量是非法的。关于局部变量的作用域，还要注意几点：

① 主函数中定义的变量也只能在主函数中使用，不能在其他函数中使用。同时，主函数中也不能使用其他函数中定义的变量。

② 形参变量是属于被调函数的局部变量，实参变量是属于主调函数的局部变量。

③ 允许在不同的函数中使用相同的变量名，它们代表不同的对象，分配不同的单元，互不干扰，也不会发生混淆。虽然允许在不同的函数中使用相同的变量名，但是为了使程序明了易懂，不提倡在不同的函数中使用相同的变量名。

（2）全局变量

全局变量也称为外部变量，它是在函数外部定义的变量。它不属于哪一个函数，而属于一个源程序文件。其作用域是整个源程序。在函数中使用全局变量，一般应作全局变量说明。只有在函数内经过说明的全局变量才能使用。全局变量的说明符为extern。但在一个函数之前定义的全局变量在该函数内使用时可不再加以说明。

对于全局变量，还有以下几点要说明：

① 对于局部变量的定义和说明，可以不加区分，而对于外部变量则不然，因为外部变量的定义和外部变量的说明并不是一回事。外部变量定义必须在所有的函数之外，且

只能定义一次。其一般形式为：

[extern] 类型说明符 变量名，变量名…

其中，方括号内的extern可以省去不写。而外部变量说明出现在要使用该外部变量的各个函数内，在整个程序内可能出现多次，外部变量说明的一般形式为：

[extern] 类型说明符 变量名，变量名…

外部变量在定义时就已分配了内存单元，外部变量定义可进行初始赋值，外部变量说明不能再赋初始值，只是表明在函数内要使用某外部变量。

② 外部变量可加强函数模块之间的数据联系，但是又使函数依赖这些变量，因而使得函数的独立性降低。从模块化程序设计的观点来看这是不利的，因此在不必要时尽量不要使用全局变量。

③ 在同一源文件中，允许全局变量和局部变量同名。在局部变量的作用域内，全局变量不起作用。

4.3 C51 语句

4.3.1 说明语句与空语句

4.3.1.1 说明语句

C51中的说明语句为程序中说明常量、变量数据类型的基础性语句。可将说明语句归纳为如下4大类。

(1) 标准数据类型的说明语句

如4.2.1节所述，C51支持基本的数据类型，如int、long、char等，针对上述基本数据类型对变量或常量进行说明的语句为标准数据类型的说明语句。为了说明或者指定变量或常量存储位置，一般在该类说明语句中还包含存储类型说明符。存储类型说明符如表4-8所示。

表4-8 存储类型说明符

存储类型	说 明
code	程序存储器（可达64KB）。使用操作码“MOVC @A+DPTR”访问
data	可用直接寻址方式访问的内部数据存储器。对变量的访问速度最快（内部数据存储器共128 B）
idata	使用间接寻址方式访问的内部数据存储器。整个内部数据存储空间都可以被访问（256 B）
bdata	可位寻址的内部数据存储器。支持位和字节混合寻址
xdata	外部数据存储器（可达64KB）。使用操作码“MOVX @ DPTR”访问

续表4-8

存储类型	说　明
far	扩展的RAM和ROM空间（可达16MB）。可通过用于自定义程序或特殊芯片的扩展功能访问
pdata	指定外部数据存储器（256B）。使用操作码“MOVX @ Rn”访问

下面给出一个简单的示例。

```
char data var1;
char code text [ ] ="hello world";
float idata x;
```

值得注意的是，如果在声明语句中忽略了存储类型说明符，则编译器会自动为变量选用默认或隐式存储类型。

（2）特殊功能寄存器的说明语句

如前所述，51单片机内部包括多种特殊功能寄存器，如I/O口、定时器、串行口中断控制等。C51语言允许在程序中直接访问这些特殊功能寄存器，但需要在访问前先进行特殊功能寄存器的声明。格式如下：

```
sfr  特殊功能寄存器名 = 绝对地址;
```

其中，特殊功能寄存器名遵循C语言的标识符命名规则，并且被赋予相应的绝对地址值。地址值必须是0x80～0xFF之间的地址常量，不能是任何带运算符的表达式。

以下语句将P0、P1声明为特殊寄存器类型的变量，它们分别代表P0、P1口寄存器。

```
sfr  P0 = 0x80;
sfr  P1 = 0x90;
```

此外，为了有效地访问16位特殊功能寄存器，可使用关键字sfrl6声明，其语法与sfr声明类似。只是被赋予的地址必须是16位特殊功能寄存器低8位的绝对地址。值得注意的是，16位特殊功能寄存器的声明只适用于那些可组合成16位的特殊功能寄存器，并且16位的高字节部分在物理上必须直接位于低字节之后，否则会产生错误。

51系列各种单片机的寄存器数量是不同的，建议将公共的特殊功能寄存器声明语句放入一个头文件，非公共的特殊功能寄存器可在程序中直接声明。

（3）特殊功能位的说明语句

在编程应用过程中，有时需要单独访问特殊功能寄存器中的位，C51语言允许这种访问，关键字sbit可声明特殊功能寄存器中的可寻址位，特殊功能位的声明具有以下3种形式。

① sbit位名 = 特殊功能寄存器名^整型常量。

其中，位名为特殊功能位的名字，整型常量为0～7之间的整数，特殊功能寄存器名必须是已经定义好的sfr型名字，这种定义形式适用于对已定义好的特殊功能寄存器作位声明的场合。

以下语句用特殊功能寄存器名定义特殊功能位。

```
sfr PSw = 0xD0;
sbit OV = PSw^2;
sbit CY = PSw^7;
```

② sbit位名 = 绝对地址^整型常量。

其中，绝对地址值必须在0x80 ~ 0xFF之间，并且能被8整除；而整型输量为0 ~ 7之间的整数。

以下语句用表示特殊功能寄存器的绝对地址定义特殊功能位。

```
sbit OV = 0xD0^2;
sbit CY = 0xD0^7;
```

③ sbit 位名 = 位绝对地址。

其中，位绝对地址值必须位于0x80 ~ 0xFF之间，且必须是可位寻址的特殊功能位的地址。

以下语句用位绝对地址定义特殊功能位。

```
sbit OV = 0xD2;
sbit CY = 0xD7;
```

（4）可位寻址对象的说明语句

可位寻址对象指位于内部RAM低区128字节中的可以以字节或位寻址的数据，各字节单元的绝对地址值在0x20 ~ 0x2F之间，该地址空间称为内部RAM的可寻址区。用扩充的关键字bdata可将数据对象置于该地址空间。对该地址空间的数据对象进一步使用关键字sbit，可声明可寻址位。在使用关键字bdata和sbit声明对象后，即可以字节方式访问对象，也可以位方式访问字节上的某些位。

下面是可位寻址对象的说明语句示例。

```
int bdata bbegin;
sbit mybit0 = bbegin^0;
sbit mybit15 = bbegin^15;
mybit0 = 0;
mybit15 = 1;
```

可寻址位的声明要求基址对象的存储器类型为bdata，否则就只允许声明特殊功能位。在bdata型对象的基础上声明可寻址位时，“^”运算符后的整型常量的最大值依赖于指定的基类型，若字符型为0 ~ 7，整型和短整型为0 ~ 15，长整型为0 ~ 31。

4.3.1.2 空语句

只由分号“;”组成的语句称为空语句。空语句是什么也不执行的语句。在程序中空语句可用作空循环体。例如：

```
while (getchar ()! ='\n') ;
```

本语句的功能是，只要从键盘输入的字符不是回车，则重新输入。这里的循环体为空语句。

4.3.2 表达式语句

C语言中所有的操作运算符都是通过表达式来实现的，由表达式组成的语句称为表达式语句，它是由一个表达式后接一个分号“;”组成的。有的参考书中也将空语句归类为特殊的表达式语句。表达式由运算符、常量及变量构成。

（1）表达式中的类型转换

同一表达式中的不同类型常量及变量应变换为同一类型的量。C51语言的编译程序将所有操作数变换为与最大类型操作数相同的类型。变换以一次一操作的方式进行。

例如：

```
char ch;
int i;
float f;
double d;
result = (ch/i) + (f*d) - (f + i);
```

上例表示出了类型转换。首先，ch转换成int，且f转换成double；因为f*d是double型，ch/i的结果转换成double型，最后由于这次两个操作数都是double型，所以结果也是double型。

（2）空格与括号

为了增加可读性，可以在表达式中插入Tab和空格符。例如，下面两个表达式语句是等效的。

```
x = 10/y* (127/x);
x =  10/y* (127/x);
```

此外，冗余的括号并不会导致错误或减慢表达式的执行速度。一般鼓励使用括号，它可使执行顺序更清楚。下面两个表达式语句是等效的。

```
x = y/2-34*temp&127;
x = (y/2) - ((34*temp) &127);
```

（3）语言中的简写形式

C语言提供了某些赋值语句的简写形式。这些简写形式广泛应用于专业C语言程序中。例如：

```
variable = variablel  operator expression;
```

可简写为

```
variablel  operator = expression;
```

又如：

```
x = x+10;
```

在C语言中的简写形式是

```
x+ = 10;
```

4.3.3　条件语句

条件语句又称为分支语句，它是用关键字if构成的。C语言提供了3种形式的条件语句。

（1）形式1

```
if（条件表达式）语句
```

其含义为：若条件表达式的结果为真（非0值），就执行后面的语句；反之，若条件表达式的结果为假（0值），就不执行后面的语句。这里的“语句”也可以是复合语句。

（2）形式2

```
if（条件表达式）语句1
else语句2
```

其含义为：若条件表达式的结果为真（非0值），就执行“语句1”；反之，若条件表达式的结果为假（0值），就执行“语句2”。这里的“语句1”和“语句2”均可以是复合语句。

（3）形式3

```
if（条件表达式1）语句1
else  if（条件式表达2）语句2
…
      else  if（条件表达式n）语句m
        …
        else语句n
```

这种条件语句常用来实现多方向条件分支，其实，它是由if-else语句嵌套而成的，在此种结构中，else总是与最临近的if相配对。

【例4-1】 条件语句示例。

```
main ()
{
  int a, b, c, min;
  printf ("input a, b, c:") ;
  scanf ("%d%d%d", &a, &b, &c) ;
  if (a<b)
  min = a;
  else
  min = b;
  if (c<min)
  min = c;
  printf ("the result is%d\n", min) ;
}
```

执行情况如下：

```
input a, b, c: 5 6 4
the result is: 4
```

4.3.4 开关、跳转语句

(1) 开关语句

开关语句也是一种用来实现多方向条件分支的语句。虽然采用条件语句也可以实现多方向条件分支，但是当分支较多时会使条件语句的嵌套层次太多，程序冗长，可读性降低。开关语句可直接处理多分支选择，使程序结构清晰，使用方便。开关语句是用关键字switch构成的，它的一般形式如下：

```
switch (表达式)
{
      case常量表达式1: 语句1
                       break;
      case常量表达式2: 语句2
                       break;
      …
      case常量表达式n: 语句n
                       break;
      default: 语句d
}
```

开关语句的执行过程是：将switch后面表达式的值与case后面各个常量表达式的值逐个进行比较，若相等，就执行相应的case后面的语句，然后执行break语句（break语句又称间断语句，它的功能是中止当前语句的执行，使程序跳出switch语句）；如果无相符等情况，执行语句d。

【例4-2】 开关语句示例。

```
int test;
char grade;
switch (test)                    //变量为整型数的开关语句
{
case 5:
grade = "A";
break;                           //退出开关语句
case 4:
grade = "B";
break;
char 3:
grade = "C";
break;
default:
grade = "D"
break;
}
```

（2）跳转语句

跳转语句就是起到从一段代码跳转到另外一段代码的作用的语句。C语言中有4个语句执行无条件转移：return、goto、break和continue。所谓无条件跳转语句，就是指只要程序执行到该语句就按相应规则跳转到另外一段代码执行。在这几种跳转语句中，return和goto可以在程序中的任意位置使用，而break和continue只能用在循环语句中。

① return语句用于从函数返回，它使执行返回到调用函数的位置，return可带返回值，该值将返回给程序，如“return 0;”。

② goto语句不仅可以将控制权传递给程序中本函数内的任何其他语句，还允许跳转到某代码块和从某代码块跳出。如“goto something;”，其中，something是一个标识符。虽然这种语句用起来很方便，但是不建议大量使用，因为这将会降低程序的可读性，让别人很难理解你的程序。将goto语句和if语句一起使用，可以构成一个循环结构，但更常见的是采用goto语句来跳出多重循环。需要注意的是，只能用goto语句从内层循环跳到外层循环，而不允许从外层循环跳到内层循环。

③ break语句用来结束循环语句，在循环中一旦遇到break语句，循环就会立即结

束，程序的控制权将会传递给循环后的语句。

④ continue语句是一种中断语句，它一般用在循环结构中，其功能是结束本次循环，即跳过循环体中下面尚未执行的语句，把程序流程转移到当前循环语句的下一个循环周期，并根据循环控制条件决定是否重复执行该循环体。continue语句通常和条件语句一起用在由while、do-while和for语句构成的循环结构中，它也是一种具有特殊功能的无条件转移语句，但它与break语句不同，continue语句并不跳出循环体，而只是根据循环控制条件确定是否继续执行循环语句。

【例4-3】 跳转语句示例。

```
int i=0, j=0;
while (i< 18)
{
i++;
if (i==10)
continue;    //等于10时，不再执行下面语句，直接执行下一个循环
j++;
}
```

执行的结果是j=17。

4.3.5 循环语句

循环结构是程序中一种很重要的结构。其特点是：在给定条件成立时，反复执行某程序段，直到条件不成立为止。给定的条件称为循环条件，反复执行的程序段称为循环体。C语言提供了多种循环语句，可以组成各种不同形式的循环结构。

（1）while语句

while语句的一般形式为：

```
while（表达式）语句;
```

其中，“表达式”是循环条件，“语句”为循环体。while语句的语义是：计算表达式的值，当值为真（非0）时，执行循环体语句。

【例4-4】 while语句示例。

```
#include <stdio.h>
void main ()
{
int n=0;
printf ("input a string: \n");
while (getchar ()!='\n') n++;
printf ("%d", n);
}
```

本例程序中的循环条件为“getchar（）！ ='\n'”，其含义是，只要从键盘输入的字符不是回车键就继续循环。循环体“n++;”完成对输入字符个数的计数。

使用while语句时应注意几点：首先，while语句中的表达式一般是关系表达式或逻辑表达式，只要表达式的值为真（非0）即可继续循环；其次，循环体如果包括一个以上的语句，则必须用“{}”括起来，组成复合语句；最后，应注意循环条件的选择，以避免死循环。

（2）do-while语句

do-while语句的一般形式为：

```
do
   语句；
while（表达式）；
```

其中，“语句”是循环体，“表达式”是循环条件。do-while语句的语义是：先执行循环体语句一次，再判别表达式的值，若为真（非0）则继续循环，否则终止循环。

do-while语句和while语句的区别在于：do-while语句是先执行后判断，因此do-while语句至少要执行一次循环体；而while语句是先判断后执行，如果条件不满足，则一次循环体也不执行。while语句和do-while语句一般都可以相互改写。

【例4-5】 do-while语句示例。

```
void main（）
{
int a=0, n;
printf（"\n input n: "）;
scanf（"%d", &n）;
do printf（"%d ", a++*2）;
while （--n）;
}
```

上例中，循环条件改为--n，否则将多执行一次循环。这是由先执行后判断而造成的。对于do-while语句还应注意几点：do-while语句也可以组成多重循环，而且可以和while语句相互嵌套；其次，在do和while之间的循环体由多个语句组成时，也必须用“{}”括起来组成一个复合语句；最后，do-while和while语句相互替换时，要注意修改循环控制条件。

（3）for语句

for语句是C语言所提供的功能更强、使用更广泛的一种循环语句。其一般形式为：

```
for（表达式1；表达式2；表达式3）
   语句；
```

其中，“表达式1”通常用来给循环变量赋初值，一般是赋值表达式。也允许在for语句外给循环变量赋初值，此时可以省略该表达式。“表达式2”通常是循环条件，一般为关系表达式或逻辑表达式。“表达式3”通常可用来修改循环变量的值，一般是赋值语句。这3个表达式都可以是逗号表达式，即每个表达式都可由多个表达式组成。3个表达式都是任选项，都可以省略。“语句”即为循环体语句。

for语句的语义是：首先计算“表达式1”的值，再计算“表达式2”的值，若值为真(非0)，则执行循环体一次，否则跳出循环；然后计算“表达式3”的值，转回第2步重复执行。在整个for循环过程中，“表达式1”只计算一次，“表达式2”和“表达式3”则可能计算多次。循环体可能多次执行，也可能一次都不执行。

【例4-6】 用for语句计算$s = 1 + 2 + 3 + \cdots + 99 + 100$。

```
void main ()
{
int n, s = 0;
for (n = 1; n< = 100; n++)
s = s+n;
printf ("s = %d\n", s);
}
```

本例中，for语句中的表达式3为n++，实际上也是一种赋值语句，相当于n = n+1，以改变循环变量的值。

使用for语句时要注意几点：首先，for语句中的各表达式都可以省略，但分号间隔符不能省略。例如：for（；表达式2；表达式3）省去了表达式1，for（表达式1;；表达式3）省去了表达式2，for（表达式1；表达式2;）省去了表达式3，for（;;）省去了全部表达式。其次，在循环变量已赋初值时，可省去表达式1，如果省去表达式2或表达式3，则将造成无限循环，这时应在循环体内设法结束循环。再次，循环体可以是空语句。最后，for语句也可与while、do-while语句相互嵌套，构成多重循环。以下形式都是合法的嵌套循环。

① 形式1。

```
for ()
{…
 while ()
  {…}
 …
}
```

② 形式2。

```
do{
    …
for ()
    {…}
…
} while ();
```

③ 形式3。

```
while (){
 …
 for ()
    {…}
 …
}
```

④ 形式4。

```
for (){
…
for (){
…
 }
}
```

4.3.6 复合语句

把多个语句用花括号“{}”括起来组成的一个语句称为复合语句。在程序中应把复合语句看成单条语句，而不是多条语句。

【例4-7】 复合语句示例。

```
{
    x = y+z;
    a = b+c;
    printf ("%d%d", x, a);
}
```

上例是一条复合语句。复合语句内的各条语句都必须以分号“;”结尾，在括号“}”外面不加分号。

4.3.7 函数调用语句

C51语句是一种模块化程序设计语言。模块化就是将一个复杂问题划分为若干个小问题，再把小问题又划分为简单问题，使问题能通过一个程序模块解决。因此，C语言程序是由许多小函数而不是由少量大函数组成的，即小函数构成大程序。在C语言程序设计中，无论问题多么复杂，其任务只有一个，就是编写一个main( )主函数，同时编写具有各种功能的其他函数。执行程序时，从main( )函数的第一个“{”开始直到最后一个“}”结束，其他函数只有在执行的过程中被调用才执行。

（1）函数的定义语句

函数的定义就是编写具有一定功能的程序段，它包含对函数类型、函数名、参数个数、函数体等的定义。函数的定义格式为：

类型标识符 函数名（形式参数表）

在函数定义过程中，要注意以下几点。

① 函数名。函数名要符合C语言对标识符的规定，函数名后一定要有一对圆括号，它是函数的标志。另外，定义函数时函数名后不能有“;”。

② 形式参数。形式参数在函数名的一对圆括号内，参数的类型直接在括号内标明。形式参数表示将向被调用函数中传递什么类型的数据，当然函数也可以没有参数，此时应声明其为void。在本函数的函数体中，可以使用形式参数，可以输入、输出和参与运算。该参数的值是在调用本函数时传递过来。

③ 函数体。函数中用“{”和“}”括起来的部分称为函数体。函数体包含变量说明和语句两部分，在函数中说明的变量和参数均在执行该函数时存在，该函数执行完后，其定义的内部变量也随之释放。

（2）函数调用与函数声明

① 函数调用。函数调用的格式为：

函数名（实形函数表）

其中，实参的类型和个数必须与函数定义的形参类型和个数相一致。

在函数调用中，要注意以下两点：首先要看实参传向形参的方式是单向值的传递还是地址传递，前者对实参没有影响，后者对实参有影响；其次，在地址传递中，要注意存储单元和存储单元内容的变化对实参的不同作用。

② 函数声明。当一个函数调用另一个函数时，要掌握以下两点：首先，如果被调用函数是一个库函数，一般在本文件开头用“#include”将有关库函数的信息包含到本程序中；其次，如果使用用户自己定义的函数，一般要在主函数中对被调用函数进行原型声明。如果被调用函数的定义出现在主调函数之前，可以不必加以声明。

【例4-8】 函数调用语句示例。

```
#include <stdio.h>
int func (int a, int b);
main ( )
{ int k=4, m=1, p;
p=func (k, m); printf ("%d, ", p);          //函数调用
p=func (k, m); printf ("%d\n", p);
}
func (int a, int b)                         //函数定义
{static int m=0, i=2;
i+=m+1;
m=i+a+b;
return m;                                   //函数返回
}
```

运行结果：817。

4.3.8 预处理

在C51程序中，通过一些预处理命令可以在很大程度上提供许多功能和符号等方面的扩充，增强其灵活性和方便性。预处理命令可以在编写程序时加在需要的地方，但它只在程序编译时起作用，并且通常是按行进行处理的。预处理命令类似于汇编语言中的伪指令。编译器在对整个程序进行编译之前，先对程序中的编译控制行进行预处理，然后将预处理的结果与整个源程序一起进行编译，以产生目标代码。

预处理命令以“#”开头，独占一行，常用的预处理命令如表4-9所示。

表4-9 C51程序常用的预处理命令

预处理指令	说 明
#define	定义一个预处理宏
#undef	取消宏的定义
#include	包含文件命令
#if	编译预处理中的条件命令，相当于C语言中的if语句
#ifdef	判断某个宏是否被定义，若已被定义，执行随后的语句
#ifndef	与#ifdef相反，判断某个宏是否未被定义
#elif	若#if、#ifdef、#ifndef或前面的#elif条件不满足，则执行#elif之后的语句，相当于C语言中的else-if
#else	与#if、#ifdef、#ifndef对应，若这些条件不满足，则执行#else之后的语句，相当于C语言中的else
#endif	#if、#ifdef、#ifndef这些条件命令的结束标志
#defined	与#if、#elif配合使用，判断某个宏是否被定义

（1）文件包含指令

文件包含指令通常放在C51程序的开头，被包含的文件通常是库文件、宏定义等，其格式为：

```
# include <头文件名。h>
# include "头文件名. h"
# include 宏标识符
```

采用包含文件的做法有助于更好地调试文件。当需要调试、修改文件的时候，只要修改某一包含文件即可，而不必对所有文件都进行修改。通常包含文件不带路径，当文件为库文件并被调用的时候，编译器按照系统设置的环境变量指定的目录搜索。当文件为用户自定义的文件时，编译器首先搜索当前目录，然后按include指定的目录去搜索。

（2）宏定义

用指定标识符（宏名）来代表一个字符串称为宏的定义。宏的定义分为对象宏的定义和函数宏的定义两种。

① 对象宏。不带参数的宏被称为“对象宏”。#define经常用来定义常量，此时的宏名称一般为大写的字符串。

例如：

```
#define MAX 100
```

源程序中使用此对象宏：

```
int a [MAX];
```

预处理器将其替换为

```
int a [100];
```

上例的宏就不带任何参数，也不扩展为任何标记。要调用该宏，只需在代码中指定宏名称，该宏将被替代为被定义的内容。

【例4-9】 条件对象宏定义。

测试对象宏是否被定义：

```
#ifdef DATASIZE            //测试DATASIZE宏是否被定义
#undef DATASIZE            //取消该宏的定义
#define DATASIZE 128       //重新定义该宏
#endif
```

测试对象宏是否未被定义：

```
#ifndef DATASIZE           //测试DATASIZE宏是否未被定义
#define DATASIZE 128       //如果未被定义，定义该宏
```

```
#else                      //如果已经定义
#undef DATASIZE            //取消该宏的定义
#define DATASIZE           //重新定义该宏
#endif
```

上例为条件对象宏，所谓条件对象宏是指在定义对象宏时先测试是否定义过某个宏标识符，然后决定如何进行处理。

② 函数宏。带参数的宏也被称为“函数宏”，利用宏可以提高代码的运行效率，子程序的调用需要压栈出栈，这一过程如果过于频繁会耗费大量的CPU运算资源。所以，一些代码量小但运行频繁的代码如果采用带参数的宏来实现，会提高代码的运行效率。

下面是一个函数宏示例。

```
#define SQU (r)    //定义计算圆的面积的宏
```

源文件中使用函数宏：

```
squ1 = SQU (5);
```

预处理器将其替换为：

```
squ1 = 3.14*5*5
```

（3）C51常用的头文件

KEIL C51的常用头文件如表4-10所示。

表4-10　　KEIL C51的常用头文件

文件名	说　明
reg51.h	C51的特殊寄存器
reg52.h	C52的特殊寄存器
stdlib.h	存储区分配程序
math.h	数学程序
stdio.h	流输入和输出程序
string.h	字符串操作程序、缓冲区操作程序
absacc.h	包含允许直接访问8051不同存储区的宏定义

注：每个具体型号的CPU都有自己的头文件。

以reg51.h头文件为例，其中定义了51系列单片机的特殊寄存器，定义的寄存器和地址如下：

```
//特殊寄存器
sfr P0 = 0x80 ;
sfr P1 = 0x90 ;
```

```
sfr P2 = 0xA0 ;
sfr P3 = 0xB0 ;
sfr PSW = 0xD0 ;
sfr ACC = 0xE0 ;
sfr B = 0xF0 ;
sfr SP = 0x81 ;
sfr DPL = 0x82 ;
sfr DPH = 0x83 ;
sfr PCON = 0x87 ;
sfr TCON = 0x88 ;
sfr TMOD = 0x89 ;
sfr TL0 = 0x8A ;
sfr TL1 = 0x8B ;
sfr TH0 = 0x8C ;
sfr TH1 = 0x8D ;
sfr IE = 0xA8 ;
sfr IP = 0xB8 ;
sfr SCON = 0x98 ;
sfr PBUF = 0x99 ;
//位寄存器
sbit CY = 0xD7 ;                    //PSW
sbit AC = 0xD6;
sbit F0 = 0xD5;
sbit RS1 = 0xD4;
sbit RS0 = 0xD3;
sbit OV = 0xD2;
sbit P = 0xD0;
sbit TF1 = 0x8F;                    //TCON
sbit TR1 = 0x8E;
sbit TF0 = 0x8D;
sbit TR0 = 0x8C;
sbit IE1 = 0x8B;
sbit IT1 = 0x8A;
sbit IE0 = 0x89;
sbit IT0 = 0x88;
sbit EA = 0xAF;                     //IE
sbit ES = 0xAC;
sbit ET1 = 0xAB;
sbit EX1 = 0xAA;
```

```
sbit ET0 = 0xA9;
sbit EX0 = 0xA8;
sbit PS = 0xBC;                    //IP
sbit PT1 = 0xBB;
sbit PX1 = 0xBA;
sbit PT0 = 0xB9;
sbit PX0 = 0xB8;
sbit RD = 0xB7;                    //P3
sbit WR = 0xB6;
sbit T1 = 0xB5;
sbit T0 = 0xB4;
sbit INT1 = 0xB3;
sbit INT0 = 0xB2;
sbit TXD = 0xB1;
sbit RXD = 0xB0;
sbit SM0 = 0x9F;                   //SCON
sbit SM1 = 0x9E;
sbit SM2 = 0x9D;
sbit REN = 0x9C;
sbit TB8 = 0x9B;
sbit RB8 = 0x9A;
sbit TI = 0x99;
sbit RI = 0x98;
```

本章小结

与汇编语言相比，C51语言在功能、结构性、可读性、可维护性上有明显的优势，且易学易用。另外，使用C51语言可以缩短开发周期，降低开发成本。目前C51已经成为最流行的单片机开发语言。本章对C51语言的标识符、常量与变量以及语句进行了具体的讲解，学好这些基础知识和语法结构可以为进一步开发51单片机做好准备。

习题与思考

1. C51语言有哪些语句类型？使用每种类型的语句编写一个简单的程序。
2. C51语言有哪些常用的头文件？怎样在程序中使用它们？
3. 若有以下程序：

```
#include <stdio.h>
void f (int n);
main ()
{void f (int n);
f (5);
}
void f (int n)
{printf ("%d\n", n);}
```

则以下叙述中不正确的是________。

A. 若只在主函数中对函数f进行说明，则只能在主函数中正确调用函数f

B. 若在主函数前对函数f进行说明，则在主函数和其他函数中都可以正确调用函数f

C. 对于以上程序，编译时系统会提示出错信息，提示对f函数重复说明

D. 函数f无返回值，所以可用void将其类型定义为无值型

4. 下列程序执行后的输出结果是________。

```
void func ( int *a, int b [ ] )
{ b [0] = *a+6;}
main ()
{ int a, b [5];
a = 0; b [0] = 3;
func (&a, b);
printf ("%d\n", b [0] );
}
```

A. 6　　B. 7　　C. 8　　D. 9

5. 下列程序的输出结果是________。

```
int t ( int x, int y, int cp, int dp)
{ cp = x*x+y*y;
  dp = x*x-y*y;
}
main ( )
{int a = 4, b = 3, c = 5, d = 6;
 t (a, b, c, d);
 printf ("%d%d\n", c, d);
}
```

第5章 C51数据结构

在单片机应用系统中，除了数值计算和数据的输入输出外，还经常遇到非数值运算问题。为了设计高质量的应用程序，设计者不但要掌握编程技术，还要研究程序所加工的对象，即研究数据的格式、特性、数据元素之间的相互关系。数据结构所研究的内容是数据元素之间的逻辑关系，即所谓数据的逻辑结构。而数据元素在计算机内的存储方式，即为数据的物理结构（或存储结构）。数据结构实际上就是数据元素之间的组织关系，一般定义为一个二元组B=(K，R)，其中K是数据元素的有限集合，而R是K上的关系的有限集合。本书着重阐述C51中数据结构的基本概念及其在相关程序设计中的应用。

5.1 数　组

5.1.1 数组的定义和引用

数组是一组有序数据的集合，数组中的每一个数据都属于同一个数据类型。数组中的各个元素可以用数组名和下标来唯一地确定。在C语言中数组必须先定义，然后才能使用。一维数组的定义形式如下：

```
数据类型 数组名［常量表达式］;
```

其中，“数据类型”说明了数组中各个元素的类型。“数组名”是整个数组的标识符，它的命名方法与变量的命名方法一样。“常量表达式”说明了该数组的长度，即该数组中的元素个数。常量表达式必须用方括号“［ ］”括起来，而且其中不能含有变量。

定义多维数组时，只要在数组名后面增加相应于维数的常量表达式即可。二维数组的定义形式如下：

```
数据类型 数组名［常量表达式1］［常量表达式2］;
```

需要指出的是，C语言中数组的下标是从0开始的，因此对于数组char x［5］来说，第5个元素为x［4］，不存在元素x［5］，这一点在引用数组元素时应当加以注意。C语言规定：在引用数值数组时，只能逐个引用数组中的各个元素，而不能一次引用整个数组；但如果是字符数组，则可以一次引用整个数组。

5.1.2 字符数组

用来存放字符数据的数组称为字符数组，它是C语言中常用的一种数组。字符数组中的每个元素都是一个字符，因此可用字符数组来存放不同长度的字符串。字符数组的定义方法与一般数组相同，如 char x［5］就是一个字符数组。

对于字符数组的访问，可以通过数组中的元素逐个进行访问，也可以对整个数组进行访问。

【例5-1】对字符数组进行输入和输出。

```
# include <stdio. h>
extern serial_initial ();
main ()
{
  char c [20];
  serial_initial ();
  scanf ( "%s", c);
  while (1);
}
```

程序中用“%s”格式控制输入输出字符串，这里的输入输出操作是对整个字符数组进行的，因此输入项必须是数组名c，而不能用数组元素名。

5.1.3 数组元素赋初值

前面介绍了数组的定义方法，可以在内存中开辟一个相应于数组元素个数的存储空间，数组中各个元素的赋值是在程序运行过程中进行的。如果希望在定义数组的同时给数组中各个元素赋初值，可以采用如下方法：

数据类型 ［存储器类型］ 数组名 ［常量表达式］= {常量表达式表}；

其中，“数据类型”指出数组元素的数据类型；“存储器类型”是可选项，它指出定义的数组所在的存储器空间；“常量表达式表”中给出各个数组元素的初值。需要注意的是，在定义数组的同时对数组元素赋初值时，初值的个数必须小于或等于数组中元素的个数（即数组长度），否则在程序编译时将作为出错处理。赋初值时可以不指定数组的长度，编译器会根据初值的个数自动计算出该数组的长度。

5.1.4　数组作为函数的参数

除了可以用变量作为函数的参数之外，还可以用数组名作为函数的参数。用一个数组名作为函数的参数时，在进行函数调用的过程中，参数传递方式采用的是地址传递，即将实际参数数组的首地址传递给被调函数中的形式参数数组，这样两个数组占用同一段内存单元。地址传递方式具有双向传递的性质，即形式参数的变化将导致实际参数也发生变化，这种性质在程序设计中有时很有用。

用数组名作为函数的参数，应该在主调函数和被调函数中分别进行数组定义，而且在两个函数中定义的数组类型必须一致，如果类型不一致将导致编译出错。实参数组和形参数组的长度可以一致，也可以不一致，编译器对形参数组的长度不作检查，只是将实参数组的首地址传递给形参数组。如果希望形参数组能得到实参数组的全部元素，则应使两个数组的长度一致。

对于多维数组作为函数的参数与一维数组的情形类似。可以用多维数组名作为函数的实际参数和形式参数，在被调用函数中对形式参数说明时可以指定每一维的长度，也可以省略数组第一维的长度说明，但是绝不能省略第二维以及其他高维的长度说明，因为从实际参数传送过来的是数组的起始地址，在内存中数组是按行存放的，并不区分数组的行和列。如果在形式参数中不说明列数，编译器就无法确定该数组有几行几列。

5.2　指　针

指针是C语言中的一个重要概念，指针类型数据在C语言程序中的使用十分普遍。正确地使用指针类型数据，可以有效地表示复杂的数据结构，直接处理内存地址。

5.2.1　指针与地址

一个程序的指令、常量和变量等都要存放在机器的内存单元中，而机器的内存是按照字节来划分存储单元的。给内存中每个字节都赋予一个编号，这就是存储单元的地址。

各个存储单元中所存放的数据称为该存储单元的内容。计算机在执行任何一个程序时都要涉及许多的寻址操作，所谓寻址，就是按照内存单元的地址来访问该存储单元中的内容，即按照地址来读或写该单元中的数据。由于通过地址可以找到所需要的存储单元，因此可以说地址是指向存储单元的。

在C语言中为了能够实现直接对内存单元进行操作，引入了指针类型的数据。指针类型数据是专门用来确定其他类型数据地址的，因此一个变量的地址就称为该变量的指针。例如，有一个整型变量i存放在内存单元40H中，则该内存单元地址40H就是变量i的指针。如果有一个变量专门用来存放另一个变量的地址，则称之为“指针变量”。例如，如果用变量ip来存放整型变量i的地址40H，则ip即为一个指针变量。

5.2.2 指针变量

（1）指针变量的定义

数据类型为指针型的变量称为指针变量，指针变量用来存放内存地址。其一般定义格式如下：

数据类型 [存储器类型] *标识符

其中，“标识符”是所定义的指针变量名。“数据类型”说明了该指针变量所指向的变量的类型。“存储器类型”是可选项，它是C51编译器的一种扩展。如果带有此选项，指针被定义为基于存储器的指针；无此选项时，被定义为一般指针。这两种指针的区别在于它们的存储字节不同。一般指针在内存中占用3个字节，第1个字节存放该指针存储器类型的编码（由编译时编译模式的默认值确定），第2个和第3个字节分别存放该指针的高位和低位地址偏移量。存储器类型的编码值如表5-1所示。

表5-1 一般指针变量的存储器类型编码

存储器类型	idata	xdata	pdata	data	code
编码值	1	2	3	4	5

如果指针变量被定义为基于存储器的指针，则该指针的长度可为1个字节（存储器类型选项为idata、data、pdata）或2个字节（存储器类型选项为code、xdata）。

例如：

```
char xdata, *px;
int *pz ;
```

上例中，指针px在xdata存储器中定义一个指向对象类型为char的基于存储器的指针。指针自身在默认的存储器区域（由编译器决定），指针长度为2字节。而指针pz定义一个指向对象类型为int的一般指针，其自身在默认的存储区（由编译模式决定），指针长度为3个字节。

（2）指针变量的引用

指针变量是含有一个数据对象地址的特殊变量，指针变量中只能存放地址。而变量的指针就是该变量的地址。变量的指针和指针变量是两个不同的概念。一个指针变量里面存放的内容是另一个变量在内存中的地址，拥有这个地址的变量则称为该指针变量所指向的变量。每一个变量都有它自己的指针（即地址），而每一个指针变量都是指向另一个变量的。为了表示指针变量和它所指向的变量之间的关系，C语言中用符号“*”来表示“指向”。例如，整型变量*i*的地址40H存放在指针变量ip中，则可用*ip来表示指针变量ip所指向的变量，即*ip也表示变量i。地址运算符“&”可以与一个变量连用，其作用是求取该变量的地址，注意不要将两个符号弄混。

例如：

```
int x,  y,  *px,  *py;
*px = &x;
*py = &y;
```

（3）指针变量作为函数的参数

函数的参数不仅可以是整型、实型、字符型等数据，还可以是指针类型的数据。指针变量作为函数的参数的作用是将一个变量的地址传送到另一个函数中，地址传递是双向的，即主调用函数不仅可以向被调用函数传递参数，而且可以从被调用函数返回其结果。

5.3　结　构

结构是由基本数据类型构成的并用一个标识符来命名的各种变量的组合。结构中可以使用不同的数据类型。

5.3.1　结构说明和结构变量定义

结构也是一种数据类型，可以使用结构变量。因此，像其他类型的变量一样，在使用结构变量时要先对其定义。定义结构变量的一般格式为：

```
struct 结构名
{  数据类型   变量名;
   数据类型   变量名;
   …
}  结构变量名;
```

其中，“结构名”是结构的标识符，不是变量名；“数据类型”有5种基本数据类型（整型、浮点型、字符型、指针型和无值型）。构成结构的每一个类型变量称为结构成员，它像数组的元素一样，但数组中的元素是以下标来访问的，而结构是按“结构变量名”来访问成员的。

【例5-2】定义一个结构变量person。

```
struct string
{
   char name [8];
   int age;
   char sex [4];
   char depart [20];
} person;
```

上例定义了一个结构名为string的结构变量person，如果省略变量名person，则变成对结构的说明。使用已经说明的结构名也可定义结构变量。这样定义时上例变成以下形式：

```
struct string
{
    char name [8];
    int age;
    char sex [4];
    char depart [20];
};
struct string person;
```

5.3.2 结构变量的使用

结构是一个新的数据类型，因此结构变量也可以像其他类型的变量一样赋值、运算，不同的是结构变量以成员作为基本变量。结构成员的表示方式为：

结构变量名. 成员名

如果将“结构变量名. 成员名”当成一个整体，则这个整体的数据类型与结构中该成员的数据类型相同，这样就可以像前面所讲的变量那样使用。例如：

```
person.age = 20;
```

5.3.3 结构数组和结构指针

结构是一种新的数据类型，同样可以有结构数组和结构指针。

（1）结构数组

结构数组就是具有相同结构类型的变量集合。

【例5-3】用结构数组定义一个工作组中10个员工的姓名、性别、年龄和所负责的部门。

```
struct string
{
  char name [8];
  int age;
  char sex [4];
  char depart [20];
} person [10];
```

需要指出的是，结构数组成员的访问是以数组元素为结构变量的，其形式为：

结构数组元素3. 成员名

例如：

```
person [0]. name
student [9]. age
```

实际上，结构数组相当于一个二维构造，第一维是结构数组元素，每个元素是一个结构变量；第二维是结构成员。

（2）结构指针

① 结构型指针的概念。一个指向结构类型变量的指针称为结构型指针，该指针变量的值是它所指向的结构变量的起始地址。结构型指针也可用来指向结构数组或结构数组中的元素。定义结构型指针的一般格式为：

```
struct  结构类型标识符*结构指针标识符
```

其中，“结构指针标识符”就是所定义的结构型指针变量的名字，“结构类型标识符”就是该指针所指向的结构变量的具体类型名字。与一般指针相同，对于结构指针，也必须先赋值后才能引用。

【例5-4】结构指针示例。

```
struct string
{
  char name [8];
  int age;
  char sex [4];
  char depart [20];
};
struct string *s
```

② 用结构型指针引用结构元素。通过结构型指针来引用结构元素的一般格式为：

```
结构指针—>结构元素
```

与前面讲过的引用结构元素的格式相比较，这里只是用符号“—>”取代了符号“.”。上例中s—>age完全等同于（*s）. age。

5.4 联　合

联合也是一种新的数据类型，它是一种特殊形式的变量。联合说明和联合变量定义与结构十分相似。其形式为：

```
union 联合名
{
    数据类型 成员名;
```

```
    数据类型 成员名;
        …
} 联合变量名;
```

联合表示几个变量公用一个内存位置，在不同的时间保存不同的数据类型和不同长度的变量。

【例5-5】 联合变量定义示例。

```
union a_bc
{
    int i;
    char mm;
} lgc;
```

例5-5中联合 a_bc定义一个名为lgc的联合变量，与结构相似，也可写成“union a_bc lgc;”。

在联合变量lgc中，整型量i和字符mm公用同一内存位置。当一个联合被说明时，编译程序自动产生一个变量，其长度为联合中最大的变量长度。

联合访问其成员的方法与结构相同。同样，联合变量也可以定义成数组或指针，但定义为指针时也要用“—>”符号，此时联合访问成员可表示成：

```
联合名->成员名
```

5.5 枚 举

枚举是一个被命名的整型常数的集合，枚举在日常生活中很常见。例如，表示星期的SUNDAY、MONDAY、TUESDAY、WEDNESDAY、THURSDAY、FRIDAY、SATURDAY就是一个枚举。

枚举的说明与结构和联合相似，其形式为：

```
enum 枚举名
{
    标识符 [=整型常数],
    标识符 [=整型常数],
        …
     标识符 [=整型常数],
} 枚举变量;
```

如果枚举没有初始化，即省掉“=整型常数”部分，则从第一个标识符开始，顺次赋给标识符0，1，2…。但当枚举中的某个成员赋值后，其后的成员按依次加1的规则确定其值。

例如，以下枚举中：

```
enum string {x1, x2, x3, x4} x;
```

x1, x2, x3, x4的值分别为0, 1, 2, 3。而当定义改变成：

```
enum string
{
  x1,
  x2 = 0,
  x3 = 50,
  x4,
} x;
```

则x1 = 0，x2 = 0，x3 = 50，x4 = 51。

值得注意的是：其一，枚举中每个成员（标识符）结束符是“,”，不是“;”，最后一个成员可省略“,”；其二，初始化时可以赋负数，以后的标识符仍依次加1；其三，枚举变量只能取枚举说明结构中的某个标识符常量。

C语言允许用户自己定义数据类型，这无疑使得C语言的数据结构更加多样化。类型说明的格式为：

```
typedef  数据类型 定义名;
```

类型说明只定义了一个数据类型的新名字，而不是定义一种新的数据类型，这里的“数据类型”是C语言许可的任何一种数据类型定义名，表示这个类型的新名字。

例如，用下面的语句定义整型数的新名字：

```
typedef int SIGNED_INT;
```

使用说明后，SIGNED_INT就成为int的同义词，此时可以用SIGNED_INT定义整型变量。另外，typedef同样可用来说明结构、联合以及枚举。

说明一个结构的格式为：

```
typedef struct
{
   数据类型  成员名;
   数据类型  成员名;
        …
} 结构名;
```

说明一个联合的格式为：

```
typedef union
{
    数据类型  成员名;
    数据类型  成员名;
        …
}  联合名;
```

说明一个枚举的格式为：

```
typedef enum
{
    数据类型  成员名;
    数据类型  成员名;
        …
}  枚举名;
```

本章小结

第4章论述了C51基本的数据类型，但这些基本数据类型的能力有限，有时还需要利用基本类型构造一些复杂的数据类型，那些以基本类型为基础构造出来的类型统称为构造类型。本章主要介绍数组、指针、结构、联合及枚举这些构造类型的定义及应用。合理地使用这些构造类型，不仅可以准确、清晰地描述复杂的数据结构，而且可以使程序显得清晰、简洁。

习题与思考

1. 使用数组的定义对字符数组置初值。
2. 使用赋值语句对变量a，b，c进行赋值。
3. 指针和指针变量有区别吗？请举例说明。
4. 分别用结构数组和结构指针定义结构，并说明它们的区别。
5. 利用枚举定义说明语句定义一个枚举。

第6章 C51编译器及简介

6.1 KEIL C51编译器简介

6.1.1 KEIL C51开发套件

要将C51程序编译为机器码，要使用到C51编译器。其中，KEIL是众多单片机应用开发软件中优秀的软件之一，它支持不同公司的51单片机架构的芯片，它集编辑、编译、仿真等于一体，其界面和微软Visual C++的界面相似，界面友好，易学易用，在调试程序、软件仿真方面也有很强大的功能。

C51工具包的整体结构如图6-1所示，其中，μVersion与Ishell分别是C51 for Windows和for DOS 的集成开发环境（IDE），可以完成编辑、编译、连接、调试、仿真等整个开发流程。开发人员可用IDE本身或其他编辑器编辑C文件或汇编源文件，然后分别由C51及A51编译器编译生成目标文件（.obj）。目标文件可由LIB51创建生成库文件，也可以与库文件一起经过BL51连接定位生成绝对目标文件（.abs）。abs文件由OH51转换器转换成标准的.hex文件，以供调试器dScope51 或tScope51使用，进行源代码级调试，也可由仿真器使用，直接对硬件接口板进行调试，也可以直接写入程序存储器（如EPROM）中。

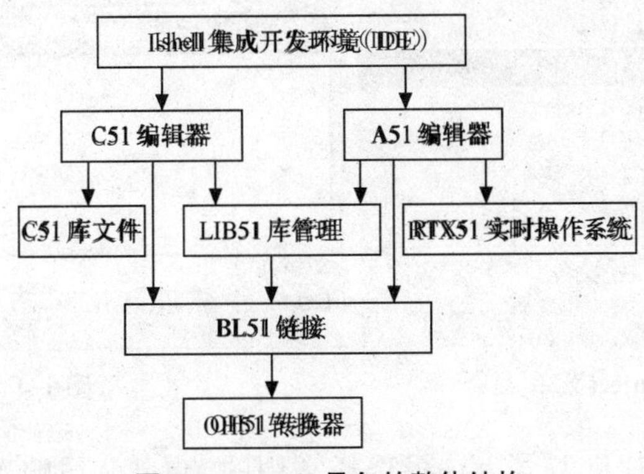

图6-1　C51工具包的整体结构

6.1.2 KEIL C51的安装

要使用KEIL C51软件，必须先要安装。KEIL C51是一个商业的软件。KEIL公司同时也提供了测试版软件，供用户免费试用，只不过测试版软件有生成目标文件在2KB范围内的限制。

KEIL C51软件的安装很简单，这里不予介绍。

6.1.3 KEIL C51开发实例

下面通过一个程序来对KEIL C51做进一步的介绍。通过KEIL C51可以在没有一块实验板的情况下，仿真看到程序运行的结果。首先，运行KEIL C51软件，如图6-2所示。

图6-2 KEIL C51启动界面

具体开发过程如下：

① 单击Project | New Project菜单命令，如图6-3所示，弹出如图6-4所示的对话框，在“文件名”文本框中输入程序名称“test”。将保存类型设置为默认的uv2，这是KEIL uVision2文件扩展名。

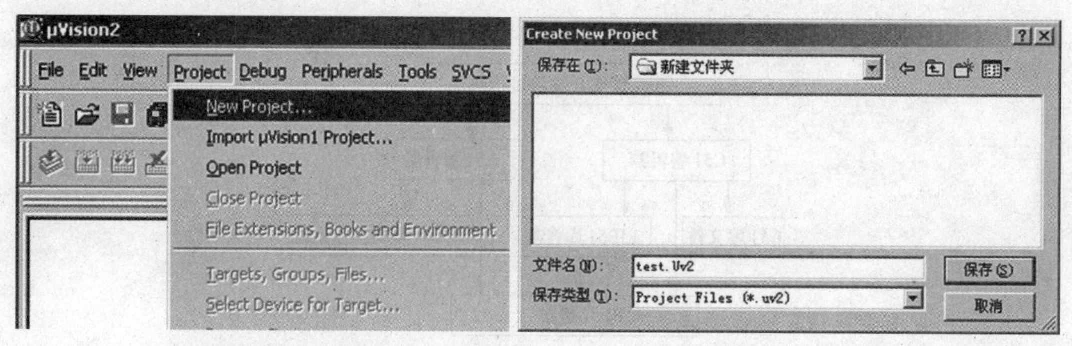

图6-3 Project菜单　　　　图6-4 保存文件

② 选择所要的单片机型号，这里选择常用的Ateml公司的AT89C51，如图6-5所

示。右侧的Description栏中对各类型单片机的特点进行了简单的描述。完成上面步骤后就可以进行程序的编写。

③ 开始创建新的程序或加入已有的程序。在KEIL中有一些程序的Demo，在这里以一个C程序为例介绍如何新建一个C程序并加到第一个项目中。单击图6-6中“新建文件”按钮，出现一个新的文字编辑区，也可以通过菜单命令File | New或快捷键Ctrl + N来实现。

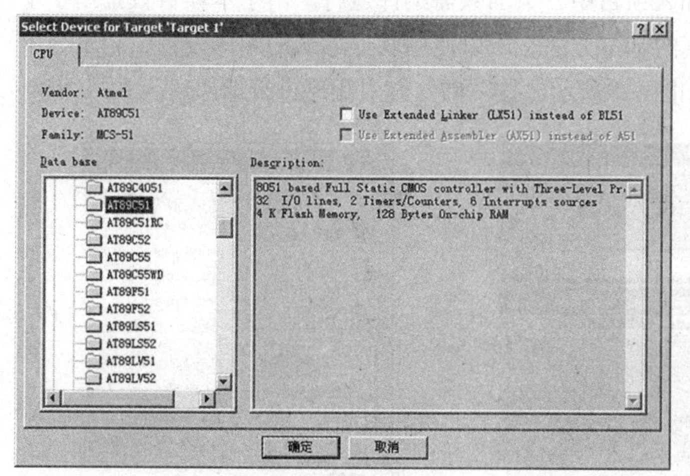

图6-5 选取芯片

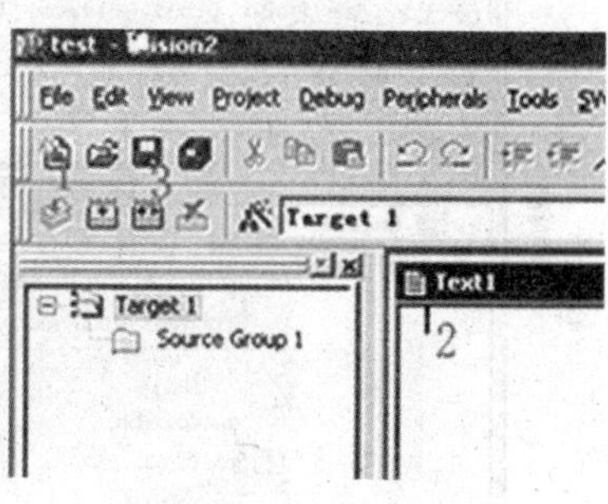

图6-6 新建程序文件

编写的程序代码如下：

```
#include
#include
void main (void)
{
  SCON = 0x50;        //串口方式1，允许接收
  TMOD = 0x20;        //定时器1定时方式2
  TCON = 0x40;        //设置定时器1开始计数
  TH1 = 0xE8;
  TL1 = 0xE8;
  TI = 1;
  TR1 = 1;            //启动定时器
  while (1)
  {
    printf ("Hello World! \n");   //显示Hello World
  }
}
```

④ 单击图6-6中的“保存”按钮，保存新建的程序，也可以使用菜单命令

File | Save或快捷键Ctrl + S进行保存，这里命名为test1.c，保存在项目所在的目录中，这时会发现程序中单词有了不同的颜色，说明KEIL的C语法检查功能生效了。如图6-7所示，在左侧窗格的Source Group1文件组上右击，在弹出的菜单中选择“Add Files to Group ‘Source Group 1’”命令，在弹出的对话框中选择刚刚保存的文件，单击ADD按钮，将程序文件加到项目中。这时在Source Group1文件组左边出现了一个“+”号，说明文件组中有了文件，单击它可以展开查看。

⑤ 上面已经将C程序文件加入项目中，下面只需编译运行。由于本项目只是用于学习新建程序项目和编译运行仿真的基本方法，所以使用软件默认的编译设置，它不会生成用于芯片烧写的HEX文件。如图6-8所示，按“F7”键对程序进行编译。

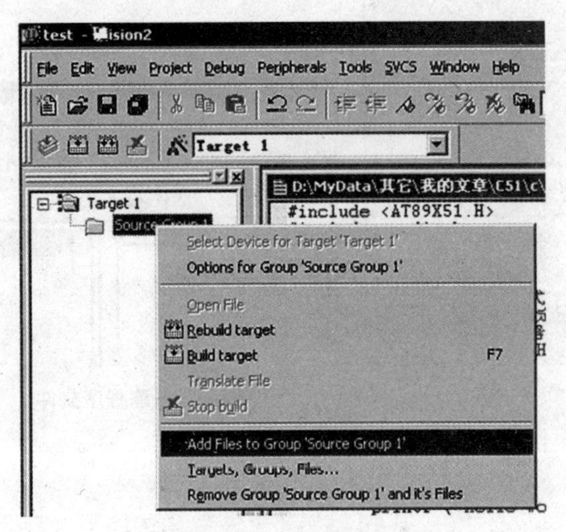

图6-7 把文件加入项目文件组中

图6-8 编译程序

⑥ 进入调试模式，如图6-9所示。按“F5”键，程序运行，在串行窗口中出现Hello World。

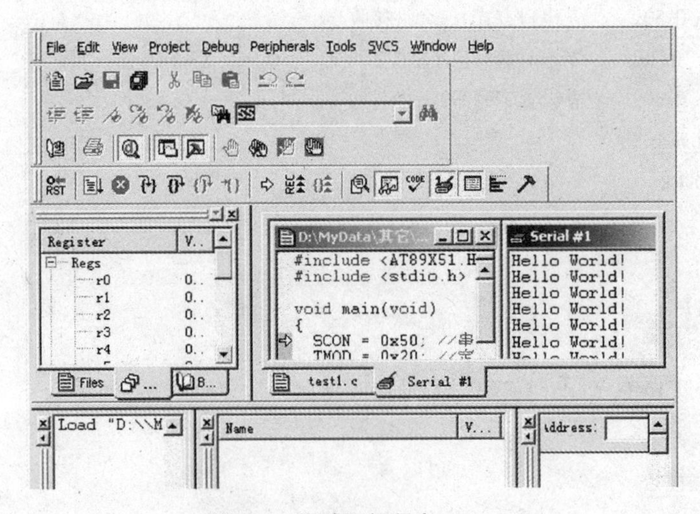

图6-9 调试运行程序

6.2 C51库函数概述

C51程序一般分为若干个程序模块，每个模块包括子程序，用以实现一个特定功能。子程序的作用是通过函数来完成的。C51语言的程序由一个主函数和若干个自函数构成，主函数根据需要来调用其他函数，其他函数也可以相互调用。同一个函数可以被一个或多个函数调用任意多次。当被调用函数执行完毕后，就发出返回指令，恢复程序流程。

C51语言还提供了一些常用的关于输入/输出、类型转换和数值计算等函数组成的运行时间库，供用户使用。库函数的运用大大缩短了程序开发周期，并有效减少了程序的出错概率。本节介绍具有代表性的库函数。

6.2.1 本征库函数和非本征库函数

C51提供的本征函数是指编译时直接将固定的代码插入当前行，而不是用ACALL和LCALL语句来实现，这样就大大提高了函数访问的效率，而非本征函数则必须由ACALL及LCALL调用。

C51的本征库函数只有9个，数目虽少，但都非常有用，具体如下。

① _crol_、_cror_：将char型变量循环向左（右）移动指定位数后返回。

② _iror_、_irol_：将int型变量循环向左（右）移动指定位数后返回。

③ _lrol_、_lror_：将long型变量循环向左（右）移动指定位数后返回。

④ _nop_：相当于插入NOP。

⑤ _testbit_：相当于JBC bitvar，测试该位变量并跳转，同时清除。

⑥ _chkfloat_：测试并返回源点数状态。

使用这些函数时，必须包含“#include <intrins.h>”一行。

如果不特别说明，下面谈到的库函数均指非本征库函数。

6.2.2 几类重要库函数

① 专用寄存器包含文件：例如，51单片机的专用寄存器包含文件均为reg51.h，其中包括了所有51单片机的SFR及其位定义，一般系统都必须包括本文件。

② 绝对地址包含文件absacc.h：该文件中实际只定义了几个宏，以确定各存储空间的绝对地址。

③ 动态内存分配函数（位于stdlib.h中）。

④ 缓冲区处理函数（位于string.h中）：其中包括复制、比较、移动函数等，如memccpy、memchr、memcmp、memcpy、memmove、memset，这样可以很方便地对缓冲区进行处理。

⑤ 输入输出流函数（位于stdio.h中）：输入输出流函数通过单片机的串口或用户定

义的I/O口读写数据，如果要修改端口，比如改为LCD显示，可修改lib目录中的getkey.c及putchar.c源文件，然后在库函数中替换它们即可。

6.2.3 C51库函数原型列表

（1）ctype.h

```
bit   isalnum (char c);
bit   isalpha (char c);
bit   iscntrl (char c);
bit   isdigit (char c);
bit   isgraph (char c);
bit   islower (char c);
bit   isprint (char c);
bit   ispunct (char c);
bit   isspace (char c);
bit   isupper (char c);
bit   isxdigit (char c);
bit   toascii (char c);
bit   toint (char c);
char   tolower (char c);
char   __tolower (char c);
char   toupper (char c);
char   __toupper (char c);
```

（2）intrins.h

```
unsigned char _crol_ (unsigned char c, unsigned char b);
unsigned char _cror_ (unsigned char c, unsigned char b);
unsigned char _chkfloat_ (float ual);
unsigned int _irol_ (unsigned int i, unsigned char b);
unsigned int _iror_ (unsigned int i, unsigned char b);
unsigned long _irol_ (unsigned long l, unsigned char b);
unsigned long _iror_ (unsigned long L, unsigned char b);
void _nop_ (void);
bit _testbit_ (bit b);
```

（3）stdio.h

```
char getchar (void);
char _getkey (void);
char *gets (char * string, int len);
```

int printf (const char * fmtstr [, argument] …);

char putchar (char c);

int puts (const char * string);

int scanf (const char * fmtstr。[, argument] …);

int sprintf (char * buffer, const char *fmtstr [; argument]);

int sscanf (char *buffer, const char * fmtstr [, argument]);

char ungetchar (char c);

void vprintf (const char *fmtstr, char * argptr);

void vsprintf (char *buffer, const char * fmtstr, char * argptr);

(4) stdlib.h

float atof (void * string);

int atoi (void * string);

long atol (void * string);

void * calloc (unsigned int num, unsigned int len);

void free (void xdata *p);

void init_mempool (void *data *p, unsigned int size);

void *malloc (unsigned int size);

int rand (void);

void *realloc (void xdata *p, unsigned int size);

void srand (int seed);

(5) string.h

void *memccpy (void *dest, void *src, char c, int len);

void *memchr (void *buf, char c, int len);

char memcmp (void *buf1, void *buf2, int len);

void *memcopy (void *dest, void *SRC, int len);

void *memmove (void *dest, void *src, int len);

void *memset (void *buf, char c, int len);

char *strcat (char *dest, char *src);

char *strchr (const char *string, char c);

char strcmp (char *string1, char *string2);

char *strcpy (char *dest, char *src);

int strcspn (char *src, char * set);

int strlen (char *src);

char *strncat (char 8dest, char *src, int len);

char strncmp (char *string1, char *string2, int len);

char strncpy (char *dest, char *src, int len);

char *strpbrk (char *string, char *set);

```
int strpos (const char *string, char c);
char *strrchr (const char *string, char c);
char *strrpbrk (char *string, char *set);
int strrpos (const char *string, char c);
int strspn (char *string, char *set);
```

本章小结

本章讲解了KEIL C51软件的安装及简单的开发实例。C51的强大功能及其高效率的重要体现之一在于其丰富的可直接调用的库函数，善于使用库函数可使程序代码简洁，结构清晰，易于调试和维护。本章介绍了一些C51的常用库函数，以便于读者能够更方便、快捷地掌握，为以后单片机的应用和开发奠定基础。

习题与思考

1. 安装KEIL C51软件，并使用KEIL C51软件开发简单的程序。
2. 举例说明本征库函数和非本征库函数的区别。
3. 简要写出几类重要的C51库函数。
4. 在Keil C51界面下调用C51库函数。
5. 举例说明dScope所支持的一些变量。

第 7 章 51单片机人机交互

在一个单片机应用系统中，人机交互功能是必不可少的，键盘和显示器件是一个系统中不可缺少的输入输出设备。在系统工作的过程中，用户需要对系统进行控制操作，键盘是重要的输入控制信息的设备，对系统各种状态进行控制。尽管随着遥控操作和嵌入式系统的快速发展，其他各种输入控制设备得到了广泛应用，但键盘仍然是最重要的输入设备。

通过显示设备可以向用户显示系统各种状态信息和控制指令的执行结果，有的应用系统还需要显示采集信号的值、A/D转换结果和报警信息等功能。通过显示设备，可以实时了解系统运行状态，以便做出及时的处理。一些单片机应用系统中还需要打印各种状态信息或定时生成一些数据报表，特别是在各种便携式设备中，通过单片机控制的微型打印机得到了更多的应用。

7.1　外部显示元件设计

在以单片机为核心的应用系统中，常用的显示设备有LED数码管和LCD液晶显示屏。当显示信息内容比较少并且以数字信息为主时，显示设备采用LED数码管，用于显示一些重要的信息；当显示的内容比较多，有数字信息，同时也有图片、汉字和字母时，显示设备多采用LCD液晶显示屏。

7.1.1　LED数码管

7.1.1.1　LED工作原理

发光二极管简称LED（light emitting diode）。由LED组成的显示器是单片机系统中常用的输出设备。将若干LED按不同的规则进行排列，可以构成不同的LED显示器。从器件外观来划分，LED可以分为“8”字形七段数码管、“米”字形数码管、点阵块、矩形平面显示器、数字笔画显示器等。

常用的七段LED显示器由7条发光二极管组成显示字段，有的还带有一个小数点

dp。发光二极管组成一个阵列，并封装于标准的外壳中，为了适应不同的驱动电路，引线有共阳极和共阴极两种结构。使用七段LED显示器可以显示十进制或十六进制数字以及某些简单字符，这种显示器显示的字符较少，形状有些失真，但控制简单，使用方便。为了满足各种装置的需要，该显示器中还有一个小数点显示段，共有8段，分别用a ~ g及dp表示，如图7-1（a）所示。

数码管显示器根据公共端的连接方式，可以分为共阴极数码管和共阳极数码管。图7-1中的a ~ g 7个字段及小数点dp均为发光二极管。如果将发光二极管的阳极连在一起，称为共阳极数码管，如图7-1（b）所示；如果将阴极连在一起，则称为共阴极数码管，如图7-1（c）所示。对于共阳极数码管而言，所有阳极并接后连到 + 5V上，所以哪一个发光二极管的阴极接地，则相应的发光二极管发光；对于共阴极数码管而言，则相反。

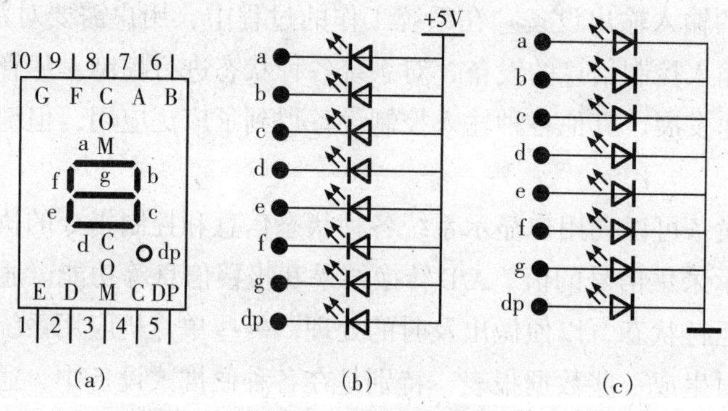

图7-1　七段LED数码管显示器

LED数码管显示器显示字符时，向其各端施加正确的电压即可实现该字符的显示。对于公共端加电压的操作称为位选，即多个数码管并联在一个系统中，选择某一个数码管工作。对各段加电压操作称为段选，所有段的段选组合在一起称为段选码，也称为字形码。字形码可以根据显示字符的形状和各段的顺序得出，可以用一个字节数字位D0 ~ D7作为段选信号S0 ~ S7来控制段a ~ f和dp，共计8段，因此LED显示器段码为1个字节。

例如，显示字符“0”时，a、b、c、d、e、f点亮，g、dp熄灭，如果在一个字节的字形码中，从高位到低位的顺序为dp、g、f、e、d、c、b、a，则字符“0”的共阴极字形码为3FH，共阳极字形码为0C0H。其他字符的字形码可以通过相同的方法得出，如表7-1所示。

表7-1　　十六进制数七段LED字形码

显示字符	共阳极字符	共阴极字符	显示字符	共阳极字符	共阴极字符
0	C0H	3FH	A	88H	77H
1	F9H	06H	B	83H	7CH
2	A4H	5BH	C	C6H	39H

续表 7–1

显示字符	共阳极字符	共阴极字符	显示字符	共阳极字符	共阴极字符
3	B0H	4FH	D	A1H	5EH
4	99H	66H	E	86H	79H
5	92H	6DH	F	8EH	71H
6	82H	7DH	G	8CH	73H
7	F8H	07H	H	89H	76H
8	80H	7FH	L	C7H	38H
9	90H	6FH	暗	FFH	00H

7.1.1.2　LED的驱动接口

LED工作时需要一定的工作电流才能正常发光。单个LED实际上是一个压降为1.5 ~ 2.5V的发光二极管，流过LED的电流大小决定了它的发光强度。图7–2所示为单个LED的驱动接口电路。LED的最高电流计算公式如下：

$$I_F = \frac{V_{CC} - (V_F + V_{cs})}{R} \tag{7-1}$$

式中，V_F为LED的正向压降；V_{cs}为LED驱动器的压降；R为LED的限流电阻；V_{CC}为电源电压；I_F为LED的工作电流。

图7–2中的7406是一个集电极开路的反相器，用于驱动LED。当单片机的I/O端口PXX为高电平时，反相器输出低电平，LED发光；当单片机的I/O端口为低电平时，反相器输出高电平，没有电流流过LED，LED熄灭。

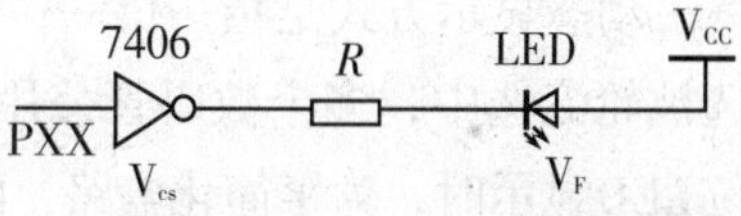

图7–2　单个LED的驱动接口电路

当电源电压为5V时，LED工作电流取10mA。限流电阻计算公式如下：

$$R = \frac{V_{CC} - (V_F + V_{cs})}{I_F} \tag{7-2}$$

式中，V_F一般取1.5 ~ 2.5V，V_{cs}取0.4V左右，由此可知：

$$R = \frac{5-(1.5+0.4)}{0.01} = 310\ (\Omega)$$

取限流电阻为300Ω。对于实际应用中的LED，适当减小限流电阻可以增大LED的工作电流，使LED的显示亮度增强。但工作电流不宜过大，一方面，工作电流继续增大不会增加显示亮度；另一方面，过大的工作电流（超出LED允许电流）会对驱动器件、LED造成损害。

7.1.1.3 LED数码管的工作方式

LED数码管显示器常用的工作方式可分为静态方式和动态方式显示两种，在设计过程中可以根据系统总体资源分配情况选择合适的方式。

（1）静态显示方式

静态显示方式是指显示器显示某一个字符时，发光二极管的位选始终被选中。在这种显示方式下，每一个LED数码管显示器都需要一个8位的输出口进行控制。由于单片机本身提供的I/O口有限，实际使用中通过扩展相应锁存器和译码器来解决输出口数量不足的问题。这种方式中，每个显示位都需要一个8位输出口控制，占用了较多的硬件资源，并增加了系统成本，一般仅用于显示器位数较少的场合。

LED显示器工作在静态显示方式下，共阴极或共阳极连接在一起接地或 +5V，每位的段选线（a～g，dp）与一个8位锁存器输出相连。之所以称为静态显示，是由于显示器中的各位相互独立，而且各位的显示字符一经确定，相应的锁存器的输出将维持不变，直到输出另一个字符为止，也正因为如此，静态显示方式的显示亮度较高。

静态显示主要的优点是显示稳定，在发光二极管的导通电流一定的情况下，显示器的亮度大，系统运行过程中，在需要更新显示内容时，单片机才去执行显示更新子程序，这样提高了单片机的工作效率，其不足之处是占用硬件资源较多。为了节约I/O口线，常采用另一种显示方式——动态显示方式。

（2）动态显示方式

动态显示方式是指一位一位地轮流点亮每位显示器（称为扫描），即每个数码管的位选被轮流选中，多个数码管公用一组段选，段选数据仅对位选选中的数码管有效。在多位LED显示时，为了简化电路，降低成本，将所有位的段选线并联在一起，由一个8位I/O口控制，形成段选线的多路复用，而共阴极点或共阳极点分别由相应的I/O口控制，实现各位的分时选通。要想每位显示不同的字符，必须采用扫描显示方式，即在每一瞬间只使某一位显示相应字符。在此瞬间，段选控制口输出相应字符的段选码，位选控制I/O口在该显示位送入选通电平（共阴极送低电平，共阳极送高电平），以保证该位显示相应字符，如此轮流，使每位显示该位的相应字符，并保持延时一段时间，以造成视觉暂留效果。刷新周期一般约为50ms。显示的亮度同驱动电流大小、点亮时间和关断时间有关，调整电流的大小和时间参数（扫描频率）可以控制LED显示亮度并使LED稳定显示。动态显示器因为硬件成本低，在多位数显示时常被采用。但由于此法的软件复杂，并需要占用较多的时间定时刷新，因此多用在功能简单的系统中。

7.1.1.4 LED与单片机连接的典型应用电路设计

（1）LED驱动芯片

LED驱动芯片采用74LS47芯片，图7-3给出了该芯片的引脚图。其中，大写字母A、B、C、D为BCD码的输入端，小写字母 $\bar{a}$ 、$\bar{b}$ 、$\bar{c}$ 、$\bar{d}$ 、$\bar{e}$ 、$\bar{f}$ 、$\bar{g}$ 为字型码输出

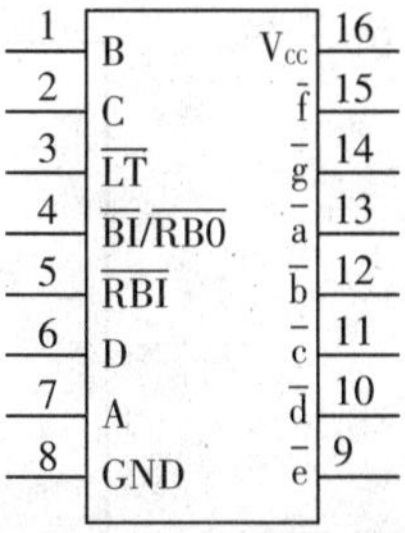

端，$\overline{LT}$ 为试灯输入端，是为了检查数码管各段是否能正常发光而设置的。当 $\overline{LT}$ =0时，无论输入端A、B、C、D为何种状态，译码器输出均为低电平，若驱动的数码管正常，则显示8。$\overline{RBI}$ 为灭零输入端，它是为了使不希望显示的0熄灭而设定的。当每一位输入都为0时，本应显示0，但是在 $\overline{RBI}$ 的作用下，译码器输出全为高电平，其结果和加入灭灯信号的结果一样，将0熄灭。$\overline{BI}$ 为灭灯输入端，它是为了控制多位数码显示的灭灯所设置的。$\overline{BI}$ = 0时，不论 $\overline{LT}$ 和输入端A、B、C、D为何种状态，译码器输出均为高电平，使共阳极数码管熄灭。$\overline{RBO}$ 为灭零输出端，它和灭灯输入端 $\overline{BI}$ 共用一端，两者配合使用，可以实现多位数码显示的灭零控制。

图7-3　74LS47的引脚图

表7-2给出了74LS47 BCD-7段锁存/译码驱动器的输入与输出信号的对应关系。使用时，将该芯片的输入端引脚A、B、C、D与单片机的I/O口连接，该芯片输出端的7个引脚与LED显示器的7个段码引脚相连接。74LS47的作用是接收来自单片机的BCD码型的输入信号，经过锁存、译码和放大后，输出7段字型码到LED显示器，完成对BCD码到7段字型码的锁存、译码和驱动的功能。

表7-2　　74LS47 BCD-7段译码器输入/输出端信号对照表

输入端电平				输出端电平	显示字型
$\overline{LT}$	$\overline{RBI}$	$\overline{RBO}$	D C B A	a b c d e f g	
1	1	1	0 0 0 0	0 0 0 0 0 0 1	0
1	×	1	0 0 0 1	1 0 0 1 1 1 1	1
1	×	1	0 0 1 0	0 0 1 0 0 1 0	2
1	×	1	0 0 1 1	0 0 0 0 1 1 0	3
1	×	1	0 1 0 0	1 0 0 1 1 0 0	4
1	×	1	0 1 0 1	0 1 0 0 1 0 0	5
1	×	1	0 1 1 0	1 1 0 0 0 0 0	6
1	×	1	0 1 1 1	0 0 0 1 1 1 1	7
1	×	1	1 0 0 0	0 0 0 0 0 0 0	8
1	×	1	1 0 0 0	0 0 0 1 1 0 0	9

（2）LED典型应用电路设计

① LED静态显示电路设计。LED静态显示电路如图7-4所示，此电路中每一片74LS74驱动一个LED。通过将74LS74的 $\overline{BI}$ / $\overline{RBO}$ 引脚直接与单片机的I/O口相连接，控制相应的74LS74工作。当74LS74工作时，相应的LED进行显示更新。没有工作的74LS74将锁存原来的数据，其对应的LED显示将不会更新。

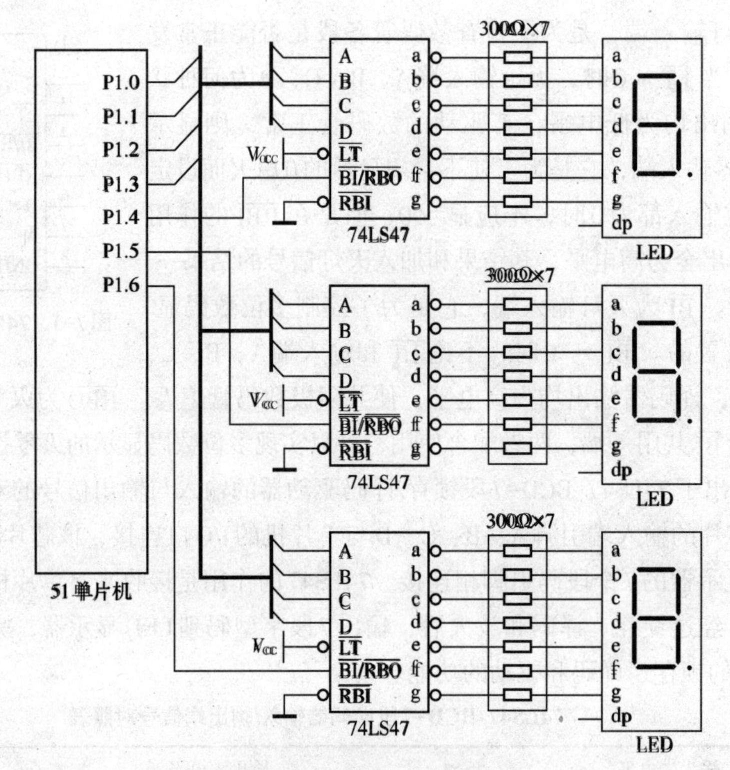

图7-4　LED静态显示电路

② LED动态显示电路设计。LED动态显示电路的典型应用设计中采用共阳极LED，各段与单片机的P1口相连，由三极管进行驱动，三极管采用PNP8550，编写程序查表时要用到表7-2。其显示部分电路如图7-5所示。

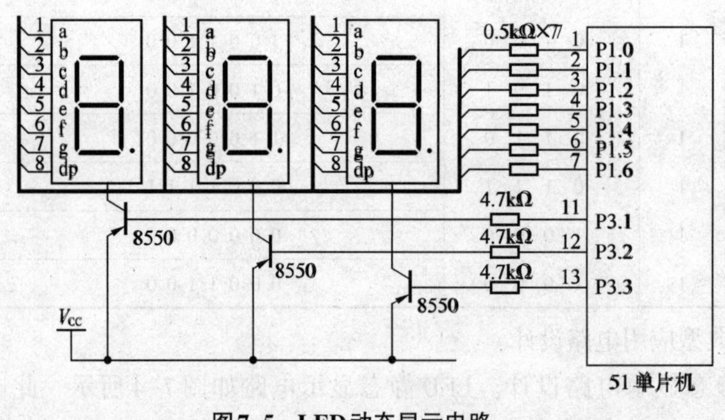

图7-5　LED动态显示电路

LED静态显示电路流程图如图7-6所示，LED动态显示电路流程图如图7-7所示。

开始

选通第1片74LS74

送数字0

选通第2片74LS74

送数字1

选通第3片74LS74

送数字2

结束

图7-6　LED静态显示流程图

开始

选通第1个三极管

送数字0

延时

选通第2个三极管

送数字1

延时

选通第3个三极管

送数字2

延时

图7-7　LED动态显示流程图

7.1.1.5　LED控制的单片机程序设计

① 根据图7-4所示的LED静态显示电路，应用汇编语言编程如下：

```
    ORG 0000H
    LJMP MAIN
    ORG 0010H
; -------------第1片74LS74工作-------------
MAIN:    SETB P1.4
    CLR   P1.5          ; 第2、3片74LS74锁存数据
    CLR   P1.6
    NOP
    CLR   P1.0          ; 第1位显示0
    CLR   P1.1
    CLR   P1.2
    CLR   P1.3
; -------------第2片74LS74工作-------------
    CLR   P1.4
    SETB  P1.5          ; 第2、3片74LS74锁存数据
    CLR   P1.6
    NOP
```

```
        SETB P1.0           ; 第1位显示1
        CLR  P1.1
        CLR  P1.2
        CLR  P1.3
; -------------第3片74LS74工作-------------
        CLR  P1.4
        CLR  P1.5           ; 第1、2片74LS74锁存数据
        SETB P1.6
        NOP
        CLR  P1.0           ; 第1位显示2
        SETB P1.1
        CLR  P1.2
        CLR  P1.3
        END
```

该程序使3个LED分别静态显示0、1、2，如果需要改变相应LED中的数字，只需要控制P1.4～P1.6引脚，使相应的74LS74工作，即可改变对应LED中的数字。由于74LS74具有锁存功能，其他LED所显示的数将不会改变。显示其他数字类似，在此不再详述。

② 根据图7-5所示的动态显示电路，采用C51语言编程如下：

```
#include <reg51.h>
#include <absacc.h>
#define uchar unsigned char
#define uint unsigned int
sbit LED1 = P3^1;
sbit LED2 = P3^2;
sbit LED3 = P3^3;
//--------------------延时-----------------------
void delay (uint x)
{
uint a, b;
for (a = x; a>0; a--)
    for (b = 5; b>0; b--);
}
//---------------LED所显示的数字---------------------
uchar code table [18] = {
                    0X3F, 0X06, 0X5B, 0X4F,
                    0X66, 0X6D, 0X7D, 0X07,
                    0X7F, 0X6F, 0X77, 0X7C,
```

```
                0X39, 0X5E, 0X79, 0X71,
                0X00};
//--------------------主函数----------------------
void main ()
{
    while (1)
    {
        //-----------------第1个LED显示0----------
        LED1 = 0;
        LED2 = 1;
        LED3 = 1;
        P0 = table [0];
        delay (10) ;
        //-----------------第2个LED显示1----------
        LED1 = 1;
        LED2 = 0;
        LED3 = 1;
        P0 = table [1];
        delay (10);
        //-----------------第3个LED显示2----------
        LED1 = 1;
        LED2 = 1;
        LED3 = 0;
        P0 = table [2];
        delay (10);
        };

}
```

本程序通过P3.1 ~ P3.3引脚的高、低电平的变换，使3个LED分别动态显示0、1、2三个数字，如果需要改变LED所显示的数字，只需要改变“table [] ”中对应的数字即可。

7.1.2　16 × 2字符型液晶显示器编程

液晶显示器（LCD）具有体积小、功耗低、显示内容丰富等特点，现在字符型液晶显示器已经是单片机应用设计中最常用的信息显示器件。1602系列液晶显示器在国内应用比较广泛，是高性价比的段式液晶显示器。本书以1602系列液晶显示器为例进行液晶显示器应用的介绍。

7.1.2.1 引脚和指令介绍

1602字符型液晶显示器是专门用于显示字母、数字、符号等的点阵型液晶显示器，如图7-8所示。该液晶显示器为5×7点阵、16字×2行，具有简单而功能较强的指令集，可实现字符的移动、闪烁等显示功能。

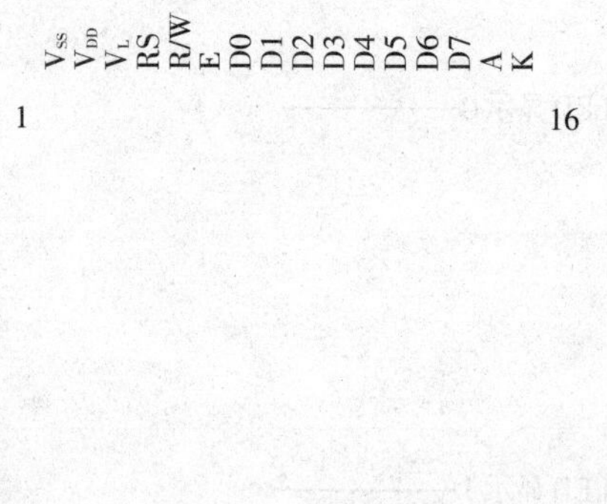

V_{SS} V_{DD} V_L RS R/W E D0 D1 D2 D3 D4 D5 D6 D7 A K

1 16

图7-8 1602液晶显示器

（1）引脚功能

① V_{SS}：逻辑负电源输入引脚，接地。

② V_{DD}：逻辑正电源输入引脚，接+5V电源。

③ V_L：LCD驱动电源输入引脚，可调节LCD显示对比度。

④ RS：数据/指令寄存器选择引脚，RS为高电平时，数据引脚D0～D7与数据寄存器通信；RS为低电平时，数据引脚D0～D7与指令寄存器通信。

⑤ R/W：读/写引脚，高电平时读数据，低电平时写数据。

⑥ E：读写使能引脚，高电平有效，下降沿锁定数据。

⑦ D0～D7：8位数据引脚。

⑧ BLA：背光电源输入引脚，接+5V电源。

⑨ BLK：背光电源输入引脚，接地。

（2）指令描述（见表7-3）

① 清显示指令：送20H“空代码”到所有的DDRAM中，清除所有的显示数据，并将DDRAM地址计数器（AC）清零，光标返回原始状态，设置I/D＝H、AC为自动加1的输入方式。

② 返回指令：不改变DDRAM中的内容，只将DDRAM地址计数器（AC）清零，光标返回原始状态。若有滚动效果，撤销滚动效果，将画面拉回原位。

③ 输入方式设置指令：设置光标移动方向并指定整体显示是否移动，即在计算机读/写DDRAM或CGRAM后地址指针的修改方式，反映在效果上，就是当写入字符时画面或光标的移动。该指令的两个参数位I/D和SH确定了字符的输入方式。I/D表示计算机读/写DDRAM或CGRAM的数据后地址的修改方式，也是光标的移动方式：I/D＝1时，光标由左向右移动且AC自动加1；I/D＝0时，光标由右向左移动且AC自动减1。SH表示在写入

字符时，是否允许显示画面的滚动方式：SH = 0时，禁止滚动；SH = 1时，允许滚动，SH = 1且I/D = 0时，显示画面向右移动一个字符位，SH = 1且I/D = 1时，显示画面向左移动一个字符位。

④ 显示开关控制指令：该指令控制画面、光标及闪烁的开与关，有三个状态位D、C、B。当D = 1时，整体显示打开；当D = 0时，整体显示关闭，但DDRAM中的显示数据不变。当C = 1时，光标显示打开；当C = 0时，不显示光标，超出显示画面，光标消失。当B = 1时，光标闪烁；f = 2.4Hz，B = 0时，光标不闪烁。

⑤ 光标或整体显示移位位置指令：当S/C = 0，R/L = 0时，光标左移，AC减1，显示不动；当S/C = 0，R/L = 1时，光标右移，AC加1，显示不变；当S/C = 1，R/L = 0时，所有显示左移，光标跟随移位，AC减1；当S/C = 1，R/L = 1时，所有显示右移，光标跟随移位，AC加1。

⑥ 功能设置指令：设置接口数据位数以及显示模式。当DL = 1时，为8位数据接口模式，DB0 ~ DB7有效；当DL = 0时，为4位数据接口模式，DB4 ~ DB7有效，在这种模式下，传送的方式为先传送高4位，后传送低4位；当N = 1时，为两行显示模式，N = 0时，为单行显示模式；当F = 1时，为5 × 10点阵显示模式，加光标，F = 0时，为5 × 7点阵显示模式，加光标。

⑦ 设置CGRAM地址指令：将CGRAM地址送入AC中，随后计算机对数据的操作是对CGRAM的读/写操作。

⑧ 设置DDRAM地址指令：将DDRAM 地址送入AC中，当N = 0时，DDRAM地址范围为80H ~ FFH；当N = 1时，第1行DDRAM地址范围为80H ~ BFH，第2行DDRAM地址范围为C0H ~ FFH。

⑨ 读忙标志位及地址指令：最高位（BF）为忙信号位，低7位为地址计数器的内容。当BF = 1时，内部正在执行操作，此时要执行下一指令必须等待，直到BF = 0再继续。

⑩ 写数据指令：写数据到CGRAM或DDRAM。如果写数据到CGRAM，要先执行“设置CGRAM地址”命令；如果写数据到DDRAM，则要先执行“设置DDRAM地址”命令。当RS = 1，R/W = 0时，为数据的写操作；当RS = 0，R/W = 0时，为指令的写操作。执行写操作后，地址自动加/减1（根据输入方式设置指令）。

⑪ 读数据指令：从CGRAM或DDRAM读出8位数据。如果从CGRAM读数据，要先执行“设置CGRAM地址”命令；如果从DDRAM读数据，要先执行“设置DDRAM地址”命令。执行读操作后，地址自动加/减1（根据输入方式设置指令）。

表7-3　　控制指令表

序号	指令	RS	R/W	D7	D6	D5	D4	D3	D2	D1	D0
1	清显示指令	0	0	0	0	0	0	0	0	0	1
2	返回指令	0	0	0	0	0	0	0	0	1	*
3	输入方式设置指令	0	0	0	0	0	0	0	1	I/D	S
4	显示开关控制指令	0	0	0	0	0	0	1	D	C	B

续表7-3

序号	指令	RS	R/W	D7	D6	D5	D4	D3	D2	D1	D0
5	光标或整体显示移位位置指令	0	0	0	0	0	1	S/C	R/L	*	*
6	功能设置指令	0	0	0	0	1	DL	N	F	*	*
7	设置CGRAM地址指令	0	0	0	1	字符发生存储器地址					
8	设置DDRAM地址指令	0	0	1	显示数据存储器地址						
9	读忙标志位及地址指令	0	1	BF	计数器地址						
10	写数据指令	1	0	要写的数据内容							
11	读数据指令	1	1	读出的数据内容							

7.1.2.2 工作时序

1602液晶显示器读时序如图7-9所示。

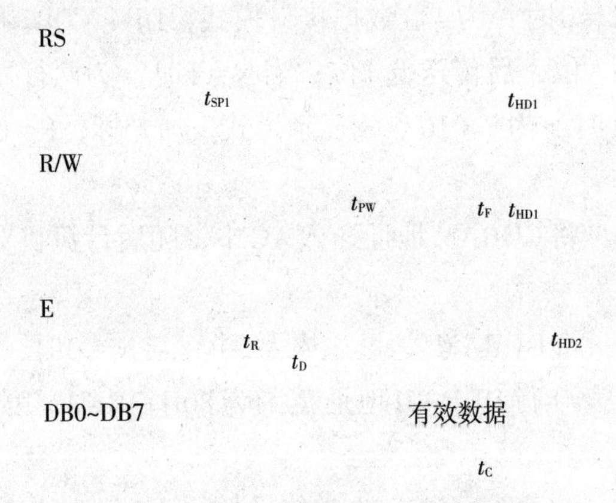

图7-9 读时序图

1602液晶显示器写时序如图7-10所示。

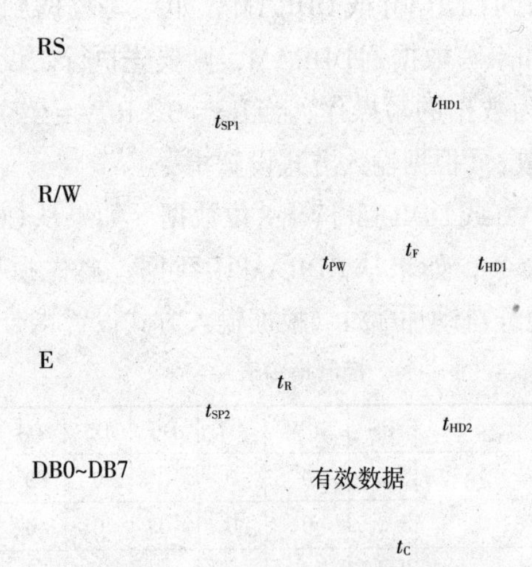

图7-10 写时序图

1602液晶显示器时序参数如表7-4所示。

表7-4　　时序参数表

时序参数	符　号	极限值			单　位	测试条件
		最小值	典型值	最大值		
E信号周期	t_c	400	—	—	ns	引脚E
E脉冲宽度	t_{PM}	150	—	—	ns	
E上升沿/下降沿时间	t_R，t_F	—	—	25	ns	
地址建立时间	t_{SP1}	30	—	—	ns	引脚E、RS、R/W
地址保持时间	t_{HD1}	10	—	—	ns	
数据建立时间（读操作）	t_D	—	—	100	ns	引脚DB0~DB7
数据保持时间（读操作）	t_{HD2}	20	—	—	ns	
数据建立时间（写操作）	t_{SP2}	40	—	—	ns	
数据保持时间（写操作）	t_{HD2}	10	—	—	ns	

7.1.2.3　与单片机的接口电路

液晶显示器是一个慢显示器件，所以在执行每条指令之前一定要确认模块的忙标志为低电平，表示不忙，否则此指令失效。要显示字符时要先输入显示字符地址，然后写入需要显示的数据或字符。1602显示器可以显示2行16个字符，与单片机的接口方式根据具体型号可以采用并行和串行两种连接方式，当接口电路采用并行方式时，有8位数据总线D0 ~ D7和RS、R/W、E三个控制端口，工作电压为5V，并且带有字符对比度调节和背光。显示器与单片机的接口电路如图7-11所示。

7.1.2.4　1602液晶显示器程序设计

设计1602液晶显示器流程图如图7-12所示。

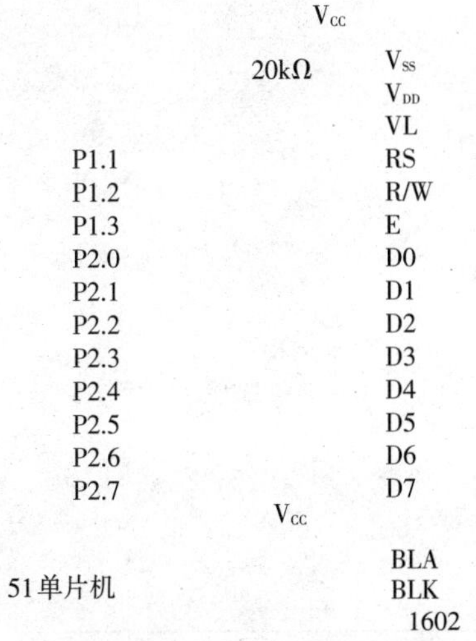

V_{CC}
20kΩ
V_{SS}
V_{DD}
VL
P1.1　RS
P1.2　R/W
P1.3　E
P2.0　D0
P2.1　D1
P2.2　D2
P2.3　D3
P2.4　D4
P2.5　D5
P2.6　D6
P2.7　D7
V_{CC}
BLA
BLK
51单片机
1602

图7-11　1602液晶显示器与单片机的接口电路

开始
初始化成8位口,2行显示,5×7列阵
设置自动加1
设置光标平移
设置显示光标
清显示器
结束

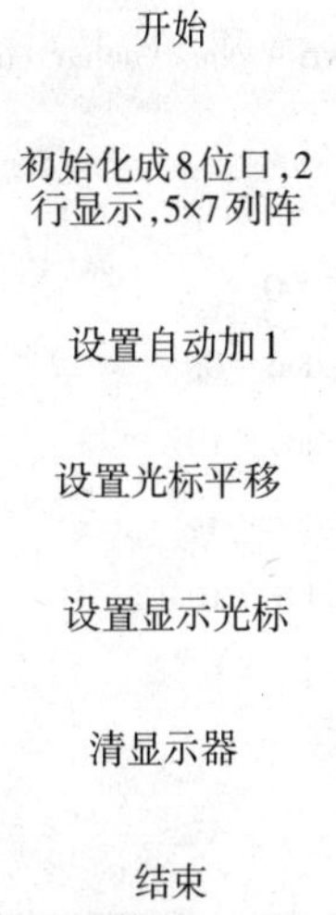

图7-12　1602液晶显示器流程图

采用C51语言编程程序如下：

```
#include <reg51.h>
#define uchar unsigned char
#define uint unsigned int
//---------------------------------------------------------
sbit rs = P1^1;                    //引脚定义
sbit rw = P1^2;
sbit lcden = P1^3;
//---------------------------确定输入内容--------------------------------
uchar table1 [] = "FD";
uchar table2 [] = "153144046";
//-----------------------------延时----------------------------------
void delay (uint x)
{
    uint a, b;
    for (a = x; a>0; a--)
        for (b = 10; b>0; b--) ;
}
void delay1 (uint x)
{
    uint a, b;
    for (a = x; a>0; a--)
        for (b = 100; b>0; b--);
}
// ----------------------------写指令-----------------------------------
void write_com (uchar com)
{
    P2 = com;                  //向P2口写地址
    rs = 0;
    lcden = 0;
    delay (10);
    lcden = 1;
    delay (10);
    lcden = 0;

}
//---------------------------写数据-----------------------------------
```

```
void write_date（uchar date）
{
      P2 = date;                    //向P2口写数据
      rs = 1;
      lcden = 0;
      delay（10）;                  //延时
      lcden = 1;
      delay（10）;                  //延时
      lcden = 0;
}
//--------------------------初始化--------------------------------
void init（）
{
     write_com（0x38）;             //准备向38H地址中写数据
     delay（20）;                   //延时
     write_com（0x0f）;             //准备向0FH地址中写数据
     delay（20）;                   //延时
     write_com（0x06）;
     delay（20）;
     write_com（0x01）;
     delay（20）;
}
//------------------------主函数------------------------------
void main（）
{
     uchar a;
     init（）;
     rw = 0;
     write_com（0x80+17）;             //第1行送地址
     delay（20）;
     for（a = 0; a<2; a++）
     {
     write_date（table1［a］）;          //取table1［］表中的数据
     delay（20）;
     }
      write_com（0xc0+17）;              //第2行送地址
      delay（50）;
      for（a = 0; a<9; a++）
      {
```

```
        write_date (table2 [a] );          //取table2 [] 表中的数据
        delay (50);
    }
    for (a = 0; a<16; a++)
    {
        write_com (0x18);    //数据平移
        delay1 (200);
    }
    while (1);
}
```

以上程序需要先检查LCD是否处于空闲，空闲时即可写入数据。写数据时需要先确定写入数据的地址，然后向地址中写数据，写入的数据可以通过平移的方式移入LCD屏幕中，通过改变延时的时间间隔来控制移入的速度。在初始化设置中可以控制是否显示光标以及光标是否闪烁等一系列功能。

7.2 键盘输入设计

键盘是一组按键的集合，它是最常见的单片机输入设备，操作人员可以通过键盘输入数据或命令，实现简单的人机操作。键盘分为编码和非编码键盘。键盘开关的识别由专用的硬件译码器实现并产生编码号或键值的称为编码键盘，如BCD码键盘、ASCII码键盘等；依靠软件识别的称为非编码键盘。

在单片机组成的控制系统中，用得最多的是非编码系统。键盘中每个按键都是一个常开电路，如图7-13所示。

当按键断开时，P1.1输入为高电平，闭合按键时，P1.1输入为低电平。通常按键所用的开关为机械弹性开关，当机械触点断开、闭合时，电压信号波形如图7-14所示。

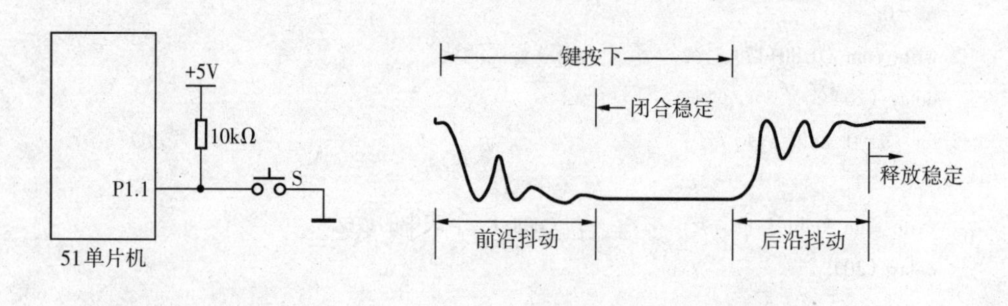

图7-13 单按键电路　　**图7-14 电压信号波形图**

由于机械触点的弹性作用，一个按键开关在闭合时不会马上稳定地接通，在断开时也不会突然断开，因而在闭合及断开的瞬间均伴随着一连串的抖动。

7.2.1 键盘接口类型

在不同的系统中，键盘的数量和接口类型有很大的差别。

（1）独立式键盘

独立式键盘的各个按键之间彼此是独立的，每一个按键连接一根I/O口线。独立式键盘电路简单，软件设计也比较方便，但由于每一个按键均需要一根I/O口线，当键盘按键数量比较多时，需要的I/O口线也较多，因此独立式键盘只适合于按键较少的应用场合。独立式键盘可以在查询方式和中断扫描方式下工作。

查询方式是通过读I/O状态，当有键被按下时相应的I/O口线变为低电平，而未被按下的键对应的I/O口线保持为高电平，这样通过读I/O口状态可判断是否有键按下和哪一个键被按下。

中断扫描方式需要占用一个外部中断源，只要有键按下就会发出中断请求，CPU响应中断，查询各按键对应的I/O状态。中断扫描方式是各种方式中实时性最好的，但是需要额外的硬件电路来实现中断请求。

（2）矩阵式键盘

矩阵式键盘是一种扫描式键盘。其工作过程要比独立式按键复杂。矩阵式键盘由行线、列线及位于行列交叉点上的按键等部分组成。当应用系统需要的按键数量比较多时，可采用矩阵式键盘。一般情况下，按键数等于矩阵行数与列数的乘积。

矩阵式键盘由于采用矩阵式结构，一根I/O口线已经不能确定哪一个键被按下，需要通过连接到键上的两根I/O口线的状态共同来确定键的状态，同时，键的两端均接到I/O口线上，不能一端接I/O口线、一端接地，因此必须对行线与列线信号状态单独处理、综合考虑后才能判断键闭合的位置。常用的键位置判别方法有扫描法和线反转法两种。

① 扫描法。扫描法是先使列（行）线全输出低电平，然后判断行（列）线状态，若行线全为高电平，表示无键按下；若行线不全为高电平，表示有键按下。然后依次使列线为低电平，再判断行线状态，当行线全为高电平时，表示被按下的键不在本列；当行线不全为高电平时，表示被按下的键在本列，把此时的行线与列线状态合在一起即为被按下键的位置。扫描法对键的识别采用逐行（列）扫描的方法获得键的位置，当被按下的键在最后一行时需要扫描N次（N为行数），当N比较大时键盘工作速度较慢。

② 线反转法。线反转法的第一步也是把列线置为低电平，行线置为高电平，然后读行线状态；第二步与第一步相反，把行线置为低电平，列线置为高电平，然后读列线状态，若有键按下，则两次所读状态的结果即为键所在的位置。这样通过两次输出和两次读入可完成键的识别，比扫描法要简单一些，并且不论键盘有多少行和多少列，只需经过两步即可获得键的位置。

和独立键盘一样，矩阵键盘也具有程序扫描方式和中断扫描方式。

程序扫描方式是指在特定的程序位置段上安排键盘扫描程序读取键盘状态。

中断扫描方式是指当无按键按下时，CPU处理其他工作而不必进行键的扫描；当有键被按下时，通过硬件电路向CPU申请键盘中断，在键盘中断服务程序中完成键盘处理。这种方法实时性最好，CPU的工作效率也最高。

（3）其他形式的键盘。

在有些场合下，矩阵式键盘也不能满足要求。例如，要设计一个有100个按键的键盘，用矩阵式键盘最少需要占用20个I/O端口，如果有很多单片机，这是很难实现的。有没有办法把矩阵式键盘改进一下，让它可以实现更多的按键呢？

① I/O端口组合复用（一）。如图7-15所示，每个I/O端口既是输出口，也是输入口，每个端口通过电阻和一个二极管返回构成回路，与其他端口的交叉位置放置按键。可以先令P1.0为高电平，P1.1、P1.2端口高、低电平循环变化，以此可以检测出哪个键被按下。假如占用了N个端口，利用这种方法，可以接$N\times(N-1)$个按键。

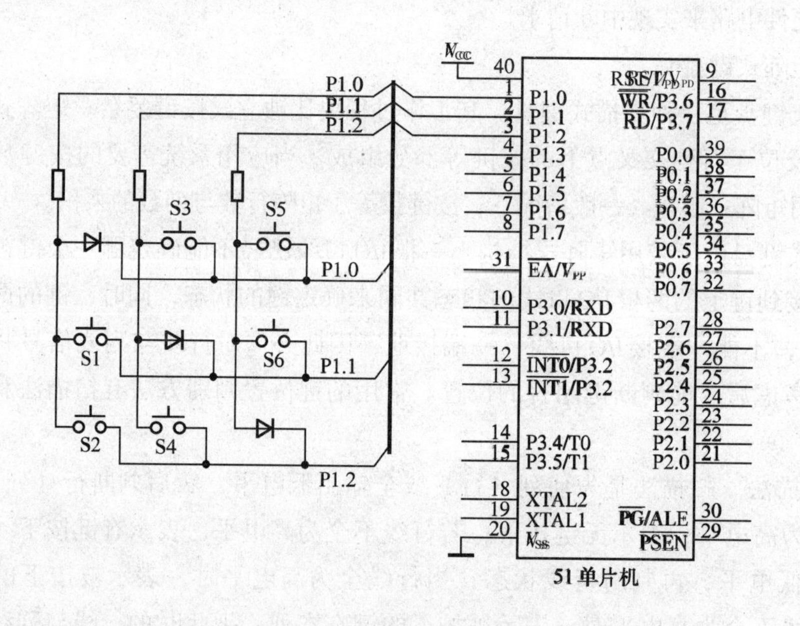

图7-15　端口复用式键盘（一）

② I/O端口组合复用（二）。如图7-16所示，这种方法采用编码式结构，每个按键对应一个编码，只需在每个端口输出高电平，然后查询端口的状态，即可获得按键值。用了N个端口，利用这种方法可以接2^N-1个按键。

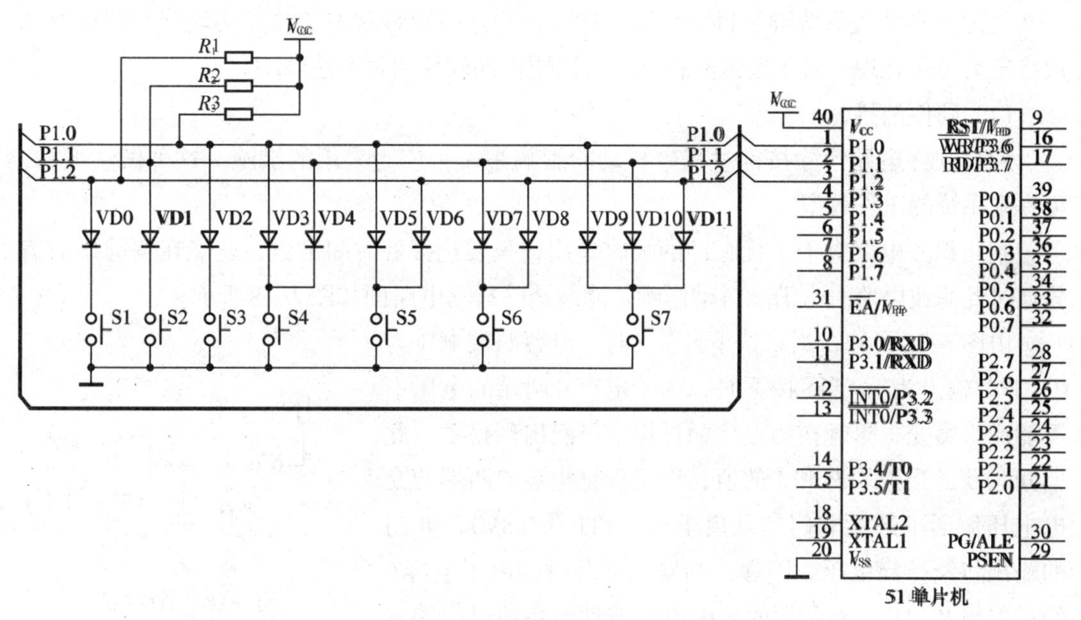

图7-16　端口复用式键盘（二）

③ 改进型I/O端口复用。如图7-17所示，这种方法是在I/O端口组合复用（二）的基础上改进而来的，在软件处理上需要结合端口扫描、检测方法。在占用N个端口的情况下，最多可以设置$(2^N-1)+(2^N-1-1)\times N$个按键。

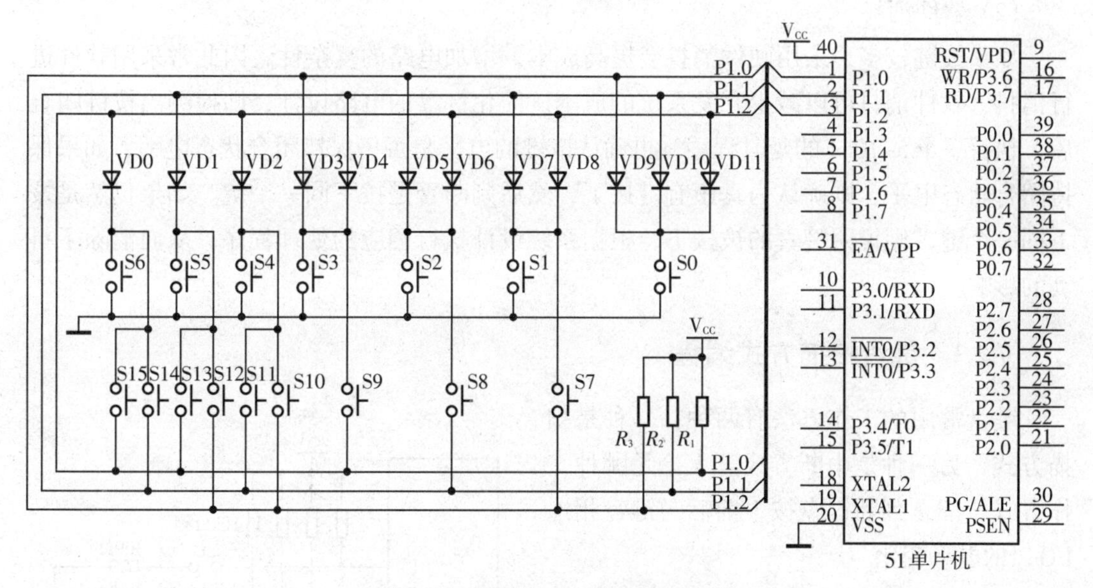

图7-17　改进型I/O端口复用键盘

7.2.2　键盘的防抖技术

抖动时间的长短由按键的机械特性决定，一般为5～10ms。按键稳定闭合时间的长短则由操作人员的按键动作决定，一般为零点几秒至数秒。

按键的抖动会引起一次按键动作被误认多次，为了确保CPU对按键的一次闭合仅作一次处理，必须去除按键的抖动，在按键闭合稳定时取键状态，并且必须判断到按键释放稳定后再作处理。对于按键的抖动，可用硬件和软件两种方法消除。

（1）硬件消抖

通过硬件电路消除按键过程中抖动的影响是一种广为采用的措施。这种做法可靠，可提高系统的工作效率。

利用积分电路对于干扰脉冲的吸收作用，只要选择好时间常数，就能在按键抖动信号通过此滤波电路时，消除抖动影响。滤波消除抖动电路图如图7-18所示。

由图7-18可知，当未按下开关S时，电容两端电压为0，非门输出为1。当S按下时，由于电容C两端的电压不可能产生突变，尽管在触点接触过程中可能出现抖动，此期间只要适当选取R_1和C的值，即可保证电容C两端的充电电压波形不超过非门的开启电压（TTL为0.8V），非门的输出将维持高电压。同理，当触点断开时，由于电容C经过电阻R_2放电，C两端的放电电压波动不会超过门的关闭电压，因此，门的输出也不会改变。总之，只要R_1、R_2和C的时间常数选取得当，确保电容C由稳态电压充电到开启电压或放电到关闭电压的延迟时间等于或大于10ms，该电路就能消除抖动的影响。

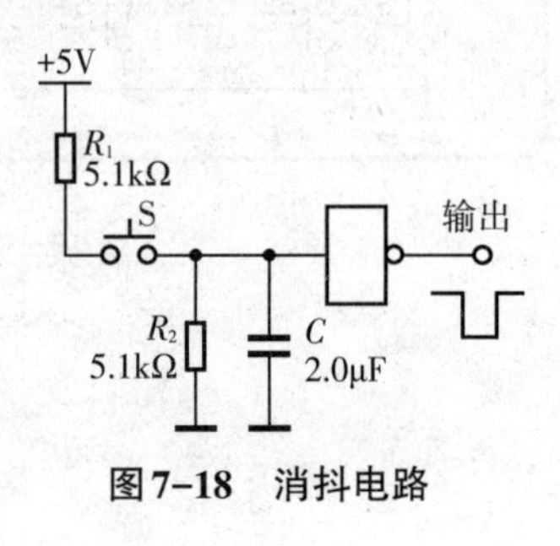

图7-18　消抖电路

（2）软件消抖

如果按键较多，采用硬件消抖会提高成本，增加电路的复杂性，因此常采用软件进行消抖。软件消抖可以减少开发系统的成本，简化键盘的电路设计，即检测出按键闭合后，执行一个5~10ms的延时程序，再确认该键的电平是否仍保持闭合状态电平，如果保持闭合状态电平，则确认为真正有键按下，然后判断否是按下同一个键。如果仍然是按下同一个键，则说明键真的被按下，根据系统设计执行相应的处理程序，从而消除了抖动的影响。

7.2.3　键盘扫描方式编程

键盘常用的工作方法有两种：一种是扫描方式，另一种是中断方式。无论是哪种工作方式，都是判断键盘按下前后与键盘相连I/O口的电平变化。

键盘扫描方式接口电路如图7-19所示，原来的键盘各接口都通过上拉电阻接 + 5V高电平，原来的P1.4 ~ P1.7口与键盘的相连接口都为高电平，当键按下后由于P1.4 ~ P1.7口通过保护电阻接地后，P1.4 ~ P1.7口置为低电平，P1.4 ~ P1.7口的电平发生改变。

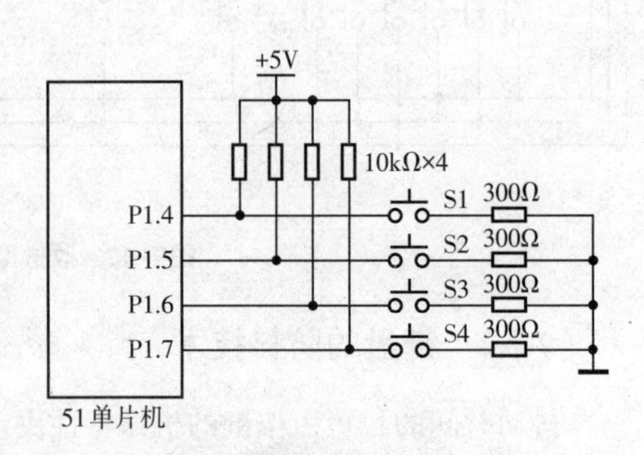

图7-19　键盘扫描方式接口电路

系统键盘采用的扫描方式或者中断方式都是通过判断I/O口的电平变化判断是否有键按下。扫描方式是经过初始化设置后进入键盘子系统中，对与键盘相连的各I/O口进行循环扫描。它的关键问题是系统一直不停地对与之相连的端口进行扫描，会占用系统的大量资源。对于能够顺序执行各键功能的系统，可以采用这种方式，同时这种方式不会像中断方式那样占用单片机有限的中断资源，也不用考虑因为键盘使用中断而导致的与其他中断的协调问题，进而不必考虑中断优先级的设置问题。

键盘的扫描工作方式一般工作过程如图7-20所示。

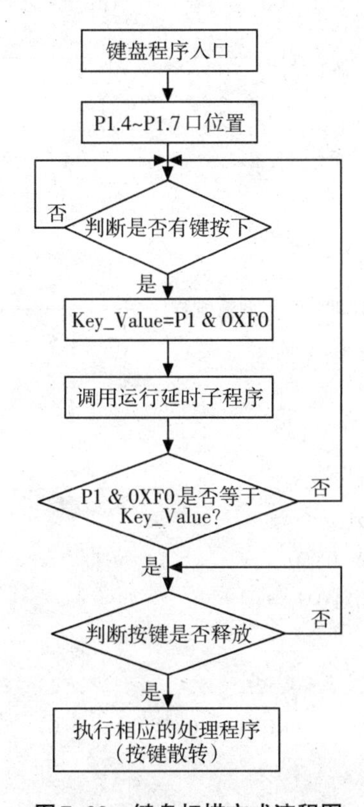

图7-20　键盘扫描方式流程图

C51语言编程如下：

```
#include <reg51.h>
#include <intrins.h>
//----------------------定义键盘控制端口-----------------------
sbit KEY_1 = P1^4;
sbit KEY_2 = P1^5;
sbit KEY_3 = P1^6;
sbit KEY_4 = P1^7;
#define KEY1  P1
```

```
//--------------------定义字符类型------------------------
#define uchar unsigned char
//------------------按键处理程序-----------------
void manage_Key1 (void) ;    //按键1处理程序
void manage_Key2 (void) ;    //按键2处理程序
void manage_Key3 (void) ;    //按键3处理程序
void manage_Key4 (void) ;    //按键4处理程序
//----------------------处理一次有效按键程序---------------
void judge_key (void);
// ---------------------延时子程序-------------------------
void delay (unsigned int N)
{
    int i;
    for (i=0; i<N; i++);
}
//---------------------处理一次有效按键程序----------------
void judge_key (void)
{
    uchar KEY_value;
    while (1)
    {
        KEY_value=KEY1 & 0XF0;
        while ((KEY_value^0XF0)! =0)
        {
            delay (1000) ;
            if ( (KEY_value ^ (KEY1 & 0XF0) ) = =0)      //判断是否是干扰
            {                                             //有效按键
                while (KEY_value^ (KEY1 & 0XF0) = =0)    //等待按键释放
                delay (1000);                             //消除抖动
                switch (KEY_value)                        //按键散转
                 {                                        //这里可以定义组合
                    case 0xE0:
                    manage_Key1 ();
                    break;
                    case 0xD0:
                    manage_Key2();
                    break;
                    case 0xB0:
                    manage_Key3 ();
```

```
                    break;
                case 0x70:
                    manage_Key4 ();
                    break;
                    //default;
                }
            }
        }
    }
}
void manage_Key1 ()                                   //按键处理1程序
{}
void manage_Key2 ()                                   //按键处理2程序
{}
void manage_Key3 ()                                   //按键处理3程序
{}
void manage_Key4 ()                                   //按键处理4程序
{}
```

7.2.4 键盘中断方式编程

使用扫描方式会导致单片机一直处于工作状态，这不利于单片机进行别的查询或者其他操作。例如，一般系统中单片机正在执行一个操作，同时还需要通过键盘发出其他指令，这时运行中断方式可以中断当前执行的工作，对系统的下一步工作进行合理安排。中断方式中，只要有键按下引发中断，单片机就会执行键盘相应操作。

由于单片机的中断资源有限，因此，合理充分地利用中断资源就比较重要。系统需要用到多个按键时，通过与门或与非门可以使用一个中断来实现键盘的输入控制。键盘的中断工作方式如图7-21所示

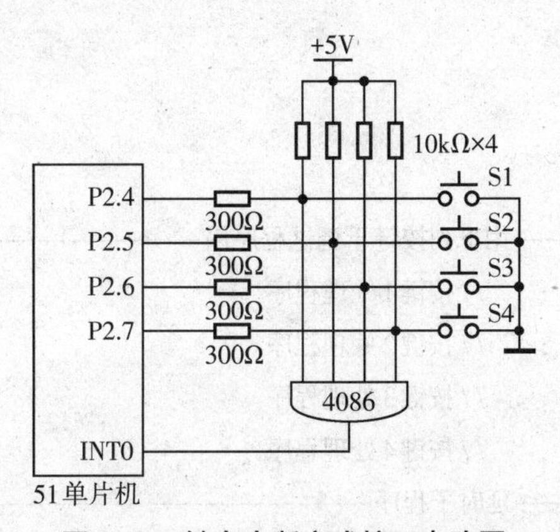

图7-21 键盘中断方式接口电路图

在图7-21中，将电路通过与门接到单片机的外部中断源INT0口上，当有键按下（例如S1按下）时，P2.4为低电平，同时通过4086与门触发中断，从中断入口地址跳到相应的键盘中断子系统中执行。

键盘的中断工作方式流程图如图7-22所示。

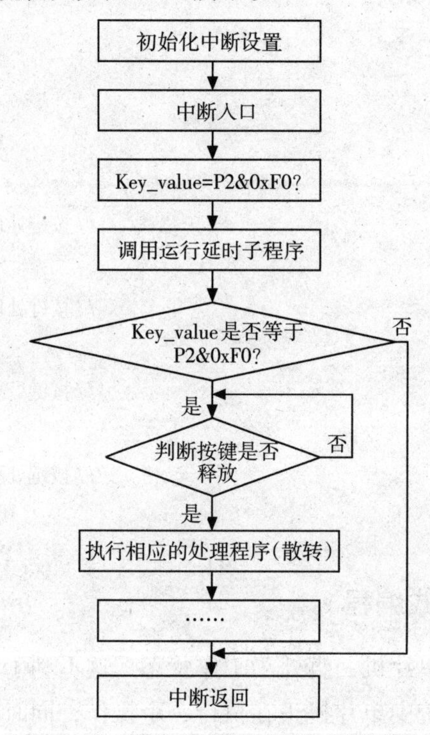

图7-22　键盘的中断工作方式流程图

C51语言编程如下：

```
#include <reg51.h>
#include <intrins.h>
//------------------------键盘控制端口------------------------
sbit KEY_1 = P2^4;
sbit KEY_2 = P2^5;
sbit KEY_3 = P2^6;
sbit KEY_4 = P2^7;
//------------------------用下列按键于调试程序用------------------
void manage_Key1 (void) ;    //按键1处理程序
void manage_Key2 (void) ;    //按键2处理程序
void manage_Key3 (void) ;    //按键3处理程序
void manage_Key4 (void) ;    //按键4处理程序
// ----------------------延时子程序---------------------------
void delay (unsigned int N)
```

```
{
    int i;
    for (i = 0; i<N; i++);
}
//-------------------------设定外部中断0工作方式-------------
void system_init ()
{
    IT0 = 0;                    //选择外部中断为电平触发方式
    EX0 = 1;                    //外部中断允许
    EA = 1;                     //系统中断允许
}
//-----------------外部中断0处理程序（键盘操作）------------
void INT0_interrupt ()  interrupt 0 using 2
{
    unsigned char KEY_value1 = 0;                   //键值
    unsigned char KEY_value2 = 0;
    KEY_value1 = P2&0xF0;
    EA = 0;
    delay (1000);                                   //消除抖动
    KEY_value2 = P2&0xF0;
    if ((KEY_value1^KEY_value2) = = 0)              //判断是否干扰
    {                                               //有效按键
        while ((KEY_value1^(P2&0xF0)) = = 0)        //等待按键释放
        delay (1000);                               //消除抖动
        switch (KEY_value1)                         //按键散转
        {                                           //在这里可以定义按键组合键
            case 0xE0:
                manage_Key1 ();
                break;
            case 0xD0:
                manage_Key2 ();
                break;
            case 0xB0:
                manage_Key3();
                break;
            case 0x70:
                manage_Key4 ();
                break;
                //default;
```

```
        }
    }
    EA = 1;
}
void manage_Key1 (void);                          //按键1处理程序
{}
void manage_Key2 (void);                          //按键2处理程序
{}
void manage_Key3 (void);                          //按键3处理程序
{}
void manage_Key4 (void);                          //按键4处理程序
{}
```

本章小结

单片机应用系统中人机交互是很必要的。在应用系统工作的过程中，操作者需要向单片机系统发出适应各种功能的指挥命令，以协调控制单片机及执行设备实现相应的动作完成系统功能，同时单片机系统也需要将单片机应用系统的运行状态、参数、采样值、转换结果、运算结果、超限报警信息等进行传递，以供操作者了解和掌握应用系统数据，做出判断决策。

本章对单片机应用系统常用的人机交互设备（如LED数码管显示、LCD液晶显示器）的工作原理进行了介绍，还介绍了与单片机连接的电路和编程方法，此外，对键盘输入结构、形式、消抖措施及程序编制做了详细介绍。

习题与思考

1. 简述LED的工作原理。

2. 共阳极7段LED数码管的驱动信号有何特点？

3 静态显示和动态显示的区别是什么？各有什么优缺点？

4. 1602显示器与单片机如何连接？画出电路图并写出程序流程图。

5. 简述非编码式键盘行扫描法与线反转法的工作原理。

6. 简述矩阵式键盘线扫描检测法的工作原理。

7. 什么是“抖动”？绘制一个低电平工作的开关波形分析图。

8. 在程序中如何以简单的方式来防止输入开关的抖动现象？

9. 为了避免使用者按住按钮不放造成错误或不确定状态，给出解决这种状况的流程或操作。

10. 若要连接4×4键盘与微处理器，至少需要多少位的输入/输出端口？

11. 设计一个4×4键盘与单片机的连接电路。

12. 7段LED显示器有动态和静态两种显示方式，这两种显示方式要求51系列单片机如何安排接口电路？

13. 为什么要消除按键的机械抖动？消除按键的机械抖动的方法有哪几种？原理各是什么？

14. 矩阵式键盘按键是如何识别按键被按下的？

15. 采用线反转法原理编写识别某一按键按下并得到其键号的程序。

16. 键盘有哪3种工作方式？它们各自的工作原理及特点是什么？

第8章 51单片机数据采集

在数据采集的过程中，经过各种传感器来获取数据，传感器将各种温度、湿度、光照、压力和酸碱度等物理信号或化学信号转换为电信号。在一些情况下，如高温、高压和烟雾等条件下，这些采集的信息还需要经过一定距离的传输再送给单片机处理，所以需要对电信号进行放大、去噪，再经过A/D转换后变成离散的数字信号送给单片机。采集来的信号送给单片机进行处理分析，通过查表或数字滤波等处理，线性地反映实际测量的数值，这也是单片机系统检测部分的核心。

在数据采集的硬件电路中，模数（A/D）转换电路的功能是将连续变化的模拟量转换为离散的数字量，是模拟系统与数字系统之间连接的桥梁。对于硬件系统而言，就是用于快速、高精度地对输入的模拟信号进行采样编码，将其转换成单片机所能够处理的数字量。

8.1 传感器技术概述

传感器是一种将光、声音、温度等各种物理量转换为电子电路能处理的电压或电流信号的器件。目前对传感器的定义仍局限于电量的转换，即将被测的非电量（如压力、质量、力矩、位移、速度、振动、冲击、温度、声响、光、角度、转速、物位等）转换为与之对应变化的、易于电路处理的电参量（如电流、电压、电阻、电感、电荷、频率、阻抗等）。

（1）技术动向

目前，传感器技术朝着新材料、新工艺、集成化、数字化、智能化、高精度化及高稳定、高可靠等方向发展。

（2）市场结构

随着大规模集成电路、半导体技术和微电子技术的快速发展，作为信息检测的传感器也渗透到社会的各个领域，并极大地改变着人们的生活和社会结构，以投资类产品为主，如科学仪器仪表、空间开发、机械制造与设备、环保气象安全等领域使用的产品约占整个传感器市场的80%以上，而家用电器的消费类产品占15%左右。

8.1.1　传感器的组成

传感器一般由敏感元件、转换元件和测量电路三部分组成，有时还需要加装辅助电源。其组成如图8-1所示。

（1）敏感元件

完成非电量到电量的变换时，并非所有的非电量都能利用现有手段直接变换为电量，往往是将被测非电量预先变换为另一种易于变换成电量的非电量，然后变换为电量。能够完成预变换的器件称为敏感元件，又称预变换器。传感器中各种类型的弹性元件称为敏感元件，并统称为弹性敏感元件。

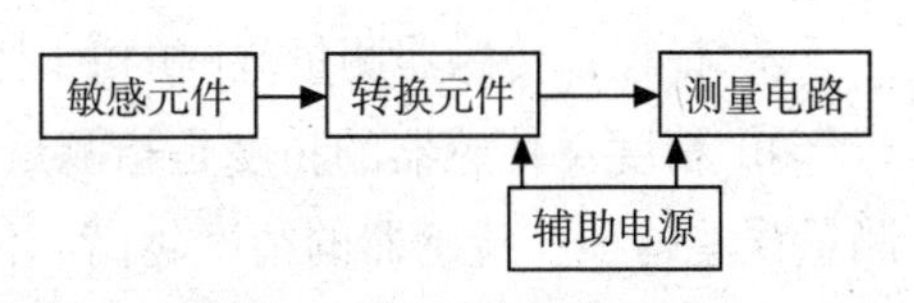

图8-1　传感器组成框图

（2）转换元件

将感受到的非电量直接转换为电量的器件称为转换元件，如压电晶体、热电偶等。

需要指出的是，并非所有的传感器都包括敏感元件和转换元件，如热敏电阻、光电器件等。而另外一些传感器，其敏感元件和转换元件可合二为一，如固态压阻式压力传感器等。

（3）测量电路

将转换元件输出的电量变成便于显示、记录、控制和处理的有用电信号的电路称为测量电路。

8.1.2　传感器的基本特性

在检测控制系统和科学实验中，需要对各种参数进行检测和控制，要达到比较优良的控制性能，则要求传感器能够感测被测量对象的变化，并且不失真地将其转换为相应的电量，这种要求主要取决于传感器的基本特性。传感器的基本特性主要分为静态特性和动态特性。

（1）反映传感器静态特性的性能指标

静态特性是指检测系统的输入为不随时间变化的恒定信号或者变化很慢时系统的输出与输入之间的关系。它主要包括线性度、灵敏度、迟滞、重复性、漂移等。

① 线性度：指传感器输出量与输入量之间的实际关系曲线偏离拟合直线的程度。

② 灵敏度：灵敏度是传感器静态特性的一个重要指标。其定义为输出量的增量Δy与引起该增量的相应输入量增量Δx之比。它表示单位输入量的变化所引起传感器输出量的变化，显然，灵敏度值越大，表示传感器越灵敏。

③ 迟滞：传感器在输入量由小到大（正行程）及由大到小（反行程）的变化期间，其输入输出特性曲线不重合的现象称为迟滞。也就是说，对于同一大小的输入信号，传感器的正、反行程输出信号大小不相等，这个差值称为迟滞差值。

④ 重复性：重复性是指传感器在输入量按同一方向作全量程连续多次变化时所得到

的特性曲线不一致的程度。

⑤ 漂移：传感器的漂移是指在输入量不变的情况下，传感器输出量随着时间变化的现象。

⑥ 测量范围：传感器所能测量到的最小输入量与最大输入量之间的范围称为传感器的测量范围。

⑦ 量程：传感器测量范围的上限值与下限值的代数差称为量程。

⑧ 精度：传感器的精度是指测量结果的可靠程度，是测量中各类误差的综合反映，测量误差越小，传感器的精度越高。传感器的精度用其量程范围内的最大基本误差与满量程输出之比的百分数表示。

⑨ 分辨率和阈值：传感器能检测到输入量最小变化量的能力称为分辨力。阈值是指能使传感器的输出端产生可测变化量的最小被测输入量值，即零点附近的分辨率。

⑩ 稳定性：稳定性表示传感器在一个较长的时间内保持其性能参数的能力。

（2）反映传感器动态特性的性能指标

动态特性是指检测系统的输入为随时间变化的信号时系统的输出与输入之间的关系。主要动态特性的性能指标有时域单位阶跃响应性能指标和频域频率特性性能指标。

传感器的输入信号是随时间变化的动态信号，这时要求传感器能时刻精确地跟踪输入信号，按照输入信号的变化规律输出信号。当传感器输入信号的变化缓慢时很容易跟踪，但随着输入信号的变化加快，传感器随动跟踪性能会逐渐下降。输入信号变化时，引起输出信号也随时间变化，这个过程称为响应。动态特性就是指传感器对于随时间变化的输入信号的响应特性，通常要求传感器不仅能精确地显示被测量对象的大小，而且能复现被测量对象随时间变化的规律，这也是传感器的重要特性之一。

8.2 常用的A/D转换元件

A/D转换器是一种能把输入模拟电压或电流变成与它成正比的数字量，即能把被控对象的各种模拟信息变成计算机可以识别的数字信息的器件，模拟量可以是电压、电流等信号，也可以是声、光、压力、温度等随时间连续变化的非电量的物理量。非电量的模拟量可以通过适当的传感器（如光电传感器、压力传感器、温度传感器）转换成电信号。

8.2.1 A/D转换元件的结构和工作原理

8.2.1.1 A/D转换器的类型

根据A/D转换器的原理可将A/D转换器分成两大类：一类是直接型A/D转换器，另一类是间接型A/D转换器。在直接型A/D转换器中，输入的模拟电压被直接转换成数字代码，不经过任何中间变量；在间接型A/D转换器中，首先把输入的模拟电压转换成某种中间变量（时间、频率、脉冲宽度等），然后把这个中间变量转换为数字代码输出。

A/D转换器的分类如图8-2所示。尽管A/D转换器的种类有很多，但是目前应用较广泛的主要有三种类型：逐次逼近式、双积分式和V-F变换式A/D转换器。

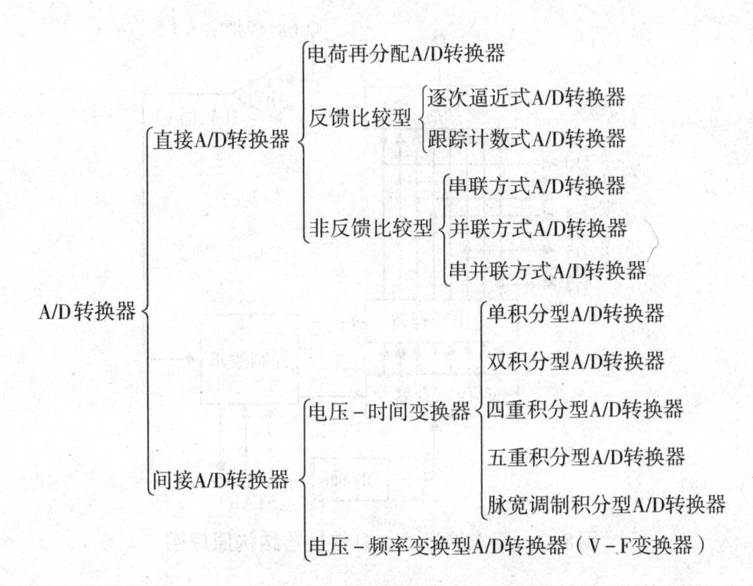

图8-2　A/D转换器分类图

常用的A/D转换器如表8-1所示。

表8-1　常用的A/D转换器

型　号	转换位数（位）	特　点
AD574	12	CMOS逐次逼近式，单通道，最大线性误差±1/4LSB。包括参考电平和μp接口，25μs转换时间
ADC0801	8	有三态输出锁存器直接推动数据总线
ADC0808/0809	8	CMOS逐次逼近型，8通道多路转换，带有锁存器
5G14433	$3\frac{1}{2}$位（BCD码）	抗干扰，转换精度高（11位二进制数），转换速度慢，1～10次/s，单基准电压，采用双积分式
ICL7135	$4\frac{1}{2}$位（BCD码）	转换精度高（14位二进制数），单极性基准电压自动校零，自动极性输出，采用双积分式
ADC1210	12	低功耗、中速、12位分辨率、12位精度、转换速度为1次/100μs的12位A/D转换器，采用逐次逼近式

在A/D转换器的芯片选择上，主要考虑芯片的转换速度和转换位数（即分辨率）。通常的做法是根据实际系统的需求选择合适的芯片。本书以ADC0808为例来介绍数据采集中的模/数转换功能。此芯片比较常见，价格便宜，而且符合一般硬件系统的设计要求。

8.2.1.2 逐次逼近式A/D转换器结构原理

图8-3所示是逐次逼近式A/D转换器的结构原理图。

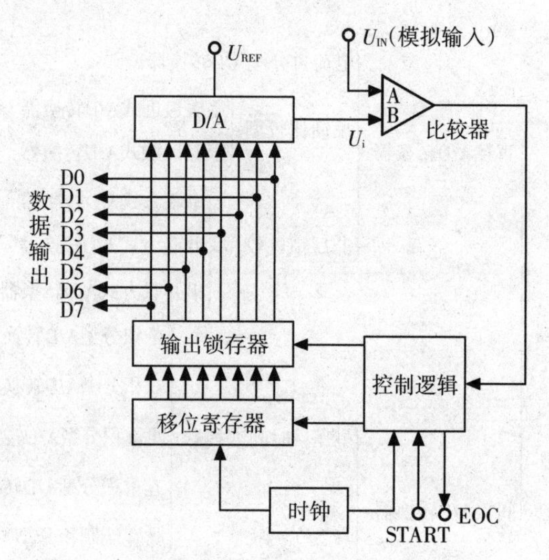

图8-3 逐次逼近式A/D转换器结构原理图

其工作过程为：将一个待转换的模拟输入信号U_{IN}与一个推测信号U_i相比较，根据推测信号大于还是小于输入信号来决定增大还是减小该推测信号，以便向模拟输入信号逼近。推测信号由D/A转换器的输出获得，当推测信号与模拟信号相等时，向D/A转换器输入的数字就是对应模拟输入量的数字量。

其“推测”值的算法如下：使二进制计数器（输出锁存器）中的每一位从最高位起依次置1，每接收一位时，都要进行测试。若模拟输入信号U_{IN}小于推测信号U_i，则比较器输出为零，并使该位清零；若模拟输入信号U_{IN}大于推测信号U_i，则比较器输出为1，并使该位保持为1。无论哪种情况，均应继续比较下一位，直到最末位为止。此时，D/A转换器是数字输入，即为对应模拟输入信号的数字量。将此数字量输出就完成了A/D转换过程。

8.2.1.3 A/D转换器主要性能指标

A/D转换器主要有以下性能指标。

（1）分辨率

分辨率表示转换器对微小输入量变化的敏感程度，通常用转换器输出数字量的位数来表示。例如，对于8位A/D转换器，其数字输出量的变化范围为0～255，当输入电压满刻度为5V时，转换电路对输入模拟电压的分辨能力为5V/255≈18.6mV。

（2）精度

A/D转换器的精度是指与数字输出量所对应的模拟输入量的实际值与理论值之间的差值。A/D转换电路中与每个数字量对应的模拟输入量（Δ）并非单一的数值，而是一个范围，其大小在理论上取决于电路的分辨率。例如，对满刻度输入电压为5V的12位A/D转换器，Δ为1.22mV。定义Δ为数字量的最小有效位（LSB）所对应的模拟量值。

精度通常用最小有效位（LSB）的分数值来表示。目前常用的A/D转换集成芯片的精度为0.25LSB～2LSB。

（3）转换时间

完成一次A/D转换所需要的时间称为A/D转换电路的转换时间。目前，常用的A/D转换集成芯片的转换时间为几微秒到200μs。

（4）温度系数和增益系数

这两项指标都是表示A/D转换器受环境温度影响的程度。一般用每摄氏度温度变化所产生的相对误差作为指标，以ppm/℃表示（ppm为非标准单位，因使用习惯，在此用ppm表示，即百万分率）。

（5）对电源电压变化的抑制比

A/D转换器对电源电压变化的抑制比（PSRR）用改变电源电压使数据发生±1LSB变化时所对应的电源电压变化范围来表示。

8.2.1.4　ADC0809　A/D转换器

ADC0809是8位逐次逼近式A/D转换器。其内部有一个8通道多路开关，它可以根据地址码锁存译码后的信号，选通8个模拟输入信号中的一个进行A/D转换。输出端带三态数据锁存器。启动信号为脉冲启动方式，最大可调节误差为±1LSB。ADC0809需要由外部输入fclk，允许范围为500kHz～1MHz，典型值为640kHz。每个通道的转换需要66～73个时钟脉冲，100～110ms。

（1）内部结构

ADC0809是CMOS单片型逐次逼近式A/D转换器。其内部结构图如图8-4所示，该芯

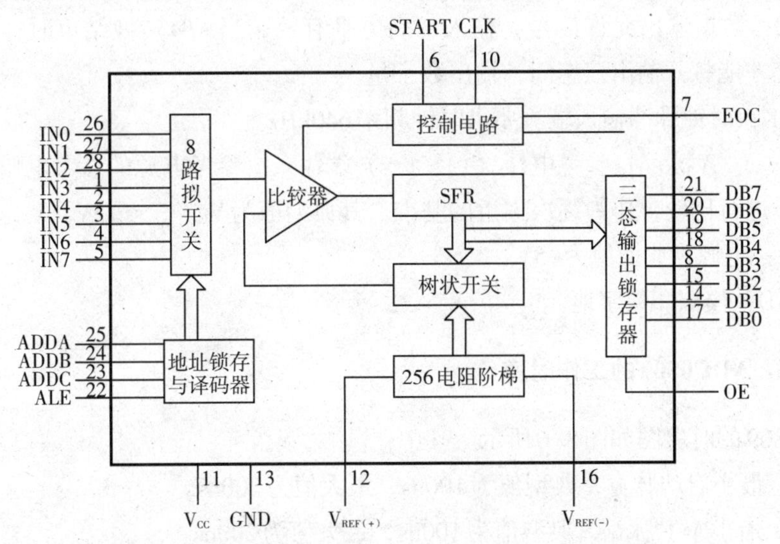

图8-4　ADC0809的内部结构图

片内部由8位模拟开关、地址锁存与译码器、比较器、256电阻阶梯、树状电子开关、逐次逼近寄存器、控制电路、三态输出锁存器等组成。各部分功能大致如下：地址锁存与译码器控制8位模拟开关，实现对8路模拟信号的选择。8个模拟输入端能接收8路模拟信号，但某一时刻只能选择其中的一路进行转换。树状开关与256电阻阶梯一起构成D/A转换电路，产生与逐次逼近寄存器（SFR）中的二进制数字量对应的反馈模拟电压，送至比较器，与输入模拟电压进行比较。比较器的输出结果和控制与时序电路的输出一起控制逐次逼近寄存器中的数据从高位至低位变化，依次确定各位的值，直至最低位被确定为止。在转换完成后，转换结果送到三态输出缓冲器。当输出允许信号OE有效时，选通输出缓冲器，输出转换结果。

（2）外部特性（引脚功能）

ADC0809芯片有28条引脚，采用双列直插式封装，如图8-5所示。下面说明各引脚的功能。

引脚	名称	名称	引脚
1	IN3	IN2	28
2	IN4	IN1	27
3	IN5	IN0	26
4	IN6	ADDA	25
5	IN7	ADDB	24
6	START	ADDC	23
7	EOC	ALE	22
8	D3	D7	21
9	OE	D6	20
10	CLK	D5	19
11	V_{CC}	D4	18
12	$V_{REF(+)}$	D0	17
13	GND	$V_{REF(-)}$	16
14	D1	D2	15

图8-5　ADC0809的引脚图

① IN0～IN7：8路输入通道的模拟量输入端口。

② D0～D7：8位数字量输出端。

③ ADDA、ADDB、ADDC：3位地址输入线。用于选通8路模拟输入中的一路。

④ ALE：地址锁存允许信号，输入，高电平有效。

⑤ START：A/D转换启动信号。START上升沿时复位ADC0809；START下降沿时启动芯片，开始进行A/D转换；在A/D转换期间，START应保持低电平。将ALE和START这两个信号连在一起，当输入一个正脉冲时便可立即启动A/D转换。

⑥ EOC：A/D转换结束信号，输出。当A/D转换结束时，此端输出一个高电平（转换期间一直为低电平）。

⑦ OE：数据输出允许信号，输入，高电平有效。当A/D转换结束时，此端输入一个高电平，才能打开输出三态门，输出数字量。

⑧ CLK：时钟脉冲输入端。要求时钟频率640kHz。

⑨ $V_{REF(+)}$、$V_{REF(-)}$：参考电压（+）、（−）端输入。参考电源的参考电压用来与输入的模拟信号进行比较，作为逐次逼近的基准。其典型值为$V_{REF(+)}$ =+5V，$V_{REF(-)}$ =−5V。

⑩ V_{CC}：电源，典型值为+5V。

⑪ GND：模拟和数字地。

8.2.1.5　ADC0809的工作时序

ADC0809的时序图如图8-6所示。其中：

① t_{WS}：最小启动脉宽，典型值为100ns，最大值为200ns。

② t_{WE}：最小ALE脉宽，典型值为100ns，最大值为200ns。

③ t_D：模拟开关延时，典型值为1μs，最大值为2.5μs。

④ t_C：转换时间，当f_{CLK} = 640kHz时，典型值为100μs，最大值为116μs。

⑤ t_{EOC}：转换结束延时，最大值为“8个时钟周期 + 2μs”。

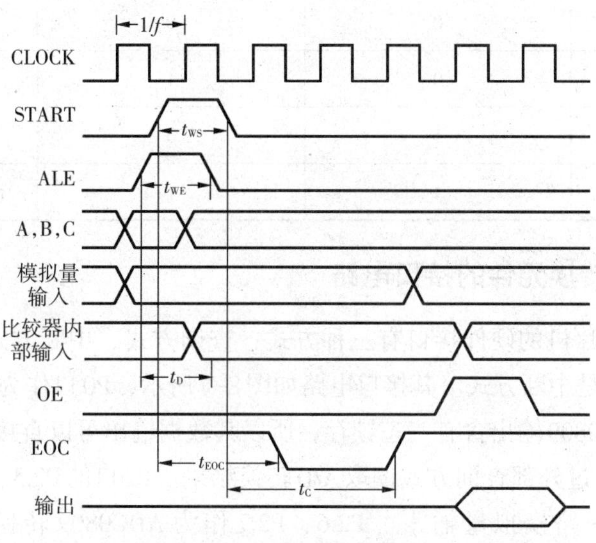

图8-6　ADC0809的工作时序

地址信号加入后，利用ALE加上一个正跳变脉冲，将端口上的地址信号锁存于内部地址寄存器中，对应的模拟电压输入就和内部变换电路接通。START为转换启动信号，当START位于上跳沿时，所有内部寄存器清零；位于下跳沿时，开始进行A/D转换；在转换期间，ST应保持低电平。因此，为了启动变换，必须在START端加上一个负跳变信号，此后启动转换。当EOC为低电平时，表示正在转换中，当EOC由低变高时，表示变换结束。OE为输出允许信号，用于控制3条输出锁存器向单片机输出转换得到的数据。OE = 1，输出转换得到数据；OE = 0，输出数据线呈高阻状态。当OE、EOC均为高电平时，即可开启三态缓冲器，从数据线读数据。芯片内有一个八选一的模拟开关，利用ADDA、ADDB、ADDC三个信号编码可选择相应的输入。

当ALE线为高电平时，地址锁存与译码器将ADDA、ADDB、ADDC三条地址线的地址信号进行锁存，经过译码后被选中的通道的模拟量经过转换器进行转换。ADDA、ADDB和ADDC为地址输入线，用于选通IN0 ~ IN7上的一路模拟量输入。通道选择表如表8-2所示。

表8-2　　ADDA、ADDB、ADDC真值表

ADDC	ADDB	ADDA	选择通道
0	0	0	IN0
0	0	1	IN1
0	1	0	IN2
0	1	1	IN3

续表 8-2

ADDC	ADDB	ADDA	选择通道
1	0	0	IN4
1	0	1	IN5
1	1	0	IN6
1	1	1	IN7

8.2.2 A/D 转换元件的接口电路

ADC0809与单片机的硬件接口有三种方式：查询方式、中断方式和等待延时方式。本小节主要讲解的是中断方式。其接口电路如图8-7所示，P0口作为ADC0809转换数据读入用，由于ADC0809输出含有三态锁存，所以其数据输出可以直接连接单片机的数据总线P0口。可以通过外部查询方式读取A/D转换结果。P2口的P2.3、P2.4、P2.5用于选通IN0~IN7中任一路模拟量输入。P2.6、P2.7作为ADC0809转换控制端口，ALE、START连接到P2.7端口。ADC0809的EOC端口通过三极管连接到P3.2，实现中断功能。当EOC为低电平时，表示正在转换中；当EOC由低变高时，表示变换结束。P2.6为ADC0809转换数据输出允许控制端口，该端口为高电平时，ADC0809转换数据从端口输出。在整个A/D转换工作过程中，由单片机发出控制指令。

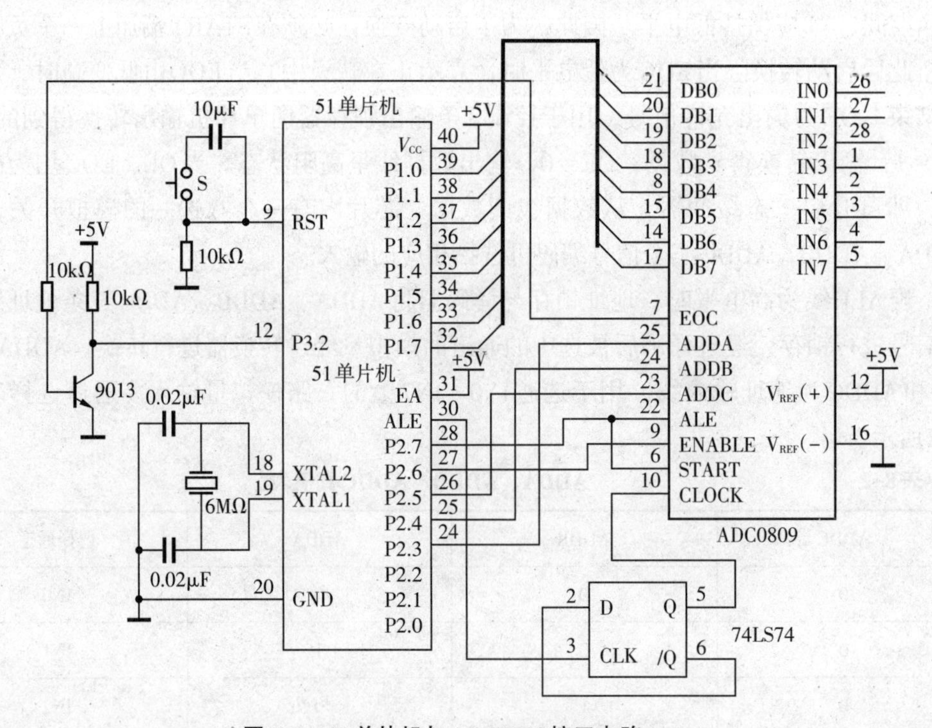

图 8-7 51单片机与ADC0809接口电路

单片机ALE端的信号通过分频器74LS74分频后给ADC0809的CLK端。CLK时钟输入信号频率的典型值为640kHz。鉴于640kHz频率的获取比较复杂，在工程实际中多采用在ALE信号的基础上分频的方法。例如，当单片机的f_{osc} = 6MHz时，ALE引脚上的频率大约为1MHz，经过2分频之后变为500kHz，使用该频率信号作为ADC0809的时钟，基本上可以满足要求。该处理方法与使用精确的640kHz时钟输入相比，仅仅是转换时间比典型的100μs略长一些（ADC0809转换需要64个CLK时钟周期）。

8.2.3　单片机A/D转换软件编程

ADC0809中断处理部分软件设计流程图如图8-8所示。

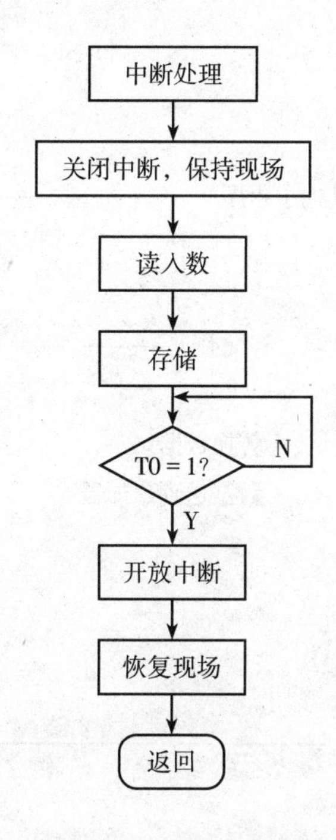

图8-8　ADC0809中断方式程序流程图

应用汇编语言编程如下：

```
        ORG     0000H
        SJMP    MAIN
        ORG     0003H
        LJMP    INT0A
        ORG     0300H
;----------------------中断设置--------------------------
MAIN:   SETB    IT0             ；外部中断触发，边沿触发
        SETB    EA              ；中断总允许
        SETB    EX0             ；外部中断0允许
;----------------------各通道循环启动--------------------
```

```
        MOV   R2, #08H          ; 设置循环次数
        MOV   R3, #80H
        MOV   R4, #80H          ; 设置延时时间
A1:     MOV   A, R3
        MOV   P2, A             ; 先启动IN0通道
        …                       ; 延时或执行其他功能程序
; ----------------------循环至其他通道----------------------
        DJNZ  R3, A2
        SJMP  A4
A2:     MOV   A, R3
        ADD   A, #08H
        MOV   R3, A
        SJMP  A1
; ----------------------处理其他子程序----------------------
A4:     …
        RET
; ----------------------保护现场，存储数据--------------------
INT0A:  PUSH  ACC
        MOV   P2, #40H          ; 转换数据
        MOV   A, P1             ; 数据送到累加器
        MOV   @R1, A
        INC   R1
        POP   ACC
        RETI
; ------------------------------------------------------
        END
```

本程序用来执行ADC0809的8路通道的A/D转换。进入中断后8个通道被轮流检测，转换后的数据被保存到R1中。

应用C51语言编程如下：

```
#include <reg51.h>
unsigned char dispbuf [3] = {0, 0, 0};
sbit ST = ″P2″ ^7;
sbit OE = ″P2″ ^6;
sbit EOC = ″P3″ ^2;
unsigned char channel = ″0x80″; //IN0
unsigned char getdata;

void main (void)
```

```
{
    EA = 1;
    EX0 = 1;
    IT0 = 1;
    P2 = channel;
    ST = 0;
    ST = 1;
    ST = 0;
}
void INTO_Interrupt () interrupt 0 using 2
{
    OE = 1;
    getdata = P1;
    OE = 0;
    dispbuf [2] = getdata/100;
    getdata = getdata%10;
    dispbuf [1] = getdata/10;
    dispbuf [0] = getdata%10;
}
```

8.2.4 压力数据采集元件接口电路

下面以压力传感器SP20C-G501的接口电路为例进行说明，其接口电路如图8-9所示。其中，输出电压U_0为1～5V，对应的压力为0～50kPa。对于SP20系列的传感器，推荐的标准驱动电流为1mA，即使用的电流为1mA左右即可。电路中采用通用运算放大器LM324，由稳压二极管VS提供2.5V的输出电压经过电阻R_2和R_3的分压得到的基准电压作为运算放大器的输入电压，并供给1mA的电流。传感器的驱动电流流经基准电阻R_4，其上的电压等于传感器的输入电压进行采样的负反馈。

R_{13}和R_{14}为失调电压的温度补偿电阻，阻值选用500kΩ～1.5MΩ；R_{12}为电压范围温度补偿电阻，阻值选用50～150kΩ。输入采用高输入阻抗的差动输入方式，再由差动放大电路进行放大，输出1～5V的电压。RP2用于调整电路输出的灵敏度，RP1用于失调电压的调整。调整时，当压力为0时，调整RP1使输出电压为1V；当压力为50kPa时，调整RP2使输出电压为5V即可。

输出端的信号通过IN0通道传入ADC0809进行A/D转换，变为数字信号后即可通过单片机读取该信号。

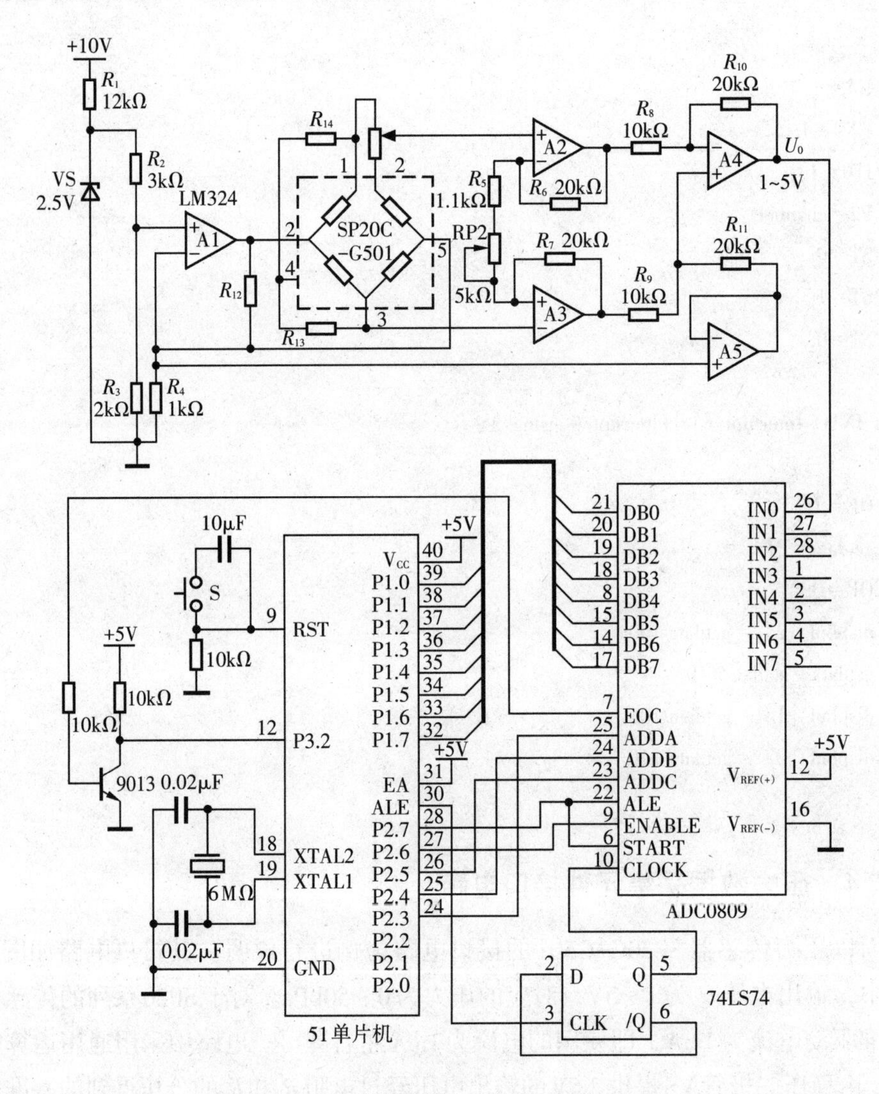

图8-9 压力传感器SP20C-G501接口电路

8.2.5 气体数据采集元件接口电路

图8-10为MQ5气体传感器接口电路。考虑到使用环境对产品设计的要求，控制电路的核心元件采用了AT89LV51低电压单片机，传感器采用MQ5气体传感器，A/D转换采用TI公司的TLC1543，LCD显示采用的是dm12232f，A/D转换和LCD都是通过串行方式与单片机相连接，声光报警器电路使用的是蜂鸣器和发光二极管进行报警。这种设计可以满足不同场合的应用，并且测试结果稳定可靠，适合精密测量。

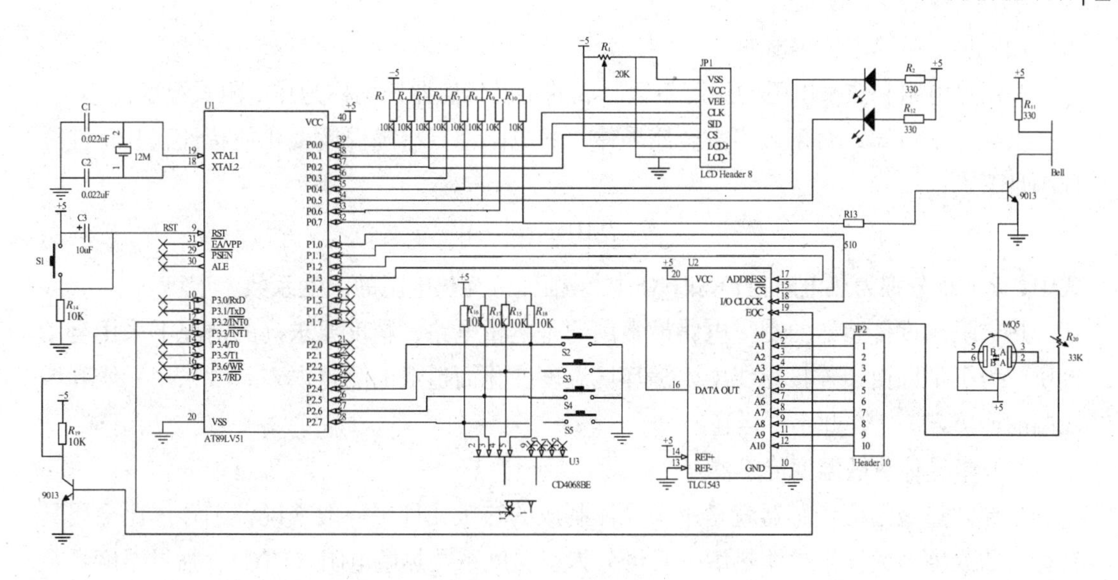

图8-10　MQ5气体传感器接口电路

8.3　温度数据采集元件设计

温度是表征物体冷热程度的物理量，是工农业生产过程中一个很重要、很常用的测量参数。温度传感器已广泛应用于温度检测。在一些重要的应用中，由于被测量的检测过程多与外界环境或系统工作环境的温度息息相关，涉及温度的控制系统应该对因温度变化引起系统不稳定的问题采取相应措施。

8.3.1　温度数据采集元件的结构和工作原理

根据温度数据采集元件与单片机接口进行分类，可将温度数据采集元件分为两类：传统分立式温度采集元件和智能数字温度采集元件。

8.3.1.1　传统分立式温度采集元件

传统的热敏电阻、热电偶及半导体温度传感器都是将温度值经过一定的接口电路转换后输出模拟电压或电流信号。利用这些电压或电流信号即可进行测量控制。如果想将这种模拟信号转换成微处理器可以处理的信号，需要利用A/D转换器将其转换为数字信号，然后由单片机进行后续处理。

（1）热电偶温度传感器

热电偶温度传感器能将温度变化量转换为热电势，其理论是建立在热电应用基础上的。

这里介绍一下热电效应。将两种不同材料的导体组成一个闭合回路，如果两个节点的温度不同，则回路中将产生一定的电流（电势），其大小与材料性质及节点温度有关，这种物理现象即为热电效应。

（2）热电阻温度传感器

利用热电阻和热敏电阻的温度系数制成的温度传感器，均称为热电阻式温度传感器。

由物理学可知，对于大多数金属导体，其电阻都具有随温度变化的特性，其特性方程满足下式：

$$R_t = R_0\left[1 + a\left(t - t_0\right)\right] \tag{8-1}$$

式中，R_t、R_0分别为热电阻在t℃和0℃时的电阻；a为热电阻的温度系数。

热电阻温度传感器的测量电路最常用的是电桥电路，精度要求高的情况下采用自动电桥，为了消除由于连接导线电阻随环境温度变化而造成的测量误差，常采用三线和四线制的连接方法，在此不再详述。

（3）半导体热敏温度传感器

半导体热敏温度传感器就是用半导体制成的热敏元件。一般来说，半导体比金属具有更大的温度系数。半导体热敏电阻可分为正温度系数热敏电阻（PTC）、临界温度系数热敏电阻（CTR）、负温度系数热敏电阻（NTC）等几类。

① PTC：主要用于彩电消磁、发热源的定温控制，也可作为限流元件使用。

② CTR：主要用作温度开关。

③ NTC：在点温、表面温度、温差、温度场等测量中得到了广泛的应用，还广泛应用于在自动控制及电子线路的热补偿中，是运用最为广泛的热敏电阻。

半导体热敏温度传感器是利用晶体管半导体材料的PN结的伏安特性与温度之间的关系研制而成的一种温度传感器。

8.3.1.2　智能数字温度采集元件

智能数字温度采集元件是将作为温度器件的感温部分及外围电路集成在同一单片机上的集成化温度传感器。与分立元式温度采集元件相比，集成温度传感器的最大优点在于小型化，使用方便，成本低廉。

美国Dallas半导体公司的数字化温度传感器DS18B20是世界上第一片支持“一线总线”接口的温度传感器。其全部传感元件及转换电路集成在形如一只三极管的集成电路内。

DS18B20具有3个引脚，采用小体积封装形式，片内ROM中有唯一的64位序列号。DS18B20温度转换结果的位数可以由软件编程确定，其进行一次温度采集至多需要大约1s的时间，能够满足常用的温度监控系统的需要。多个DS18B20可以并联，CPU只需一根端口线就能与多个DS18B20通信，占用微处理器的端口较少，可以很方便地构成单线多点温度测量系统。因此，DS18B20非常适用于远距离多点温度检测系统。

（1）DS18B20的引脚定义

数字温度传感器DS18B20有3个引脚，分别是V_{DD}、GND和DQ，如图8-11所示。

① DQ为数字信号输入/输出端。

② GND为电源地。

③ V_{DD}为外接供电电源输入端（在寄生电源接线方式时接地）。

（2）DS18B20的主要特性

① 适应电压范围更宽，为3.0～5.5V，可以通过DS18B20的电源引脚进行供电，在寄生电源方式下可由数据线供电。

② 独特的单线接口方式，DS18B20与微处理器连接时仅需要一条口线即可实现双向通信。

③ 支持多点组网功能，多个DS18B20可以并联，实现组网多点测温。

④ 温度范围为-55～+125℃，在-10～+85℃时精度为±0.5℃。

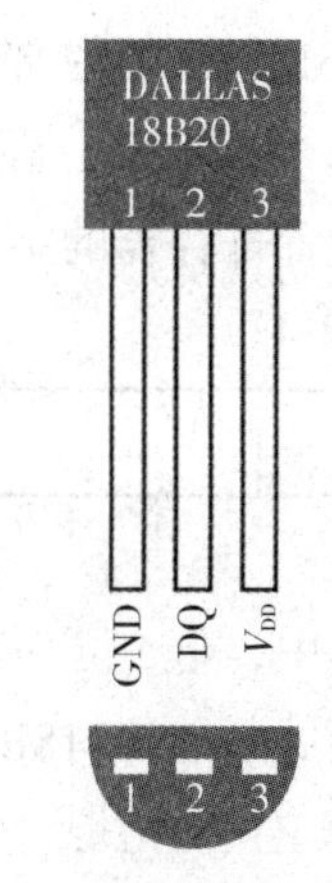

图8-11　DS18B20的引脚图

⑤ 可编程的分辨率为8～12位，对应的可分辨温度分别为0.5℃、0.25℃、0.125℃和0.0625℃，可实现高精度测温。

（3）DS18B20的内部结构

DS18B20的内部结构如图8-12所示，主要由5部分组成：64位ROM、温度传感器、非挥发的高温触发器TH和TL、配置寄存器。

64位ROM中的64位序列号是出厂前被刻录好的，它可以看作该DS18B20的地址序列码。

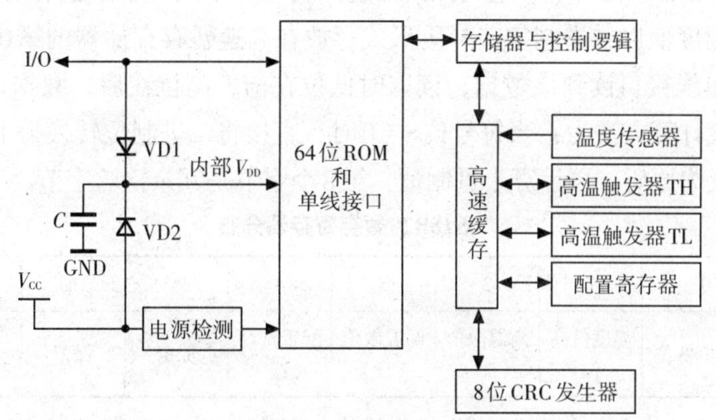

图8-12　DS18B20的内部结构

DS18B20中的温度传感器可完成对温度的测量，温度值格式表如表8-3所示。以12位转化为例：以16位有符号扩展的二进制补码读数形式提供，以0.0625℃/LSB形式表达，其中S为符号位。

表8-3　　DS18B20温度值格式表

温度值高位	Bit 15	Bit 14	Bit 13	Bit 12	Bit 11	Bit 10	Bit 9	Bit 8
	2^3	2^2	2^1	2^0	2^{-1}	2^{-2}	2^{-3}	2^{-4}
温度值低位	Bit 7	Bit 6	Bit 5	Bit 4	Bit 3	Bit 2	Bit 1	Bit 0
	S	S	S	S	S	2^6	2^5	2^4

DS18B20的内部存储器包括一个高速暂存RAM和一个非易失性的可电擦除的EEPRAM，后者存放高温、低温触发器TH、TL和配置寄存器。

配置寄存器的字节中各位的含义如表8-4所示。

表8-4　配置寄存器结构

TM	R1	R0	1	1	1	1	1

其中，低5位一直都是“1”。TM是测试模式位，用于设置DS18B20为工作模式还是测试模式。在DS18B20出厂时该位被设置为0。用户可根据需要通过对DS18B20的结构寄存器R1、R0赋予不同的值来设定测量温度的分辨率。R1、R0的值如表8-5所示（DS18B20出厂时被设置为12位）。

表8-5　温度分辨率设置表

R1	R0	结果位数	最大转换时间/ms	分辨率/℃
0	0	8	83.75	0.5
0	1	10	187.5	0.25
1	0	11	375	0.125
1	1	12	750	0.0625

高速暂存存储器由8个字节组成，其分配如表8-6所示。当温度转换命令发布后，经过转换所得的温度值以二进制字节补码形式存放在高速暂存存储器的第0和第1个字节。单片机可通过单线接口读到该数据，读取时低位在前，高位在后，数据格式如表8-3所示。对应的温度计算方法为：当符号位S = 0时，直接将二进制位转换为十进制；当S = 1时，先将补码变为原码，再计算十进制值。第8个字节是冗余检验字节。

表8-6　DS18B20暂存寄存器分布

字节地址	0	1	2	3	4	5	6	7	8
寄存器内容	温度值低位	温度值高位	高温限值（TH）	低温限值（TL）	配置寄存器	保留	保留	保留	CRC校验值

根据DS18B20的通信协议，主机（单片机）控制DS18B20完成温度转换必须经过三个步骤：每一次读写之前都要对DS18B20进行复位操作，复位成功后发送一条ROM指令，最后发送RAM指令，这样才能对DS18B20进行预定的操作。其ROM及RAM指令表分别如表8-7和表8-8所示。

表8-7　ROM指令表

指　令	约定代码	功　能
读ROM	33H	读DS18B20温度传感器ROM中的编码（即64位地址）
符合ROM	55H	发出此命令之后，接着发出64位ROM编码，访问单总线上与该编码相对应的DS18B20，使之做出响应，为下一步对该DS18B20的读写做准备

续表8-7

指　令	约定代码	功　能
搜索ROM	0FOH	用于确定挂接在同一总线上DS18B20的个数和识别64位ROM地址，为操作各器件做好准备
跳过ROM	0CCH	忽略64位ROM地址，直接向DS18B20发出温度变换命令，适用于单片工作
告警搜索命令	0ECH	执行后只有温度超过设定值上限或下限的芯片才做出响应

表8-8　　RAM指令表

指　令	约定代码	功　能
温度变换	44H	启动DS18B20进行温度转换，12位转换时最长为750ms（8位为83.75ms）。结果存入内部的8字节RAM中
读暂存器	0BEH	读内部RAM中8字节的内容
写暂存器	4EH	发出向内部RAM的3、4字节写上、下限温度数据命令，紧随该命令之后是传送两字节的数据
复制暂存器	48H	将RAM中第3、4字节的内容复制到EEPROM中
重调EEPROM	0B8H	将EEPROM中内容恢复到RAM中的第3、4字节
读供电方式	0B4H	读DS18B20的供电模式。寄生供电时DS18B20发送“0”，外接电源供电DS18B20发送“1”

在对DS18B20进行读写编程时，必须严格保证读写时序，否则将无法读取测温结果。

（4）DS18B20的工作原理

DS18B20测温原理如图8-13所示。图中低温度系数振荡器的振荡频率受温度影响很小，用于产生固定频率的脉冲信号送给计数器1。高温度系数振荡器随着温度变化，其振荡频率明显改变，所产生的信号作为计数器2的脉冲输入。计数器1和温度寄存器被预置为-55℃所对应的基数值。计数器1对低温度系数晶振产生的脉冲信号进行减法计数，当计数器1的预置值减到0时，温度寄存器的值将加1，计数器1的预置将重新被装入，计数器1重新开始对低温度系数晶振产生的脉冲信号进行计数，如此循环，直到计数器2计数到0时，停止温度寄存器值的累加，此时温度寄存器中的数值即为所测温度。图8-13中的斜率累加器用于补偿和修正测温过程中的非线性，其输出用于修正计数器1的预置值。

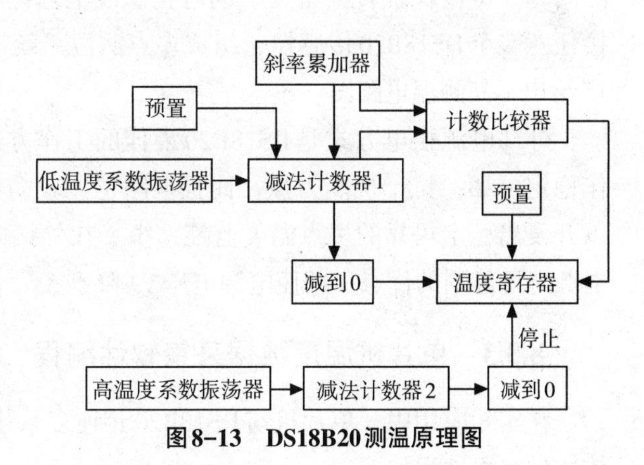

图8-13　DS18B20测温原理图

8.3.2 温度数据采集元件的接口电路

DS18B20测温系统具有测温系统简单、测温精度高、连接方便、占用口线少等优点。下面是DS18B20在不同应用方式下的测温电路图。

（1）DS18B20寄生电源供电方式电路图

如图8-14所示，在寄生电源供电方式下，DS18B20从单线信号线上汲取能量：在信号线DQ处于高电平期间把能量储存在内部电容中，在信号线处于低电平期间消耗电容上的电能工作，直到高电平到来再给寄生电源（电容）充电。

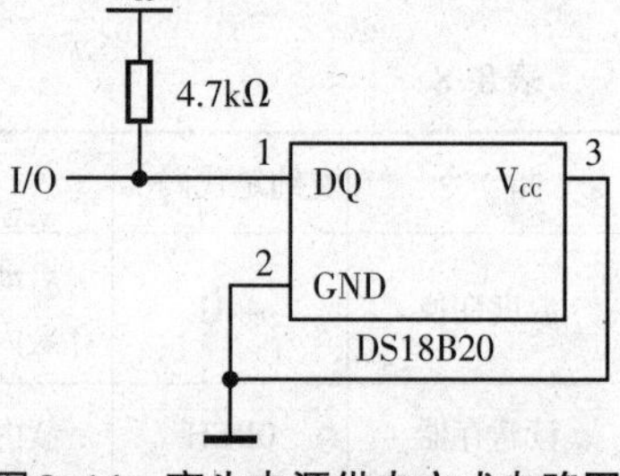

图8-14 寄生电源供电方式电路图

独特的寄生电源方式有三个好处：

① 进行远距离测温时，无需本地电源。

② 可以在没有常规电源的条件下读取ROM。

③ 电路更加简洁，仅用一根I/O线实现测温。

要想使DS18B20进行精确的温度转换，I/O线必须保证在温度转换期间提供足够的能量，由于每个DS18B20在温度转换期间工作电流达到1mA，当几个温度传感器挂在同一根I/O线上进行多点测温时，单凭4.7kΩ上拉电阻无法提供足够的能量，会造成无法转换温度或温度误差极大。因此，图8-14所示的电路只适合在单一温度传感器测温的情况下使用，并且工作电源电压V_{CC}必须保证在5V。

（2）DS18B20外部电源供电方式电路图

在外部电源供电方式下，DS18B20工作电源由V_{DD}引脚接入，此时I/O线不需要强上拉，不存在电源电流不足的问题，可以保证转换精度，同时在总线上理论可以挂接任意多个DS18B20传感器，组成多点测温系统。图8-15给出了其测温电路图。

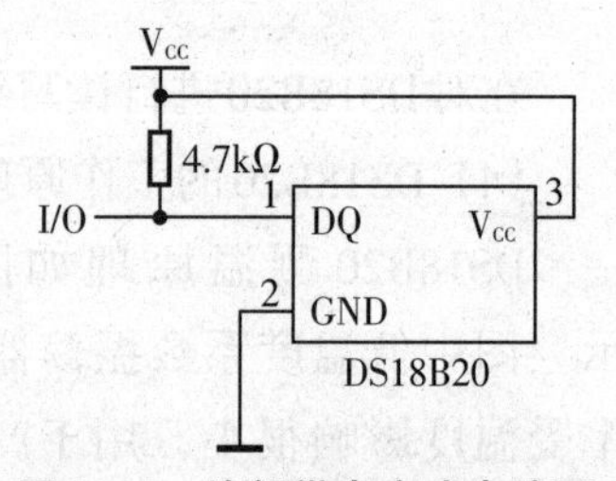

图8-15 外部供电方式电路图

外部电源供电方式是DS18B20最佳的工作方式，工作稳定可靠，抗干扰能力强，而且电路也比较简单，可以开发出稳定可靠的多点温度监控系统。在外接电源方式下，可以充分发挥DS18B20宽电源电压范围的优点，即使电源电压V_{CC}降到3V，依然能够保证温度量的精度。

8.3.3 单片机温度数据采集软件编程

在实际应用中，单片机与DS18B20相连多采用图8-16所示的电路，在实际应用中具体软件编程过程如下。

（1）复位

复位就是由单片机给DS18B20单总线至少480μs的低电平信号。当DS18B20接到此复位信号后会在15~60μs后发回一个芯片的存在脉冲。在复位电平结束之后，单片机应该将数据单总线拉高，以便于在15~60μs后接收存在脉冲（存在脉冲为一个60~240μs

的低电平信号）。至此，通信双方已经达成了基本的协议，接下来将是单片机与DS18B20间的数据通信。

（2）单片机发送ROM指令

双方“打完了招呼”之后即可进行“交流”。ROM指令共有5条，分别是读ROM数据、指定匹配芯片、跳过ROM、芯片搜索、报警芯片搜索。ROM指令为8位，功能是对片内的64位ROM进行操作。其主要目的是为了分辨一条总线上挂接的多个器件并作处理（通过每个器件上所独有的ID号来区别），一般只挂接单个DS18B20芯片时可以使用跳过ROM指令。

（3）单片机发送存储器操作指令

在ROM指令发送给DS18B20之后即可发送存储器操作指令。该操作指令同样为8位，共6条，分别是写RAM数据、读RAM数据、将RAM数据复制到EEPROM、温度转换、将EEPROM中的报警值复制到RAM、工作方式切换。存储器操作指令的功能是控制DS18B20做什么样的工作，是芯片控制的关键。

（4）执行或数据读写

一个存储器操作指令结束后将进行指令执行或数据的读写，这个操作要视存储器操作指令而定。如果执行温度转换指令，则单片机必须等待DS18B20执行其指令，一般转换时间为500μs，若要读出当前的温度数据，需要执行两次工作周期，第一个周期包含复位、跳过ROM指令、执行温度转换存储器操作指令、等待500μs的温度转换时间等工作，紧接着执行的第二个周期包含复位、跳过ROM指令、执行读RAM的存储器操作指令、读数据（最多为8个字节，中途可停止，如果只读简单温度值，则读前2个字节即可）等工作。

具体的程序流程图如图8-16所示。在得到总线上DS18B20的序列号之后，单片机就可以控制总线上的DS18B20进行温度转换，并通过单总线读取总线上DS18B20的温度值。单片机对DS18B20的操作分为三步。第一步是初始化总线上的DS18B20，首先向总线上的DS18B20发出复位脉冲，这通过将数据线拉低并至少延时480μs来实现，随即单片机等待总线上DS18B20发回的存在脉冲，DS18B20则从检测复位脉冲的上升沿开始等待15μs后，通过将单总线拉低并至少延时601μs实现存在脉冲的发送。第二步是进行温度转换，首先发送跳过ROM命令（0CCH），对所有在线的DS18B20进行温度转换，然后发送温度转换命令（44H）并等待一定时间，直到总线上DS18B20温度转换结束。第三步是读取总线上DS18B20的温度值，首先向总线上发送跳过ROM命令（0CCH），然后向总线上发送读暂存存储器命令（BEH），DS18B20将其暂存器内的温度值发送到总线上，单片机可以按位读取，完成这个DS18B20的温度采集。

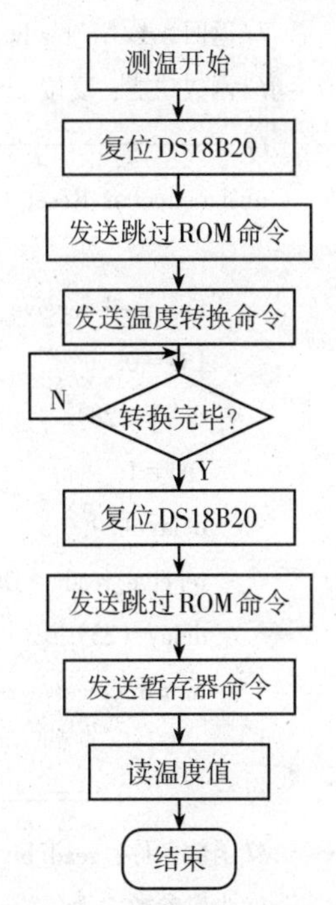

图8-16　测温程序流程图

此过程采用C51语言编程如下：

```
//--------------------函数声明，变量定义-----------------------------------
#include <reg51.h>
sbit DQ = P1^0;                  //将P1.0口模拟时钟输出
#define jump_ROM 0xCC            //跳过ROM命令
#define start0x44                //启动转换命令
#define read_EEROM 0XBE          //读取存储器命令
unsigned char TMPH, TMPL;        //温度值
//------------------------------------------------------------------
//函数名称：delay
//入口参数：N
//函数功能：延时子程序。实现（16N+24）μs的延时
//系统采用11.0582MHz的时钟时，延时满足要求，其他情况需要改动
//------------------------------------------------------------------
void delay（unsigned int N）
{
   int i;
   for（i = 0; i<N; i++);
}
//------------------------------------------------------------------
//函数名称：Reset
//入口参数：无
//返回 receive_ready
//函数功能：复位
//------------------------------------------------------------------
unsigned char Reset（void）
{
    unsigned receive_ready;
    DQ = 0;                      //拉低DQ线
    delay（28）;                 //延时至少480～860μs
    DQ = 1;                          //将DQ线设置为逻辑高
    delay（3）;                  //延时等待receive_ready响应
    receive_ready = DQ;          //采样receive_ready信号
    delay（25）;                 //等待结束信号
    return（receive_ready）;     //有receive_ready信号返回0，否则返回1
}
//------------------------------------------------------------------
//函数名称：read_bit
//入口参数：无
```

```
//返回接收数据
//函数功能：读一位子程序
//------------------------------------------------------------
unsigned char read_bit (void)
{
    unsigned char i;
    DQ = 0;                     //拉低DQ线
    DQ = 1;                     //升高DQ线
    for (i = 0; i<3; i++);   //延时至时序开始15μs
    return (DQ);                //返回DQ值
}
//------------------------------------------------------------
//函数名称：write_bit
//入口参数：bitval
//函数功能：写一位子程序
//------------------------------------------------------------
void write_bit (unsigned char bitval)
{
    DQ = 0;                     //拉低DQ线
    if (bitval = = 1)
    DQ = 1;                     //如果写逻辑为高
    delay (5);                  //延时
    DQ = 1;                     //升高DQ线
}
//------------------------------------------------------------
//函数名称：write_byte
//入口参数：val
//函数功能：写一个字节子程序
//------------------------------------------------------------
void write_byte (unsigned char val)
{
    unsigned char i, temp;
    for (i = 0; i<8; i++)
    {
        temp = val>>i;
        temp = temp&0x01;
        write_bit (temp);
        delay (5);
    }
```

```
}
//------------------------------------------------------------
//函数名称：read_byte
//返回接收数据 value
//函数功能：读一个字节子程序
//------------------------------------------------------------
unsigned char read_byte (void)
{
    unsigned char i, m = 1, receive_data = 0;           //初始化
    for (i = 0; i<8; i++)
    {
        if (read_bit ( ) )
        {
            receive_data = receive_data+ (m<<i);
        }                                               //每读一位数据，左移一位
        delay (6);                                      //延时至时序结束
    }
    return (receive_data);                   //返回value
}
//------------------------------------------------------------
//函数名称：main
//函数功能：主函数
//------------------------------------------------------------
void main ()
    {
        Reset ();
        write_byte (jump_ROM);                          //发送跳过ROM命令
        write_byte (start);                             //发送启动转换命令
        Reset();
        write_byte (jump_ROM);                          //发送跳过ROM命令
        write_byte (read_EEROM);
        TMPL = read_byte ();                            //读取低8位温度值
        TMPH = read_byte ();                            //读取高8位温度值
    }
```

本章小结

随着人类社会的发展，对信息的需求越来越强烈，对客观信息的获取就必不可少。

单片机以其自身的特点在应用系统实现数据信息采集中占有重要位置。

为了获取应用系统信息，需要有敏感元件来反映各种信号并对其进行处理，且将其转换为单片机需要的数字信号。

本章首先从概念、组成、基本特性的角度讨论了传感器的相关技术，介绍了模拟信号到数字信号的转换原理及接口电路设计和编程设计方法，并以温度信号的数据采集为例介绍了相应的电路原理和程序实现的设计过程。

习题与思考

1. 什么是传感器？传感器主要由哪几部分组成？各部分的作用是什么？

2. 简述传感器的动态特性和静态特性。

3. 电容式压力传感器的工作原理是什么？按照电容变化的不同形式，电容式传感器又分为哪几类？每一类有什么特点？各适用于什么情况？

4. 简述热电偶测温原理。

5. A/D转换器分为哪几类？

6. 逐次逼近式A/D转换器的原理是什么？

7. 根据ADC0809的内部结构简述ADC0809的工作原理。

8. 简述温度采集元件的分类。

9. 简述DS18B20采用寄生电源供电方式与外部电源供电方式的区别及优缺点。

10. 设计51单片机和ADC0809的接口，采集IN2通道的10个数据，存入内部RAM的50H～59H单元，编写延时方式、查询方式、中断方式中的一种程序。

11. 利用数字温度传感器芯片DS18B20设计三路温度巡回检测电路，画出与单片机的硬件接口电路。

12. 利用ADC0809与单片机的接口电路图，编写由ADC0809的通道6连续采集20个数放在数组中的程序。

13. 用51单片机内部定时器来控制对ADC0809的1个通道信号进行数据采集和处理。每分钟对0通道采集一次，连续采集5次。若平均值超过80H，则由P1口的P1.0输出控制信号1，否则就使P1.0输出0。

14. 从ADC0809的IN0通道输入模拟量，转换成数字量后存入40H地址单元中。要求：

（1）用51单片机的$\overline{\text{INT1}}$接收ADC0809转换结束信号。在$\overline{\text{INT1}}$中断处理程序中，将转换后的数字量存入40H地址单元中。

（2）画出51单片机与ADC0809的硬件连接图。

（3）编写主程序与中断处理程序。

第9章 51单片机串行通信

一个以单片机为核心的控制系统经常需要与其他单片机构成的系统进行通信。以前需要为单片机另外扩展一些芯片实现的功能，现在只需增加一定数量的单片机即可实现，而不必采用专用芯片。单片机价格逐渐下降之后，原来许多复杂电路实现的功能，现在都可以通过由单片机构成的系统来实现。采用多单片机的系统有更好的性价比。在一个用多单片机实现的系统中，这些单片机之间如何进行通信，以更好地发挥系统的整体功能就显得更为重要。在一个多单片机系统中，一般都采用串行通信来实现系统的通信功能。随着计算机的功能日益强大，许多系统已经将计算机作为整体控制的核心设备，即上位机。这就涉及计算机与单片机的联合工作。在计算机与单片机共存的系统中，计算机与单片机如何更好地协调工作也是系统稳定运行的关键问题。一般采取创新通信方式来实现计算机与单片机的协调工作，以充分发挥计算机的计算能力和存储优势，以及良好的人机交互功能。以单片机为核心的设备从现场采集数据上传至计算机，计算机发出控制指令，并将分析处理结果发回至以单片机为核心设备的下位机。

9.1 单片机串行通信设计

单片机串行通信用于双机冗余控制单片机与单片机之间交换信息。51单片机本身具有串行接口，为单片机之间的通信提供了极为便利的条件。

单片机串行通信有异步通信和同步通信两种基本通信方式。串行通信按照传输方向又分为单工、半双工和全双工通信。单片机串行口输出的是TTL电平，要想实现串行通信，常将其转换成常用的串行通信总线标准接口电平。

常用的串行通信有两种：RS-232串行通信和RS-485串行通信。其中，RS-232适于短距离或带调制解调器的通信场合，其逻辑电平与TTL、MOS逻辑电平完全不同，需要用MAX232驱动芯片进行电平转换。其主要缺点是数据传输速率慢、传送距离短（不超过30m）、抗干扰能力差。RS-485标准接口为差分驱动结构，它通过传输线驱动器把逻辑电平变换为电位差，完成信号的传递，具有传输速率快、传送距离长（可传1200m）、抗干扰能力强等优点，允许一对双绞线上一个发送器驱动多个负载设备。

9.1.1 常用接口芯片结构和工作原理

单片机串行通信常采用MAX232芯片和MAX485芯片。

（1）MAX232芯片

MAX232芯片是MAXIM公司生产的具有两路接收器和驱动器的IC芯片，适用于各种EIA-232C和V.28/V.24的通信接口，其引脚图如图9-1所示。

引脚	名称	名称	引脚
1	C1+	V_{CC}	16
2	VS+	GND	15
3	C1−	$T1_{OUT}$	14
4	C2+	$R1_{IN}$	13
5	C2−	$R1_{OUT}$	12
6	VS−	$T1_{IN}$	11
7	$T2_{OUT}$	$T2_{IN}$	10
8	$R2_{IN}$	$R2_{OUT}$	9

图9-1 MAX232的引脚图

MAX232芯片内部有一个电源电压变换器，可以把输入的+5V电源电压变换成RS-232C输出电平所需的±10V电压。所以，采用此芯片接口的串行通信系统只需+5V的电源即可，且硬件接口简单，所以被广泛使用。MAX232芯片的典型工作电路如图9-2所示。

图9-2中的上部分（电容*C*1、*C*2、*C*3、*C*4及*V*+、*V*−）是电源变换电路部分。在实际应用中器件对电源噪声很敏感。因此，V_{CC}必须加上去耦电容*C*5，其值为0.1mF，电容*C*1、*C*2、*C*3、*C*4取同等数值的电解电容0.1mF，用以提高抗干扰能力，在连接时必须尽量靠近器件。

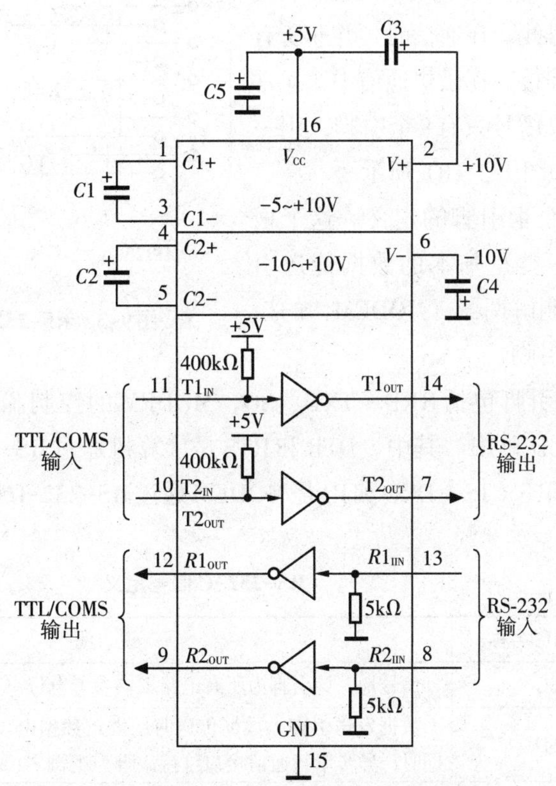

图9-2 MAX232芯片的典型工作电路

图9-2的下半部分为发送和接收部分。实际应用中，$T1_{IN}$、$T2_{IN}$可直接接TTL/CMOS电平的单片机的串行口发送端TXD，$R1_{OUT}$、$R2_{OUT}$可直接接TTL/COM电平的单片机串行口

的接收端RXD，$T1_{OUT}$、$T2_{OUT}$可直接接计算机的RS-232串口的接收端RXD，$R1_{IN}$、$R2_{IN}$可直接接计算机的RS-232串口的发送端。

MAX232芯片包括两个将TTL输入转换成RS-232输出的驱动器，还包含两个接收RS-232输入并将其转换成CMOS兼容的输出的接收器，这些驱动器和接收器还将这些信号反向。MAX232芯片内部有一个电源电压变换器，可以把5V电压变换成RS-232C输出电平所需的±10V电压。所以，采用此芯片接口的串行通信系统只需单一的+5V电源即可。该芯片将RS-232接口的负逻辑电平转换成TTL电平，解决了RS-232电平与TTL电平不兼容的问题。

（2）RS-232-C标准

RS-232-C是一种串行通信总线标准，是数据终端设备（DTE）和数据通信设备（DCE）之间的接口标准。一个完整的RS-232-C接口有22根线，采用一种标准的“D”形保护壳的25针插头座，如图9-3（a）所示。这22根有效信号线又可分为两组：一个主信道组（标有“#”）和一个辅助信道组。大多数微机通信系统仅使用主信道组的信号线。在通信时，并非所有主信道组的信号都要连接。在微机通信中，通常使用的RS-232-C接口信号只有9个引脚，用一个九芯连接器连接，如图9-3（b）所示。

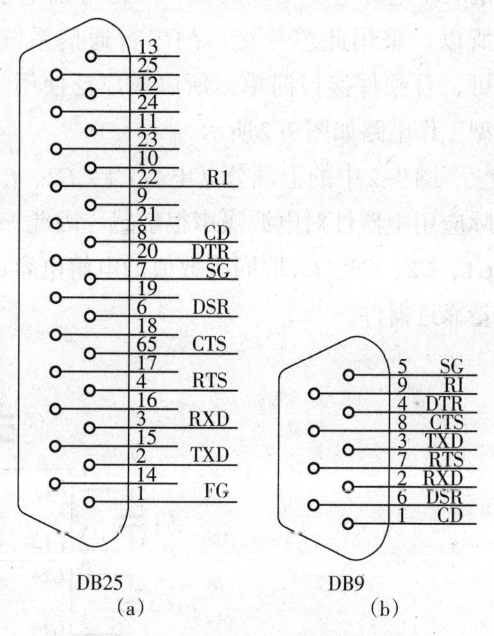

图9-3　RS-232-C接口连接器

表9-1给出了这个根引脚的定义。这个根引脚可分为两类：一类是基本的数据传送引脚，另一类是用于调制解调器（MODEM）的控制和反映它的状态的引脚。

基本的数据传送引脚包括RXD、TXD、SG，MODEM的控制和引脚状态包括DTR、RTS、DSR、CTS、DCD和RI。其中，DTR和RTS是计算机通过RS-232-C接口送给MODEM的控制引脚，DSR、CTS、DCD和RI是MODEM通过RS-232-C接口送给计算机的状态信息引脚。

表9-1　　RS-232-C信号定义

旧制JIS名称	新制JIS名称	说　明
FG	SG	信号地，该引脚为所有电路提供参考电位
TXD	SD	数据发送引脚，数据传送时，发送数据由该引脚发出，在不传送数据时，异步串行通信接口维持该脚为逻辑“1”
RXD	RD	数据接收引脚。来自通信线路的数据由引脚进入接收设备
RTS	RS	MODEM向计算机请求发送数据
CTS	CS	回应对方发送的RTS的发送许可，告知对方可以发送

续表 9-1

旧制JIS名称	新制JIS名称	说　明
DSR	DR	告知本机处在"待命"状态
DTR	ER	告知数据终端处于"待命"状态
CD	CD	载波检出，用于确定是否收到MODEM的载波
RI	RI	振铃信号指示引脚，用于通知计算机有来自电话网的信号

RS-232-C接口的电气规范见表9-2，从表9-2中可以看出，RS-232-C采用负逻辑，其中，逻辑"1"为-15～－5V，逻辑"0"为+5～+15V。

表 9-2　　RS-232-C接口的电气规范

项　目	电气特性
带3~7kΩ负载时驱动器的输出特性	逻辑1表示-5～-15V；逻辑0表示+5～+15V
不带负载时驱动器的输出特性	-25～+25V
驱动器通断时的输出阻抗	大于300Ω
输出短路电流	大于0.5A
驱动器转换速率	小于30V/ms
接收器输入阻抗	3～7kΩ
接收器输入电压的允许范围	-25～+25V
输入开路时接收器的输出	逻辑"1"
输入经过300Ω的电阻接地时接收器的输出	逻辑"1"
+3V输入时接收器的输出	逻辑"0"
-3V输入时接收器的输出	逻辑"1"
最大负载电容	2500pF

（3）MAX485芯片

Maxim公司提供了一系列的电平转换芯片。其中不仅有TTL电平到RS-232电平的转换芯片，还有RS-485和TTL电平之间的转换芯片MAX485。MAX485芯片的封装如图9-4所示。

MAX485的内部结构图如图9-5所示。

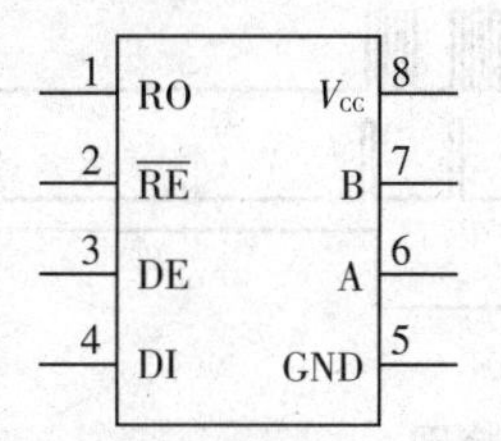

图9-4　MAX485芯片的引脚图

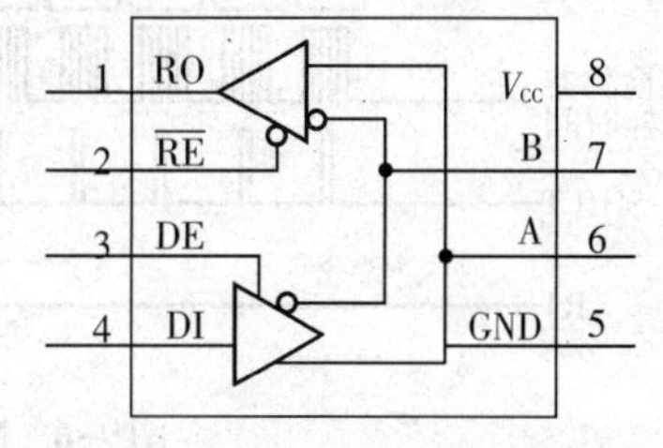

图9-5　MAX485的内部结构图

MAX485芯片引脚说明：

① RO：接收其输出端。若A比B大200mA，RO为高；若A比B小200mA，RO为低。

② $\overline{RE}$：接收器输出使能端。$\overline{RE}$为低时，RO有效；$\overline{RE}$为高时，RO为高阻状态。

③ DI：驱动器输入端。若DI为低，输出A为低，输出B为高；若DI为高，输出A为高，B为低。

④ DE：驱动器输入使能端。若DE为高，驱动器输出A和B有效；若DE为低，它们为高阻状态。当驱动器有效时器件作为线驱动器使用，若为高阻状态时器件作为线接收器使用。

⑤ B：反相接收器输入和反相驱动器输出。

⑥ A：同相接收器输入和同相驱动器输出。

⑦ V_{CC}：电源正极（4.75～5.25V）。

⑧ GND：接地。

MAX485的收发状态时序图如图9-6所示。

MAX485芯片采用单电源+5V工作，额定电流为300μA，半双工通信方式，用于将TTL电平转换成RS-485电平。该芯片具有8条引脚，内部含有1个驱动器和接收器。其中，RO、DI分别为接收器的输出端和驱动器的输入端，二者分别接单片机的TXD和RXD端。$\overline{RE}$和DE分别为接收和发送使能端，当$\overline{RE}$ =0时，MAX485处于接收状态；当DE=1时，MAX485处于发送状态。因为MAX485工作在半双工状态，所以它与单片机连接时接线非常简单，只需用单片机的一个引脚控制这两个引脚即可。A端和B端分别为接收和发送的差分信号端，当V_A大于V_B时，表示发送数据为“1”；当V_A小于V_B时，表示发送数据为“0”。工作时A、B两端之间应加匹配电阻，一般可选100～120Ω的电阻。

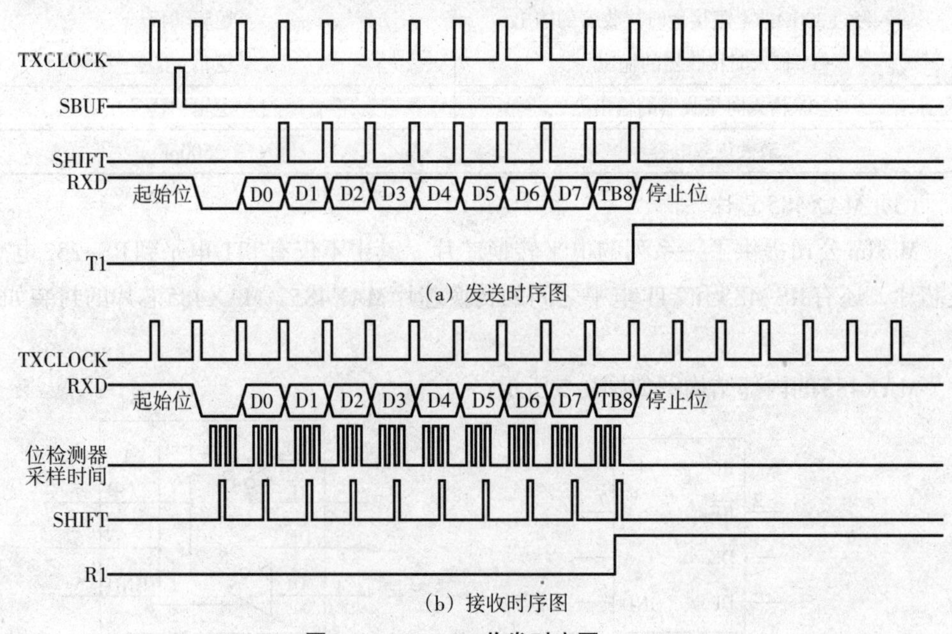

图9-6　MAX485收发时序图

在驱动器端，一个TTL逻辑高电平输入使得导线A比导线B的电压高，而一个TTL逻辑低电平使得导线B比导线A的电压高。在接收器端，如果输入A比输入B高，TTL输出为逻辑高电平；如果输入B比输入A高，TTL输出则为低电平。以接收器的接地线为参考电平，每个输入必须处在－7～+12V的范围之内，最大的差动输入（$V_A - V_B$）必须不大于±6V。

通常情况下，发送驱动器A、B之间的正电平在+200mV～+6V，是一个逻辑状态；负电平在-6V～-200mV，是另一个逻辑状态。另有一个信号地C，在RS-485中还有一个使能端，使能端是用于控制发送驱动器与传输线的切断与连接。当使能端起作用时，发送驱动器处于高阻状态，称作"第三态"，即它是有别于逻辑"1"与"0"的第三态。接收器也作出与发送端相应的规定，收、发端通过平衡双绞线将AA与BB对应相连，当在接收端AB之间有大于+200mV的电平时，输出正逻辑电平，小于-200mV时，输出负逻辑电平。接收器接收平衡线上的电平范围通常在200mV～6V之间。

由于RS-485通信是一种半双工通信，发送和接收共用同一物理信道，在任意时刻只允许一片单片机处于发送状态，因此，要求应答的单片机必须在侦听到总线上呼叫信号已经发送完毕，并且没有其他单片机发出应答信号的情况下，才能应答。半双工通信对主机和从机的发送和接收时序有严格的要求。如果在时序上配合不好，就会发生总线冲突，使整个系统的通信瘫痪，无法正常工作。

要做到总线上的设备在时序上的严格配合，必须要遵从以下几项原则：

① 复位时，主、从机都应该处于接收状态。芯片的发送和接收功能转换是由芯片的$\overline{RE}$、DE端控制的。$\overline{RE}$=1，DE=1时，芯片处于发送状态；$\overline{RE}$=0，DE=0时，芯片处于接收状态。一般使用单片机的一根口线连接$\overline{RE}$、DE端。在上电复位时，由于硬件电路稳定需要一定的时间，并且单片机各端口复位后处于高电平状态，这样就会使总线上各个分机处于发送状态，加上上电时各电路的不稳定，可能向总线发送信息。因此，如果用一根口线作为发送和接收控制信号，应该将口线反向后接入芯片的控制端，使上电时芯片处于接收状态。另外，在主、从机软件上也应附加若干处理措施。例如，上电时或正式通信之前，对串行口做几次空操作，清除端口的非法数据和命令。

② 控制端$\overline{RE}$、DE信号的有效脉宽应该大于发送或接收一帧信号的宽度。在RS-232、RS-422等全双工通信过程中，发送和接收信号分别在不同的物理链路上传输，发送端始终为发送端，接收端始终为接收端，不存在发送、接收控制信号切换问题。在RS-485半双工通信中，由于芯片的发送和接收都由同一器件完成，并且发送和接收使用同一物理链路，因此必须对控制信号进行切换。控制信号何时为高电平、何时为低电平，一般以单片机的TI、RI信号作为参考。发送时，检测TI是否已经建立了，当TI为高电平后关闭发送功能，转为接收功能；接收时，检测RI是否已经建立了，当RI为高电平后接收完毕，又可以转为发送。

③ 总线上所连接的各单片机的发送控制信号在时序上完全隔开。为了保证发送和接收信号的完整和正确，避免总线上信号的碰撞，对总线的使用权必须进行分配才能避免竞争，连接到总线上的单片机，其发送控制信号在时间上要完全隔离。总之，发送和接收控制信号应该足够宽，以保证完整地接收一帧数据，任意两个单片机的发送控制信号在时间上完全分开，避免总线争端。

（4）RS-485接口标准

RS-485是一种基于差分信号传送的串行通信链路层协议。它解决了RS-232协议传输距离太近（15m）的缺陷，是工业上广泛采用的较长距离数据通信链路层协议。由于它使用一对双绞线传送差分信号，属于半双工通信，所以需要进行接收和发送状态的转换。RS-485用平衡差动的方式传输数据，抗干扰性强、速率高、传输距离远，能够实现多点传输，它允许同时连接32个驱动器和32个接收器，方便地组成一个小型的网络，在测试领域应用很广泛。RS-485是一个电气接口规范，它规定了平衡驱动器和接收器的电气特性，而没有规定接插件传输电缆和通信协议。

RS-485支持半双工或全双工模式网络拓扑，一般采用终端匹配的总线型结构，不支持环形或星形网络。最好采用一条总线将各个节点串联起来，从总线到每个节点的引出线长度应尽量短，以便使引出线中的反射信号对总线信号的影响最低。

RS-485最小型由两条信号电路线组成，每条连接电路必须有接地参考点，电缆能接收32个发送/接收器对。为了避免地电流，每个设备一定要接地。电缆应包括连至每个设备电缆地的第3信号参考线。

RS-485接口采用差分方式传输信号，并不需要相对于某个参照点来检测信号系统，只需要检测两线之间的点位差即可。但应该注意的是，收发器只有在共模电压不超过一定范围（-7～12V）的条件下才能正常工作。当共模电压超出此范围时，就会影响通信的可靠性，甚至损坏接口。RS-485的电气特性如表9-3所示。

表9-3　　RS-485的电气特性

项　目	条　件	最小值	最大值
驱动器开路输出电压	逻辑“1”	1.5V	6V
	逻辑“0”	－1.5V	－6V
驱动器带载输出电压	$R_L=100\Omega$，逻辑“1”	1.5V	5V
	$R_L=100\Omega$，逻辑“0”	－1.5V	－5V
驱动器输出短路电流	每个输出对公共端		±250mA
驱动器输出上升时间	$R_L=54\Omega$，C=50pF		总周期的30%
驱动器共模电压	$R_L=54\Omega$		±3V
接收器灵敏度	$-7V<V_{CM}<12V$		±200MV
接收器共模电压范围		－7V	±12V
接收器输入电阻		12kΩ	

在总线负载及阻抗匹配符合技术要求的前提下，RS-485标准所能达到的理论最高传送速率为10Mbit/s，但是，在该速率下的有效传输距离只有10m。RS-485自行的优先传输距离与数据传输率有关。

9.1.2 单片机串行通信电路设计

9.1.2.1　点对点通信

（1）通信接口

51单片机一般采用RS-232C标准进行点对点的通信连接。如果采用单片机自身的TTL电平直接传输信息，其传输距离较近，一般不超过1.5m，因此常采用MAX232芯片进行电平转换。硬件电路图如图9-7所示。

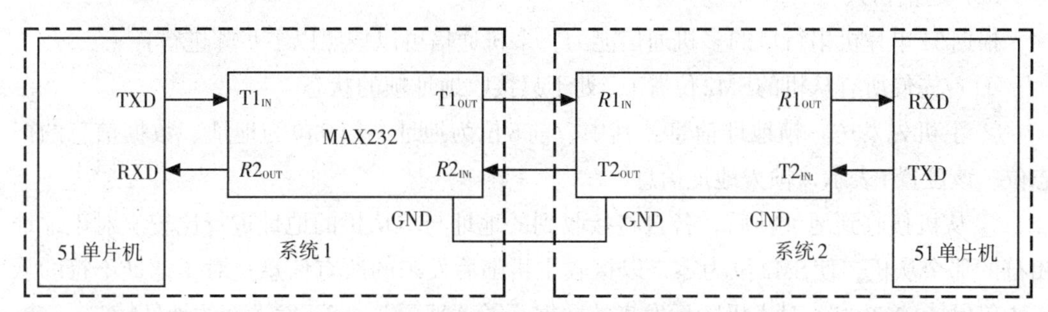

图9-7　单片机串行通信电路

（2）通信双方的约定

按照图9-7的接口电路，假设A机（系统1）发送信息，B机（系统2）接收信息。当A机开始发送时，先发送一个AA信号，B机收到后，回答一个BB信号表示同意接收。当A机收到BB信号后，开始发送数据，每发送一次便计算一次校验和。B机接收数据并将其转存到数据存储区buf，每接收到一个数据便计算一次校验和，当收齐一个数据块后，再接收A机发来的校验和，并将该校验和与B机求出的校验和进行比较。若两者相等，则说明接收正确，B机回答00H；若两者不等，则说明接收不正确，B机回答0FFH，请求重新发送。A机接收到00H的回答后，便结束发送，若收到的答复非零，则将数据重新发送一次。双发约定的传输波特率若为1200，则在双方的晶振为11.0592MHz时，T1工作在定时器方式2，TH1 = TL1 = 0E8H，PCON寄存器的SMOD位为0。

9.1.2.2　多机通信

（1）通信接口

图9-8所示是在单片机多机系统中常采用的总线型主从式多机系统。所谓主从式，即在数个单片机中，有一个是主机，其余的为从机，从机要服从主机的调度、支配。51单片机的串行口方式2、方式3很适合这种主从式的通信结构。当然，在采用不同的通信标准通信时，还需要进行相应的电平转换，也可以对传输信号进行光电隔离。在多机系统中，通常采用RS-422或RS-485串行标准总线进行数据传输。

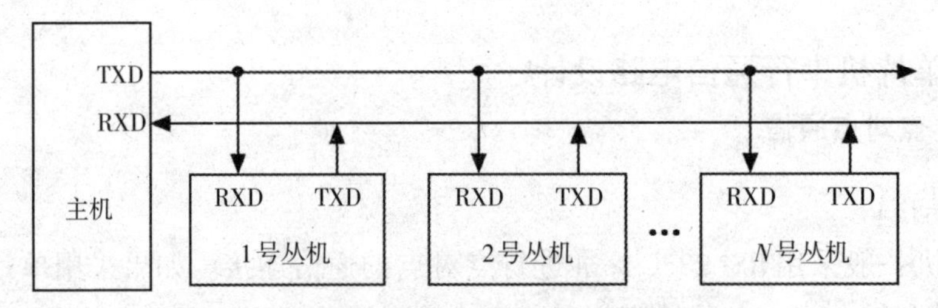

图9-8 总线型主从式多机系统

（2）通信协议

根据51单片机串行口的多机通信能力，多机通信可以按照以下步骤进行：

① 首先使所有从机的SM2位置1，处于只接收地址帧的状态。

② 主机先发送一帧地址信息。其中，前8位为地址，第9位为地址、数据信息的标志位。该位置1表示该帧为地址信息。

③ 从机接收到地址帧后，各自将接收到的地址与本从机的地址进行比较。对于地址相符的那个从机，使SM2位为零，以接收主机随后发来的所有信息；对于地址不符的从机，仍保持SM2 = 1，对主机随后发来的数据不予“理睬”，直至发送新的地址帧。

④ 当从机发送数据结束后，发送一帧校验和，并置第9位（TB8）为1，作为从机数据传送结束标志。

⑤ 主机接收数据时先判断数据结束标志（RB8）。若RB8 = 1，则表示数据传送结束，并比较此帧的校验和。若校验和正确，则回送正确信号00H。此信号令从机复位（即重新等待地址帧）。若校验和出错，则发送0FFH，令该从机重新发送数据。若接收帧的RB8 = 0，则将原数据送到缓冲区，并准备接收下帧信息。

⑥ 若主机向从机发送数据，则从机在第3步中比较地址相符后，从机令SM2 = 0；同时把本站地址发回主机，主机应答之后从机才能收到主机发送来的数据，其他从机继续监听地址（SM2 = 1），无法收到数据。

⑦ 主机收到从机的应答地址后，确认地址是否相符。如果地址不符，则发送复位信号（数据帧中TB8 = 1）；如果地址相符，则清TB8，开始发送数据。

⑧ 从机收到复位命令后监听地址状态（SM2 = 1），否则开始接收数据和命令。

9.1.3 单片机串行通信软件编程

（1）点对点通信程序设计

在点对点通信过程中，通信双方基本“平等”，只是人为地规定一个为发送方，一个为接收方。要求两机串口的波特率相同，因而发送和接收的初始化方法相同。可编写含有初始化函数、发送函数、接收函数的程序，在主函数中根据程序的发送、接收设置TR，采用条件判别决定使用发送函数还是接收函数。这样，点对点通信的双方都可以运行此程序，只需在程序运行之前设置TR（分别为0和1），然后分别编程，在两机上分别装入，同时运行即可。按照上述约定，发送和接收程序的流程图如图9-9所示。

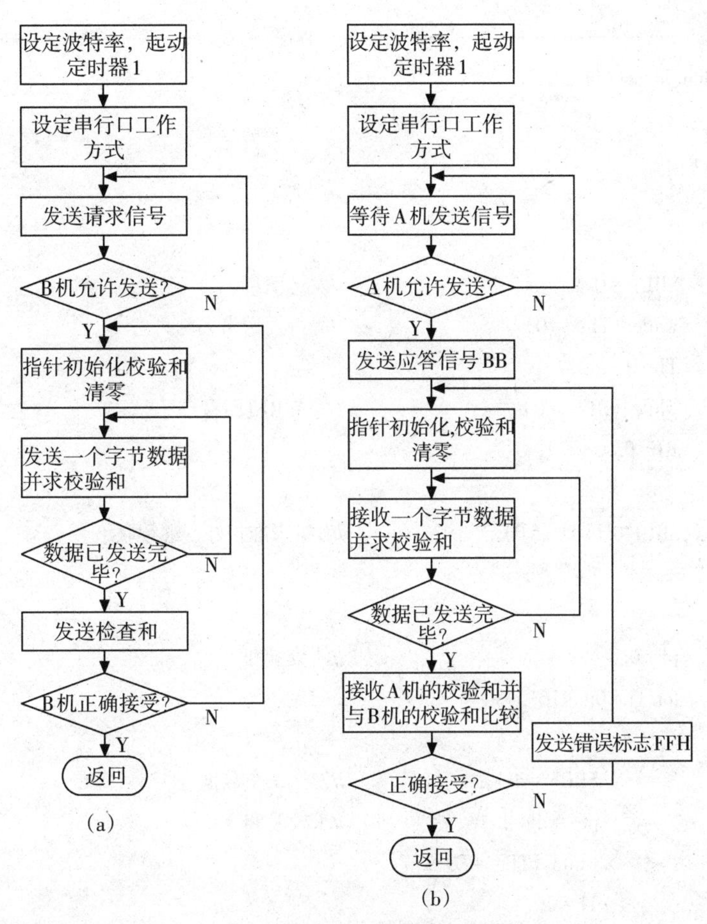

图9–9　点对点通信流程图

点对点通信程序采用C51语言编程如下：

```
#include <reg51.h>
#define uchar unsigned char
#define TR 1
char idata buf [10];
uchar pf;
//--------------------------------串口通信初始化------------------------------------
void init (void)
{
        TMOD = 0x20;                    //设置T/C1为定时方式2
        TH1 = 0xe8;                     //设定波特率
        TL1 = 0xe8;
        PCON = 0x00;
        TR1 = 1;                        //启动T/C1
        SCON = 0x50;                    //串行口工作在方式1
}
```

```
//----------------------------------发送信息子程序------------------------------------
void send (uchar idata *d)
{
        uchar i;
        do
        {
                SBUF = 0xaa;                    //发送信息
                while (TI = = 0)                //等待发送出去
                TI = 0;
                while (RI = = 0)                //等待B机回答
                RI = 0;
        }
        while ((SBUF^0xbb)!  = 0);              //B机未准备好，继续联络
        do
        {
                pf = 0;                         //清校验和
                for (i = 0; i<16; i++)
                {
                        SBUF = d[i];            //发送一个数据
                        pf+ = d[i];             //求校验和
                        while (TI = = 0)
                        TI = 0;
                }
                SBUF = pf;                      //发送校验和
                while (TI = = 0)
                TI = 0;
                while (RI = = 0)
                RI = 0;                         //等待B机回答
        }
        while (SBUF!  = 0);                     //回答错误，则重发
}
//----------------------------------接收信息子程序------------------------------------
void receive (uchar idata *d)
{
        uchar i;
        do
        {
                while (RI = = 0)
                RI = 0;
        }
```

```
        while ((SBUF^0xaa)! = 0);                    //判定A机是否发出了请求
        SBUF = 0xbb;                                 //发送应答信号
        while (1)
        {
            pf = 0;
            for (i = 0; i<16; i++)                   //清校验和
            {
                while (RI = = 0)
                RI = 0;
                d [i] = SBUF;                        //接收一个数据
                pf+ = d [i];                         //求校验和
            }
            while (RI = = 0)
            RI = 0;                                  //接收A机的校验和
            if ((SBUF^pf) = = 0)
            {
            SBUF = 0x00; break;
            }                                        //校验和相同发00
            else
            {
                SBUF = 0xff;                         //出错则发送FF，重新接收
                while (TI = = 0)
                TI = 0;
            }
        }
}
//--------------------------------------主函数-------------------------------------------
void main (void)                                     //主程序
{
        init ();
        if (TR = = 0)
        {
            send (buf);                              //发送信息
        }
        else
        {
            receive (buf);                           //接收信息
        }
}
```

（2）多机通信程序设计

设主机发送的地址联络信号00H、01H、02H为从机设备地址，地址FFH是命令从机恢复SM2为1的状态（即复位）。下面是从机的命令编码。

01H：请求从机接收主机的数据命令。

02H：请求从机向主机发送数据命令。

其他都按从机向主机发送数据命令02H对待。从机的状态字节格式如表9-4所示。

表9-4　从机的状态字节格式

D7	D6	D5	D4	D3	D2	D1	D0
ERR	0	0	0	0	0	TRDY	RRDY

RRDY = 1：从机准备好接收主机的数据。

TRDY = 1：从机准备好向主机发送数据。

ERR = 1：从机接收到的命令是非法的。

通常从机以中断方式控制与主机的通信。程序可分成主机程序和从机程序，约定一次传送的数据为16字节，以02H地址的从机为例。

主机程序流程图如图9-10所示。

从机中断服务程序如图9-11所示。

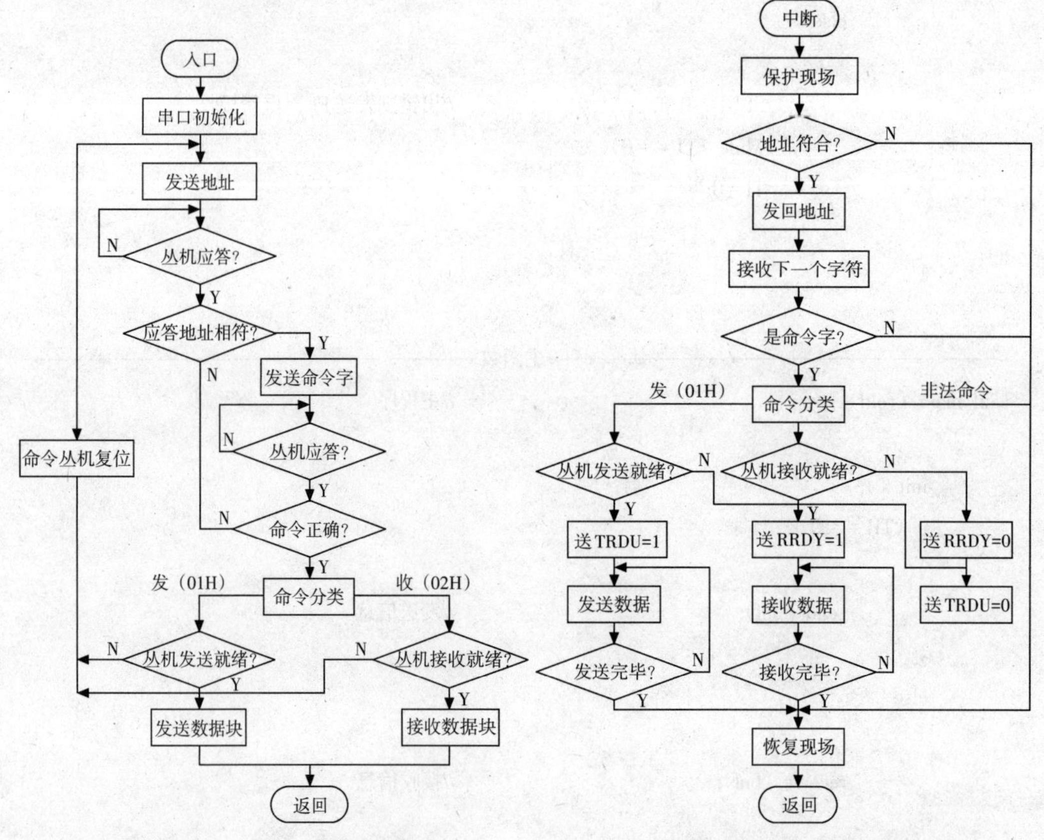

图9-10　主机程序流程图　　图9-11　多机通信的从机中断程序流程图

多机通信主机程序采用C51语言编程如下：

```
#include <reg51.h>
#define uchar unsigned char
#define SLAVE 0x02                                    //从机地址
#define BN 16
uchar idata rbuf [16];
uchar idata tbuf [16] = {"master transmit"};
void err (void)
{
        SBUF = 0xff;
        while (TI!  = 1); TI = 0;
}
uchar master (uchar addr, uchar command)
{
        uchar aa, i, p;
        while (1)
        {
                SBUF = SLAVE;                         //发送呼叫地址
                while (TI! = 1)
                TI = 0;
                while (RI! = 1)
                RI = 0;                               //等待从机回答
                if (SBUF! = addr)
                err ();                               //若地址错误，则发出复位信号
                else
                {                                     //地址相符
                        TB8 = 0;                      //清除地址信号
                        SBUF = command;               //发送命令
                        while (TI! = 1)
                        TI = 0;
                        while (RI! = 1)
                        RI = 0;
                        a = SBUF;                     //接收状态
                        if ((aa&0x08) = = 0x08)
                        {TB8 = 1; err ();}            //若命令未被接收，则发出复位信号
                        else
                        {
                            if (command = = 0x01)     //是发送命令
                            {
```

```
        if ((aa&0x01) = =0x01)              //从机准备好接收
        {
            do
            {
                p=0;                        //清除校验和
                for (i=0; i<BN; i++)
                    {
                        SBUF=tbuf [i];      //发送一个数据
                        p+=tbuf [i];
                        while (TI! =1)
                        TI=0;
                    }
                SBUF=p;                     //发送校验和
                while (TI= =0)
                TI=0;
                while (RI= =0)
                RI=0;
            }
            while (SBUF! =0);               //接收不正确，重新发送
            TB8=1;                          //置地址标志
            return (0);
        }
    }
    else
    {
        if ((aa&0x02) = =0x02)              //是接收命令，从机准备好接收
        {
            while (1)
            {
                p=0;                        //清除校验和
                for (i=0; i<BN; i++)
                {
                    while (RI! =1)
                    RI=0;
                    rbuf [i]=SBUF;          //接收一个数据
                    P=+rbuf [i];
                }
                while (RI= =0)
                RI=0;
```

```
                                        if (SBUF = =p)
                                        {
                                          SBUF = 0x00;        //校验和相同，发送00
                                          while (TI = =0)
                                          TI = 0;
                                          break;
                                        }
                                        else
                                        {
                                          SBUF = 0xff;        //校验和不同，发送0FF，重新接收
                                          while (TI = =0)
                                          TI = 0;
                                        }
                                    }
                                    TB8 = 1;                  //置地址标志
                                    return (0);
                                }
                           }
                       }
                   }
              }
          }
//------------------------------------主函数------------------------------------
void main (void)
          {
                  TMOD = 0x20;                               //T/C1定义为方式2
                  TL1 = 0xfd; TH1 = 0xfd;                    //置初值
                  PCON = 0x00;
                  TR1 = 1;
                  SCON = 0xf0;                               //串行口为方式3
                  master (SLAVE, 0x01);
                  master (SLAVE, 0x02);
          }
```

多机通信从机程序采用C51语言编程如下：

```
#include <reg51.h>
#define uchar unsigned char
#define SLAVE 0x02
#define BN 16
uchar idata trbuf [16];
```

```
uchar idata rebuf [16];
bit tready;
bit rready;
void main (void)
{
        TMOD = 0x20;                    //T/C1定义为方式2
        TL1 = 0xfd;                     //置初值
        TH1 = 0xfd;
        PCON = 0x00;
        TR1 = 1;
        SCON = 0xf0;                    //串行口为方式3
        ES = 1;
        EA = 1;                         //开放串行口中断
        while (1)
        {tready = 1; rready = 1;}       //假定准备好发送和接收
}
void ssio (void) interrupt 4 using 1
{
        void str (void);
        void ste (void);
        uchar a;
        RI = 0;
        ES = 0;                         //关闭串行口中断
        if (SBUF! = SLAVE)
        {ES = 1; goto reti;}            //非本机地址，继续监听
        SM2 = 0;                        //取消监听状态
        SBUF = SLAVE;                   //发回从机地址
        while (TI! = 1)
        TI = 0;
        while (RI! = 1)
        RI = 0;
        if (RB8 = = 1)
        {SM2 = 1; ES = 1; goto reti;}   //是复位信号，恢复监听
        a = SBUF;                       //接收命令
        if (a = = 0x01)
        {                               //从机接收主机的数据
                if (rready = = 1)
                SBUF = 0x01;            //准备好接收状态
                else SBUF = 0x00;
```

```
            while (TI! = 1)
            TI = 0;
            while (RI! = 1)
            RI = 0;
            if (RB8 = = 1)
            SM2 = 1; ES = 1; goto reti;}
            sre ();                                              //接收数据块
        }
        else
        {
            if (a = = 0x02)
            {                                                    //从机向主机发送数据
                if (tready = = 1)
                SBUF = 0x02;                                     //准备好发送状态
                else SBUF = 0x00;
                while (TI! = 1)
                TI = 0;
                while (RI! = 1)
                RI = 0;
                if (RB8 = = 1)
                {SM2 = 1; ES = 1; goto reti; str ();}
                                                                 //发送数据块
            else
            {
                SBUF = 0x80;                                     //命令非法，发送状态
                while (TI! = 1)
                TI = 0;
                SM2 = 1; ES = 1;                                 //恢复监听
                }
            }
            reti;
        }
}
//--------------------------------发送数据块--------------------------------------
void str (void)
{
        uchar p, i;
        tready = 0;
        do
```

```
    {
        p=0;                              //清除校验和
        for (i=0; i<BN; i++)
        {
            SBUF=trbuf [i];               //发送一个数据
            p=+trbuf [i];
            while (TI!=1)
            TI=0;
        }
        SBUF=p;                           //发送校验和
        while (TI==0)
        TI=0;
        while (RI==0)
        RI=0;
    }
    while (SBUF!=0);                      //主机接收不正确，重新发送
    SM2=1;
    ES=1;
}
//----------------------------------------接收数据块----------------------------------------
void sre (void)
{
    uchar p, i;
    rready=0;
    while (1)
    {
        p=0;                              //清除校验和
        for (i=0; i<BN; i++)
        {
            while (RI!=1)
            RI=0;
        rebuf [i]=SBUF;                   //接收一个数据
        p+=rebuf [i];
    }
     while (RI!=1)
     RI=0;
     if (SBUF==p)
     {SBUF=0x00; break;}                  //校验和相同，发送00
     else{
```

```
                SBUF = 0xff;                    //校验和不同，发送0FF，重新接收
                while（TI = = 0）
                TI = 0;
            }
        }
        SM2 = 1;
        ES = 1;
}
```

9.2 Windows .NET环境下计算机与单片机串行通信程序设计

一般情况下在计算机上开发串行通信程序的方法有MSComm组件、Windows API函数等。其中，MSComm 组件比较简单，适用于较简单的系统；利用API函数实现串行通信的编程方法功能强大，灵活性好，应用广泛，但程序设计上比较复杂，需要编程人员对串口的硬件工作原理有较深入的了解。本书介绍一种利用C#. NET 2005串行类结合多线程技术实现计算机与下位机进行串行通信的方法。根据系统具体功能需要，编写完善的串行通信接口程序能够弥补MSComm组件的不足，C#串行通信类能够赋予串行通信程序设计较大的灵活性，再配合日益成熟的多线程技术，能很好地解决计算机与下位机的通信问题，加快系统处理效率，并且可以实现并行完成多个任务的功能。

9.2.1 Windows .NET串行类介绍

（1）NET和C#语言

微软公司开发的Visual Studio.NET开发环境是用于创建Web应用程序理想的开发工具。Visual Studio.NET提供简单、灵活、基于标准的模型，允许开发人员从新的和现有的代码汇编应用程序，内建对Web服务的支持，包括Web服务的构建和使用，而与平台、编程语言或对象模型无关。与其他开发平台不同，使用.NET平台，不需要其他的工具或者SDK就可以完成Web服务的开发。作为快速创建和集成基于XML的Web服务和应用程序的单一综合工具，Visual Studio.NET在改善操作的同时提高了开发人员的效率。

Visual Studio.NET的主要特性是允许开发人员利用高产出的开发工具提高速度，快速设计功能全面的Web应用程序，使用基于XML的Web服务可以很容易地简化分式计算，快速构建中间层企业组件，构建可升级的有效的解决方案。

Visual Studio.NET平台支持多种语言，如Visual Basic.NET、Visual C++. NET等，但微软公司仍创造了Visual C#.NET（简称C#）作为Visual Studio.NET平台的主力开发语言。C#是Microsoft公司为推行Visual Studio.NET战略而发布的一种全新的编程语言，它的前身是C++语言。过去C++一直是开发商品化软件时使用最广泛的语言。这种语言给开发人员提供了大量灵活的进行底层控制的能力，但这种灵活性是以开发的效率为代价

的。例如，指针操作引起的不安全因素，内存回收需要人工介入等，使得使用C++开发软件的困难程度比其他语言要高得多。由于C++的复杂性和漫长的开发周期，开发人希望有新的、更好的开发语言来代替它，这种新的语言应该能在功能灵活性和开发效率间提供更好的平衡，于是出现了融合了C++的强大和Visual Basic 的简易于一体的C#语言。

（2）多线程技术

线程就是能单独执行的计算实体，它们是一些具有某些必要的最小状态的轻量级进程，而最小状态包括进程状态和相关寄存器的内容。线程是对进程进行分解，使其成为多控制流，即多线程进程，这时传统意义上的进程就是一种单线程进程。创建多线程的唯一目的就是尽可能地利用CPU资源。Thread类位于System.Threading命名空间，它提供的成员属性和方法允许程序完成线程的相关操作。

创建线程是一个很耗费系统资源的过程。为了解决这个问题，在实际应用中.NET设计了一个预定义的线程集合，称为线程池（ThreadPool）。许多应用程序创建的线程都要在休眠状态中消耗大量时间，以等待事件发生。其他线程可能进入休眠状态，只被定期唤醒，以轮询更改或更新状态信息。线程池通过为应用程序提供一个由系统管理的辅助线程池，可以更为有效地使用线程。一个线程监视排到线程池的若干个等待操作的状态。当一个等待操作完成时，线程池中的一个辅助线程就会执行对应的回调函数。在每次使用线程时，需要向线程池请求线程。线程池会限制使用线程的数量，如果所有线程都在使用中，则要求必须等待线程返回。本书通过使用线程池技术来实现多线程的应用。

（3）C#的串行类

C#的串行类（SerialPort）是Visual Studio.NET 2005中一个新增的类，属于System.IO.Ports 命名空间。在使用C#的串行类时，需要注意以下3个问题：

① 串行通信的初始化设置。根据串行通信中上位机和下位机的通信协议来进行初始化设置，在通信过程中实现上、下位机的同步数据传输，增加通信的可靠性。对串口的初始化包括设置串口号、通信波特率、奇偶校验位、缓冲区中数据的字节数、停止位个数、每个字节的标准数据位长度以及传输前后文本转换的字节编码等。下面给出各参数所代表的含义。

- Baud Rate：为获取或设置波特率。
- Parity：为设置奇偶校验检查协议。
- Data Bits：为获取或设置每个字节的标准字节长度。
- top Bits：为指定在System.IO.Ports.Serialport对象上使用的停止位数。
- Encoding：为获取或设置传输前后的文本转换的字节编码方式。

② 读写操作。对串口的读写操作通过执行SerialPort.Read（）和SerialPort.Write（）两种方法来实现。其中，当上位机发送数据时，串行类执行一个写方法，即将数据写入串行端口，输出缓冲区中；当收到下位机发来的数据后，串行类执行读方法，串行类可以从输入缓冲区中读取数据。在收发数据时需要注意双方传输数据的协议，以使通信双方收发数据格式和位数一致。

③ 接收数据事件。当串行类接收数据时，将在辅助线程上引发 DataReceived 事件。在.NET 2005中，线程管理更加严格，当引发事件时，执行的是辅助线程，要在窗体上显示数据，需要调用“委托”来处理。在程序开发过程中，需要有效设计串行类、多线程和委托的协调机制。

9.2.2 计算机与下位机通信协议

计算机与下位机进行通信过程中，双方需要进行约定（协议）。这个约定是在硬件连通的基础上为了保证数据通信网中通信双方能有效、可靠地通信而规定的一系列约定。一般计算机与下位机的通信约定包括传输数据格式的设置和解析、通信参数的设置以及传输中避免各种错误和干扰的纠错协议等。

（1）硬件握手协议

在研究硬件握手协议前，首先需要了解串行通信数据的流动方式，在每个具有创新通信能力的计算机上都有缓冲区。缓冲区就是计算机上的一块内存，它用来暂时存放数据，等到程序取用后，再清除已被取用的部分。当数据要由A设备发送到B设备前，数据会先被发送到A设备的数据输出缓冲区，接着再由此缓冲区将数据由RS-232线路发送到B设备；同样，当数据利用硬件线路发送到B设备时，数据首先会发送到接收缓冲区，而设备B的CPU再从接收缓冲区中读取数据并进行处理，若数据流向为从设备B到设备A，其硬件部分的处理也是如此。其数据的发送过程如图9-12所示。

流量控制是为了保证传输双方都能正确地发送和接收数据而不会丢失数据。传输工作进行时，若发送速度大于接收的速度，而接收端的CPU处理速度不够快，则接收缓冲区就会在一定时间后满溢，因此，造成后来发送过来的数据无法进入缓冲区而遗失。要解决这个问题，接收方必须有一个方法告诉发送端何时发送，而又应在何时暂停发送，以便接收端有充裕的时间可以处理数据，此即为流量控制，一般被称为握手（Hand Shaking）。握手分为两种：硬件握手和软件握手。

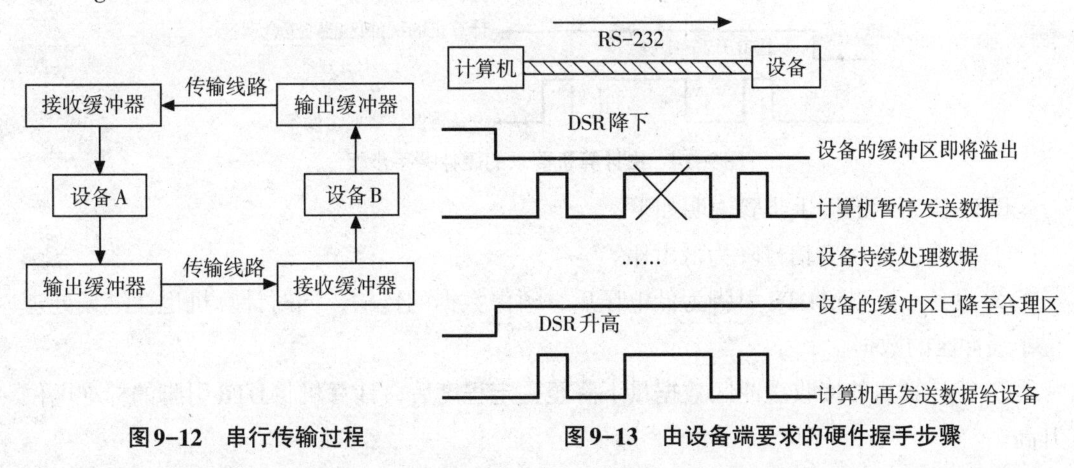

图9-12 串行传输过程　　图9-13 由设备端要求的硬件握手步骤

以RS-232来说，硬件握手使用DSR（第6引脚）、CTS（第8引脚）、DTR（第4引脚）和RTS（第7引脚）4条硬件线路，通过计算机上的RS-232端口的DTR和RTS以及被控设备端的DSR和CTS这4个端口的交互作用，计算机主控端与被控的设备端可以进行数据的交流，而在数据块无法处理时，可以通过4条握手线的高、低电位的变化来控制数据是继续发送还是暂停发送。

例如，计算机正在发送数据给设备C，设备C的处理速度不够快，因此其接收缓冲区中的数据量已达到一定的程度，再发送下去将会造成缓冲区满溢，这时就必须暂停数据的发送。而计算机与设备C之间在此种发送问题发生时的握手步骤如图9-13所示。

图9-13所示的握手步骤说明如下：

① 设备C必须将相对于计算机上的DSR引脚降为低电压。

② 计算机检测到DSR引脚为低电压后，暂停数据的传输，同时设备C也会继续处理位于缓冲区的数据。

③ 待设备C的接收缓冲区数据量下降到一定程度后，设备C将DSR引脚的标准电位升高。

④ 计算机检测到DSR引脚为高电位后，就继续发送数据给设备C。

在上面的例子中，仅仅使用一个DSR引脚的标准电位信号即可达到双方流量控制通知的目的。在部分设备上，发送操作继续之前，DSR与CTS两个线路的标准电位都必须升高，如调制解调器即是如此。

同样，以上面的例子来说，数据由设备C发送至计算机时，若计算机处理速度不够快，计算机必须告知设备C，使其暂停数据的发送，其握手步骤如图9-14所示。

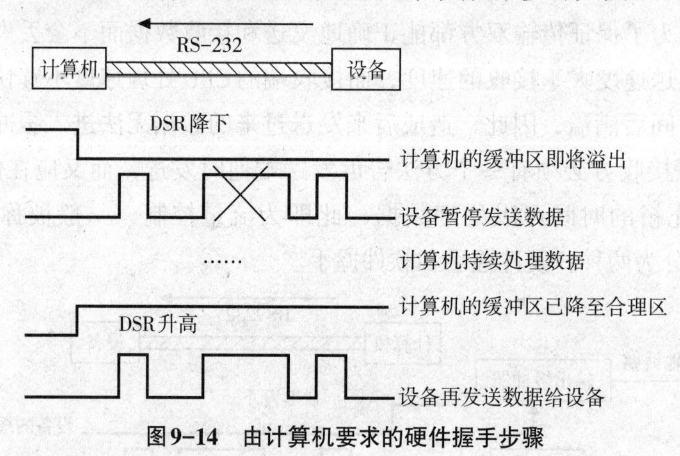

图9-14　由计算机要求的硬件握手步骤

图9-14所示的握手步骤说明如下：

① 计算机将DTR信号降为低电压。

② 设备C检测到DTR引脚为低电压后，暂停数据的传输，同时计算机也会继续处理位于缓冲区的数据。

③ 待计算机的接收缓冲区数据量下降至一定程度后，计算机将DTR引脚的标准电位升高。

④ 设备C检测到DTR引脚为高电位后，就继续给计算机发送数据。

有时必须在DTR与RTS两条硬件线路均回到高电位后，设备C才会继续发送数据，这必须视两者之间的实际协议情况而定。

计算机与以单片机为核心的设备进行串行通信的硬件握手协议的具体实施过程可以灵活地应用。

（2）软件握手

软件握手中最常用的就是XON/XOFF协议。在XON/XOFF协议中，若接收端想使发送端暂停数据的发送，它便向发送端送出一个ASCII码“DC3”（13H）；而若想恢复发送，便向发送端送出ASCII码“DC1”（11H）。通过两个字符的交互使用，便可以控制发送端的发送操作。其操作流程与硬件握手类似。例如，计算机与设备C进行数据的传输，计算机不断地将数据发送到设备C，此时的设备C来不及处理，则两者可以进行如图9-15所示的软件握手步骤。

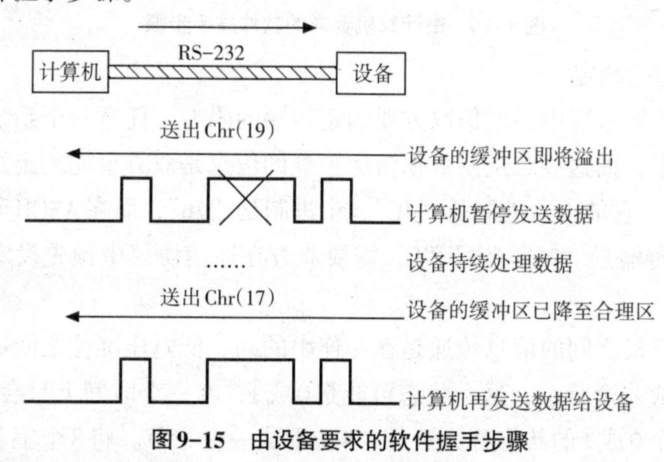

图9-15　由设备要求的软件握手步骤

图9-15所示的步骤说明如下：

① 设备C在本身的输入缓冲区快溢出时，送出ASCII码“DC3”，通知计算机暂停数据的传输。

② 计算机收到该字符后，暂停数据的传输，同时设备C也会继续处理位于缓冲区的数据。

③ 待设备C的接收缓冲区数据量下降到一定程度后，设备C将发送ASCII码“DC1”至计算机，告诉计算机可以继续发送数据。

④ 计算机收到该字符后，继续发送数据至设备C。

以相反的方向来说，若计算机的速度比设备慢，就会进行如图9-16所示的握手。

图9-16所示的步骤说明如下：

① 计算机在本身的输入缓冲区快溢出时，送出ASCII码“DC3”，通知设备C暂停数据的传输。

② 设备C收到该字符后，暂停数据的传输，同时计算机也会继续处理位于缓冲区的数据。

③ 待计算机的接收缓冲区数据量下降到一定程度后，计算机将发送ASCII码“DC1”至设备C，告诉设备C可以继续发送数据。

④ 设备C收到该字符后，继续发送数据至计算机。

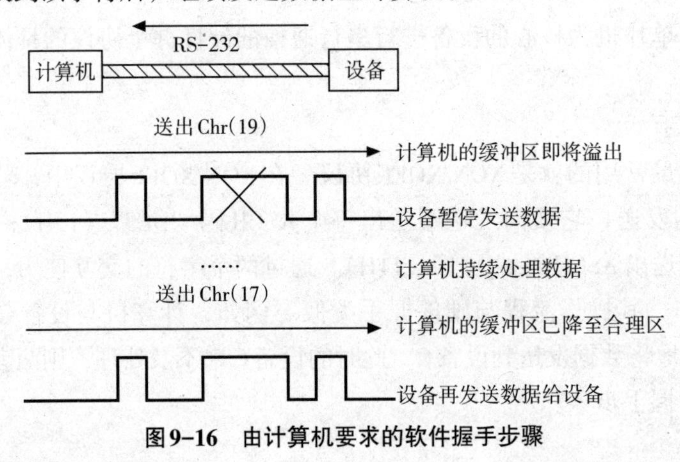

图9-16 由计算机要求的软件握手步骤

（3）传输码型的约定

在串行数据传输过程中，通信双方要约定传输的码型。任意一个系统硬件的传输通道都是二进制数据，而这些二进制数据流所承载的信息是双方事先约定好的。例如，要传输“01001100”，它的十六进制是“4C”，十进制是“76”，而在ASCII码表中的查找结果是“L”，双方传输是“76”还是“L”需要双方在通信协议中预先设定。这就涉及传输码定义的问题。

由于两部计算机之间的信息传递是在一连串的高、低电压准位之间进行的，每一个电压准位可以当成一个状态，这个状态可能是0或1，在一个时间上只会存在一个状态，计算机中将每一个0或1的状态称为一位，8位形成一个字节。将8个字节合并起来共有$2^8=256$种数值，其数值从0到255，在计算机中有一个ASCII码对照表，此256种组合情况分别代表256种字符（部分的字符被当成控制码），通信中传输的就是这256个字符或控制码。

利用事先定义好的ASCII码，将通信双方所传输的高、低电位组合成一个字节后，便可以在ASCII码对照表中找到相对应的字符。若RS-232的接收端接收到“01000001”的信号，那么就表示“A”字符被接收到了。另外，要注意的是，ASCII码表中有部分字符是不可见的，即使接收到此字符也无法在屏幕上看到；在系统控制领域的使用上，这其中的一些字符通常被当作特殊的控制码来使用，这些控制码的使用有一般性的原则，一般的产品设计也依照此原则。

（4）通信参数约定协议

① 数据的传输速度。串行通信的传输受通信双方设备性能和通信线路的特性限制。传输双方通过传输在线的电压改变来交换数据，但传输在线的电压改变的速度必须和接收端的接收速度保持一致。RS-232通常用于异步传输，既然是异步传输，双方并没有一个可参考的同步时钟作为基准；而如果没有一个参考时钟，双方所发送的高、低电位到底代表几个位就不得而知。要使得双方的数据读取正常，就要考虑传输速度——波特率。波特率是串行通信的重要指标，用于表征数据传输的速度，波特率越高，表明数据

传输速度越快。

串行通信的收发双方按相同的传输速度（即相同的波特率）进行数据通信，就可实现正确的数据信息交换，否则就会出现传输错误。图9-17所示是当传输速度不同时产生错误的情况。原始信号经过不同的波特率取样后，所得的结果完全不一样，当取样速度只有原来的一半时，信号被跳着取样，数据因此产生错误。因此，通信双方设定相同的通信速度是必要的。

异步串行传输收发器称为通用异步收发器（UART），如果该收发器也可进行同步传输，则称为通用同步/异步收发器（USART）。收发器内都有一个数据发送器与接收器，此UART芯片的类型相当多，随着科技的进步，收发器的发送/接收速度也不断地增加，也就是说，在硬件线路上的数据流量不断地增加。

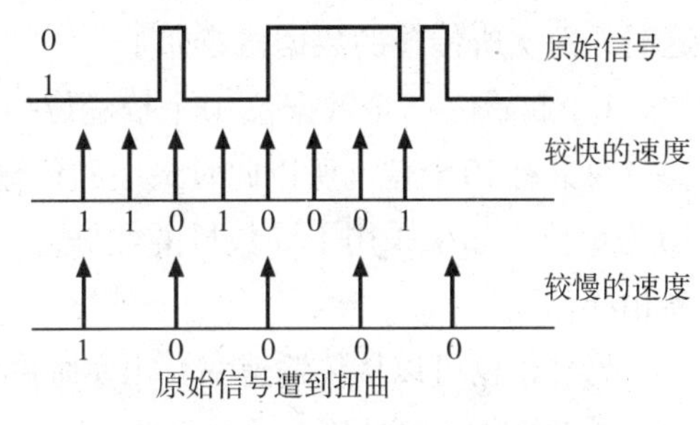

图9-17　取样速率不同时的情况

在工业应用中，9600bit/s是最常见的传输速度，现在的个人计算机所提供的串行端口的传输速度可达115200bit/s（甚至可达921600bit/s）。若传输距离较近，也可以使用最高的传输速度。

② 数据的发送单位。一般串行通信端口所发送的数据是字符类型的，若用来传输文件，则会使用二进制的数据类型。当使用字符类型时，工业应用中使用到的有ASCII码和JIS码，ASCII码中8个位形成一个字符，而JIS码则以7个位形成一个字符。欧美国家和地区的设备多使用8个位的数据组，而日本的设备则多使用7个位作为一个数组。以实际的RS-232传输来看，由于工业界常使用的PLC大多只是发送文字码，因此只要7个位就可以将ASCII码的0～127号字符表达出来（$2^7=128$，共有128种组合方式），所有的可见字符都落在这个范围内，所以只要7个数据位即可。不同的情况下（根据所使用的协议不同），会使用到不同的发送单位，使用多少个位合成一个字节必须先行确定。

③ 起始位及停止位。由于异步串行传输中并没有使用同步时钟作为基准，故接收端完全不知道发送端何时将进行数据的发送。而当发送端准备要开始发送数据时，发送端会在所发送的字符前后分别加上高电位的起始位（逻辑0）及低电位的停止位（逻辑1），它们分别是起始位和停止位。也就是说，当发送端要开始发送数据时，便将传输在线的电位由低电位提升至高电位；而当发送结束后，再将电位降至低电位。接收端会因为起始位的触发（电压由低电位升至高电位）而开始接收数据，并因为停止位的通知（电压维持在低电位）得知数据的字符信号已经结束，加入了起始位及停止位才比较容易达到多字符的接受能力。起始位固定为1个位，而停止位则有1、1.5和2个位等多种选择，只要通信双方协议达成一致即可。

④ 校验位的检查。为了预防错误的产生，使用校验位作为检查的机制。校验位是用来检查所发送数据正确性的一种核对码，有奇校验位（Odd Parity）和偶校验位（Even

Parity）两种方式，分别检查字符码中1的数目是奇数还是偶数。以偶校验位为例，A的ASCII码是41H（十六进制），将它以二进制表示时，是01000001（其中1的校验位便是1，使1的数目保持奇数，如图9-18所示）。

将发送字符按照上述的说明组合起来之后，就形成了传输时每个字符（或每个字节）的数据格式，串行通信中的数据格式如下：

起始位+发送字符+校验位+停止位

因此，假设在传输时使用了1个起始位、1个停止位，发送字符为8个位，不使用校验位检查，这时，每次所传输的数据格式如下：

1个起始位+8个数据位+0个校验位+1个停止位

原状态

01000001 → 状态1的数目有4个

如果偶同位 —应发送→ 010000010

如果奇同位 —应发送→ 010000011

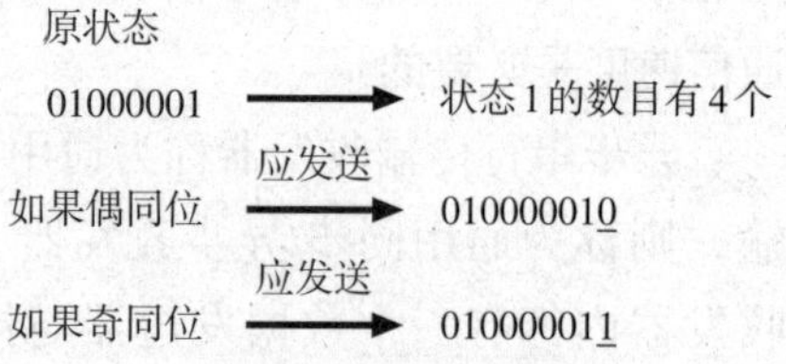

图9-18　校验位的意义

总共有10个位，所以此时最小的传输单元是以10为单位。如果采用不同数目的数据位、校验位和停止位，则每次传输单元中的位数都不相同。

另外，也可以从传输速率算出实际的传输字符数。假设数据格式为以下的格式：

1个起始位+8个数据位+0个校验位+1个停止位

总共有10个位。如果采用19200bit/s的传输速度，每秒便可以传输19200/10＝1920个字节的数据。一般容易弄混淆的地方就是：一个字节是8个位，所以19200bit/s的传输速率每秒可以发送2400个字节的数据（19200/8＝2400）；可是从上面的讨论中已经很清楚地了解到实际的传输速率是每秒1920个字节，这就是一个不小的差异了。因为任何的传输都需要时间，一个命令下达到机器或控制器后，在其执行结果响应到主控的传输时间就是系统的性能。响应时间越短，越能显示出系统的卓越性能，所以这种时间的计算在评估系统的性能时十分重要。

当下达命令要求设备发送数据到计算机时，在命令到达设备后，设备不可能立即将数据发送完成，需根据传输速率和传输量予以计算。以上面的计算为例，如果以19200bit/s的速率发送1920字节的数据，就需要等1s的时间。在时间未到1s时，数据是不可能在设备与计算机之间发送完成的，因此等待时间未达到1s前，所读取的数据是不完整的，不能用来进行处理。

另外，如果以19200bit/s的速度传输一个1Mbit的数据，所需要的时间是：

$$1000000/1920 \approx 521(\mathrm{s})$$

所以可以想象的是，如果使用串行通信端口发送大量数据，传输的时间可能会非常长（特别是网络传输）。

（5）错误预防纠错协议

在传输的过程中，数据有可能受到干扰而使得原来的数据信号发生扭曲，使传输数据出错。为了侦测数据在传送过程发生的错误，传送与接收的双方必须对数据做进一步的确认工作，最简单的方式就是使用校验码。校验码的实现方式有以下几种。

① 校验和。校验和（CheckSum）就是将所有要传送字符的ASCII码做加总计算，计

算其总和后，将此数目与一个常数（通常是255）做相除的操作，取其余数，并将此余数组合成传送字符串的一部分传送出去。同样，接收数据的一方也以相同的方式将所传送过来的字符串做ASCII码的加总，并与传送方送过来的值做比对，若其值一样，则代表传送的字符串是正确的，反之则是错误的。检查错误时，接收方可能要求对方重发，以确保数据的正确性。

例如，被传送的字符串为BCDEF123A，则它们的ASCII码相加的结果如下（以十进制表示）。

$$65+66+67+68+69+70+49+50+51=555$$

与255相除后取余数，其余数为45，因此传送此字符串时，必须在其字符串的尾端加上一个ASCII码为45的字符再传送出去。对方收到所传送的字符串后，会以相同的方式再做一次计算，如果计算出来也是45的话，表示此次传送的字符串是正确的。

② 使用循环冗余校验码。循环冗余校验码（Cyclic Redundancy Check Code）简称CRC码。CRC码的计算方式是将欲传输的区块视为由一堆连续位所构成的整个数值，并将此数值除以一个特定的除数，通常以二进制表示，此除数称为生成多项式。目前较常使用的CRC位数有8、16、32，CRC位数越大，则数据越不容易受干扰，不过必须多花一些时间进行数据的运算。

如果传送的数据量不大，也许错误不多，可以使用CheckSum的方式；如果数据量较大，使用校验和可以检查的错误非常有限，这时需要使用CRC。据理论统计，使用16位的CRC时，超过17个连续位的错误侦测率可达99.9969%左右。

假设有一个二进制的数字，其数据格式如下：

$F=10110101111010111110010101011100011000000\cdots$（区块数据）

生成的多项式是：

$$G(X)=X\hat{}16+X\hat{}12+X\hat{}5+1$$

其中，X为所采用的进制，在二进制系统中，$X=2$，则G的值为：

$$G=10001000000100001$$

则下式中的余数C即是F的16位的CRC值：

$$F*2\hat{}16=A*G+C$$

【例9-1】 假设使用上述$X\hat{}16+X\hat{}12+X\hat{}5+1$作为生成多项式，试求十六进制数值D5（11010101）的CRC。

解：将生成多项式转换为二进制，为10001000000100001，再乘上2^16则成为110101010000000000000000，以二进制的长除法进行运算，则过程如图9-19所示。

最后可以算出CRC的值是1001101111011000（十六进制表示为9BD8）。

由上可知，不论是CheckSum还是CRC，它们都是将所传送的数值相加后与一个固定的除数相除，所得的余数即为其校验码。传送与接收的双方只要针对其固定的检查方法分别进行计算，比较后只要结果一致，即是正确；否则，需要重传数据。

③ 奇偶校验。在发送数据时，数据位尾随的1位为奇偶校验位（1或0）。进行奇校

验时，数据中“1”的个数与校验位“1”的个数之和应为奇数；进行偶校验时，数据中“1”的个数与校验位“1”的个数之和应为偶数。接收字符时，对“1”的个数进行校验，若发现不一致，则说明传输数据过程中出现了差错。

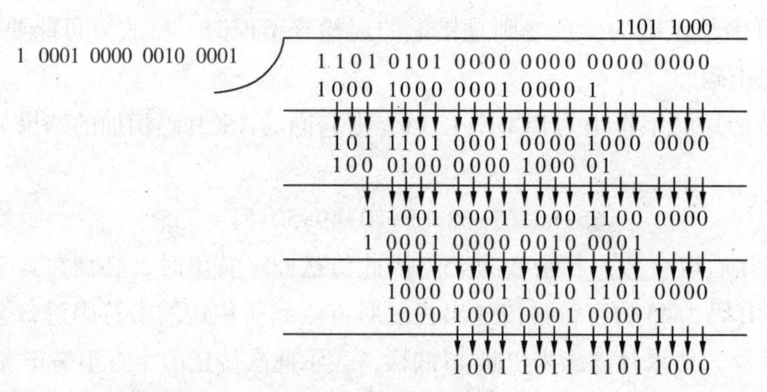

图9-19　长除法的进行

9.2.3　计算机的串行通信程序的设计

（1）串行通信接口的初始化设置

下面使用C#语言通过计算机读取下位机数据来讲解基于串行类的计算机与下位机通信过程中计算机端的程序设计。

① 为了使用C#程序中的线程类和串行类，首先需要引入System.Threading和System.IO.Ports命名空间。

② 串行通信接口的初始化。管理程序在使用串口进行通信之前，必须向操作系统提出资源申请要求（使用Open()方法打开串口），通信完成后必须释放资源（使用Close()方法关闭串口）。因此，进行参数初始化时，首先打开通信端口，再设置波特率等参数，如图9-20所示，在程序中可以配合下位机通信程序的设计来选择不同的通信端口以及波特率。

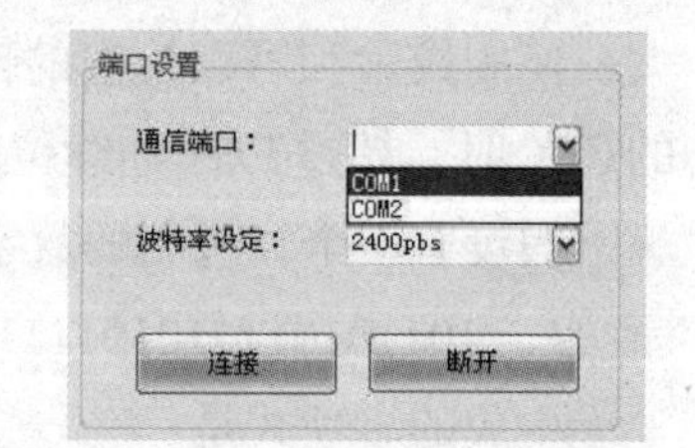

图9-20　串行通信接口初始化

通过以下C#程序可以实现设置1位起始位、8位数据位、1位停止位和无奇偶校验位的传输数据的字节编码方式。程序代码如下：

```
this.serialPort1.BaudRate = Convert.ToInt32(2400);          //获取用户设置的上、下位机波特率
  this.serialPort1.Parity = Parity.None;                    //设置奇偶校验检查协议
  this.serialPort1.DataBits = 8;                            //设置每个字节的标准数据位长度为8位
  this.serialPort1.StopBits = StopBits.One;                 //指定在System.IO.Ports.SerialPort
                                                              中使用的停止位
this.serialPort1.Encoding = Encoding.ASCII;                 //设置传输前后的文本转换的字节编码方式
```

（2）读下位机数据程序设计

本程序的主要工作过程是：计算机发出读下位机数据指令，经过上位机的综合管理

程序解析之后，调用C#的串行类将读下位机数据指令送到串口输出缓冲区中，然后将读下位机数据指令传送给下位机；下位机的串行接口接收到指令，将指令传送给读设备数据的管理程序，管理程序对接收到的指令进行分析，确认是呼叫本机后，根据指令内容对所带的数据采集设备进行读操作，将已经读出的数据存放在本地存储器中，再通过串口上传给计算机，计算机对接收到的数据进行分析判断，得到所需数据后调用相应的程序进行解析，将内容显示到计算机界面上。

计算机读下位机数据具体程序执行过程如流程图9-21所示。计算机首先对串行通信接口进行初始化，设置完成后，根据约定的握手协议计算机向下位机发送是否下位机已空闲指令（FFH），综合管理程序通过操作C#的串行类将指令由串口送给下位机，计算机等待应答，同时计算机启动定时器计时，如果在一定时间内没有接收到数据，则提示通信失败。如果下位机空闲，就向计算机回发空闲确认指令（FFH），计算机对接收的数据进行校验后向下位机发送读下位机数据指令（AEH），发送读下位机数据指令的具体实现是通过向串口缓冲区写数据来完成的，部分代码如下：

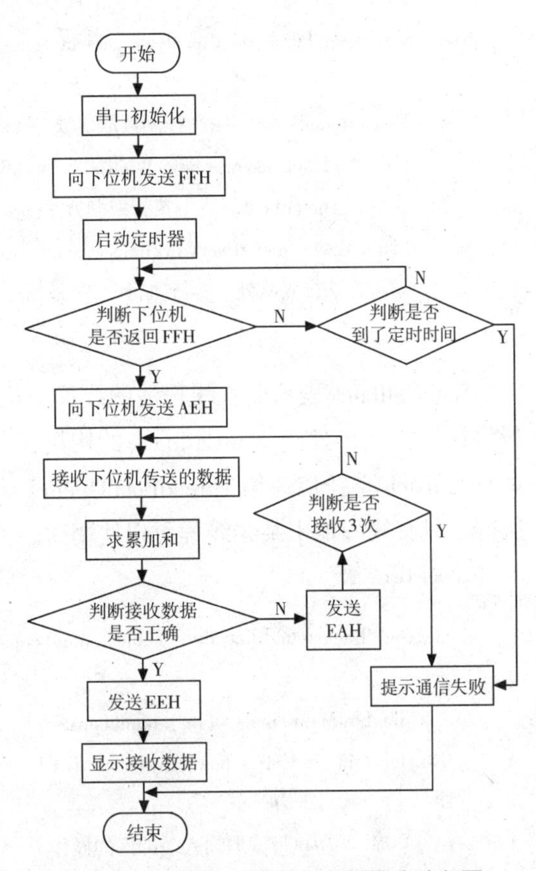

图9-21　计算机读下位机数据程序流程图

```
//给下位机发送读命令
private void sendReadOrder ()
{
    byte [] fa=new byte [1];                    //定义字节数组，用于存放发送给下位机的数据
    fa [0]=0xAE;                                //以十六进制表示
    this.serialPort1.Write (new byte [] {0xAE}, 0, 1);   //写入输出缓冲区
}
```

计算机串口缓冲区中的数据自动传送给下位机，下位机接收到的指令被存放在下位机的单片机的串行缓冲区内，并引发串行中断，单片机的控制程序对接收到的数据进行分析，根据约定协议判断是读下位机数据命令后，读取数据采集设备的数据并进行求和运算，将求和结果附在已读取的采集数据后，通过串口一起上传给计算机。当计算机串口的接收缓冲区收到数据时，引发DataReceived事件，在事件中使用线程池，调用线程

池中的线程，在开启的线程中读出输入缓冲区内的数据，并将数据显示出来。部分代码如下：

```
//下位机向计算机传送数据引发的事件
private void serialPort1_DataReceived (object sender, SerialDataReceivedEventArgs e)
{
        backgroundLoops = 1; //控制读取次数
        WaitCallback async = new WaitCallback (BackgroundProcedure);
        //要在ThreadPool线程上执行回调方法
        ThreadPool.QueueUserWorkItem (async, backgroundLoops);
        //将方法排入队列，等待执行
}
```

WaitCallback表示要在线程池的线程上执行回调方法，创建一个委托。使用该方法时需将回调方法传递给WaitCallback的构造函数，该方法必须具有所显示的签名。通过将WaitCallback委托传递给ThreadPool.QueueUserWorkItem的方法来把任务排入队列中等待执行。只有线程池中某个线程可以使用时，回调方法才可以执行。

```
//定义回调方法
private void BackgroundProcedure (object numLoops)
{
        int howManyTimes = (int) numLoops;              //控制读取次数
        for (int i = 1; i< = howManyTimes; i++)
        {
                //执行读取输入缓冲区的操作
                int size =  this.serialPort1.BytesToRead;  //缓冲区字节的长度
                byte [] js =  new byte [size];           //定义字节数组，用于存放接收下位机传上来
                                                          的数据
                this.serialPort1.Read (js, 0, size);     //读缓冲区
                showData ();                             //调用显示程序
                Application.DoEvents ();                 //执行线程中所有挂起的操作
        }
}
```

通过上面的程序得到的数据包括下位机采集的数据和其累加和，对下位机采集的数据求累加和并与接收到的累加和进行比较。如果不正确，则向下位机发送重发指令(EAH)，并且计数，如果连续3次接收错误，则计算机提示读下位机数据错误；如果接收正确，则向下位机发送接收数据正确指令（EEH）。计算机将下位机采集的数据显示出来。

本例仅是一个简要的核心约定，为了通信的可靠性，还应该制定完善的通信协议，

具有完整的下位机机号识别功能、握手信号、数据流传输和数据纠错协议。

9.2.4 单片机串行通信程序的设计

（1）点对点通信

点对点通信采用MAX232连接计算机和单片机，硬件接口电路如图9-22所示。本例的流程图如图9-23所示。

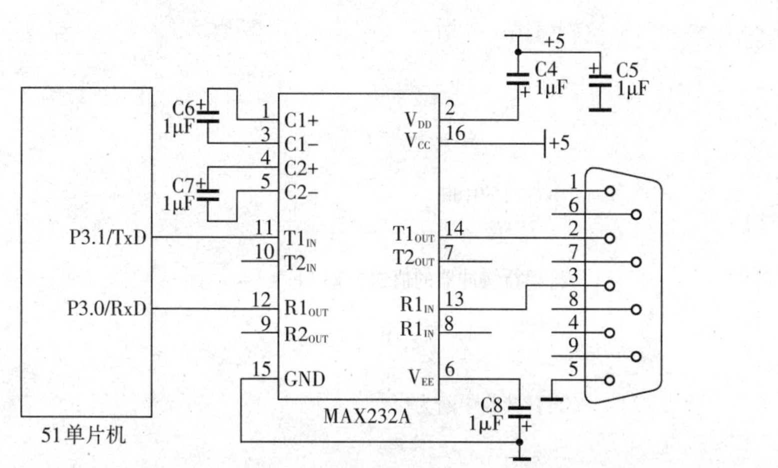

图9-22 基于MAX232的计算机与单片机串行通信接口电路

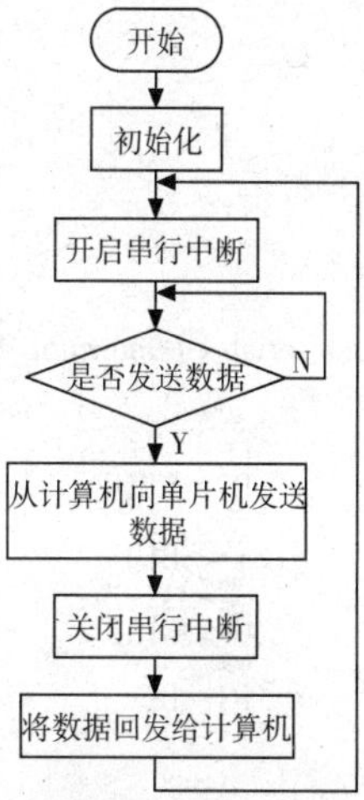

图9-23 计算机与单片机串行通信流程图

下面是以C51语言编写的单片机串行通信程序，如下所示：

```
#include<reg51.h>
#define uchar unsigned char                    //宏定义
uchar a, flag;
void main ()
{
        TMOD = 0x20;                           //工作在T0方式，模式2
        TH1 = 0xfd;                            //晶振为11.0592MHz，波特率为9600bit/s
        TL1 = 0xfd;
        TR1 = 1;                               //允许TCON寄存器中定时器1的运行控制位
        SM0 = 0;                               //串口控制寄存器SCON工作在模式1
        SM1 = 1;
        REN = 1;                               //允许接收
        EA = 1;                                //允许中断
        ES = 1;                                //串行口开放中断
        PCON = 0x80;                           //PCON寄存器SMOD = 1，波特率变为9600×2 = 19200bit/s
        while (1)
        {
```

```
            if (flag = = 1)
            {
                ES = 0;                  //关闭串口中断
                flag = 0;
                SBUF = a;
                while (! TI);
                TI = 0;                  //设置发送中断为0
                ES = 1;                  //开启串口中断
            }
        }
}
void serial () interrupt 4               //串行口的中断
{
    P1 = SBUF;                           //将串行缓冲器的值送至P1口
    a = SBUF;
    flag = 1;
    RI = 0;                              //设置接收中断为0
}
```

本程序实现从计算机发送数据到下位机，再将该数据传回至计算机的功能。在数据收发过程中，应该注意串行中断。

（2）多机通信

本系统采用的是总线型连接方式，如图9-24所示。其中，在总线的末端加入了两个120 Ω的电阻，以实现通信线路的阻抗匹配，从而消除反射，吸收噪声。信号在传输线上传输时，若总线阻抗不连接，就会出现反射现象，影响信号的有效传输。双绞线的特定阻抗在110～130 Ω之间，因此选用120 Ω的电阻作为匹配电阻。

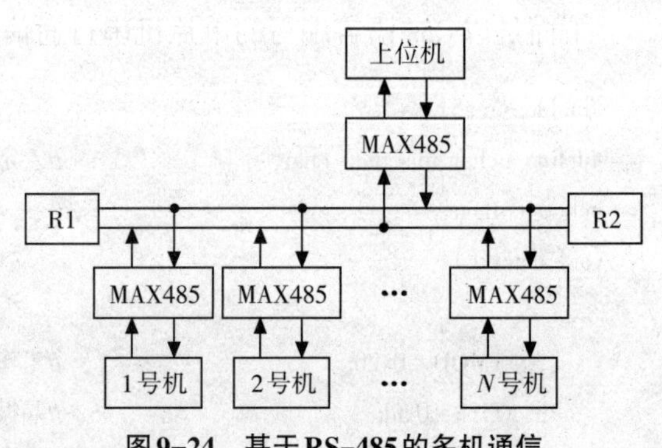

图9-24　基于RS-485的多机通信

本系统采用MAX485作为收发器，接口电路如图9-25所示。MAX485采用单5V电压供电，电源电流为120～150 μA（在待机方式下的电流仅为0.1 μA）。最高数据传输速率为250kbit/s。MAX485采用半双工异步通信方式，用接收器使能信号 $\overline{RE}$ 和发送器使能信号DE来控制通信状态的转换。$\overline{RE}$ 为低电平时，接收器工作，处于接收状态；$\overline{RE}$ 为高电平时，发送器工作，处于发送状态。系统由单片机的P1.0引脚同时控制 $\overline{RE}$ 和DE，当P1.0置低电平时，接收信息。

在RS-485电路设计中，通常将 $\overline{RE}$ 和DE短接，用一根信号线来控制，这样可以做到收发状态的转换。RS-485芯片通常处于接收状态。当要发送数据时，由程序控制DE变为高电平，然后UART单元发送数据，程序要等待发送完毕后再将RS-485芯片转换到接收状态。发送完毕的标志一般由UART的特定寄存器提供状态指示，程序需要查询。在单片机电路中，一般用一根I/O线来控制RS-485芯片的接收和发送状态的转换。这样需要由软件来控制I/O引脚的电平，以达到控制RS-485收发转换的目的。

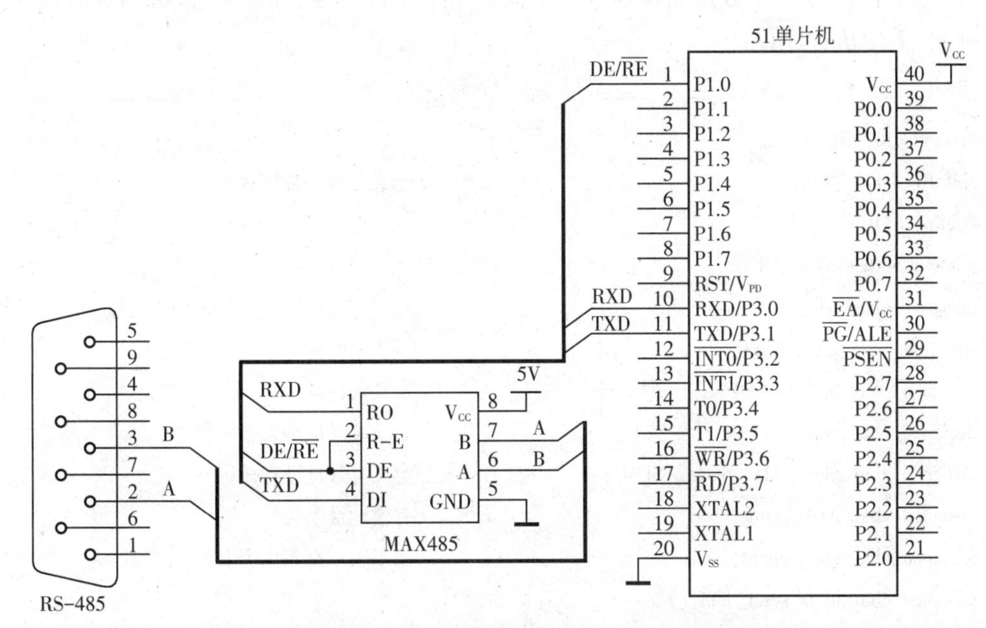

图9-25　基于MAX485的计算机与单片机串行通信接口电路

上位机和下位机的通信接口电路完全相同，都采用图9-25所示的电路。在总线连接时，上位机的输出对应所有下位机的输入，下位机的输出对应上位机的输入。

单片机的全双工串口通过设置可以方便地实现多机通信。因为串口在方式2或方式3时，如果将SM2设置成1，则收到的第9位数据（RB8）为0时不激活接收中断标志位，只有第9位数据（RB8）为1时才激活接收中断标志位。

设计中可以利用串口的以上特性，作为多机通信的握手信号。通信过程描述如下。

① 上位机广播查询设备：在该状态下，上位机设置TB8 = 1，即发出的每个数据的第9位都是1；下位机均被设置成SM2 = 1，监听广播信号。

② 下位机确认：下位机判断广播的地址是否与自身设备地址相同，如果相同，在上位机发送停止位后，下位机给上位机发送确认信息，并更改SM2 = 0，设置为点对点通信。

③ 多机通信：上位机在收到下位机的确认信息后，置TB8 = 0，即发出的每个数据的第9位都是0；对于地址不匹配的下位机，因为SM2依旧为1，对数据不做处理；对于地址匹配的下位机，由于已经将SM2置0，所以可以接收数据。

为了使通信过程简单化，定义广播信息帧的格式如表9-5所示。

表9-5　　广播信息帧格式

1	2	3	4	5	6	7	8	9	10
起始位(0xFE)	地址位	8个数据位							终止位(0xEF)

下位机确认信息帧数据格式与广播信息格式相同，当下位机的地址与广播地址相同时，把接收到的10个数据原样返回。下面给出上位机广播查询和下位机确认的程序。

（3）上位机程序设计

```
//-------------------------------函数声明，变量定义-----------------------------------
#include <reg51.h>
sbit RE_DE = P1^0;                                    //定义接收缓冲区大小
#define COUNT 10
#define Slaver_NUM 10
unsigned char bdata flag;                             //在可位寻址区定义一个标志变量
sbit time_over_flag = flag^0;                         //接收超时标志
unsigned char buffer [COUNT];                         //定义缓冲区
unsigned char point;                                  //定义缓冲区位置指示标志
unsigned char Slave_AD [Slaver_NUM];                  //定义有效地址存放区
unsigned char ADD_num;                                //有效地址个数
unsigned char idata count_10ms;                       //用于表示有多少个10ms的中断
unsigned char idata send_data [7] = {
0x31, 0x32, 0x33, 0x34, 0x35, 0x36, 0x37};            //定义发送数据，共7位
//------------------------------------------------------------------------------------
//函数名称：UART_init()
//函数功能：串口初始化
//函数说明：在系统时钟为11.0592MHz时设定串口数据传输率为9600bit/s，串口接收中断允许，发送中
断禁止，设定定时器中断允许
//------------------------------------------------------------------------------------
void UART_init()
{
        //初始化串行设置
        SCON = 0x58; //选择串口工作方式为1，打开接收允许，TB8 = 1
        TMOD = 0x21; //定时器1工作在方式2，定时器0工作在方式1
        TR1 = 1;        //启动定时器T1
        ES = 1;         //允许串行口中断
        PS = 1;         //设计串行口的中断优先级
        //初始化定时器1
        TH1 = 0xfd;     //实现数据传输速率9600bit/s（系统时钟11.0592MHz）
        ET1 = 0;        //定时器1中断禁止
}
```

```
//------------------------------------------------------------------------
//函数名称：timer0()_init()
//函数功能：初始化定时器0
//函数说明：设置定时器0工作模式
//------------------------------------------------------------------------
void timer0_init()
{
        time_over_flag = 0;
        count_10ms = 0;
        ADD_num = 0;
        TL0 = 0x0F0;    //T0用于产生10ms的中断
        TH0 = 0x0D8;    //50次T0中断产生1次超时溢出
        ET0 = 1;        //允许定时器0中断
}
//------------------------------------------------------------------------
//函数名称：system_init()
//函数功能：系统初始化
//函数说明：调用串口、定时器初始化函数，完成系统初始化
//------------------------------------------------------------------------
void system_init(void)
{
        //系统总设置
        UART_init();
        timer0_init();
        EA = 1;         //单片机中断允许
}
//------------------------------------------------------------------------
//函数名称：com_interrupt()
//函数功能：串口接收中断处理
//函数说明：接收包括起始位"S"在内的10 bit数据到数据缓冲区
//------------------------------------------------------------------------
com_interrupt (void) interrupt 4 using 3
{
        unsigned char RECEIVR_buffer;
        if (RI)                                         //处理接收中断
        {
                RI = 0;                                 //清除中断标志
                RECEIVR_buffer = SBUF;                  //接收串口数据
                if (point = =0)                         //如果还没有接收到起始位
```

```
            {
                if (RECEIVR_buffer = = 0xFE)                    //判断是否为起始标志位
                {
                    buffer [point++] = RECEIVR_buffer;          //把接收到的数据放入接收缓冲区
                }
                else
                point = 0;                                      //继续等待起始标志位
            }
            else if (point>0&&point<10)                         //判断是否接收够10bit的数据
            buffer [point++] = RECEIVR_buffer;                  //将接收到的数据放入接收缓冲区
            else if (point = = 10)
            {
                if (RECEIVR_buffer = = 0xEF)                    //判断结束标志位是否正确
                {
                    buffer [point] = RECEIVR_buffer;            //把接收到的数据放入接收缓存区
                    Slave_AD [ADD_num++] = buffer [2];          //把接收到的地址放入地址存储器
                }
                else
                point = 0;                      //继续等待起始位
            }
            else point = 0;                     //缓冲区已满，清除缓冲区的数据，重新接收
        }
        if (TI)
        {                                       //处理发送中断
            TI = 0;
        }
}
//------------------------------------------------------------------------------------------
//函数名称：timer0_interrupt ()
//函数功能：定时器T0中断服务程序
//函数说明：T0每10ms中断一次，连续中断50次，置time_over_flag = 1;
//------------------------------------------------------------------------------------------
timer0_interrupt (void) interrupt 1 using 2
{
        count_10ms++;
        if (count_10ms = = 50)
        {
            ET0 = 0;                                 //关闭定时器T0中断
            TR0 = 0;                                 //停止定时器T0
            time_over_flag = 1;                      //设置接收超时标志
```

```
            count_10ms = 0x00;                      //10ms计数器复位
        }
        else
        {
            TL0 = 0x0F0;                            //重装定时器初始值
            TH0 = 0x0D8;
        }
}
//------------------------------------------------------------------------------
//函数名称：COM_send（）
//函数功能：串口发送函数
//函数说明：把数据缓冲区的10bit数据发送出去
//------------------------------------------------------------------------------
void COM_send（void）
{
        RE_DE = 1;                                  //设置MAX485进入发送状态
        for（point = 0; point< = 10, TI = 1; point++）  //连续发送10bit数据
        {
            SBUF = buffer［point］;                  //把缓冲区的数据全部发送到串口
            TI = 0;
        }
        RE_DE = 0;                                  //设置MAX485进入接收状态
}
//------------------------------------------------------------------------------
//函数名称：write_buffer（）
//函数功能：写入发送缓冲区中的10bit数据
//------------------------------------------------------------------------------
void write_buffer（unsigned char slaver_add）
{
        unsigned char i;
        TB8 = 1;                                    //打开多机通信方式
        buffer［0］ = 0XFE;
        buffer［1］ = slaver_add;
        for（i = 0; i<9; i++）                       //连续发送10bit数据
        {
            buffer［i］ = send_data［i-2］;          //把数据全部发送到缓冲区
        }
        buffer［9］= 0XEF;
}
```

```
//--------------------------------------------------------------------------------
//函数名称：main（）
//函数功能：主函数，调用各子函数，完成通信过程
//--------------------------------------------------------------------------------
void main（）
{
        unsigned char i=0;
        system_init（）;                        //系统初始化
        do
        {                                       //查询0~10号地址有没有对应设备
                write_buffer（i++）;             //写“查询第i号设备的发送信息”
                COM_send（）;                    //调用发送函数，完成发送
                timer0_init（）;                 //完成一次查询，重新初始化定时器0，准备下一次查询
        }
        while（time_over_flag&&i<10）;
}
```

（4）下位机程序设计

```
//--------------------------------函数声明，变量定义--------------------------------
#include <reg51.h>
sbit RE_DE=P1^0;
#define COUNT 10                                //定义接收缓冲区大小
#define ADD    5                                //定义设备地址
unsigned  char buffer［COUNT］;                  //定义接收缓冲区
unsigned char point;                            //定义接收数据个数指示变量
void UART_init（）;                              //串口初始化函数
void COM_send（void）;                           //串口接收函数
unsigned char CLU_checkdata（void）;             //计算校验位函数
//--------------------------------------------------------------------------------
//函数名称：UART_init（）
//函数功能：串口初始化函数
//函数说明：在系统时钟为11.0592MHz时，设定串口数据传输速率为9600bit/s
//            串口接收中断允许，发送中断禁止
//--------------------------------------------------------------------------------
void UART_init（）
{                                               //初始化串口和数据传输速率发生器
        SCON=0X0F0;                             //选择串口工作方式为3，打开接收允许
        TMOD=0X21;                              //定时器1工作在方式2，定时器0工作在方式1
        TH1=0XFD;                               //实现数据传输速率9600bit/s（系统时钟11.0592MHz）
```

```
        TR1 = 1;                                    //启动定时器T1
        SM2 = 1;                                    //设备处于地址监听状态
        ET1 = 0;
        ES = 1;                                     //允许串行中断
        PS = 1;                                     //设计串行口中断优先级
        EA = 1;                                     //单片机中断允许
}
//--------------------------------------------------------------------------------
//函数名称：com_interrupt（）
//函数功能：串口接收中断处理函数
//函数说明：接收包括起始位0xFE、地址位和终止位0xEF在内的10 bit数据到数据缓冲区，
//            若地址不匹配，则接到的是无效数字，不写入接收缓冲区
//--------------------------------------------------------------------------------
com_interrupt（void）interrupt 4 using 3
{
        unsigned char RECEIVR_buffer;
        if（RI）
        {                                                       //处理接收中断
                RI = 0;                                         //清除中断标志位
                RECEIVR_buffer = SBUF;                          //接收串口数据
                if（point = = 0）                               //如果没有接收到起始位
                {
                        if（RECEIVR_buffer = = 0xFE）           //判断是否为起始标志位
                        buffer［point++］ = RECEIVR_buffer;     //接收起始位
                        else
                        point = 0;                              //继续等待起始位
                }
                else if（point = = 1）                          //是否为地址位
                {
                            if（RECEIVR_buffer = = ADD）        //判断地址是否匹配
                            buffer［point++］ = RECEIVR_buffer; //地址匹配，开始接收
                            else
                            point = 0;              //地址不匹配，继续下一个起始位
                }
                else if（point>0&&point<10）       //判断是否接收够10bit数据
                            buffer［point++］ = RECEIVR_buffer; //把接收到的数据放入接收缓冲区
                else point = 0;                    //缓冲区已满，清除缓冲区中的数据，重新接收
        }
        if（TI）                                   //串口发送中断
```

```
        {
                TI = 0;                                //清除发送中断
        }
}
//-----------------------------------------------------------------------------------
//函数名称：COM_send（）
//函数功能：串口发送函数
//函数说明：把数据缓冲区的10bit数据发送出去
//-----------------------------------------------------------------------------------
void COM_send（void）
{
        RE_DE = 1;                                        //设置MAX485进入发送状态
        for（point = 0; point< = 10, TI = 1; point++）     //连续发送10bit数据
        {                                                 //把缓冲区的数据全部发送到串口
                SBUF = buffer［point］;
                TI = 0;
        }
        RE_DE = 0;                                        //设置MAX485进入接收状态
}
//-----------------------------------------------------------------------------------
//函数名称：main（）
//函数功能：主函数，调用各子函数，完成通信过程
//-----------------------------------------------------------------------------------
void main（）
{
        UART_init（）;                         //初始化串口
        do
        {
        }
        while（point! = 0）;                   //循环判断数据是否接收完成
        COM_send（）;                          //地址匹配，数据完成接收，调用发送程序通知主机
        SM2 = 0;                               //设置通信状态
}
```

本章小结

计算机间的数据通信已是应用系统的重要组成形式，特别是在测控系统中以单片机为核心的监控器上，更加需要组网以发挥集群优势。

在单片机应用系统中，以计算机为上位机和单片机为下位机的控制系统结构应用更加广泛。本章对接口标准和典型接口芯片进行了介绍，为单片机通信提供了基础平台，给出了点对点和多单片机通信的硬件接口设计及与之相配合的程序设计，针对单片机与计算机的通信环境，介绍了Windows .NET环境下的协议及程序设计。

习题与思考

1. RS-232的最长传输距离是多少？

2. 使用RS-232最少需要几条信号线？

3. RS-485与RS-232相比在性能上有哪些优点？应用中是否必须将RS-232改为RS-485？

4. 串行数据通信有什么特点？适用于什么场合？

5. 什么是串行异步通信？

6. 简述单片机的多机通信原理。

7. 在51单片机的串行口中，________模式下可利用定时器1产生比特率。

A. mode 0　　B. mode 1　　C. mode 2　　D. mode 3

8. 51单片机的串行口通过________引脚进行数据传输。

A. RXD　　B. TXD　　C. DTR　　D. 以上皆非

9. 在51单片机中，若通过串行口传出数据，则只要将数据放入________寄存器，CPU就会自动将它传出。

A. SMOD　　B. TBUF　　C. SBUF　　D. RBUF

10. 在51单片机中，CPU完成串行口数据的接收后进行________操作。

A. 将TI标志位变为0　　B. 将RI标志位变为0

C. 将TI标志位变为1　　D. 将RI标志位变为1

11. 若要设定51单片机的串行口模式，可在________寄存器中设定。

A. SMOD　　B. SCON　　C. PCON　　D. TCON

12. 下列________不是MAX232的功能。

A. 提升抗噪声能力　　B. 提高传输距离

C. 增加传输速度　　D. 以上皆是

13. 写出51单片机串行口工作模式的波特率及其设定方法。

14. 说明51单片机的SCON寄存器中各位的功能。

15. 并行数据通信和串行数据通信各有什么特点？分别适用于什么场合？

16. 写出串行异步通信的数据帧格式，这种通信方式的主要优缺点是什么？

17. 串行异步通信时，通信双方应遵守哪些协定？一帧信息包含哪些内容？

18. 串行通信操作模式有哪几种？各有什么特点？

19. 51单片机串行通信有哪几种工作方式？当并行口不够用时，如何将串行口用作并行口使用？

20. 多机通信时，当主机传送地址时，从机应如何设置才能接收主机传来的地址？主机发送数据时，TB8必须是什么值？

21. 设置串行口工作于方式3，波特率为1200bit/s，系统主频为6MHz，允许接收数据，串口开中断，初始化编程，实现上述要求。

22. 如果使用9600bit/s、偶校验位检查、8位的数据、2个位的停止位来传输数据，那么传输一个含有800个字节的字符串需要多长的时间？

23. 假设使用$G(X)=X^{16}+X^{12}+X^{5}+1$作为生成多项式，则一个11010101（十六进制的D5）的CRC值是多少？

24. 设计一个单片机的双机通信系统，编程将A机片内RAM中60H~6FH的数据块通过串行口传送至B机片内的RAM单元中。

第10章　51单片机外部存储器扩展

10.1　外部I/O的扩展

51系列单片机虽然具有很强的功能，但片内驻留的程序存储器、数据存储器的容量、并行I/O线等是有限的，51单片机共有4个8位并行I/O口，在不能满足应用系统的需要时，51系列单片机可以很方便地进行外部功能的扩展。由于在具体应用中经常需要较大的程序和数据空间，因此大部分51单片机应用系统设计中都不可避免地要进行I/O口扩展。

系统的扩展归结为三总线的连接，连线时应遵守下列原则：

① 连接的双方数据线连数据线，地址线连地址线，控制线连控制线。要特别注意的是，程序存储器接 $\overline{\text{PSEN}}$ ，数据存储器接 $\overline{\text{RD}}$ 和 $\overline{\text{WR}}$ 。

② 控制线相同的地址线不能相同，地址线相同的控制线不能相同。

③ 片选信号有效的芯片才能被选中工作，当一类芯片仅有一片时片选端可接地，当同类芯片有多片时片选端可通过线译码、部分译码、全译码接地址线（通常是高位地址线），在单片机中多采用线选法。在单片机应用系统中，扩展片外数据存储区与扩展按存储方式寻址的I/O接口时要共用单片机的外部64KB的数据存储区，所使用的操作指令也是外部数据存储区的读写指令。因此，在单片机自身接口不够用的情况下，扩展数据存储器与扩展外部I/O接口中十分重要的问题就是如何合理分配外部数据存储区的地址空间，在满足存储器扩展的前提条件下，提供一部分地址空间给I/O接口使用，换句话说，就是如何合理地分配单片机的地址线A0～A15，使得单片机无论是选通数据存储区，还是选通外部扩展I/O口，其地址都是唯一的。这种对于地址的选择操作一般称为地址译码。

10.1.1　I/O口扩展概述

由于51单片机的外部数据存储器RAM和I/O口是统一编址的，因此，用户可以把外部64KB的数据存储器RAM空间的一部分作为扩展外围I/O的地址空间。这样，单片机就可以像访问外部RAM存储器那样访问外部接口芯片，对其进行读/写操作。

由于51单片机属于Intel公司的产品，因此采用Intel公司的配套外围芯片与51单片机的接口电路最为简单、可靠。Intel公司常用的外围器件如表10-1所示。

表10-1　Intel公司常用的外围器件

型　号	名　称
8255A	可编程外围并行接口
8155/8156	可编程RAM I/O扩展接口
8243	I/O扩展接口
8279	可编程键盘/显示接口
8251	可编程通信接口
8253	可编程定时/计时器

另外，74LS系列的LSTTL电路或MOS电路也可以作为51单片机的扩展I/O口，利用单片机本身的串行口也可以扩展并行输入/输出口。本章将着重介绍一些单片机常用的外围接口电路的结构特点、性能及I/O扩展方法。

10.1.2　I/O地址译码技术

在实际的应用系统中，不仅需要扩展程序存储器，还需要扩展数据存储器和I/O接口芯片。所有的外围芯片都可以通过总线与单片机相连。

由于单片机访问这两类存储器使用不同的控制信号，51单片机的程序存储器与数据存储器可以重叠使用。因此，程序存储器与数据存储器之间不会因为地址重叠而产生数据冲突问题，但外围I/O芯片与数据存储器是统一编址的，它不仅占用数据存储器地址单元，而且使用数据存储器的读写控制指令与读写指令，这就使得在单片机的硬件设计中，数据存储器与外围I/O芯片的地址译码较为复杂。

51单片机的地址总线宽度为16位，P2口提供高8位地址（A8～A15），P0口经外部锁存后提供低8位地址（A0～A7）。为了只选中外部某一存储单元（I/O接口芯片已作为数据存储器的一部分），必须选择存储器片（或I/O接口芯片寄存器）。常用的选址方法有两种：片选法和地址译码法。

（1）片选法

若系统只扩展少量的RAM和I/O接口芯片，可采用片选法。所谓片选法，是把单独的地址线（通常是P2口的某一条线）接到外围芯片的片选端上，只要该地址线为低电平，就选中该芯片。片选法示例如图10-1所示。

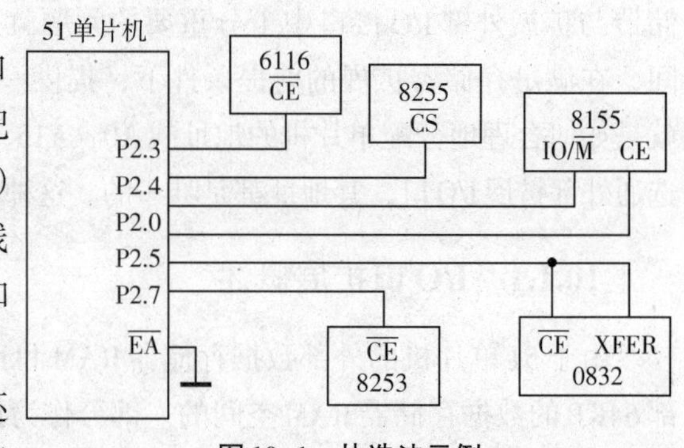

图10-1　片选法示例

其中，6116为2KB的数据存储器，还有I/O扩展芯片8255、8155、D/A变换器

0832和定时/计数器8253等。外围芯片除了片选地址外，还有片选内地址，而片选内地址是由低位的址线全译码选择的。根据图10-1中地址线的连接方法，全部地址译码如表10-2所示。

表10-2　　　　地址译码表

器　件		地址选择线（A15～A0）	片内地址单元数	地址编码
6264		000x xxxx xxxx xxxx	8000	0000H～1FFFH
8255		0011 1111 1111 11xx	4	3FFCH～3FFFH
8155	RAM	0101 1111 xxxx xxxx	256	5E00H～5EFFH
	I/O	0101 1111 1111 1xxx	6	5FF8H～5FFDH
0832		0111 1111 1111 1111	1	7FFFH
8253		1001 1111 1111 11xx	4	9FFCH～9FFFH

表10-2中地址选择译码中未用到的地址位均设成“1”状态（也可设成“0”状态）。由于6116内部有2KB的存储空间，占用11根地址线，故其片选线应取P2.3为高电位。这样在51单片机发出的16位地址码中，既包含了字选控制，也包含了片选控制。切记，在访问外部数据存储器（包括I/O接口芯片）所发出的16位地址码中，P2.3～P2.7这5个引脚只能有一个引脚为低电平，以保证同一时刻只选中一个芯片，否则将会引起错误。片选法的优点是硬件电路结构简单，但由于所用的片选线都是高电位地址线，它们的权值较大，地址空间没有充分利用，芯片之间的地址不连续。

（2）地址译码法

对于RAM和I/O容量较大的应用系统，当芯片所需的片选信号多于可利用的地址线时，常采用地址译码法。它将低位地址线作为芯片的内地址，取外部电路中最大的地址线位数，用译码器对高位地址进行译码，译出的信号作为片选线。

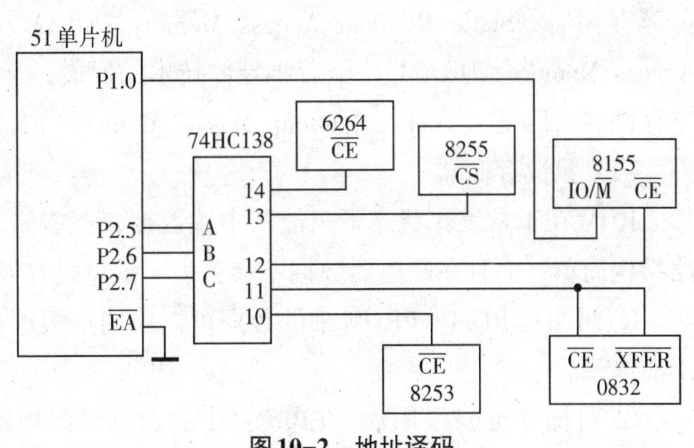

图10-2　地址译码

如果译码器的输入端占用3条最高位地址线，则剩余的13条地址线可作为片内地址线，因此，译码器的8条输出线分别对应一个8KB的地址空间。地址译码示例如图10-2所示。

因为6264是8KB RAM，因此需要13条低位地址线（A0～A12）进行片内寻址，其他3条高位地址线（A13～A15）经过三–八译码器后作为外围芯片的片选线。图10-2中尚剩余3条地址线（Y5～Y7），可供扩展3片8KB RAM或3个外围接口电路。根据图10-2中地址线的连接方法，全部地址译码如表10-2所示。

10.2 存储器概述

存储器就是用来存储信息的部件。存储器是单片机系统的主要组成部分，运行的程序需要存储器，处理数据需要存储器，存储数据也需要存储器。没有存储器，系统无法正常工作。一个最小的单片机系统必须包括程序存储器和数据存储器。

存储器的主要指标有存储容量和存取速度。存储容量用字数×位数表示，也可只用位数表示。存取速度用完成一次存取所需的时间表示。高速存储器的存取时间仅有10ns左右。

选择存储器件的考虑因素有易失性、只读性、位容量、功耗、速度、价格和可靠性等。

10.2.1 存储器的类型

存储器的种类繁多，按照物理特性可以分为磁介质存储器（如硬盘）、光介质存储器（如光盘）、半导体存储器。其中，半导体存储器在单片机系统中最为常见，种类也最多。半导体存储器从存、取功能上可以分为只读存储器（Read Only Memory，ROM）和随机存储器（Random Access Memory，RAM）两大类。只读存储器中又有掩膜ROM（Macro Read Only Memory, MROM）、可编程ROM（Programmable Read Only Memory，PROM）和可擦除可编程ROM（Erasable Programmable Read Only Memory，EPROM）、电可擦除可编程ROM（Electrically Erasable Programmable Read Only Memory，EEPROM）几种不同的类型。随机存储器根据所采用的存储单元工作原理的不同，又分为静态存储器（Static Random Access Memory，SRAM）和动态存储器（Dynamic Random Access Memory，DRAM）。随着半导体技术的发展，又出现了闪存（Flash Memory）和铁电存储器（Ferromagnetic Random Access Memory, FRAM）。

（1）只读存储器

ROM在正常工作状态下只能从中读数据，不能修改或重新写入数据。它的优点是电路结构简单，而且在断电后数据不会丢失；缺点是存储的数据不能被更改。

① 可编程ROM。PROM中的数据可以由用户根据自己的需要写入，但一经写入后就不能修改。

② 可擦除可编程ROM。EPROM中的数据可以由用户根据自己的需要写入，而且能擦除重写，所以具有更大的使用灵活性。

③ 电可擦除可编程ROM。EEPROM的典型优点是非挥发性、字节可擦除、编程速度快（一般小于10ms）。对EEPROM进行编程无需将EEPROM从系统中移除，从而使存储和刷新数据（或编程）非常方便、有效、可行。EEPROM还使得通过无线电或导线进行远距离编程成为可能，消除了EEPROM的紫外光擦除窗口，封装成本低，而且测试简单。

EEPROM的种类有很多，大致可分为串行、并行和加密型3种。串行EEPROM的优点是引脚少，使用方便。加密型EEPROM的步骤比较复杂，可以对写入的数据进行加密，避免越权存取。表10-3给出了各种EEPROM的比较。

表10-3　各种EEPROM的比较

	优　点	缺　点
串行	引脚少，应用方便	结构复杂，难以做到高集成
并行	速度快，可做到高密度	引脚多，使用不方便
加密型	有保密功能，结构复杂	成本高

（2）随机存储器

根据所采用的存储单元工作原理的不同，随机存储器又可分为静态存储器和动态存储器。由于动态存储单元的结构非常简单，所以它能达到的集成度远高于静态存储器，但是动态存储器的存储速度不如静态存储器快。

（3）闪存

Flash Memory诞生于1987年，是EEPROM走向成熟和半导体技术发展到1μm技术以下以及对大容量电可擦除存储器需求的产物。Flash Memory的优点是存储量大，可以整片擦除。

目前市场上的闪存从结构上大体可以分为AND、NAND、NOR和DiNOR等几类。其中，NOR和DiNOR型闪存的特点是相对电压低、随机读取快、功耗低、稳定度高，而NAND和AND型闪存的特点是容量大、回写速度快、芯片面积小。目前，NOR和NAND型闪存的应用最为广泛，在Compact Flash、Secure Digital、PC Card、MMC存储卡以及USB闪盘存储器市场都占有较大的份额。

NOR型闪存的特点是可在芯片内执行，这样应用程序可以直接在闪存内运行，不必再把代码读到系统RAM中。NOR型闪存的传输效率很高，但写入和擦除速度较低。而NAND型闪存能提供极高的单元密度，并且写入和擦除的速度也很快，是高数据存储密度的最佳选择。这两种闪存在结构性能上有如下差别：

① NOR型闪存的读速度比NAND型闪存稍快一些。

② NAND型闪存的写入速度比NOR型闪存快很多。

③ NAND型闪存的擦除速度远比NOR型闪存快。

④ NAND型闪存的擦除单元更小，相应的擦除电路也更加简单。

⑤ NAND型闪存中每块的最大擦写次数可达万次以上，而NOR型闪存的擦写次数是10万次以上。

⑥ NAND型闪存的实际应用方式要比NOR型闪存复杂得多。NOR型闪存可以直接使用，并在上面直接运行代码；而NAND型闪存需要I/O接口，因此使用时需要驱动程序。不过当今流行的操作系统对NAND型闪存都支持，如VxWorks系统、Windows CE系统等采用了TrueFFS驱动，此外，Linus内核也提供了对NAND型闪存的支持。

⑦ NOR型闪存具有高速的随机存取功能，但成本较高；新的Ultra NAND型闪存相对于NOR型闪存，具有价格低、容量特别大的优势，支持对存储器高速的连续存取。芯片的工作电压范围在2.7～3.6V，特别适用于需要批量存储大量代码或数据的语音、图形、图像处理场合，在便携式移动存储和移动多媒体系统中有广阔的应用前景。

（4）铁电存储器

铁电存储器抗辐射能力强，功耗低，速度高，成本相对较低。相对于其他类型的存储器，铁电存储器主要具有三大特点：几乎可以像RAM那样无限次写入；可以跟随总线速度写入，无需任何写入等待时间；超低功耗，写入时的能量消耗仅为EEPROM的1/2500。由于具有以上特点，铁电存储器为高可靠性的数据存储领域提供了良好的解决方案。

10.2.2 常用的存储器

（1）常用的EPROM存储器

EPROM是以往单片机最常选用的程序存储器芯片，是一种紫外线可擦除可编程的存储器，最经常使用的有27C系列的EPROM，如27C16（2KB、4KB）、27C64（8KB）、27C128（16KB）、27C256（32KB），除了27C16和27C32为24个引脚外，其余均为28个引脚。

（2）常用的EEPROM存储器

本书以常用的24C02为例介绍EEPROM存储器，24C02是采用CMOS工艺制作的串行EEPROM存储器，它具有可用电擦除的256字节的容量，由3～15V电源进行供电。其引脚图如图10-3所示。

其引脚功能如下：

① SCL串行时钟。SCL为串行时钟端，它用于对输入和输出数据的同步，写入串行EEPROM的数据用其上升沿同步，输出数据用其下降沿同步。

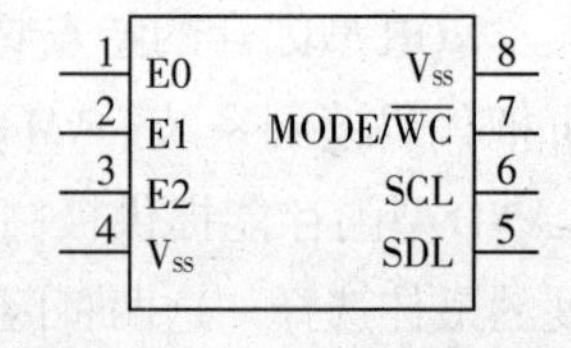

图10-3　24C02芯片引脚图

② SDA串行数据/地址。24C02的双向串行数据/地址引脚，用于器件所有数据的发送或接收。SDA是一个开漏输出引脚，可与其他开漏输出或集电极开路输出进行“线或”连接。

③ E0、E1、E2器件地址输入端。这些输入脚用于多个器件级联时设置器件地址，当这些引脚悬空时默认值为0，当使用24C02时最大可级联8个器件，如果只有一个24C02被总线寻址，这些引脚可悬空或连接到V_{SS}。

④ MODE/$\overline{WC}$为写数据/写保护。如果$\overline{WC}$引脚连接到V_{CC}所有的内容都被写保护（只能读），当$\overline{WC}$引脚连接到V_{SS}或悬空时，允许器件进行正常的读/写操作。为了防止24C02的内容意外改变（如由于强干扰或不规范操作等），在不进行写操作时，应使$\overline{WC}$引脚保持高电平。在进行写操作时使$\overline{WC}$变低，并一直保持到写操作完成。写操作完成

后立即将 $\overline{WC}$ 恢复为高电平。为了安全起见，存储器24C02中的数据应采用加密后的形式存放。

24C02是二线制I²C串行EEPROM，具有两种写入方式，一种是字节写入方式，另一种是页写入方式，允许在一个写周期内同时对一个字节到一页的若干字节进行编程写入，一页的大小取决于芯片内寄存器的大小。擦写周期寿命一般都能达到10万次以上。

字节读操作与字节写操作类似，字节读操作是字节写操作的逆过程，这里只对字节写操作进行简单介绍。其起始/停止时序与写周期时序分别如图10-4、图10-5所示，其操作时序如图10-6所示。

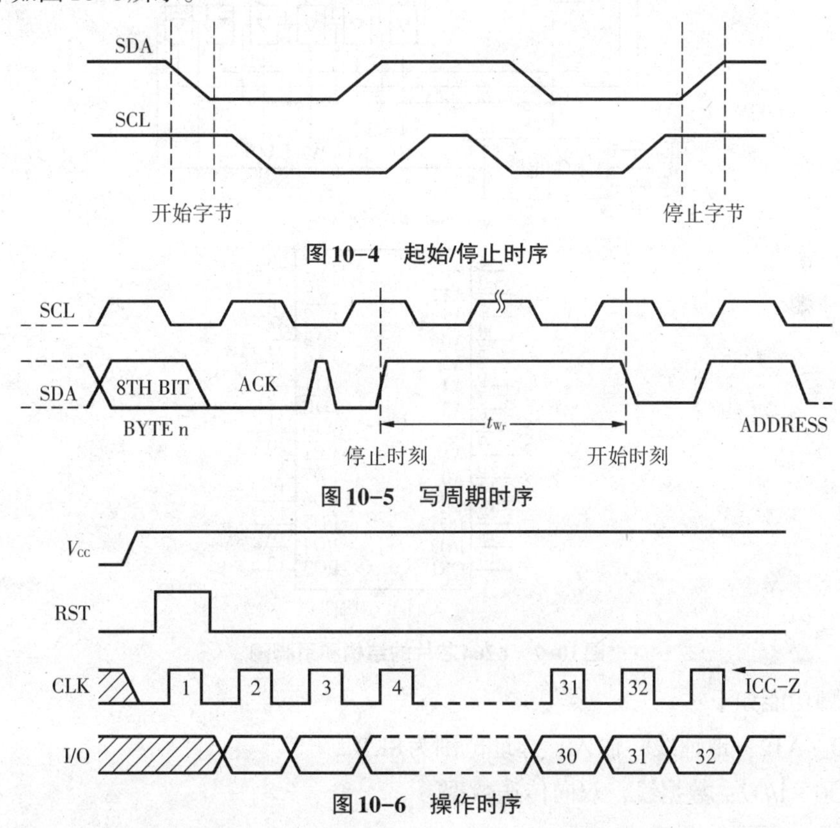

图10-4　起始/停止时序

图10-5　写周期时序

图10-6　操作时序

（3）常用的SRAM存储器

Intel SRAM的典型芯片有2KB的6116、8KB的6264和32KB的62256。其中，6264芯片应用最为广泛。6264是一种8KB×8的静态存储器，它采用CMOS工艺，典型的数据存取时间为200ns。其内部组成如图10-7（a）所示，主要包括512×128的存储器矩阵、行/列地址译码器以及数据输入输出控制逻辑电路。地址线为13位，其中，A3～A12用于行地址译码，A0～A2和A10用于列地址译码。在存储器读周期，选中单元的8位数据经过列I/O控制电路输出；在存储器写周期，外部8位数据经过输入数据控制电路和列I/O控制电路写入所选中的单元中。6264有28个引脚，如图10-7（b）所示，采用双列直插式结构，使用单一+5V电源。

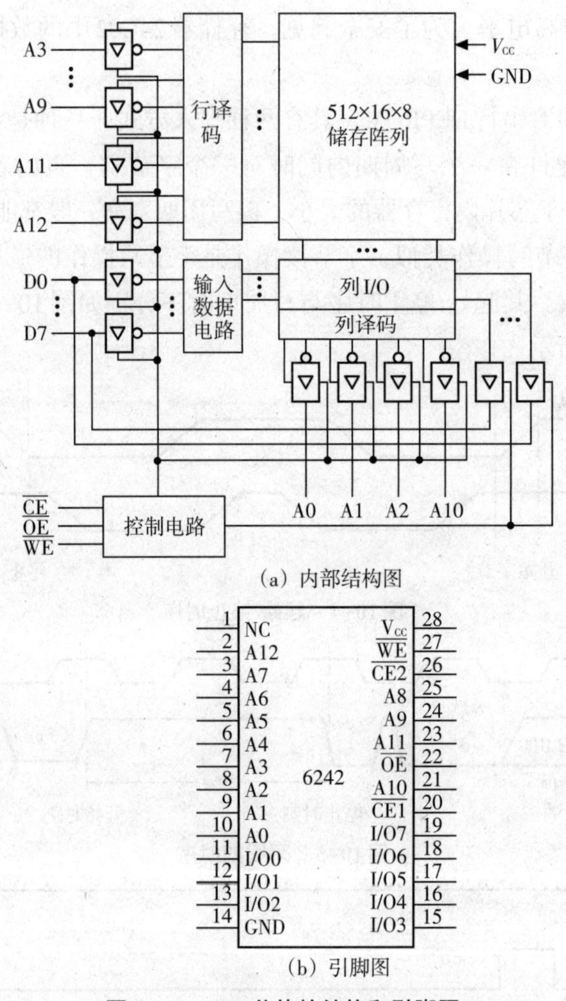

图10-7　6264芯片的结构和引脚图

其引脚功能如下：

① A0 ~ A12：地址线，输入，寻址范围为8KB。

② I/O0 ~ I/O7：数据线，双向传送数据。

③ $\overline{CE1}$ 、$\overline{CE2}$ ：片选线。

④ $\overline{WE}$ ：写允许信号。输入，低电平有效，读操作时要求其无效。

⑤ $\overline{OE}$ ：读允许信号。输入，低电平有效，即选中单元输出允许。

⑥ V_{CC}：接+5V电源。

⑦ GND：接地。

静态RAM是由MOS管组成的触发器电路，每个触发器可以存放1位信息，只要不掉电，所存储的信息就不会丢失。因此，静态RAM工作稳定，不要外加刷新电路，使用方便。但一般SRAM的每一个触发器是由6个晶体管组成的，SRAM芯片的集成度不会太高。6264的引脚如图10-7（b）所示，$\overline{WE}$ 、$\overline{OE}$ 、$\overline{CE1}$ 、$\overline{CE2}$ 的共同作用决定了芯片的运行方式，如表10-4所示。

表 10-4　　6264的操作逻辑表

$\overline{CE1}$	CE2	$\overline{OE}$	$\overline{WE}$	方　式	I/O0 ~ I/O7
L	H	H	H	输出禁止	高阻
L	H	L	H	读数据	输出
L	H	H	L	写数据	输入
H	×	×	×	未选中	高阻
×	L	×	×	未选中	高阻

10.2.3　存储器扩展电路的工作方式

单片机外接程序存储器和数据存储器可以采用两种编址方法：一种是程序存储器和数据存储器各自独立编址，两者的最大编址空间均为64KB，但数据存储器的地址空间有一部分要被单片机扩展的外部设备（I/O端口）所占用；另一种是程序存储器和数据存储器及其他扩展的I/O器件统一编址，其总地址空间为64KB。单片机访问外部存储器时，必须同时选通芯片和选中存储单元，才能占据不同存储空间的字节信息进行访问。通常采用两种方法获得芯片选择信号：线选法和地址译码器法。

（1）线选法

线选法就是把51单片机的地址线直接或通过反相器连接到芯片的选通端（$\overline{CE}$ 和 $\overline{CS}$），以51单片机送出的地址信号选通芯片，通常用单片机的低位地址线接至存储器芯片的地址输入端，而用余下的高位地址线连接片选端。

线选法的连接方法有一线二用、一线一选和综合线选方式。

在使用线选法时要注意以下问题：

① 地址浮动。即在扩展芯片时，当芯片的地址线没有16位时，除了片选信号线对电平信号有要求外，其余的地址线应给予电平的固定，否则芯片的地址会发生变化（浮动），对存储器的访问会发生错误。

② 地址的重叠。不同的芯片在连接时由于共用地址线，它们的地址空间会有重叠的情况，此时就发生地址重叠，对存储器的访问同样会发生错误。

为了避免以上两种情况，在外部扩展时应注意两点：

① 片选信号的地址线及其有效电平必须是唯一的；

② 对未用的地址线也不能输出任意的电平信号。

（2）地址译码器法

通过地址译码器，使用较少的地址信号编码产生较多的译码信号，从而实现对多块存储器及I/O器件的选择。

10.3 外部存储器扩展

单片机的特点之一是在芯片内留有一定数量的数据存储器和程序存储器，但容量有限。51系列单片机的CPU芯片内部只有很少字节的数据存储器，程序存储器的数量很少，有的芯片中没有，不能满足实际控制的需要，在系统控制中必须扩展外部存储器。

外部存储器的扩展包括程序存储器和数据存储器，这两种扩展的实质都是根据单片机的结构特点和寻址能力，把不超过64KB的RAM和ROM存储器芯片按照一定规律连接到单片机的外部电路上，作为单片机的片外存储器。

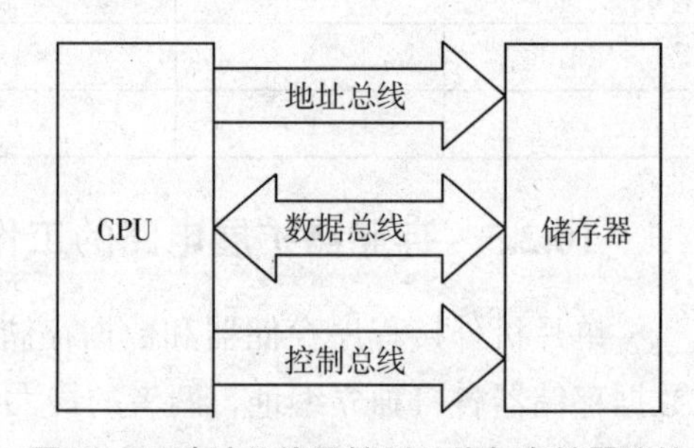

图10-8　地址总线及控制总线与存储器连接

微处理器通过数据总线、地址总线和控制总线与存储器连接，如图10-8所示。

其中，地址总线为地址信号，用来指明选中的存储单元地址。数据总线为数据信号，它是微处理器送往存储器的信息或存储器送往微处理器的信息。它包括指令和数据。控制总线发出存储器读写信号，以便从ROM、RAM中读出指令或数据，或者向RAM写入数据。

10.3.1 扩展程序存储器

51系列单片机为外部程序存储器的扩展提供了专门的读指令控制信号 $\overline{PSEN}$ ，因此外部程序存储器形成了独立的空间。下面以27C64A作为51单片机程序存储器典型芯片为例进行说明。

27C64A是8K×8位的EPROM芯片，其引脚图如图10-9所示。

其引脚功能如下：

① A0～A12：13位地址信号输入线。说明芯片的容量为8K = 2^{13}个单元。

② Q0～Q7：8位数据。表明芯片每个存储单元存放一个字节。

③ $\overline{CE}$ ：输入信号。当低电平有效时芯片被选中。

④ $\overline{OE}$ ：输出允许信号。低电平时芯片中的数据从D0～D7端口输出。

⑤ $\overline{PGM}$ ：编程脉冲输入端。当对EPROM编程时，由此加入编程脉冲。读程序时 $\overline{PGM}$ 为高电平。

51单片机扩展一片27C64A的最小系统如图10-10所示，其扩展方法如下。

（1）数据总线

27C64A的数据线与51单片机的P0口对应相接，构成系统的数据总线。

（2）地址总线

27C64A的地址线的A0～A7与51单片机的P0口经过地址锁存器74LS373锁存后得到

的地址线的低8位对应相接，而27C64A的地址线的A8～A12与51单片机的P2.0～P2.4对应相接，这样就构成了系统的地址总线。

（3）控制总线

27C64A的 $\overline{\text{OE}}$ 端与51单片机的读指令控制信号 $\overline{\text{PSEN}}$ 相接。通过 $\overline{\text{PSEN}}$ 选通片外程序存储器，当 $\overline{\text{PSEN}}$ 信号由高电平变成低电平时，允许27C64A输出。

如果系统只需要扩展一片EPROM，则可以将片选信号 $\overline{\text{CE}}$ 直接接地。注意：地址总线的多少是由所扩展的芯片的容量决定的。由于这里只使用外部扩展的程序存储器，因此51单片机的 $\overline{\text{EA}}$ 脚必须接地。

ALE指示74LS373锁存低8位地址。74LS373是带三态输出的地址锁存器。三态控制端 $\overline{\text{OE}}$ 接地，以保持输出常通，cp（G）端接51单片机的ALE引脚，每当ALE端的电平产生复跳变时，74LS373锁存低8位地址线并输出，供27C64A使用。

引脚	名称	名称	引脚
1	V_{PP}	V_{CC}	28
2	A12	$\overline{\text{PGM}}$	27
3	A7	NC	26
4	A6	A8	25
5	A5	A9	24
6	A4	A11	23
7	A3	$\overline{\text{G}}$	22
8	A2	A10	21
9	A1	$\overline{\text{E}}$	20
10	A0	Q7	19
11	Q0	Q6	18
12	Q1	Q5	17
13	Q2	Q4	16
14	V_{SS}	Q3	15

图10-9　27C64A引脚图

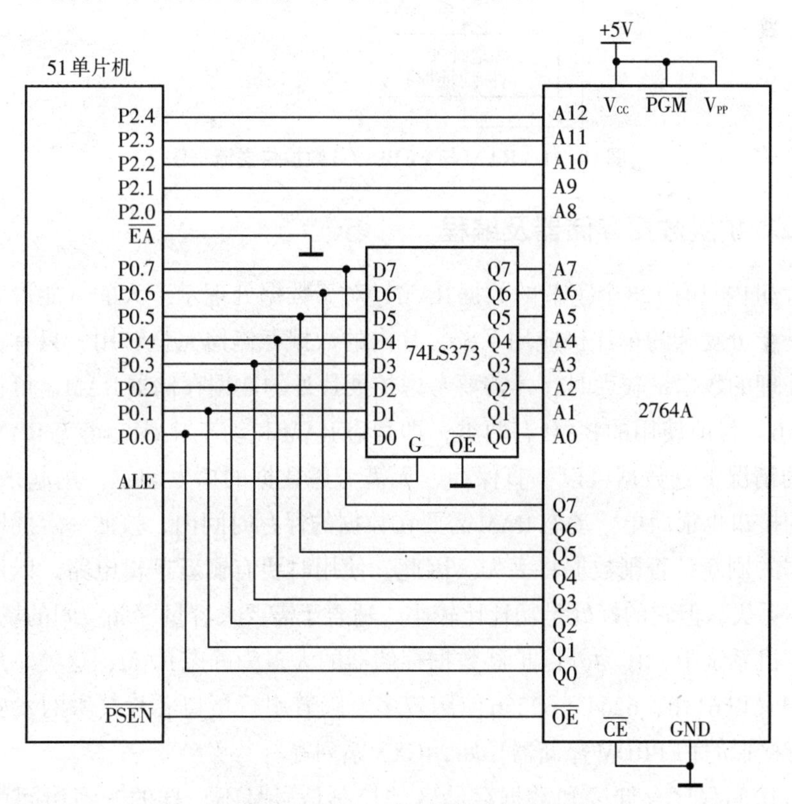

图10-10　27C64A EPROM扩展电路

27C64A工作的流程图如图10-11所示。

存储器映像分析就是分析存储器在存储空间中占据的地址范围。其实就是根据连接情况确定其最高地址和最低地址。如第8章图8-7所示，由于P2.5、P2.6、P2.7的状态与

27C64A芯片的寻址无关，所以P2.5、P2.6、P2.7的状态可以任意设置（从000到111共8种组合）。27C64A芯片的地址范围是：

最低地址　0000H（A15A14A13…A0 = 0000 0000 0000 0000）

最高地址　1111H（A15A14A13…A0 = XXX1 1111 1111 1111）

共占用了64KB的存储空间，造成地址空间的重叠和浪费。

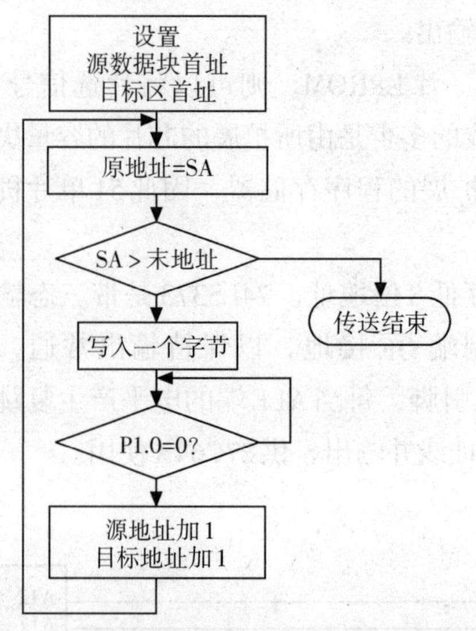

图10-11　RAM与EEPROM数据传送流程图

10.3.2　扩展数据存储器及编程

51单片机内只有128个字节的数据RAM，对于数据处理量不大的智能仪表及控制系统功能不是十分复杂的单片机应用系统，片内的数据存储器完全够用。只有在单片机需要采集及处理的数据量较大时，才需要考虑扩展片外的数据存储器RAM，可扩展的最大容量为64KB。目前使用的RAM有两类，即静态RAM和动态RAM。静态RAM只要在系统不断电的情况下，数据可以一直保存，无需考虑数据的挥发问题，用起来比较方便，与单片机的接口也很简单。动态RAM需要在数据的保存时间内，按照一定的刷新周期不断进行数据的刷新，否则数据将丢失。因此，使用时要有刷新逻辑电路，以保证存储的数据信息不丢失。但它的好处是功耗比较小，适合于需要大容量存储空间的场合。

在单片机系统中，作为外部扩展数据存储器的大多为静态RAM，这类芯片在单片机应用系统中又以6116、6264、62256使用较多。随着串行接口芯片技术的发展，已有大量采用串行接口的EEPROM存储器，如24CXX系列等。

单片机访问程序存储区和数据存储区的控制信号是不一样的，当访问程序存储区时，使用的控制信号是 $\overline{PSEN}$；而访问数据存储区使用的则是 $\overline{RD}$ 、 $\overline{WR}$ 控制信号。正因为如此，51单片机的两个存储区的地址是重合的，都是0000H ~ FFFFH。扩展数据存储区便是根据单片机应用系统的需要，选择一定容量的RAM器件，为其分配一定的数据存储区地址范围，并与单片机连接。

（1）6264存储器与单片机的接口设计

51单片机与数据存储器的连接方法和程序存储器的连接方法大致相同，下面以6264芯片为例进行说明，其接口电路如图10-12所示。

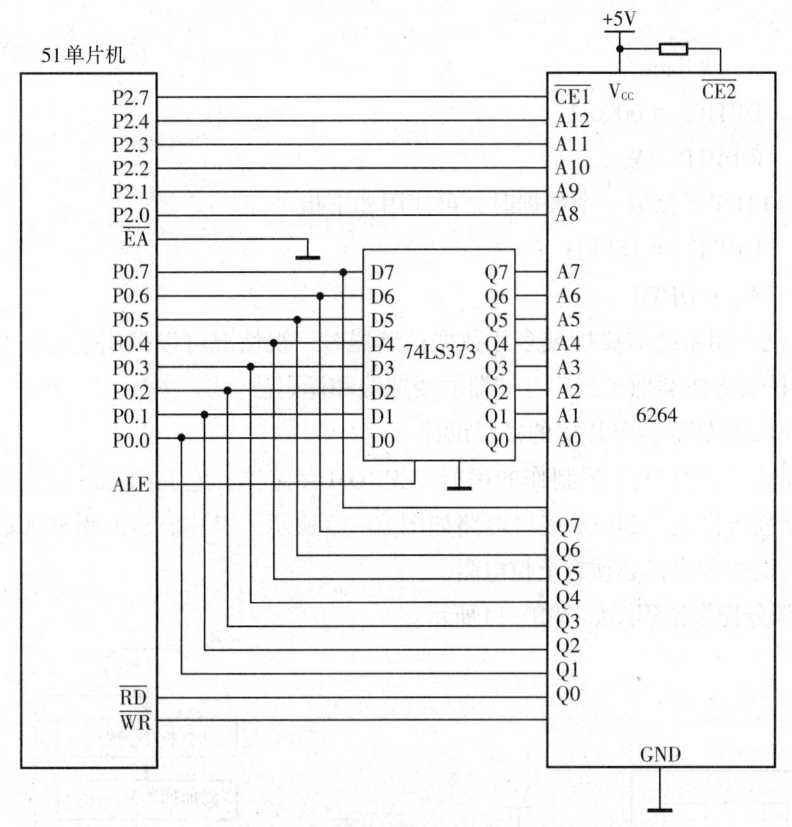

图10-12　6264静态RAM扩展电路

其中，数据线和地址线的连接与程序存储器接法相同。控制线的连接方法如下：存储器输出信号 $\overline{OE}$ 和单片机读信号 $\overline{RD}$ 相连，存储器写信号 $\overline{WE}$ 和单片机写信号 $\overline{WR}$ 相连。ALE连接方法与程序存储器相同。

使用时应注意，访问内部或外部存储器时，应分别使用MOV和MOVX命令。外部数据存储器通常设置两个数据区：

① 低8位地址寻址的外部数据区，此区寻址空间256个字节。CPU可以使用下列读写指令来访问此存储区。

读存储器数据指令：MOVX　A，@Ri

写存储器数据指令：MOVX　@Ri，A

由于8位寻址指令少，程序运行速度快，所以经常被采用。

② 当外部RAM容量较大，要访问的RAM地址空间大于256个字节时，则采用如下16位寻址指令。

读存储器数据指令：MOVX A，@DPTR

写存储器数据指令：MOVX @DPTR，A

由于DPTR为16位的地址指针，故其寻址范围为64K RAM字节单元。

按照这种片选方法，6264的8K地址范围由13位地址来确定，可有多种选择，0000H～1FFFH是其中的一种地址范围。当向该片0000H单元写入一个数据data时，可使用下列指令：

```
MOV    A，# data
MOV    DPTR，# 0000H
MOVX   @DPTR，A
```

当从1FFFH单元读取一个数据时，可使用如下指令：

```
MOV    DPTR，# 1FFFH
MOVX   A，@DPTR
```

当单片机应用系统需要扩展多片数据存储器时，视情况可以采用线选法寻址或译码法寻址，其扩展方法类似于程序存储器的线选法和译码法。

（2）24C02存储器与单片机的接口设计

24C02是采用CMOS工艺制作的串行EEPROM存储器，它具有256字节的容量，由3～15V电源进行供电。24C02接口电路如图10-13所示。其中，SCL和SDA输出端口属于I²C总线的操作方式，必须有上拉电阻。

24C02部分操作流程图如图10-14所示。

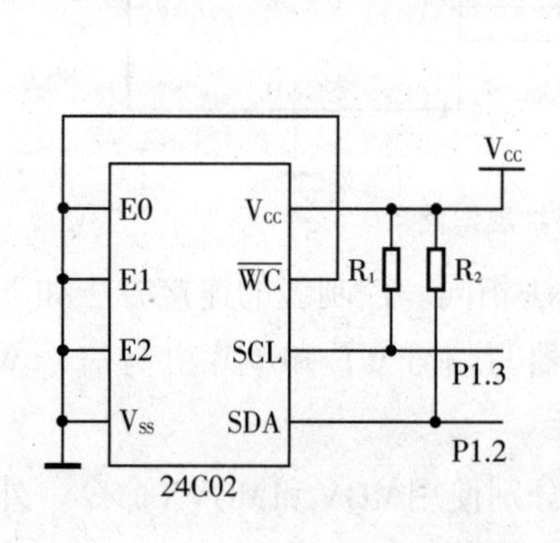

图10-13　24C02芯片接口电路

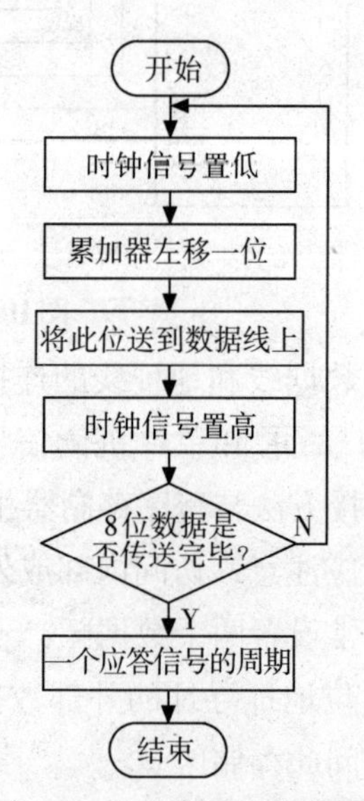

图10-14　24C02单字节写程序流程图

程序如下：

```
        ORG     0000H
; ------------------------------初始化部分程序------------------------------
L0:     MOV     SP, #0FH            ; 栈底，寄存储器有两个工作区
        SDA     BIT      P1.2       ; I²C数据线
        SCL     BIT      P1.3       ; I²C时钟线
```

```
; ##############################################
; #         24C02部分操作程序                    #
; #     RBYTE—字节读子程序（无应答）             #
; #     RBYTE1—字节读子程序（有应答）            #
; #     WBYTE—字节写子程序                       #
; #     ST24—启动子程序（含供电）                #
; #     STOP24—停止子程序                        #
; #     RD_DA1—读取一批字节数据                  #
; #     WR_DA1—写入R2个字节数据                  #
; #     DWR—延时等待E2写周期结束10ms             #
; ##############################################
RD_DA1: LCALL       ST24            ；读出数据个数并存入R2中
        MOV         A, #0A0H
        LCALL       WBYTE
        MOV         A, R4
        LCALL       WBYTE
        NOP
        LCALL       STOP24
        NOP
        LCALL       ST24
        MOV         A, #0A1H
        DEC         R2
        LCALL       WBYTE           ；写入芯片地址A1
RD110:  LCALL       RBYTE1          ；读出数据
        MOV         @R0, A
        INC         R0
        DJNZ        R2, RD110
        LCALL       RBYTE
        MOV         @R0, A
        INC         R0
        LCALL       STOP24          ；发出停止指令
        RET
; --------------------R1数据向E2中从R4开始的R2个单元写入数据-----------------------
WR_DA1: LCALL      ST24             ；发出启动指令
        MOV        A, #0A0H
        LCALL      WBYTE            ；写入芯片地址A0H
        MOV        A, R4
        MOV        R2, #08H
        LCALL      WBYTE            ；写入数据地址在R4中
```

```
WR10:   MOV     A, @R1
        LCALL   WBYTE       ; 写入数据在R1中
        INC     R1
        INC     R4
        DJNZ    R2, WR10
        LCALL   STOP24      ; 发出停止指令
        LCALL   DWR         ; 延时等待E²PROM写周期结束
        RET
; --------------------------------启动子程序----------------------------------------
ST24:   SETB    SCL
        MOV     R6, #04H
        DJNZ    R6, $
        SETB    SDA
        MOV     R6, #04H
        DJNZ    R6, $
        SETB    SCL
        MOV     R6, #04H
        DJNZ    R6, $
        CLR     SDA
        RET
; ----------------------------------停止子程序--------------------------------------
STOP24: CLR     SCL
        MOV     R6, #04H
        DJNZ    R6, $
        CLR     SDA
        MOV     R6, #04H
        DJNZ    R6, $
        SETB    SCL
        MOV     R6, #04H
        DJNZ    R6, $
        SETB    SDA
        RET
; ------------------------------读8位数据子程序（无应答）-----------------------------
RBYTE:  MOV     R3, #08H    ; 一个字节数据（8位）
        SETB    SDA
RBY0:   CLR     SCL         ; 时钟低，E²PROM输出数据
        MOV     R6, #04H
        DJNZ    R6, $
        SETB    SCL         ; 时钟高，读数据
```

```
        NOP
        MOV     C, SDA          ; 读位
        RLC     A
        DJNZ    R3, RBY0        ; 循环8次
        RET
; ---------------------------读8位数据子程序（有应答）------------------------------
RBYTE1: MOV     R3, #08H        ; 一个字节数据（8位）
        SETB    SDA
RBY10:  CLR     SCL             ; 时钟低，E²PROM输出数据
        MOV     R6, #04H
        DJNZ    R6, $
        SETB    SCL             ; 时钟高，读数据
        NOP
        MOV     C, SDA          ; 读位
        RLC     A
        DJNZ    R3, RBY10       ; 循环8次
        CLR     SCL             ; 向E²PROM发送1个低电平响应
        MOV     R3, #02H
        DJNZ    R3, $
        CLR     SDA
        MOV     R3, #04H
        DJNZ    R3, $
        SETB    SCL             ; 置高时钟，让E²PROM读响应
RBY11:  JNB     SDA, RBY12
        DJNZ    R3, RBY11
RBY12:  CLR     SCL             ; 时钟低，将数据线置高
        RET
; ------------------------------------字节写子程序-----------------------------------
WBYTE:  NOP
        MOV     R3, #08H
WBY0:   CLR     SCL
        NOP
        RLC     A
        MOV     SDA, C          ; 写位
        NOP
        SETB    SCL
        NOP
        NOP
        DJNZ    R3, WBY0        ; 循环8次
```

```
        CLR     SCL
        MOV     R3, #04H
        DJNZ    R3, $
        SETB    SCL
        MOV     R3, #04H
        DJNZ    R3, $
WBY1:   JNB     SDA, WBY2       ; 等待EERPOM应答
        DJNZ    R3, WBY1
WBY2:   RET
; ---------------------------延时等待E²PROM写周期结束10ms-------------------------
DWR:    MOV     R6, #0AH
DWR1:   LCALL   YS1MS
        DJNZ    R6, DWR1
        RET
        END
```

10.3.3 程序存储器与数据存储器同时扩展

（1）片选法扩展存储器

采用6264和2764同时扩展，可为51单片机片外扩展8KB的RAM和8KB的EPROM，如图10-15所示。

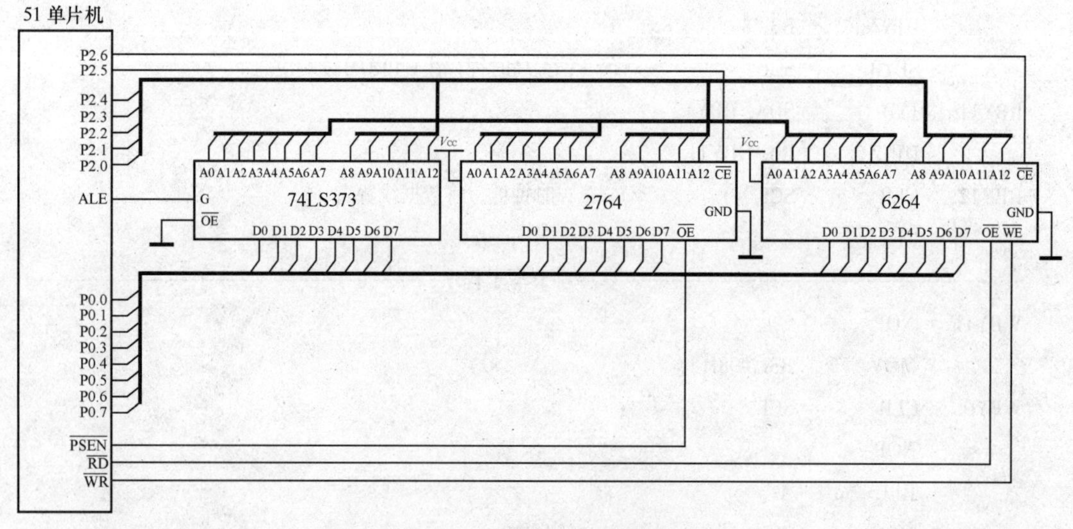

图10-15 片选法扩展存储器

在图10-15所示的51单片机扩展的系统中，用一片程序存储器2764提供8KB的片外程序存储器，用一片静态数据存储器6264提供8KB的片外数据存储器。2764片选信号$\overline{CE}$接51的P2.5，当P2.5输出为低电平时，才能选通2764，$\overline{OE}$端口连接到$\overline{PSEN}$端口，当$\overline{PSEN}$信号由高电平变为低电平时，芯片中的数据从D0～D7端口输出。

（2）译码法扩展存储器

译码法由译码器组成译码电路，译码电路的有效输出端选通相应的存储器芯片，将地址空间划分为若干连续的地址空间块，这样既充分利用了存储空间，又避免了空间分散的特点。图10-16给出了51单片机通过译码器扩展存储器的电路图。

在一个系统中扩展一片程序存储器2764和一片数据存储器6264的综合逻辑扩展。程序存储器和数据存储器共用数据总线和地址总线，实际上，在51系列单片机的并行扩展系统中，所有的外部并行扩展器件都是共用数据总线和地址总线的。程序存储器可扩展的空间范围是0000H～FFFFH，数据存储器可扩展的空间范围也是0000H～FFFFH，它们之间是通过控制总线来进行区分的。数据存储器的扩展所使用的控制总线是 $\overline{WR}$ 和 $\overline{RD}$，而程序存储器所使用的控制总线是 $\overline{PSEN}$。在51系列单片机的并行扩展系统中，数据存储器的扩展地址和外部I/O口的扩展地址是统一编制的。

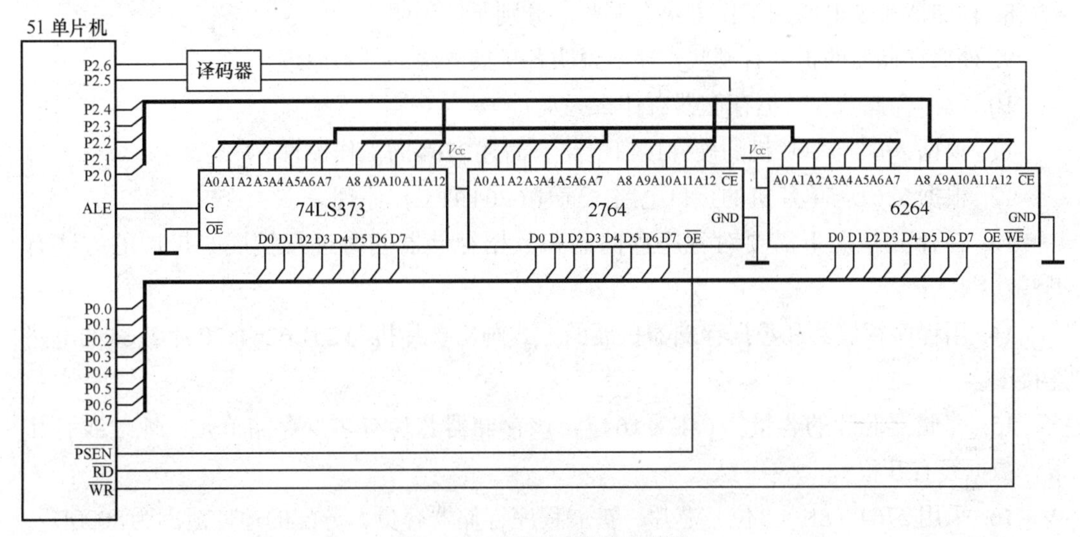

图10-16　译码法扩展存储器

本章小结

在单片机系统的应用中，一般需要进行程序存储器、数据存储器的扩展。51单片机共有4个8位并行I/O口，针对不同的应用环境和技术要求，外部存储器的扩展也有多种方法，在满足系统功能的前提下，可设计出结构更加合理、可靠的系统方案。

本章讨论了常用数据存储器、程序存储器的扩展方式，针对并行和串行存储器的特性给出了系统设计形式，介绍了地址总线、数据总线、控制总线的设置技术及程序设计，在介绍常用的片选法和译码法的基础上，讨论了应用较多的串行存储器接口电路及编程方法。

习题与思考

1. 在单片机系统中，为什么经常需要进行I/O口的扩展？

2. 系统的扩展归结为三总线的连接，连线时应遵守哪些原则？

3. 什么是地址译码技术？地址译码技术的分类有哪些？各分类之间有什么区别？

4. 什么是存储器？存储器的主要指标有哪些？

5. 半导体存储器的类型有哪些？各有何优缺点？

6. 目前市场上的闪存（Flash Memery）从结构上大体可以分为AND、NAND、NOR和DiNOR等几种，指出这几种结构的区别及优缺点。

7. 简述24C02的引脚功能，并画出其操作时序图。

8. 存储器扩展电路的工作方式有哪些？分别予以说明。

9. 外部存储器的扩展有哪些？简要说明各扩展方法的基本原理。

10. 程序存储器和数据存储器有什么区别？

11. 根据2764与单片机的硬件接口电路，简述2764的工作原理。

12. 根据6264与单片机的接口电路，简述6264的工作原理。

13. 在什么情况下需要对程序存储器和数据存储器同时进行扩展？扩展的方法有哪些？

14. 用程序存储器和数据存储器扩展的方式画出单片机与2片6264、2片2764的电路连接图。

15. 存储器芯片的容量为64K × 16位，该存储器芯片有多少存储单元？地址线有几根？数据线有几根？

16. 采用2764（8K × 8位）芯片，扩展程序存储器容量，分配的地址范围为8000H ~ BFFFH。采用完全译码，试选择芯片数、分配地址，画出与单片机的连接图。

第 11 章 51单片机输出控制

作为一个完整的控制系统，控制输出部分是必不可少的。输出控制是单片机实现控制算法处理后，控制执行机构的过程。由于应用场合和控制对象不同，单片机输出控制可以分为模拟量控制、开关量控制、电机控制等几类。开关量与数字量有着共同的特点，具有有限离散的状态，在单片机的输出控制中常采用单片机与光电隔离元件、模拟开关、继电器等元件构成输出控制。现实生活中的各种物理量大多是连续变化的模拟量，但是单片机只能处理离散的数字量，因此模拟量的输出常采用D/A转换设计来实现。电动机控制应用较为广泛，常用于检测和控制系统，本章针对以上内容分别用实例予以说明。

11.1 常用输出接口电路

输出接口电路主要由抗干扰元件接口电路、D/A转换接口电路和功率驱动接口电路组成。各接口电路将在后面详细介绍。

11.1.1 单片机与光电隔离元件的接口电路

光电隔离器是以光为媒介传输电信号的一种电-光-电转换器件。它由发光源和受光器两部分组成。把发光源和受光器组装在同一密闭的壳体内，彼此间用透明绝缘体隔离。发光源的引脚为输入端，受光器的引脚为输出端。常见的发光源为发光二极管。受光器一般为光敏二极管、光敏三极管等。光电隔离器的种类较多，常见的有光电二极管型、光电三极管型、光敏电阻型、光控晶闸管型、光电达林顿型、集成电路型等。

光电隔离器在实际工作中的应用极其广泛，但归纳总结起来，主要有以下应用：

① 可将输入和输出两部分间的地线分开，各自使用一套电源供电。这样信息通过光电转换，单向传递。又由于光电隔离器的输入端与输出端之间绝缘电阻非常大，寄生电容很小，因此干扰信号很难从输出端反馈到输入端，从而起到隔离作用。

② 可以进行电平转换。通过光电隔离器可以很方便地实现电平转换。

③ 提高驱动能力。隔离用光电耦合器（如达林顿电路）输出和晶闸管输出型耦合器

件，不仅具有隔离功能，而且具有较强的带负载能力。微机输出信号通过这种光电隔离器件后就能直接带动负载。

（1）光电隔离器的结构

从结构上看，光电隔离器由一个发光二极管和光敏晶体管封装在同一个管壳内组成，一般有金属封装和塑料封装两种形式。其结构如图11-1所示。金属封装采用金属外壳并用玻璃绝缘，芯片采用环焊以保证发光管与接受管对准。塑料封装采用双列直插式结构，管芯先装于管脚上，中间用透明树脂固定，具有聚光作用，故灵敏度较高，是目前应用较多的一种。

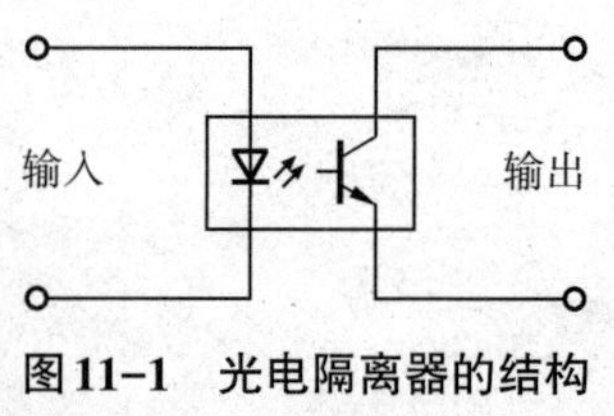

图11-1　光电隔离器的结构

通常使用的光电离器组合形式有4种，如图11-2所示。其中，图11-2（a）为普通型隔离器，一般用于100kHz以下频率的装置中；图11-2（b）为高速型隔离器，其响应速度高；图11-2（c）为达林顿输出型隔离器，具有达林顿输出的一切特性，可直接用于驱动较低频率的负载；图11-2（d）为晶闸管输出型，其输出部分为光控晶闸管，常用于大功率的隔离驱动场合。在实际应用中，可根据实际需要选用适当的组合形式，尽量选用结构简单的器件，以降低成本。

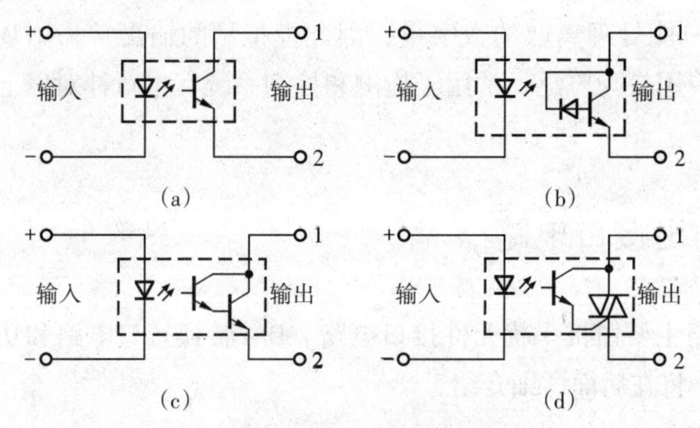

图11-2　光电隔离器组合形式

光电隔离器的主要参数有以下几种：电流传输比、脉冲上升时间和下降时间以及输入、输出间的绝缘电阻、耐压和寄生电容等。

（2）光电隔离器的工作原理

光电耦合接口是通过光电元器件来实现的。光电元器件由发光二极管和光电三极管构成，可应用于信号隔离、开关电路、数模转换、逻辑电路、长线传输、过载保护、高压控制和电路变换等。

光电三极管是一种光电转换装置，它的输出特性与三极管基本相同，不同的是，光电三极管接收的是光能量。由于光电三极管的基极-射极的接合电容受到密勒效应影响，并且与负载电阻大小有关，所以光电三极管的响应通常比较慢。它的输出特性也有截止区、放大区和饱和区。

发光二极管是一种电光转换装置，当有电流通过时会产生光，它的输入特性与普通二极管相似。但它的正向压降较大，为1V左右；反向电压较小，在6V左右。当发光二极管加上正向电压时会发出光线，光线的强弱与正向电压有关，光电三极管的基极接收到光能量后，产生IC电流，完成了电-光-电的转换过程。由于发光二极管与光电三极管之间是通过光来传递信息的，没有电气上的联系，从而实现了电气上的隔离。这就是光电隔离器的作用。

（3）光电隔离器接口电路

下面以TLP521-4光电隔离器为例对光电隔离器接口电路进行介绍。TLP521-4的结构及引脚排列如图11-3所示。

光电耦合技术被广泛应用于测量控制系统。图11-4所示是光电隔离器的典型应用电路。

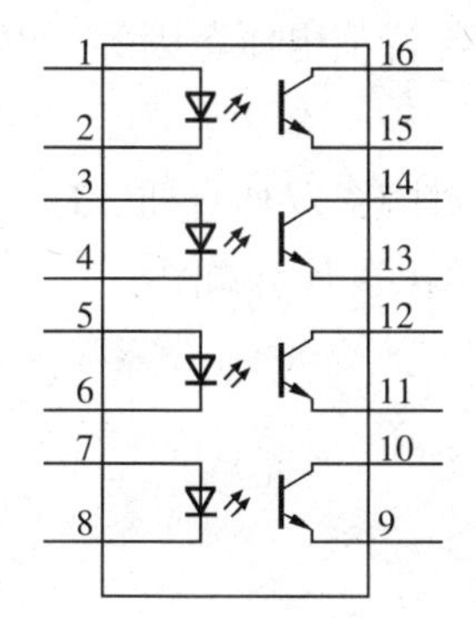

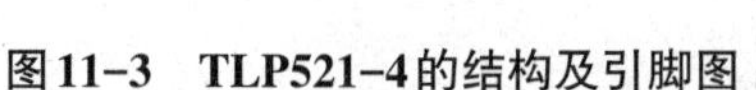
图11-3　TLP521-4的结构及引脚图

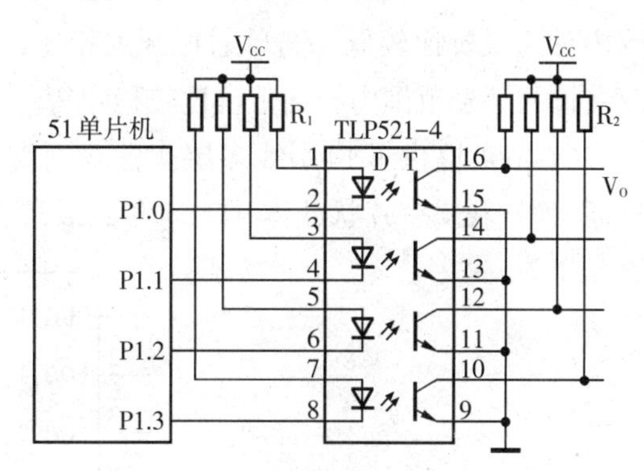

图11-4　光电隔离器的典型应用电路

其中，D为发光二极管，V_{CC}为工作电源，R_1为限流电阻，R_2为三极管负载电阻。当I/O口输出高电平时，发光二极管无电流流过，因此不发光，光电三极管T没有接收到光能量，处于截止状态，输出电压$V_o = V_{CC}$。当I/O口输出低电平时，有电流流过D，产生红外光线，T接收到光能量，从工作区进入饱和区，光电三极管导通，$V_o = 0V$，输出低电平。

一般发光二极管D的工作电流在10mA左右，R_1的阻值与工作电压和发光二极管的正向压降有关，通过计算可以求出。V_{CC}是负载工作电压，R_2为三极管负载电阻，应通过计算或调试使T工作在截止区和饱和区，以保证V_o输出为可靠的0或1电平。

光电隔离器的应用电路不是唯一的，可以根据电路设计的要求进行设计。设计时注意单片机系统的接地与光电隔离器的输出部分的接地不能共地，两者的供电也应不同，才能达到电气上隔离的作用。

11.1.2　单片机与模拟开关元件的接口电路

单片机的一个输出通道在某一时刻只能输出一路数字量，当有多路数字量输出时，常通过模拟转换开关使各数字量按照一定顺序进行输出。常用的模拟开关有双极性晶体管开关、场效应管开关、集成多路开关等。双极性晶体管开关的开关速度快，但漏电流大，开路电阻小，而导通电阻大。它是电流控制器件，但基极控制电流会流入信号源。场效应管开关分为结型场效应晶体管开关和绝缘栅场效应管开关等。集成多路开关与多路开关、计数器、译码器配合使用，控制比较方便。模拟开关的主要性能指标包括器件供电电压、导通电阻、串扰、THD、带宽、电荷注入和插入损耗。本节以CD4066为例对模拟开关接口电路进行阐述。

（1）CD4066简介

CD4066是四双向开关，主要用作模拟或数字信号的多路传输。其内部具有4个独立的双向模拟开关，控制电路在高电平时导通，在低电平时断开，可用于断续器解调电路中。CD4066的引脚与CD4016兼容，引出端排列与CD4016一致，但具有比较低的导通阻抗。另外，导通阻抗在整个输入信号范围内基本不变。CD4066由4个相互独立的双向模拟开关组成，每个开关由一个控制端口控制，开关中的p和n器件在控制信号作用下同时开关。这种结构消除了开关晶体管阀值电压随输入信号的变化，因此在整个工作信号范围内导通阻抗比较低。与单通道开关相比，具有输入信号峰值电压范围等于电源电压以及在输入信号范围内导通阻抗比较稳定等优点。

CD4066提供了14引线多层陶瓷双列直插（D）、熔封陶瓷双列直插（J）、塑料双列直插（P）和陶瓷片状载体（C）4种封装形式。图11-5给出了其引脚图。

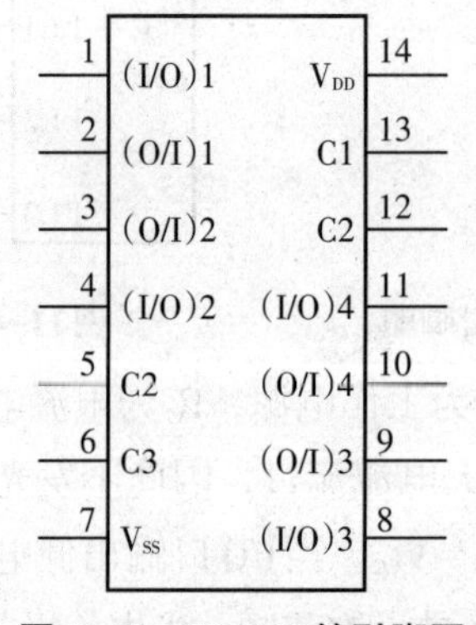

图11-5 CD4066的引脚图

CD4066引脚的主要功能如表11-1所示。

表11-1 CD4066的引脚的功能

引　脚	主要功能	引　脚	主要功能
1	输入/输出	8	输入/输出
2	输出/输入	9	输出/输入
3	输入/输出	10	输出/输入
4	输出/输入	11	输入/输出
5	控制端	12	控制端
6	控制端	13	控制端
7	接地	14	电源

CD4066的逻辑符号如图11-6所示。

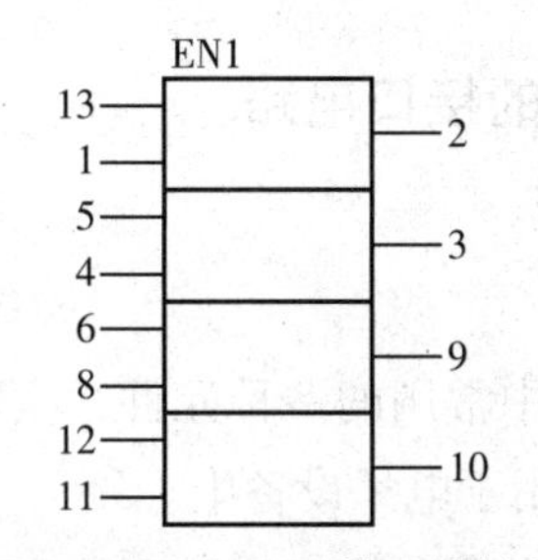

图 11-6　CD4066的逻辑符号

CD4066的功能如表11-2所示。

表 11-2　CD4066的功能

控制端 C_i	开关状态 $(I/O)_i$
H	导通
L	Z（高阻）

CD4066的推荐工作条件如下。

① 电源电压范围：3 ~ 15V。

② 输入电压范围：0V ~ V_{DD}。

③ 工作温度范围：

- M类　-55 ~ +125℃；
- R类　-55 ~ +85℃；
- E类　-40 ~ +85℃。

④ 极限值：

- 电源电压　－0.5 ~ 18V；
- 输入电压　－0.5 ~ V_{DD}+0.5V；
- 输入电流　±10mA；
- 储存温度　－65 ~ +150℃；
- 焊接温度（10s）　265℃。

（2）CD4066的接口电路

CD4066与51单片机的接口电路如图11-7所示。CD4066内部有四路模拟开关，本电路仅以一路为例进行说明。当P1.1为高电平时，第二路模拟开关导通，此时 $(I/O)_2$ 和 $(O/I)_2$ 构成通路，数据可以从P1.0口传送到 $(O/I)_2$ 口，也可以从 $(O/I)_2$ 口输入至P1.0口。其他三路模拟开关与此类似，不再详述。

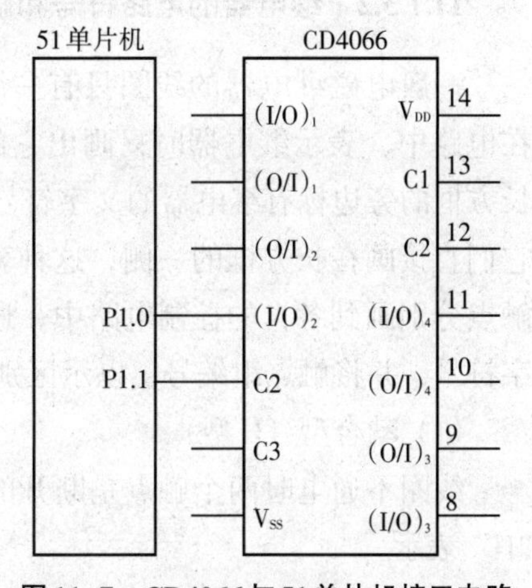

图 11-7　CD4066与51单片机接口电路

11.1.3 单片机与继电器的接口电路

11.1.3.1 普通电磁继电器

电磁继电器是自动控制电路中常用的一种元件，实际上它是用较小电流控制较大电流的一种自动开关，因此广泛应用于电子设备中。

根据供电不同，电磁继电器主要分为交流继电器和直流继电器两大类。这两类继电器又具有许多不同的规格。电磁继电器由铁芯、线圈、衔铁、触点和底座等构成。其触点有动触电和静触电之分，在工作的过程中能够动作的称为动触电，不能动作的称为静触点。电磁继电器的动作过程可用图11-8来描述。

当线圈中通过电流时，线圈中间的铁芯被磁化，产生磁力，将衔铁通过杠杆的作用推动弹簧作用，使触点闭合；当切断继电器线圈的电流时，铁芯失去磁力，衔铁在簧片的作用下恢复原位，触点断开。

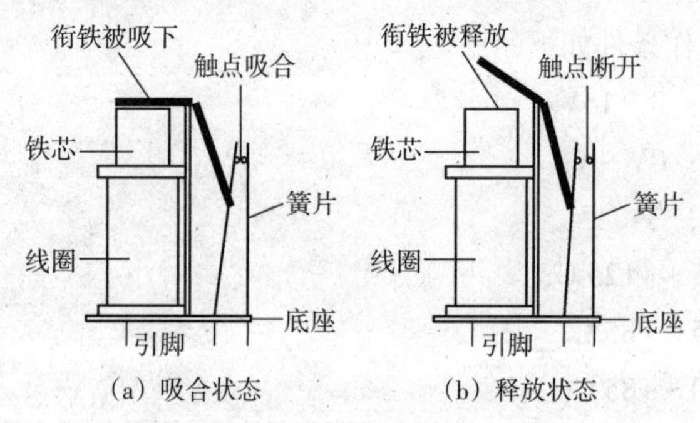

图11-8 电磁继电器的动作原理

11.1.3.2 继电器的电路符号和触点形式

一般电磁继电器的线圈只有一个，但其带触点的簧片有时根据需要则设置为多组。在电路中，表示继电器时只画出它的线圈与控制电路的有关触点。线圈用长方框表示，长方框的旁边标有继电器的文字符号K或KR。继电器的触点有两种表示方法：一种是把它们直接画在长方框的一侧，这种表示法比较直观；另一种是按照电路的需要，把各个触点分别画到各自的控制电路中，通常在同一继电器的触点与线圈旁分别标注相同的文字符号，并将触点组编号，以示区别。继电器的触点有3种基本形式。

（1）动合型（H型）

线圈不通电时两个触点是断开的，通电后，两个触点闭合，以“合”字的拼音字头“H”表示。

（2）动断型（D型）

线圈不通电时两个触点是闭合的，通电后两个触点就断开，用“断”字的拼音字头“D”表示。

（3）转换型（Z型）

这是触点组型。这种触点组共有3个触点，即中间是动触点，上下各有一个静触点。线圈不通电时，动触点和一个静触点没有接触（一个断开，另一个闭合），线圈通电后，动触点就移动，使原来断开的闭合，原来闭合的断开，达到转换的目的。这样的触点组称为转换触点，用“转”字的拼音字头“Z”表示。

电磁继电器的常用符号如图11-9所示。在电路中，触点的画法应按线圈不通电时的原始状态画出。

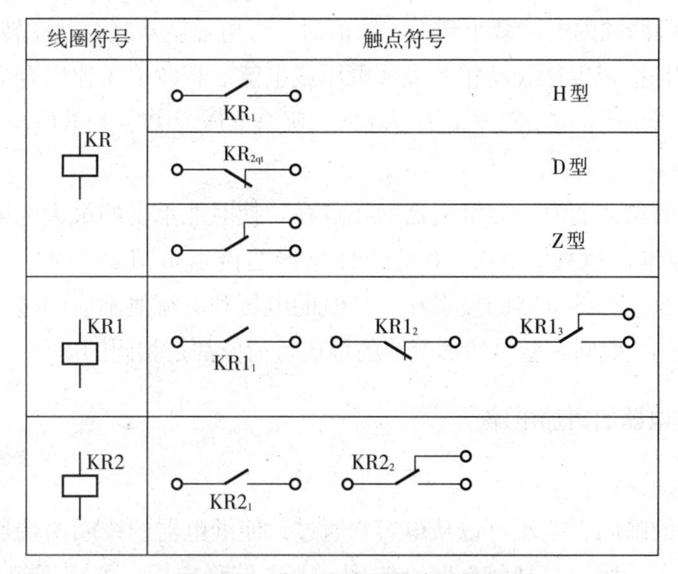

图11-9 电磁继电器的电路符号

11.1.3.3 普通电磁继电器的主要技术参数

各种继电器的参数在继电器的产品手册或产品说明书中有详细的说明。在继电器的许多参数中，一般只需要弄清其中的主要电气参数即可。

（1）线圈电源和功率

它指明继电器线圈使用的电源是直流还是交流，以及线圈消耗的额定电功率。例如，JZC-21F型继电器，它的线圈电源为直流，线圈消耗的额定功率为0.36W。

（2）额定工作电压或工作电流

它指明继电器正常工作时线圈需要的电压或电流值。一种型号的继电器的构造大体是相同的，为了使一种型号的继电器能适应不同的电路，有多种额定工作电压或额定工作电流供选用，采用规格号加以区别。例如，型号为JZC-21F/006-1Z的继电器，006为规格号，表示额定工作电压为6V；型号为JZC-21F/048-1Z的继电器，048是规格号，表示额定工作电压为48V。

（3）线圈电阻

它指明线圈的电阻值。有时产品手册中只给出某种型号继电器的额定工作电压和线圈电阻，这时可根据欧姆定律求出额定工作电流。例如，JZC-21F/006-1Z继电器的电阻为100Ω，额定工作电压为6V，则额定工作电流$I = U/R$ = 6V/100Ω = 60mA。同样，根据线圈电阻和额定工作电流也可以求出线圈的额定工作电压。

（4）吸合电压或电流

它指明继电器能够产生吸合动作的最小电压或电流。如果只给继电器的线圈加上吸合电压，这时的吸合动作是不可靠的。一般吸合电压为额定工作电压的75%左右，如JZC-21F/009-1Z的吸合电压为6.75V。

（5）释放电压或电流

当继电器线圈两端的电压减小到一定数值时，继电器就从吸合状态转换到释放状态。释放电压或电流是指产生释放动作的最大电压或电流。释放电压比吸合电压小得多。例如，QX-4/012型继电器的额定工作电压为12V，吸合电压为9V，释放电压为2.2V。

（6）接点负荷

它是指接点的负载能力，即继电器的接点在切换时能承受的最大电压和电流值，有时也称为接点容量。例如，JQX-10型的继电器的接点负荷是28V(DC)×10A或220V(AC)×5A。它表示这种继电器的接点在工作时的电压和电流值不应超过该值，否则会影响甚至损坏接点。一般同一型号的继电器的接点负荷值都是相同的。

11.1.3.4 继电器的附加电路

（1）串联RC电路

当电路闭合的瞬间，电流可以从电容C通过，使继电器的线圈两端加上比正常工作电压高的电压而迅速吸合，能缩短吸合时间，当电路稳定后，电容不起作用，如图11-10（a）所示。

（2）并联RC电路

当断开电源时，线圈中因为自感而产生的电流通过RC电路放电，使电流衰减减慢，从而延长了衔铁的释放时间，如图11-10（b）所示。

（3）并联二极管电路

当流经继电器线圈的电流瞬间减少时，在它的两端会产生一个电动势，它与原电源电压重叠，加在与继电器串联的输出晶体管的c、e两极，使c、e极有可能被击穿。为了消除感应电动势，通常在继电器旁并联一个二极管，以吸收该电动势，起保护作用。注意：二极管的负极与继电器接电源的正极，如图11-10（c）所示。

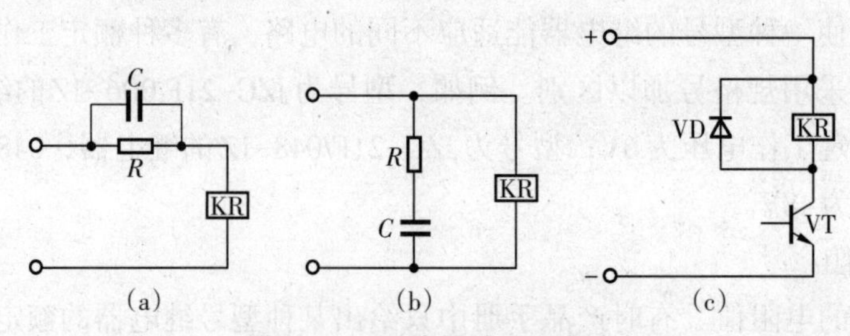

图11-10 继电器的附加电路

11.1.3.5　固态继电器

（1）固态继电器的特性

固态继电器（SSR）是一种由集成电路和分立元件组合而成的一体化无触点电子开关器件。其功能与电磁继电器基本相似，但与电磁继电器相比，又有突出的特点。固态继电器的输入端仅需要很小的控制电流，且能与TTL、CMOS等集成电路实现良好兼容。它的输出回路采用大功率晶体管或双向晶体管作为开关器件来接通或断开负载电源。由于在开关过程中无机械接触部件，因此具有工作可靠、寿命长、噪声低、开关速度快和工作频率高等特点。目前，这种器件已在许多自动化控制装置中取代了电磁式继电器，还广泛用于电磁继电器无法应用的领域。例如，计算机终端接口电路、数据处理系统的终端装置、数字程控装置、测量仪表中的微电机控制、各种调温与控温装置、自动售货机、货币兑换机、交通信号灯开关，以及一些耐潮湿、耐腐蚀、易燃易爆的场合均适宜使用固态继电器作为开关器件。

（2）固态继电器的类型

固态继电器的种类有很多，常用的主要有直流型和交流型两种。

图11-11和图11-12分别为直流型固态继电器和交流型固态继电器的原理图及电路符号。

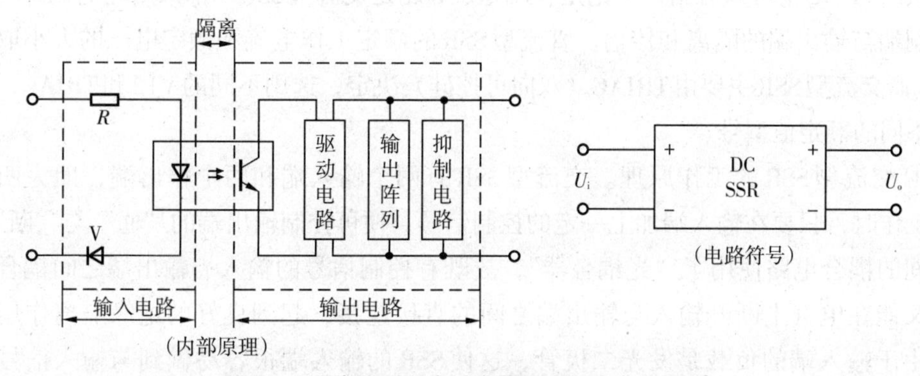

图11-11　直流型固态继电器原理图及电路符号

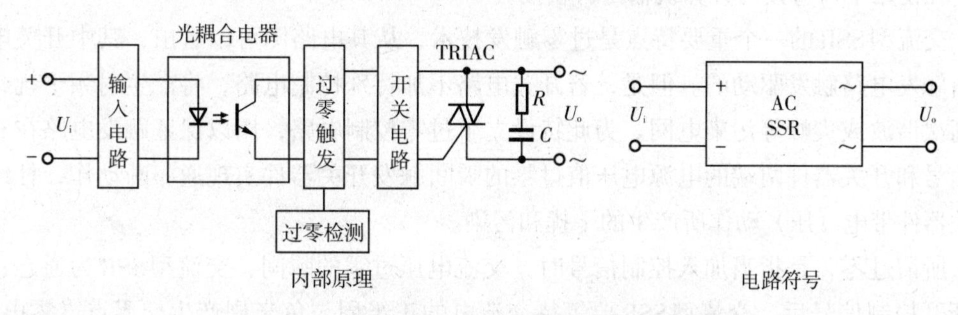

图11-12　交流型固态继电器原理图及电路符号

（3）固态继电器的工作原理

固态继电器的内部电路图如图11-13所示。

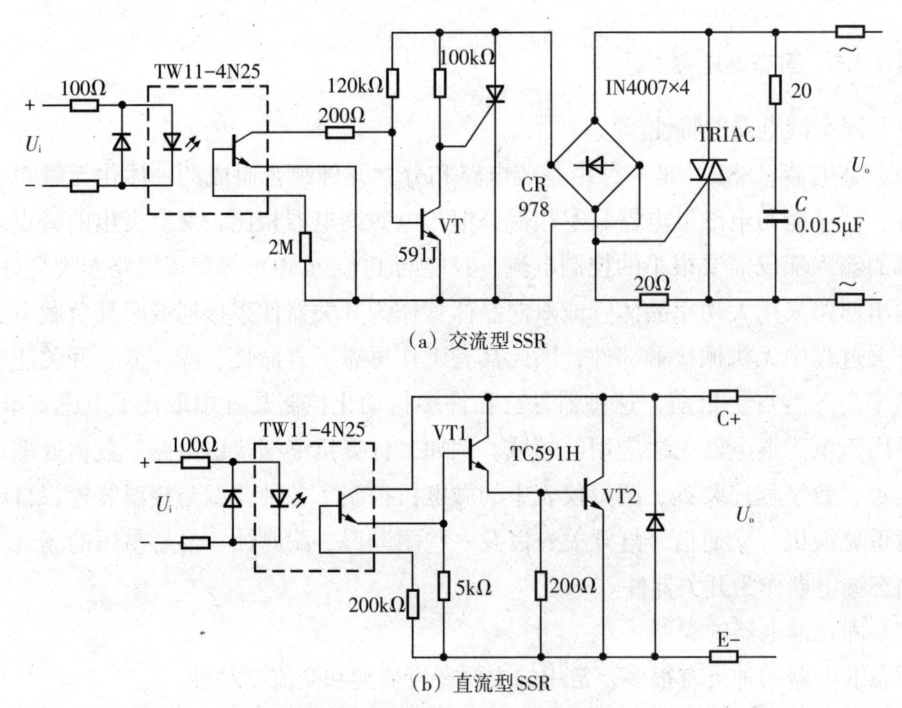

（a）交流型SSR

（b）直流型SSR

图11-13　固态继电器的内部电路

从图11-13中可以看出，不论是直流型SSR还是交流型SSR，都采用光电耦合方式作为控制端与输出端的隔离和传输。直流型SSR的额定工作电流和额定电压的大小取决于VT2，而交流型SSR主要由TRIAC（双向可控硅）决定，选用不同的VT2和TRIAC，即可得到不同的额定值型号。

① 交流型SSR的工作原理。交流型SSR有两个输入端和两个输出端，即为四端器件。工作时，只要在输入端加上一定的控制信号，便可控制输出端的“通”与“断”。由于中间的耦合电路使用了“光耦合器”，故既有控制信号的输入、输出端之间耦合的功能，又能在电气上断开输入与输出端之间的直接连接，起到良好的绝缘隔离作用。同时，由于输入端的负载是发光二极管，这使SSR的输入端很容易做到与输入信号相匹配，在使用中可直接与计算机输出口相接。

交流型SSR的一个重要特点是过零触发技术，从其电路图可以看出，其中开关电路是由触发电路触发驱动的。但是，若开关电路不加特殊控制电路，将产生射频干扰，并以高次谐波或尖峰等污染电网。为此特设立了过零控制电路，用以保证触发电路在有输入信号和开关器件两端的电源电压值过零的瞬间触发开关器件实现通、断动作，杜绝了开关器件带电（压）动作所产生的干扰和污染。

所谓过零，是指当加入控制信号时，交流电压过零的瞬间，交流型SSR为通态；而当断开控制信号后，交流型SSR要等待交流电的正半周与负半周产生交界点（零电位）时才为断态。

交流型SSR的另一个重要技术特点是以吸收回路实现瞬间过电压的保护。从图11-13中可知，当反峰电压大于双向可控硅允许的峰值电压时，若无瞬间过压保护措施，有可能损坏SSR，因此要在交流电源输入端并接RC浪涌吸收回路，在SSR输出端并接线性的压敏电阻，实施保护功能。

② 直流型SSR的工作原理。直流型SSR的工作原理与交流型SSR相同，但是，直流型SSR的输出电路与交流型SSR稍有不同。由于它是控制直流电源的“通”与“断”，所以不存在过零控制电路和吸收电路，其开关器件不使用双向晶闸管，而是大功率开关三极管。

使用SSR时要注意以下几点：

• 采用TTL、CMOS等电路直接驱动SSR时，应先了解驱动的电压和电源是否满足SSR的需要。如果驱动的信号在“0”电平，但有一定的输出电压，此电压超过1V时就有可能使SSR误通；相反，在“1”信号电平时，虽然有足够的电压，但电流不足以驱动SSR，也不行。解决的办法是在电路的输出端增加一级三极管跟随器，以满足SSR开关的控制电平需要。

• 通常SSR设计为“常开”状态，即无控制信号输入时，输出端是开路的，但在自动化控制设备中经常需要常闭式SSR。这时，要在输入端外接一组简单的电路，如图11-14所示，变为常闭式SSR。

• 额定工作电流大的SSR应安装在散热板上工作，一般15A以上应加装散热片，并要注意SSR的空气对流，以保证良好的散热效果。

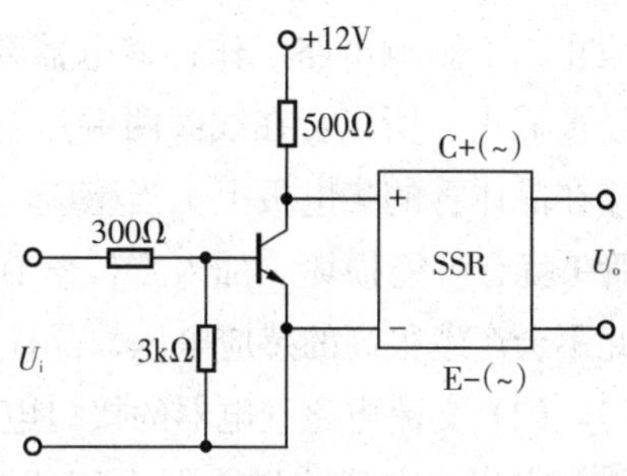

图11-14 常开式SSR变为常闭式SSR

（4）固态继电器的参数

固态继电器有以下两个重要参数，在选用时应加以注意。

① 输出负载电压。输出负载电压是指在给定的条件下器件能承受的稳态阻性负载的允许电压有效值。如果受控负载是非稳态或非阻性的，则必须考虑所选产品是否能承受工作状态或条件变化时（冷热转换、感应电势、瞬态峰值电压、变化周期等）所产生的最大合成电压。例如，负载为感性时，所选固态继电器的输出负载电压必须大于2倍的电源电压值，而且所选用产品的阻断（击穿）电压应高于负载电源电压峰值的两倍。国产220V的交流固态继电器的耐压余量较大（600V），能适用于一般的小功率非阻性负载，但若作为频繁启动的电机负载，则宜选用380V的产品。

② 输出负载电流。输出负载电流是指在给定条件下（如环境温度、额定电压、功率、有无散热器等）器件所能承受的电流最大有效值。一般器件说明书中都提供了热降额曲线，选用时，应充分考虑周围环境温度的因素，若环境温度上升，应按曲线作降额使用，以防止因过载而损坏固态继电器。

11.1.3.6 继电器的接口电路

（1）直流电磁继电器的接口电路

常用的继电器大部分属于电磁式继电器。图11-15所示是电磁式继电器的接口电路图。

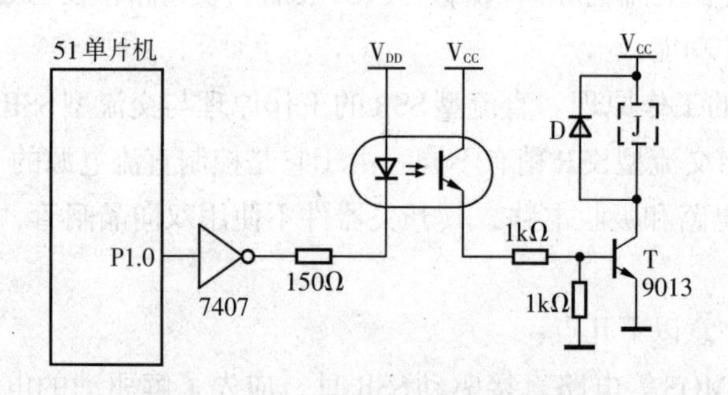

图11-15　直流继电器的接口电路

其中，继电器的动作是由单片机的P1.0端口来控制的：P1.0输出低电平时，继电器吸合；P1.0输出高电平时，继电器释放。采用这种控制逻辑可以使继电器在上电复位或单片机受控复位时不吸合。二极管D的作用是保护晶体管T。当继电器J吸合时，二极管截止，不影响电路工作；继电器释放时，由于继电器的线圈存在电感，这时晶体管T已经被截止，所以会在线圈两端产生较高的感应电压。这个感应电压是上负、下正，正端接在晶体管的集电极上。当感应电压与V_{CC}之和大于晶体管T集电极的反向耐压时，晶体管T就有可能损坏。加入二极管D后，继电器线圈产生的感应电流由二极管D流过，因此不会产生很高的感应电压，晶体管T得到了保护。

（2）交流电磁继电器的接口电路

交流式电磁式继电器由于线圈的电压要求是交流电，所以通常使用双向晶闸管驱动，或使用一个直流继电器作为中间继电器控制。图11-16所示是交流接触器的接口电路。

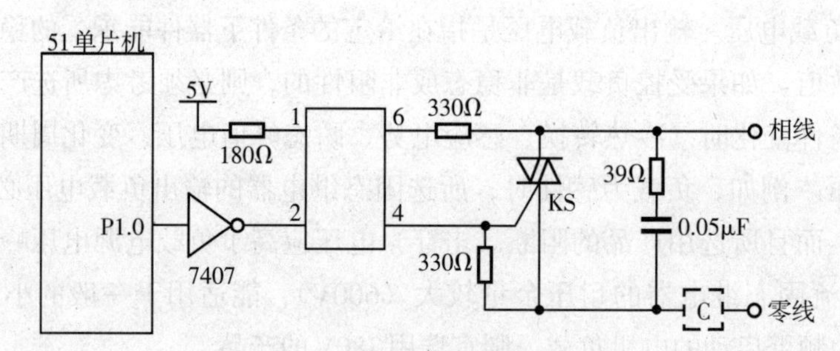

图11-16　交流接触器的接口电路

交流继电器C由双向晶闸管KS驱动。双向晶闸管的选择要求满足以下条件：额定工作电流为交流接触器线圈工作电流的2～3倍，额定电压为交流继电器工作电压的2～3倍。对于中小型220V工作电压的交流继电器，可以选择3A/600V型号的双向晶闸管。

光电耦合器MOC3041的作用是触发双向晶闸管KS，以及隔离单片机系统和继电器系统。光电耦合器MOC3041的输入端接7047，由单片机的P1.0端口控制。P1.0输出低电压时，双向晶闸管KS导通，接触器C吸合；P1.0输出高电平时，双向晶闸管KS断开，接触器C释放。MOC3041内部带有过零控制电路，因此双向晶闸管KS工作在过零触发方式。接触器动作时，电源电压较低，这时接通继电器，对电源的影响较小。

11.2　常用D/A转换器设计

通过单片机的I/O口直接控制继电器、模拟开关或光电隔离器是输出控制中最简单的形式，当被控对象需要根据模拟量的大小连续控制时，最简单的方法便是采用D/A转换器。D/A转换器的种类繁多，就接口形式而言，有串口和并口之分。与A/D一样，D/A转换器的位数越高，则分辨率越高，它与被控对象的精度紧密联系。从D/A的芯片的输出形式来看，D/A转换器又分为电流输出型和电压输出型两种。常用的DAC0832就是典型的电流输出型D/A转换器。由于输出的是电流形式，因此在实际的电路设计中，可根据需要通过运算放大器组成电流/电压转换器将电流输出转化为电压输出。下面就以DAC0832为例介绍并口方式D/A转换器的一般用法。

11.2.1　D/A转换器的结构和工作原理

DAC0832是8位电流输出型D/A转换器，单电源供电，在5～15V范围内均可工作。基准电压的范围为±10V，电流建立时间为1μs，CMOS工艺，低功耗20mW。该芯片的引脚图如图11-17所示。

该芯片采用标准20引脚DIP封装，各引脚的功能如下。

① $\overline{CS}$：片选信号，低电平有效。

② ILE：数据锁存允许信号，高电平有效。

③ $\overline{WR1}$：输入缓冲寄存器写选通信号，低电平有效。当$\overline{WR1}$为低电平时，将输入数据传送到输入锁存器；当$\overline{WR1}$为高电平时，输入锁存器中的数据被锁存；当ILE为高电平，$\overline{CS}$和$\overline{WR1}$均为低电平时，方能将锁存器中的数据更新。以上三种控制信号联合构成第一级输入锁存器。

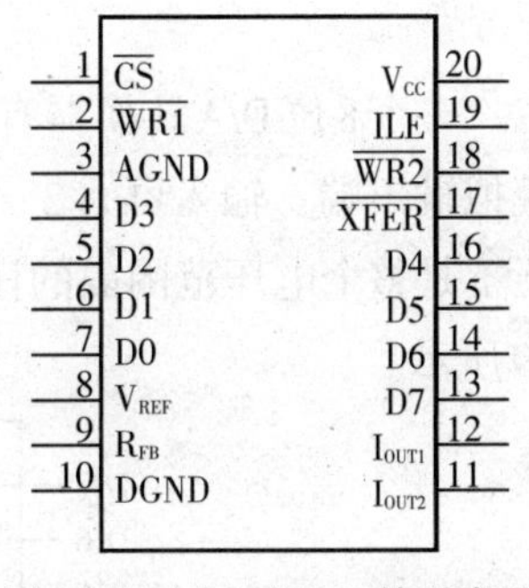

图11-17　DAC0832的引脚图

④ $\overline{WR2}$：DAC寄存器写选通信号，低电平有效。该信号与$\overline{XFER}$配合，可使锁存器中的数据锁存到DAC寄存器中进行数据转换。

⑤ $\overline{XFER}$：传送控制信号，低电平有效。$\overline{XFER}$与$\overline{WR2}$配合使用，构成第二级锁存。

⑥ D7～D0：转换数据输入端，D7为最高位，D0为最低位。

⑦ I_{OUT1}：DAC电流输出。当输入为全1时，I_{OUT1}为最大值；当输入为全0时，I_{OUT1}为最小值（近似为0）。

⑧ I_{OUT2}：DAC电流输出。在数值上，$I_{OUT1}+I_{OUT2}=$常数。采用单极性输出时，I_{OUT2}常常接地。

⑨ R_{FB}：反馈电阻，为外部运算放大器提供一个反馈电压。R_{FB}可由内部提供，也可由外部提供。

⑩ V_{REF}：参考电压输入，可正可负，范围为-10～+10V。

⑪ V_{CC}：数字电路供电电压，一般为5～15V。

⑫ AGND：模拟量地。

⑬ DGND：数字量地。

DAC0832是单片直流输出型8位数/模转换器。它由倒T型R-2R电阻网络、模拟开关、运算放大器和参考电压V_{REF}四大部分组成。运算放大器输出的模拟量V_0为：

$$V_0=-\frac{V_{REF}\times R_{FB}}{2^nR}(D_{n-1}\times 2^{n-1}+D_{n-2}\times 2^{n-2}+\cdots+D_0\times 2^0) \quad (11-1)$$

由式（11-1）可见，输出的模拟量与输入的数字量成正比，实现了从数字量到模拟量的转换。DAC0832的内部逻辑结构如图11-18所示。

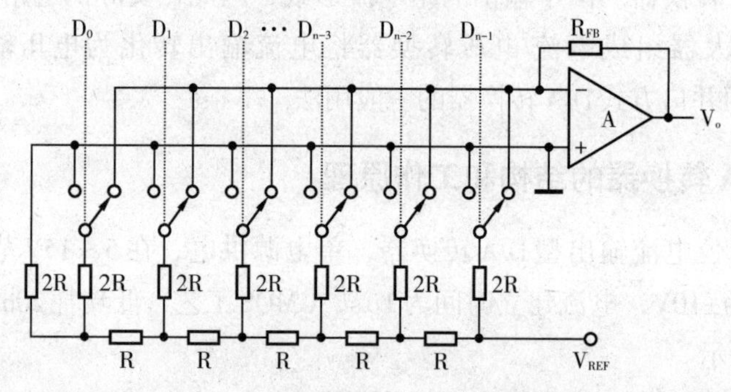

图11-18　DAC0832的内部逻辑结构

一个8位D/A转换器有8个输入端（其中每个输入端是8位二进制数的一位）和一个模拟输出端。输入可有$2^8=256$个不同的二进制组态，输出为256个电压之一，即输出电压不是整个电压范围内的任意值，而只能是256个可能值。DAC0832的内部结构如图11-19所示。

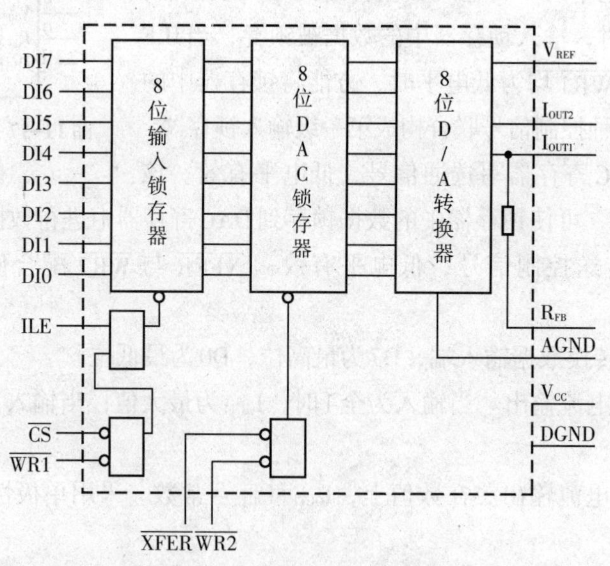

图11-19　DAC0832 内部结构图

该转换器由输入寄存器和D/A寄存器构成两级数据输入锁存。使用时，数据输入可以采用两级锁存（双缓冲）或单级锁存（单缓冲）形式，也可以采用直接输入（直通）形式。由3个与门电路组成寄存器输出控制电路，可直接进行数据锁存控制。当 $\overline{LE}$ =0时，输入数据被锁存；当 $\overline{LE}$ =1时，数据不锁存，锁存器的输出随输入而变化。D/A0832为电流输出形式，其两个输出端的关系为 $I_{OUT1}+I_{OUT2}$ = 常数。为了得到电压输出，可以在电流输出端接一个运算放大器。

11.2.2　D/A转换器的接口电路

DAC083X系列转换器与单片机有3种基本的接口方法，即直通方式、单缓冲器方式和双缓冲器方式。下面以DAC0832为例进行说明。

（1）直通方式接口电路

直通方式是指两个缓冲器直接连通，输入数据直接送入D/A转换电路，相当于没有内部寄存器，如图11-20所示。

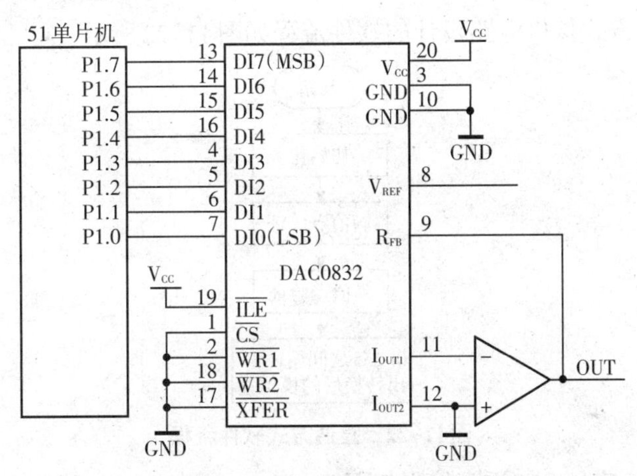

图11-20　直通方式接口电路

（2）单缓冲器方式接口电路

单缓冲器方式只使用一个内部缓冲器，另一个缓冲器呈直通状态。如果是DAC锁存器呈直通状态，只需将 $\overline{XFER}$ 和 $\overline{WR2}$ 引脚直接接地，$\overline{ILE}$ 端接 $+V_{CC}$，片选信号 $\overline{CS}$ 与地址选择线相连，$\overline{WR1}$ 接单片机的写信号，如图11-21所示。也可以使输入缓冲寄存器呈直通状态，还可以同步控制两个寄存器作一级缓冲使用。例如，把 $\overline{ILE}$ 直接接高电平，把 $\overline{WR1}$ 与 $\overline{WR2}$ 相连再接微处理器的 $\overline{WR}$ 控制信号，把 $\overline{XFER}$ 与 $\overline{CS}$ 相连再接地址译码器的输出。

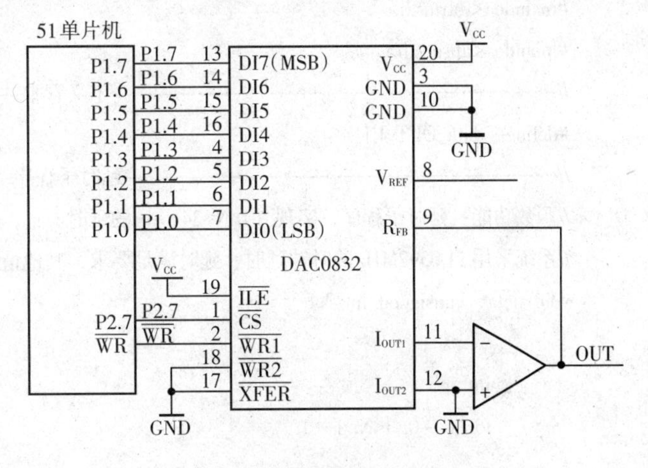

图11-21　单缓冲器方式接口电路

当地址线选通DAC0832后，只要输出写控制信号，DAC0832就能一步完成数字量的输入锁存和D/A转换输出。如图11-21所示，片选直接与单片机的P2.7相连，DI0 ~ DI7与单片机数据接口P0连接。由于DAC0832具有数字量的输入锁存功能，故数字量可以直接从单片机的P0口送入。

（3）双缓冲器同步方式接口电路

对于多路D/A转换接口，要求同步进行D/A转换输出时，必须采用双缓冲器同步方式。DAC0832采用这种接法时，数字量的输入锁存和D/A转换输出是分两步进行的，即CPU的数据总线分时地向各路D/A转换器输入要转换的数字量并锁存在各自的输入寄存器中，然后CPU对所有的D/A转换输出，在此不再详述。

11.2.3 D/A转换器的单片机编程

（1）直通方式控制程序

根据上述直通方式接口电路设计的软件流程如图11-22所示。

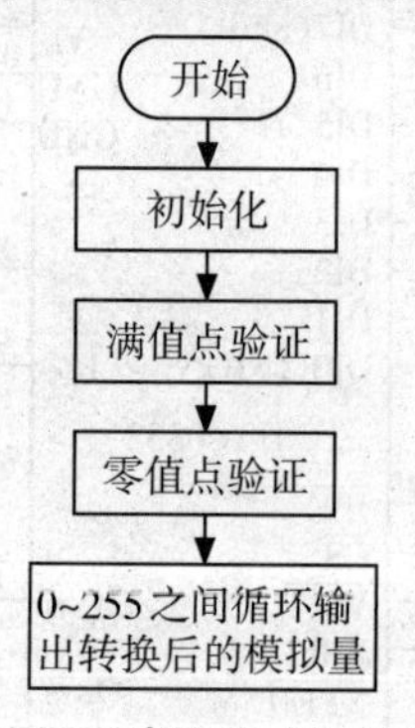

图11-22 直通方式软件流程

根据图11-22，应用C51语言编程如下：

```
//--------------------------------函数声明，变量定义--------------------------------
#include <reg51.h>
#include <intrins.h>
#include <absacc.h>
//--------------------------------------定义管脚--------------------------------------
#define   data_OUT P1
//-------------------------------------延时子程序-------------------------------------
//函数功能：延时子程序，实现（16N+24）μs的延时
//系统采用11.0592MHz的时钟延时，延时满足要求，其他情况需要改动
void delay (unsigned int N)
{
        int i;
        for (i = 0; i<N; i++);
}
```

```
//-----------------------------------完成一次转换------------------------------------
void conversion_0832 (unsigned char out_data)
{
        data_OUT = out_data;                       //输出数据
        delay (10);                                //延时等待转换
}
//--------------------------------------主函数---------------------------------------
//函数功能：完成满值点验证、零值点验证
void main ()
{
        unsigned char i;
        conversion_0832 (0xFF);                    //满值点验证
        conversion_0832 (0);                       //零值点验证
        for (i = 0; i<255; i++)                    //输出锯齿波
        {
                conversion_0832 (i);
        }
}
```

（2）单缓冲器方式控制程序

单缓冲器方式的程序与直通方式的程序基本相同，只需在定义时做如下的改动。

```
//---------------------------------直通方式定义管脚------------------------------------
#define        data_OUT        XBYTE [0xFFFF]
//--------------------------------单缓冲器方式定义地址---------------------------------
#define        data_OUT        XBYTE [0x7FFF]
```

11.3 直流电动机的控制设计

电动机的控制包括转向控制、转速控制和角度控制。直流电机的转向控制主要通过改变电源的极性来实现，直流电动机的调速方法有改变电枢电压和减弱每极磁通两种。其中，调节电枢电压调速是直流调速系统中应用最广泛的一种调速方法。为了获得可调的直流电压，利用电力电子元件的可控性，采用脉宽调制（PWM）技术，将恒定的直流电压转变为脉动电压，实现直流电动机电枢电压平滑调节，构成直流脉宽调速系统。

直流电动机虽然不如交流异步电动机那样结构简单、价格便宜、维护容易，但是由于它具有良好的启动、制动性能，宜于在较大范围内平滑调速，所以直流电动机在冶金、机械制造、轻工等工业部门中得到了广泛应用，本节将对直流电动机做具体分析。

11.3.1 直流电动机驱动电路的基本工作原理

（1）认识直流电动机

直流电动机的结构可分为机壳（Enclosure）、定子（Stator）和转子（即电枢，Armature）。大中型的直流电动机的定子与转子上各有绕组（线圈），这两种绕组之间可采用串联或并联方式。如图11–23所示，采用串联方式的直流电动机称为串激式直流电动机，采用并联方式的直流电动机称为分激式直流电动机。

另外，同时采用串、并联方式的称为复激式直流电动机，根据其串、并方式又可分为长复激式直流电动机和短复激式直流电动机，如图11–24所示。

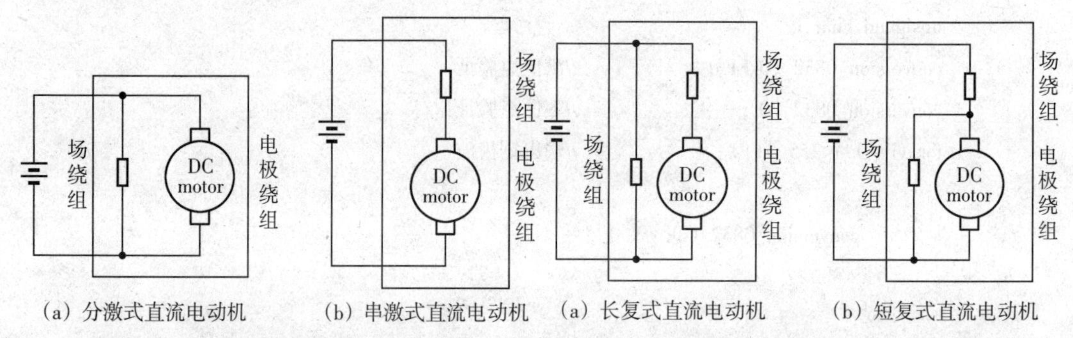

（a）分激式直流电动机　（b）串激式直流电动机　（a）长复式直流电动机　（b）短复式直流电动机

图11–23　分激式与串激式直流电动机　　**图11–24　长复激式与短复激式直流电动机**

以分激式直流电动机为例，定子绕组的激磁方向与转子绕组的激磁方向决定了转动的方向，若单独将定子绕组的激磁方向改变，或单独将转子绕组的激磁方向改变，则其旋转方向将与原来的旋转方向相反，如图11–25所示。

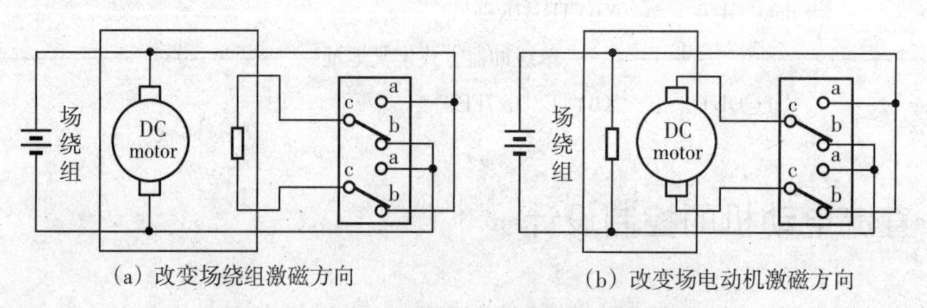

（a）改变场绕组激磁方向　（b）改变场电动机激磁方向

图11–25　改变分激式直流电动机的旋转方向

对于小型的直流电动机而言，其定子部分采用永久磁铁，而不使用绕组，换言之，其中只有一个绕组，也就是转子绕组，其定子的磁场方向是固定的。如此一来，若要改变直流电动机的转向，只要改变其外加电源的方向即可。

（2）直流电动机的驱动方式

直流电动机的驱动方式就是把直流电源加到直流电动机上，使之旋转。下面以永久磁铁为定子磁场的中小型直流电动机为例进行讲解。

① 用继电器驱动直流电动机。如图11–26所示，微控制器信号连接到三极管，以控制继电器。当微控制器送出一个高电平信号，即可产生i_b、i_c，继电器激磁，而继电器的

a、c接点将接通，即可提供直流电动机电源，使之旋转。其中的V_{CC}不一定是5V电源，而是根据继电器及直流电动机的规格，取用适当的电压。一般来说，电功率$P=V\times G$，电压越大，功率越大；即便是相同的功率，电压越大，电流越小，损失越小。

② 以达林顿晶体管驱动直流电动机。如图11-27所示，微控制信号连接到达林顿晶体管（Darlington transistor），直接提供直流电动机的电源，使之旋转。其中的D1、D2二极管的功能是为了保护达林顿晶体管，V_{CC}也不一定是5V电源，可根据直流电动机的规格取用较高的电压。此电路不但可以控制直流电动机的开或关，还可以控制其功率大小，以达到控制转速的目的。

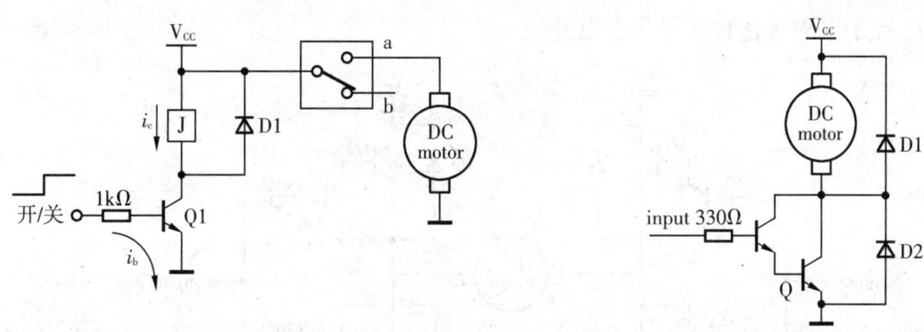

图11-26　用继电器驱动直流电动机　　　　图11-27　以达林顿晶体管驱动直流电动机

③ 以达林顿晶体管和继电器控制直流电动机的方向。如图11-28所示，微控制信号连接到达林顿晶体管与继电器，其中的继电器是2P继电器，同时提供两组c接点，由微控制信号连接到“方向”的引脚，即可驱动Q1晶体管，以控制继电器。当“方向”引脚上有高电平信号时，继电器激磁，两组c、a接点接通，而直流电动机上方连接到Q2、Q3所组成的达林顿晶体管，所以此时直流电动机上方连接到正电源，另外，直流电动机下方通过另一组接点c、a接地。

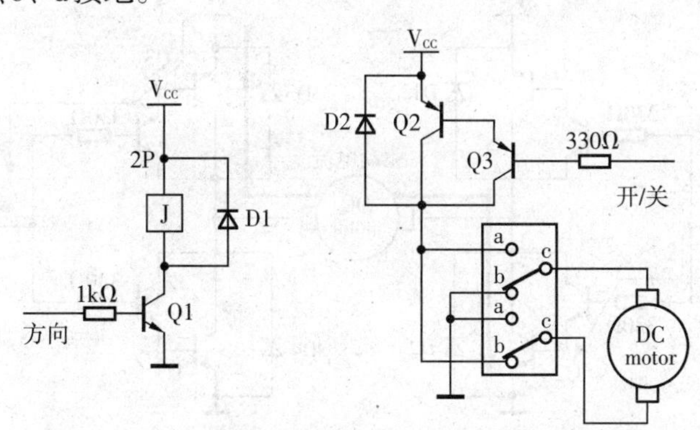

图11-28　以达林顿晶体管与继电器控制直流电动机

若“方向”引脚上有低电平信号，继电器消磁，两组c、b接点接通，直流电动机上方通过c、b接点接地，而直流电动机下方通过另一组c、b接点连接到Q2、Q3所组成的达林顿晶体管，所以此时直流电动机下方连接到正电源。

若直流电动机上方接正电源，下方接地，将使其顺时针旋转；反之，若直流电动机上方接地，下方接电源，将使其逆时针旋转。

④ 以晶体管控制直流电动机的方向。如图11-29所示，Q1、Q2是一组PNP型达林顿晶体管，Q3、Q4是一组NPN型达林顿晶体管，Q5、Q6是一组PNP型达林顿晶体管。Q7、Q8是一组NPN型达林顿晶体管。不论是NPN型达林顿晶体管还是PNP型达林顿晶体管，都可以找到现成、配对的商品，而且价格便宜。若使用现成的达林顿晶体管，电路就非常简单，而且可靠。图11-30中的电路左右对称，动作也类似。当微控制器送一个高电平信号到input1或input2端时，上方的PNP达林顿晶体管截止，而上方的NPN达林顿晶体管导通；当微控制器送一个低电平信号到input1端时，上方的PNP达林顿晶体管导通，而上方的NPN达林顿晶体管截止。

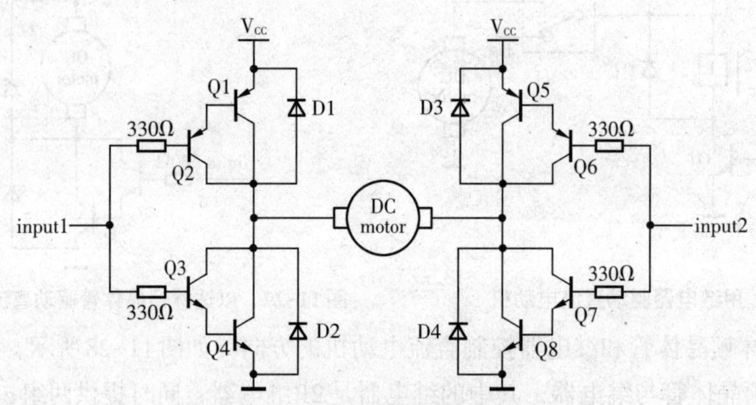

图11-29　桥式驱动直流电动机

若送一个高电平信号到input1端，同时送一个低电平信号到input2端，则电流由右而左流过此直流电动机，如图11-30所示。

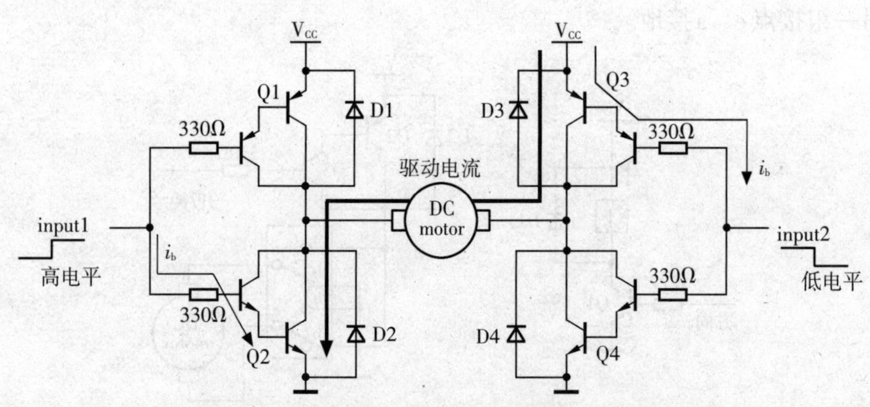

图11-30　电流由直流电动机右端流入、左端流出

反之，若送一个低电平信号到input1端，同时送一个高电平信号到input2端，则电流由左而右流过此直流电动机，如图11-31所示。

如直流电动机上方接电源，下方接地，将使其顺时针旋转；此时，如果颠倒其接线，直流电动机上方接地，下方接电源，将使其逆时针旋转。

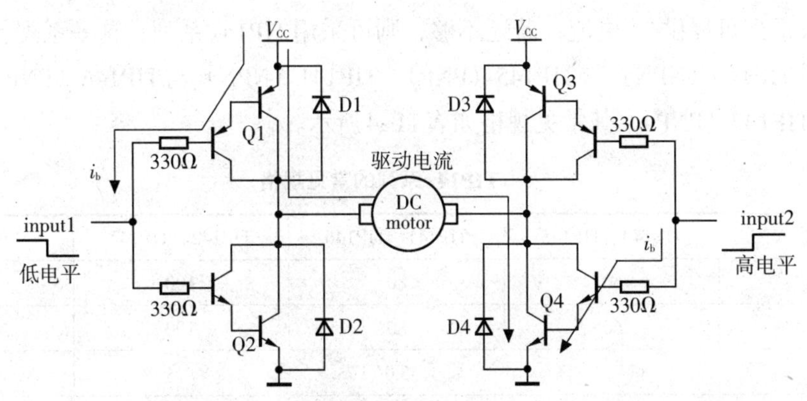

图11-31　电流由直流电动机左端流入、右端流出

互补达林顿晶体管是一种实用的中型功率晶体，主要有TIP12x、TIP14x等系列。

TIP12x 系列包括 3 组配对，分别是 TIP120（NPN）与 TIP125（PNP）、TIP121（NPN）与 TIP126（PNP）、TIP122（NPN）与 TIP127（PNP），其常见规格如表 11-3 所示。

表 11-3　　TIP12x系列的常见规格

特　性	TIP120、TIP125	TIP121、TIP126	TIP122、TIP127	单　位
V_{CEO}	60	80	100	V
V_{CBO}	60	80	100	V
V_{EBO}	5.0			V
I_C	5.0			A
I_{CP}	8.0（脉冲，300μs、占空比≤2.0%）			A
I_B	120（最大、连续）			mA
P_D	65			W
H_{FE}（DC）	1000（最小）			—
$V_{CE\ (sat)}$	2.0（I_C=3.0A，I_B=12mA） 4.0（I_C=5.0A，I_B=20mA）			V
$V_{BE\ (on)}$	2.5			V

TIP12x系列的内部电路结构如图11-32所示。其中，R_1约为10kΩ，R_2约为150Ω。其包装采用扁平的TO-220包装。

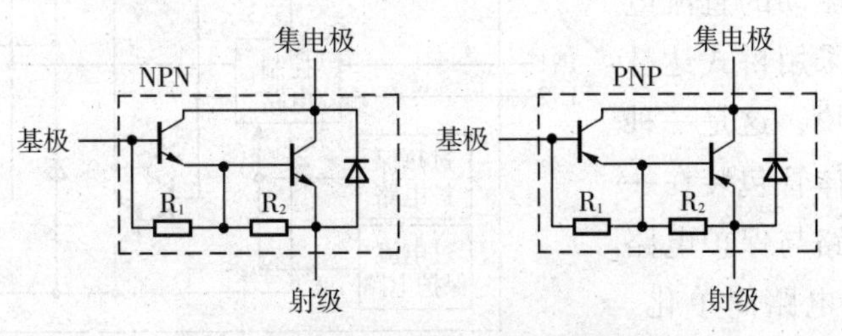

图11-32　TIP12x系列内部电路结构

TIP12x系列可提供5A电流，若还不够，则可采用TIP14x系列，这一系列包括3组配对，分别是TIP140（NPN）与TIP145（PNP）、TIP141（NPN）与TIP146（PNP）、TIP142（NPN）与TIP147（PNP），其常见规格如表11-4所示。

表11-4　　TIP14x系列的常见规格

特　性	TIP140、TIP145	TIP141、TIP146	TIP142、TIP147	单　位
V_{CEO}	60	80	100	V
V_{CBO}	60	80	100	V
V_{EBO}	5.0			V
I_C	10			A
I_{CP}	15（脉冲，5μs、占空比≤10%）			A
I_B	0.5（最大、连续）			mA
P_D	125			W
H_{FE}（DC）	1000（最小）			—
$V_{CE\ (sat)}$	2.0（I_C=5.0A，I_B=10mA） 4.0（I_C=10.0A，I_B=40mA）			V
$V_{BE\ (on)}$	3.0			V

TIP14x系列的内部电路结构如图11-33所示。其中，R_1约为8kΩ，R_2约为40Ω。其包装采用扁平的TO-218包装，具有SOT-93的表面贴式包装。

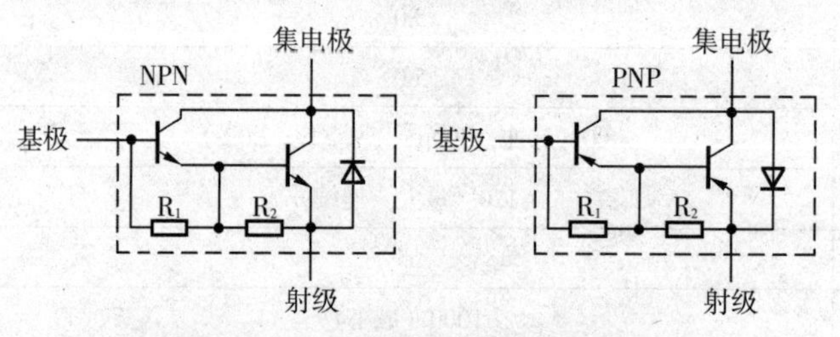

图11-33　TIP14x系列内部电路结构

TIP12x与TIP14X系列可提供较大的电流，且价格低廉。但应用在桥式电路上，需要4个（两对）晶体管，电路稍微复杂一点。若所驱动的直流电动机不大，则可采用桥式达林顿功率晶体管模块，这是一种将两对达林顿晶体管包装在一起并内含控制电路与保护电路的装置，使应用电路简单化。市面上这种模块很多，这里以

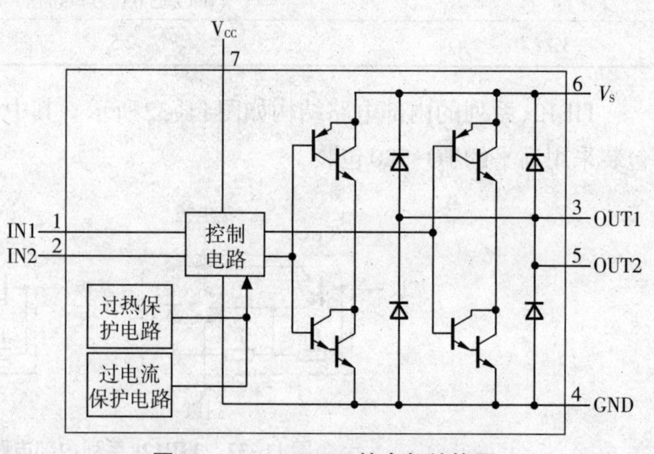

图11-34　TA7257P的内部结构图

比较常见的乐芝品牌的TA7257P为例进行介绍，其内部结构图如图11–34所示。

其基本规格与功能如下：

输出电流的平均值可达1.5A（连续），峰值电流可达4.5A；V_{CC}=6～18V，V_S=0～18V（其中，V_{CC}提供控制电路的电源，V_S提供负载的电源）；提供4种操作模式，即正转（CW）、反转（CCW）、停止与刹车；内含过热保护电路与过电流保护电路。

TA7257P的引脚如表11–5所示。

表11–5　　　TA7257P的引脚

号　码	名　称	说　明
1	IN1	输入引脚1
2	IN2	输入引脚2
3	OUT1	输出引脚1
4	GND	接地引脚
5	OUT2	输出引脚2
6	V_S	负载电源引脚
7	V_{CC}	控制电路电源引脚

TA7257P各引脚的功能如表11–6所示。

表11–6　　　TA7257P引脚功能

IN1	IN2	OUT1	OUT2	说　明
1	1	低电平	低电平	刹车
0	1	低电平	高电平	正转（反转）
1	0	高电平	低电平	反转（正转）
0	0	高阻抗	高阻抗	停止

当要应用TA7257P来驱动直流电动机时，将1、2两个引脚连接到8051的端口，由这个端口传递控制信号；将3、5两个引脚连接到所要驱动的直流电动机，而在这两个引脚之间并接一个*RC*串联电路，其中的$R=33\Omega$，$C=0.1\mu F$；第4个引脚接地；第6、7个引脚接V_{CC}，而靠近第7个引脚处并接一个10μF电容器到地，如图11–35所示。

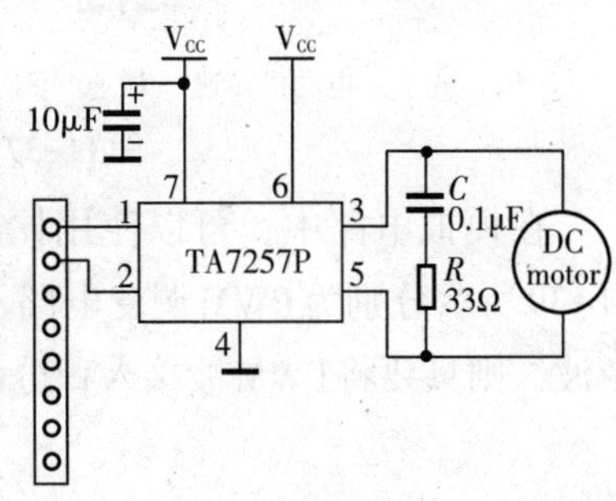

图11–35　TA7257P的应用电路

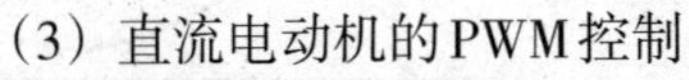

（3）直流电动机的PWM控制

驱动直流电动机的电流大小将影响直流电动机的输出转矩与转速，使用晶体管来控制直流电动机的电流时，晶体管可能工作在动作区，晶体管上的V_{CE}与电流I_C比较大，晶体管上的功率损失（$P_D=V_{CE}\times I_C$）也很大。因此，采用这种线性的控制方式效率不高。

直流电动机的功率采用平均值，当电压固定时，只要改变电流的平均值即可改变输入功率，如图11–36所示。其中，A脉冲的平均值为0.5A，相当于持续的直流电流

0.5A；B脉冲的平均值为0.25A，相当于持续的直流电流0.25A。

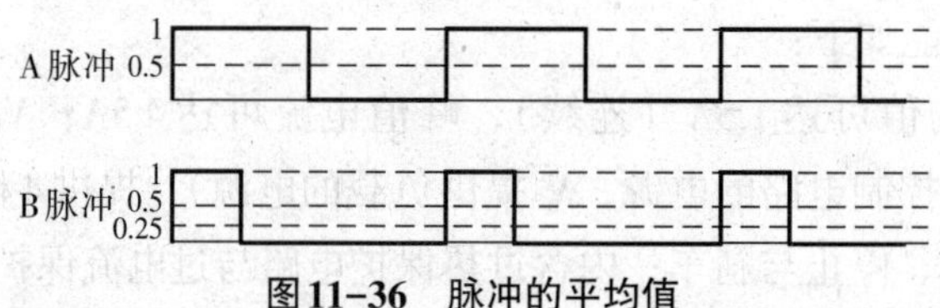

图11-36　脉冲的平均值

由图11-36可以看出，在A脉冲中，约有一半的时间是1A，一半的时间是0A，即约有一半的时间晶体管全开，一半的时间晶体管全关，如此得到0.5A的平均值。在B脉冲中约有1/4的时间是晶体管全开，3/4的时间是晶体管全关，如此就能得到0.25A的平均值。晶体管全开指晶体管工作在饱和状态；晶体管全关指晶体管工作在截止状态，在这种情况下，晶体管的损失最小，效率最高。这种以改变脉冲宽度来控制平均值的方法称为脉冲宽度调变。设PWM波的周期为T，导通时间为t，则经过电动机驱动芯片输出的电压为：

$$U = V_{\mathrm{dj}} \times t/T = \alpha V_{\mathrm{dj}} \tag{11-2}$$

其中，$\alpha = t/T$，称为占空比；V_{dj}为电动机端电源电压。电动机的转速与电动机两端的电压成正比，而电动机两端的电压与控制波形的占空比成正比，因此电动机的转速与占空比成正比。占空比越大，电动机转得越快，当占空比$\alpha = 1$时，电动机转速最大。控制电动机转速的PWM波形图如图11-37所示。

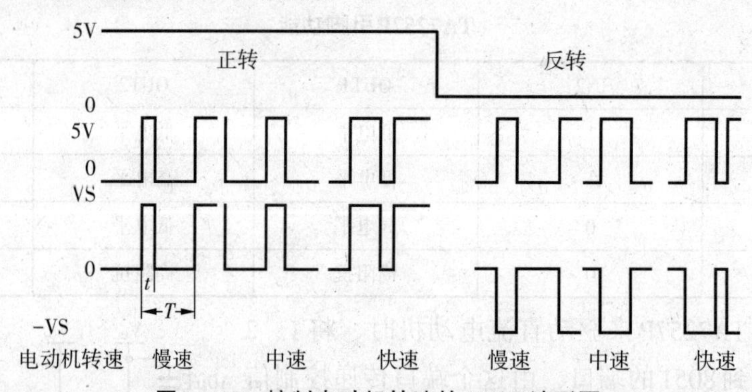

图11-37　控制电动机转速的PWM波形图

在模拟电路中，可以使用比较器将正弦波与三角波条变为PWM波。图11-38、图11-39所示分别为PWM调变电路示意图及PWM调变示意图。若要把PWM波解调变成正弦波，则只要将PWM波接入积分电路即可。

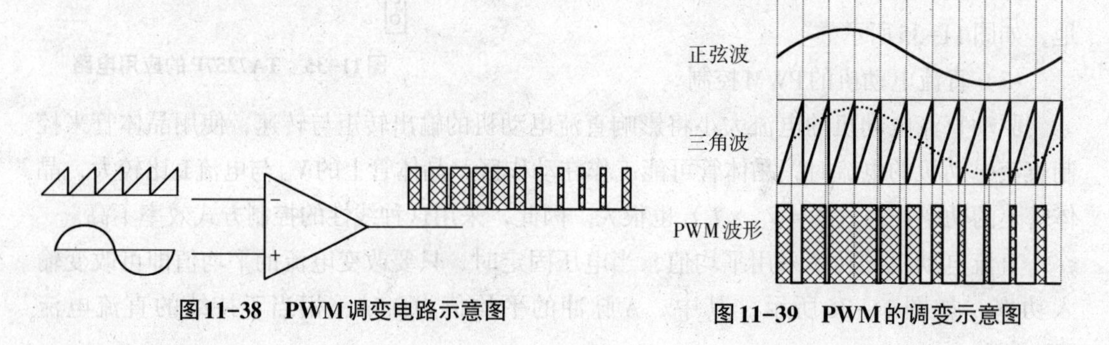

图11-38　PWM调变电路示意图　　图11-39　PWM的调变示意图

11.3.2　采用单片机的直流电动机控制电路设计

本系统中直流电动机及控制电路的电路原理如图11-40所示。直流电动机控制使用H桥驱动电路，控制口线为P1.0、P1.1。

如图11-40所示，当P1.0输出高电平时，Q2导通，Q2导通引起Q1、Q3导通，Q1导通使MOTOR左侧为MGV+，Q3导通使得MOTOR右侧为GND，此时直流电动机将会正转。当P1.1输出高电平时，Q5导通，Q5导通引起Q4、Q6导通，Q4导通使MOTOR右侧为MGV+，Q6导通使得MOTOR左侧为GND，此时直流电机将会反转。当P1.0、P1.1输出低电平时，电动机停止运行。

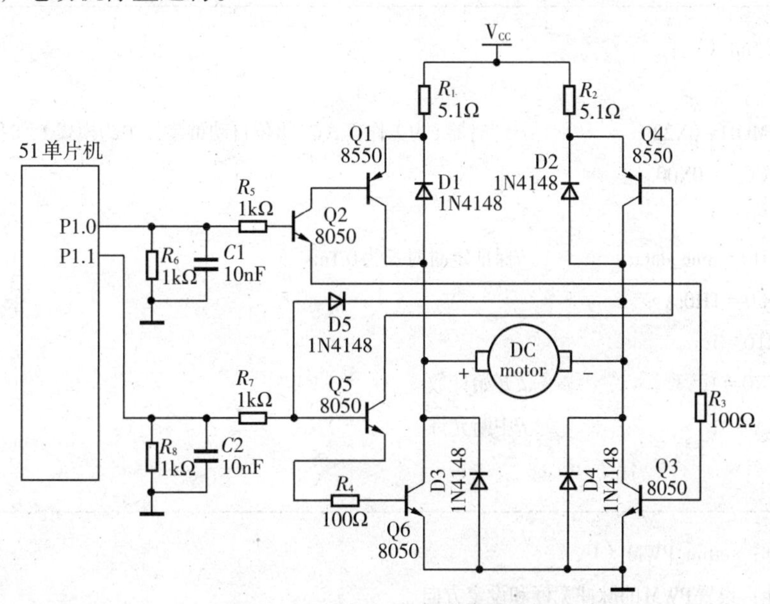

图11-40　直流电动机驱动电路

二极管D1～D4保护二极管，用于保护Q1、Q3、Q4、Q6。电阻R_6、R_8和电容$C1$、$C2$为CPU上电时的延时保护，使得P1.0、P1.1在此期间不能输出有效高电平，保证上电复位时电动机不产生动作。

11.3.3　直流电动机驱动的编程

应用C51语言编程如下：

```
//--------------------------------------函数声明，变量定义---------------------------------------------
#include <reg51.h>
#include <intrins.h>
#include <absacc.h>
//------------------------------------------定义引脚--------------------------------------------------
sbit PWM = P1^0;                          //PWM波形输出
sbit DR = P1^1;                           //方向控制
```

```
#define  time_data  （256-100）    //定时器预置值
#define  PWM_T 100                 //定义PWM的周期T为10ms
unsigned char PWM_t;               //PWM_t为脉冲宽度（0～100），时间为0～10ms
unsigned char PWM_count;           //输出PWM周期计数
unsigned char time_count;          //定时计数
bit direction;                     //方向标志位
//------------------------------------------------------------------------------
//函数名称：timer_init（）
//函数功能：初始化定时器
//------------------------------------------------------------------------------
void timer_init（）
{
        TMOD = 0X22;               /*定时器1为工作模式2（8位自动重装），0为模式2（8位自动重装）*/
        PCON = 0X00;
        TF0 = 0;
        TH0 = time_data;           //保证定时时长为0.1ms
        TL0 = TH0;
        ET0 = 1;
        TR0 = 1;                   //开始计数
        EA = 1;                    //中断允许
}
//------------------------------------------------------------------------------
//函数名称：settint_PWM（）
//函数功能：设置PWM的脉冲宽度和设定方向
//------------------------------------------------------------------------------
void setting_PWM（）
{
        if（PWM_count = =0）      //初始设置
        {
                PWM_t = 20;
                direction = 1;
        }
}
//------------------------------------------------------------------------------
//函数名称：IntTimer0（）
//函数功能：定时器中断处理程序
//------------------------------------------------------------------------------
void IntTimer0（）interrupt 1
{
```

```
        time_count++;
        DR = direction;
        if (time_count> = PWM_T)
        {
                time_count = 0;
                PWM_count++;
                setting_PWM ();                //每输出一个PWM波调用一次
        }
        if (time_count<PWM_t)
                PWM = 1;
        else
                PWM = 0;
}
//------------------------------------主函数----------------------------------------
void main ()
{
        timer_init ();
        setting_PWM ();
}
```

本章小结

单片机控制是单片机应用的一个非常大的分支，涉及的领域相当广泛。利用信息技术改造传统产业是信息化带动工业化的基础工作，单片机控制是这项工作的重要手段，输出控制更能体现单片机系统的作用和效果。

输出控制是单片机实现控制算法处理后，驱动执行机构动作，需要硬件接口和相应驱动程序的密切配合。输出控制的对象有多种形式及不同的应用环境，设计时需考虑单片机的驱动能力与强电设备的接口及隔离技术，对连续调节的对象采用连续的模拟量形式输出，对工作状态改变的对象采用开关量形式输出。本章给出了常用的输出接口元件及电路形式；介绍了数字量到模拟量转换的接口芯片特征以及与单片机的连接电路；对执行机构中普遍采用的电动机，给出了单片机控制的软、硬件设计方法。

习题与思考

1. 常用的输出接口电路由哪几部分组成？
2. 什么是光电隔离器？它主要应用在哪些方面？
3. 简述光电隔离器的工作原理。

4. 常用的模拟开关分为哪几类？各有什么优缺点？

5. 简述SSR的结构和工作原理。

6. 简述D/A转换器的接口电路。

7. 简述模拟信号与数字信号的特性。

8. 直流电动机根据其绕组的连接方式可分为哪几种？

9. 对于复激式直流电动机，根据其连接方式可分为哪几种？

10. 对于采用永久磁铁定子的直流电动机，若要改变其转向，应如何处理？

11. 达林顿晶体管的特色是什么？

12. TIP12x和TIP14x系列所提供的电流（I_C）可达多少A？

13. 若要使用继电器控制直流电动机的转向，应采用何种继电器？

14. 所谓PWM调制指什么？

15. 绘图说明桥式控制直流电动机转向的动作。

16. 若要利用桥式控制直流电动机的转向，而此直流电动机的电流约为6A，可采用哪组达林顿晶体管配对？

17. 利用运算放大器设计一个PWM波的调变电路。

18. 若要将PWM波形解调，变回正弦波，可使用什么电路？

19. 若要在51单片机中以程序的方法产生PWM波，可应用什么函数？

参考文献

[1] 陈龙三. 8051单片机C语言控制与应用[M]. 北京：清华大学出版社,2000.

[2] 马忠梅,刘滨,戚军,等. 单片机C语言Windows环境编程宝典[M]. 北京:北京航空航天大学出版社,2003.

[3] 范风强,兰婵丽. 单片机语言C51应用实战集锦[M]. 北京:电子工业出版社,2003.

[4] 张培仁. 基于C语言编程MCS-51单片机原理与应用[M]. 北京：清华大学出版社,2003.

[5] 张义和,王敏男,许宏昌,等. 例说51单片机:C语言版[M]. 北京:人民邮电出版社,2008.

[6] 刘文涛. MCS-51单片机培训教程:C51版[M]. 北京:电子工业出版社,2005.

[7] 马忠梅,籍顺心,张凯,等. 单片机的C语言应用程序设计[M]. 3版. 北京:北京航空航天大学出版社,2003.

[8] 杨恢先,黄辉先,何凤庭,等. 单片机原理及应用[M]. 长沙:国防科技大学出版社,2003.

[9] 姜志海,黄玉清,刘连鑫,等. 单片机原理及应用[M]. 北京:电子工业出版社,2005.

[10] 张洪润,张亚凡. 单片机原理及应用[M]. 北京:清华大学出版社,2005.

[11] 胡汉才. 单片机原理及系统设计[M]. 北京:清华大学出版社,2002.

[12] 余锡国,曹国华. 单片机原理及接口技术[M]. 西安:西安电子科技大学出版社,2000.

[13] 李玉峰,倪虹霞. MCS-51系列单片机原理与接口技术[M]. 北京:人民邮电出版社,2004.

[14] 李华. MCS-51系列单片机实用接口技术[M]. 北京:北京航空航天大学出版社,1993.

[15] 何立民. MCS-51系列单片机应用系统设计系统配置与接口技术[M]. 北京:北京航空航天大学出版社,1990.

[16] 陈小钟,黄宁,赵小侠,等. 单片机接口技术实用子程序[M]. 北京:人民邮电出版社,2005.

[17] 周航慈. 单片机应用程序设计技术[M]. 北京:北京航空航天大学出版社,1991.

[18] 余永权,汪明慧,黄英,等. 单片机在控制系统中的应用[M]. 北京:电子工业出版社,2003.

[19] 求是科技. 单片机典型模块设计实例导航[M]. 北京:人民邮电出版社,2004.

[20] 严天峰. 单片机应用系统设计与仿真调试[M]. 北京:北京航空航天大学出版社,2005.

[21] 贾智平,张瑞华. 嵌入式系统原理与接口技术[M]. 北京:清华大学出版社,2005.

[22] 邬宽明. 单片机外围器件实用手册数据传输接口器件分册[M]. 北京:北京航空航天大学出版社,1998.
[23] 窦振中. 单片机外围器件实用手册存储器件分册[M]. 北京:北京航空航天大学出版社,1998.
[24] 李朝青. 单片机&DSP外围数字IC技术手册[M]. 2版. 北京:北京航空航天大学出版社,2005.
[25] 李朝青. PC机与单片机&DSP数据通信技术选编2[M]. 北京:北京航空航天大学出版社,2003.
[26] 杨邦文. 常用CMOS CC4000系列集成电路速查手册[M]. 北京:人民邮电出版社,1997.
[27] 王润生. 数据通信工程[M]. 北京:人民邮电出版社,1998.
[28] 李朝青. PC机与单片机数据通信技术[M]. 北京:北京航空航天大学出版社,2000.
[29] 范逸之,陈立元. Visual Basic与RS-232串行通信控制[M]. 北京:清华大学出版社,2002.
[30] 何立民. 单片机应用技术选编:9[M]. 北京:北京航空航天大学出版社,2003.
[31] 沙占友,王彦朋,孟志永,等. 单片机外围电路设计[M]. 北京:电子工业出版社,2002.
[32] 余永权,李小青,陈林康,等. 单片机应用系统的功率接口技术[M]. 北京:北京航空航天大学出版社,1992.
[33] 方建军. 光机电一体化系统接口技术[M]. 北京:化学工业出版社,2007.
[34] 梅晓榕,柏桂珍,张卯瑞,等. 自动控制元件及线路[M]. 3版. 北京:科学出版社,2005.
[35] 陈汝全,林水生,夏利,等. 实用微机与单片机控制技术[M]. 成都:电子科技大学出版社,1998.
[36] 刘川来,胡乃平. 计算机控制技术[M]. 北京:机械工业出版社,2007.
[37] 王晓明. 电动机的单片机控制[M]. 北京:北京航空航天大学出版社,2002.
[38] 叶湘滨,熊飞丽,张文娜,等. 传感器与测试技术[M]. 北京:国防工业出版社,2007.
[39] 来清民. 传感器与单片机接口及实例[M]. 北京:北京航空航天大学出版社,2008.
[40] 彭军. 传感器与检测技术[M]. 西安:西安电子科技大学出版社,2003.
[41] 张宝芬,张毅,曹丽,等. 自动检测技术及仪表控制系统[M]. 北京:化学工业出版社,2000.
[42] 刘建清. 从零开始学电子元器件识别与检测技术[M]. 北京:国防工业出版社,2007.
[43] 孙余凯,吴鸣山,项绮明,等. 传感器应用电路300例[M]. 北京:电子工业出版社,2008.
[44] 何希才. 传感器技术及应用[M]. 北京:北京航空航天大学出版社,2005.
[45] 方佩敏. 新编传感器原理、应用、电路详解[M]. 北京:电子工业出版社,1994.

附 录

附录A 51单片机指令系统表

序号		助记符	功 能	指令码（十六进制）	字节数	周期数
算术运算指令	1	ADD A, Rn	A← (A) + (Rn)	28 ~ 2F	1	1
	2	ADD A, direct	A← (A) + (direct)	25	2	1
	3	ADD A, @Ri	A← (A) + ((Ri))	26, 27	1	1
	4	ADD A, #data	A← (A) + data	24	2	1
	5	ADDC A, Rn	A← (A) + (Rn) + Cy	37 ~ 3F	1	1
	6	ADDC A, direct	A←(A) + (direct) + Cy	35	2	1
	7	ADDC A, @Ri	A←(A) + ((Ri)) + Cy	36, 37	1	1
	8	ADDC A, #data	A←(A) + data + Cy	34	2	1
	9	SUBB A, Rn	A←(A) - (Rn) - Cy	98 ~ 9F	1	1
	10	SUBB A, direct	A←(A) - direct - Cy	95	2	1
	11	SUBB A, @Ri	A←(A) - ((Ri)) - Cy	96, 97	1	1
	12	SUBB A, #data	A←(A) - data - Cy	94	2	1
	13	INC A	A←(A) + 1	04	1	1
	14	INC Rn	Rn←(Rn) + 1	08 ~ 0F	1	1
	15	INC direct	direct←(direct) + 1	05	2	1
	16	INC @Ri	(Ri)←((Ri)) + 1	06, 07	1	1
	17	INC DPTR	DPTR←(DPTR) + 1	A3	1	2
	18	DEC A	A←(A) -1	14	1	1
	19	DEC Rn	Rn←(Rn) -1	18 ~ 1F	1	1
	20	DEC direct	direct←(direct) -1	15	2	1
	21	DEC @Ri	(Ri)←((Ri)) -1	16, 17	1	1
	22	MUL AB	BA←(A) × (B)	A4	1	4
	23	DIV AB	AB←(A)/(B)	84	1	4
	24	DA A	对A进行十进制调整	D4	1	1
逻辑运算指令	1	ANL A, Rn	A← (A) ∧ (Rn)	58 ~ 5F	1	1
	2	ANL A, direct	A← (A) ∧ (direct)	55	2	1
	3	ANL A, @Ri	A← (A) ∧ ((Ri))	56, 57	1	1
	4	ANL A, #data	A← (A) ∧ data	54	2	1
	5	ANL direct, A	direct←(direct) ∧ (A)	52	2	1
	6	ANL direct, #data	direct←(direct) ∧ data	53	3	2
	7	ORL A, Rn	A←(A) ∨ (Rn)	48 ~ 4F	1	1

续表

序	号	助记符	功 能	指令码（十六进制）	字节数	周期数
逻辑运算指令	8	ORL A, direct	A←(A)∨(direct)	45	2	1
	9	ORL A, @Ri	A←(A)∨((Ri))	46, 47	1	1
	10	ORL A, #data	A←(A)∨data	44	2	1
	11	ORL direct, A	direct←(direct)∨(A)	42	2	1
	12	ORL direct, #data	direct←(direct)∨data	43	3	2
	13	XRL A, Rn	A←(A)⊕(Rn)	68 ~ 6F	1	1
	14	XRL A, direct	A←(A)⊕(direct)	65	2	1
	15	XRL A, @Ri	A←(A)⊕((Ri))	66, 67	1	1
	16	XRL A, #data	A←(A)⊕data	64	2	1
	17	XRL direct, A	direct←(direct)⊕(A)	62	2	1
	18	XRL direct, #data	direct←(direct)⊕data	63	3	2
	19	CLR A	A←0	E4	1	1
	20	CPL A	A←($\overline{A}$)	F4	1	1
	21	RL A	A循环左移1位	23	1	1
	22	RLC A	A带进位循环左移1位	33	1	1
	23	RR A	A循环右移1位	03	1	1
	24	RRC A	A带进位循环右移1位	13	1	1
	25	SWAP A	A的半字节交换	C4	1	1
数据传送指令	1	MOV A, Rn	A←(Rn)	E8 ~ EF	1	1
	2	MOV A, direct	A←(direct)	E5	2	1
	3	MOV A, @Ri	A←((Ri))	E6, E7	1	1
	4	MOV A, #data	A←data	74	2	1
	5	MOV Rn, A	Rn←(A)	F8 ~ FF	1	1
	6	MOV Rn, direct	Rn←(direct)	A8 ~ AF	2	2
	7	MOV Rn, #data	Rn←data	78 ~ 7F	2	1
	8	MOV direct, A	direct←(A)	F5	2	1
	9	MOV direct, Rn	direct←(Rn)	88 ~ 8F	2	2
	10	MOV direct1, direct2	direct1←(direct2)	85	3	2
	11	MOV direct, @Ri	A←((Ri))	86, 87	2	2
	12	MOV direct, #data	direct←data	75	3	2
	13	MOV @Ri, A	(Ri)←(A)	F6, F7	1	1
	14	MOV @Ri, direct	(Ri)←(direct)	A6, A7	2	2
	15	MOV @Ri, #data	(Ri)←data	76, 77	2	1
	16	MOV DPTR, #data16	DPTR←data16	90	3	2

续表

序号		助记符	功 能	指令码（十六进制）	字节数	周期数
数据传送指令	17	MOVC A, @A + DPTR	A←((A)) + (DPTR)	93	1	2
	18	MOVC A, @A +PC	A←((A))+(PC)	83	1	2
	19	MOVX A, @Ri	A←(Ri)	E2, E3	1	2
	20	MOVX A, @DPTR	A←(DPTR)	E0	1	2
	21	MOVX @Ri, A	(Ri)←A	F2, F3	1	2
	22	MOVX @DPTR, A	DPTR←(A)	F0	1	2
	23	PUSH direct	SP←(SP)+1, direct←(direct),	C0	2	2
	24	POP direct	direct←(SP), SP←(SP)−1	D0	2	2
	25	XCH A, Rn	(Rn)↔(A)	C8 ~ CF	1	1
	26	XCH A, direct	(direct)↔(A)	C5	2	1
	27	XCH A, @Ri	((Ri))↔(A)	C8 ~ CF	1	1
	28	XCHD A, @Ri	$((Ri))_{0-3}$↔$(A)_{0-3}$	C8 ~ CF	1	1
位操作指令	1	CLR C	Cy←0	C3	1	1
	2	CLR bit	bit←0	C2	2	1
	3	SET C	Cy←1	D3	1	1
	4	SETB bit	bit←1	D2	2	1
	5	CPL C	Cy←$\overline{Cy}$	B3	1	1
	6	CPL bit	bit←($\overline{bit}$)	B2	2	1
	7	ANL C, bit	Cy←Cy∧(bit)	82	2	2
	8	ANL C, /bit	Cy←Cy∧($\overline{bit}$)	B0	2	2
	9	ORL C, bit	Cy←Cy∨(bit)	72	2	2
	10	ORL C, /bit	Cy←Cy∨($\overline{bit}$)	A0	2	2
	11	MOV C, bit	Cy←(bit)	A2	2	1
	12	MOV bit, C	bit←Cy	92	2	2
控制转移指令	1	ACALL addr11	绝对子程序调用（2KB程序存储器范围内的子程序）	1	2	2
	2	LCALL addr16	长子程序调用（64KB程序存储器范围内的子程序）	12	3	2
	3	RET	子程序调用返回	22	1	2
	4	RETI	中断子程序调用返回	32	1	2
	5	AJMP addr11	绝对转移（2KB以内）	1	2	2
	6	LJMP addr16	长转移（64KB以内）	02	3	2
	7	SJMP rel	短转移（2KB内，-128~+127字节）	80	2	2
	8	JMP @A + DPTR	((A)) + (DPTR)→PC	73	1	2

续表

序号		助记符	功　能	指令码（十六进制）	字节数	周期数
控制转移指令	9	JZ rel	若A为0，则相对转移	60	2	2
	10	JNZ rel	若A不为0，则相对转移	70	2	2
	11	JC rel	进位为1，则相对转移	40	2	2
	12	JNC rel	进位为0，则相对转移	50	2	2
	13	JB bit, rel	直接位为1，则相对转移	20	3	2
	14	JNB bit, rel	直接位为0，则相对转移	30	3	2
	15	JBC bit, rel	直接位为1，则相对转移，然后该位清零	10	3	2
	16	CJNE A, direct, rel	直接字节与A比较，不相等则相对转移	B5	3	2
	17	CJNE A, #data, rel	立即数与A比较，不相等则相对转移	B4	3	2
	18	CJNE Rn, #data, rel	立即数与寄存器相比较，不相等则相对转移	B8～BF	3	2
	19	CJNE @Ri, #data, rel	立即数与间接RAM相比较，不相等则相对转移	B6, B7	3	2
	20	DJNZ Rn, rel	寄存器减1，不为零则相对转移	D8～DF	3	2
	21	DJNZ direct, rel	直接字节减1，不为零则相对转移	D5	3	2
	22	NOP	空操作	00	1	1

附录B C51语言的库函数

类 别	函 数	功 能
数学函数（包含在头文件math.h中）	int abs (int val); char cabs (char val); float fabs (float val); flong labs (long val)	求变量val的绝对值
	float exp (float x); float log (float x); float log10 (float x);	返回以e (e = 2.718282) 为底的x次幂 返回x的自然对数 返回x的以10为底的对数
	float sqrt (float x)	返回x的正平方根
	int rand (); void srand (int n);	返回一个0 ~ 32767之间的伪随机数 用来将随机数发生器初始化成一个已知数，使rand函数的后继调用产生相同序列的随机数
	float cos (float x); float sin (float x); float tan (float x);	返回x的余弦值 返回x的正弦值 返回x的正切值 注：x的单位为弧度
	float acos (float x); float asin (float x); float atan (float x); float atan2 (float y, float x);	返回x的反余弦值 返回x的反正弦值 返回x的反正切值 返回笛卡儿坐标系下点 (y, x) 的反正切值
	float cosh (float x) ; float sinh (float x) ; float tanh (float x) ;	返回x的双曲余弦值 返回x的双曲正弦值 返回x的双曲正切值
	void fpsave (struct FPBUF *P) ; void fprestore (struct FPBUF *P)	保存浮点子程序的状态 将浮点子程序的状态恢复为其原始状态 注：当用中断程序执行浮点运算时，这两个函数很有用
	float ceil (float x);	返回不小于x的最小整数
	float floor (float x);	返回不大于x的最大整数
	float modf (float x, float *ip);	将x分为整数和小数部分，二者都有x的相同符号，整数部分放入*ip，小数部分作为返回值
	float pow (float x, float y);	求x^y的值并返回
	Char _getkey ();	从8051串行口读入字符,然后等待下个字符输入
	char getchar ();	从串行口读入字符,除了将读入的字符立即传递给putchar函数作为响应外,功能与_getkey相同
	char *gets (char *x, int n);	通过getchar函数由输入设备读入字符串

续表

类 别	函 数	功 能
标准化I/O函数（包含在头文件stdio.h中）	char ungetchar（char）;	将输入字符返回给输入缓冲区，供下次调用gets或getchar函数时使用。成功时返回char，失败时返回EOF
	_ungetkey（char）;	将输入的字符送回输入缓冲区，并将其值返回给调用者
	putchar（char）;	通过8051串口输入一个字符
	int printf（const char*, …）;	以第一参数指向的格式字符串指定的格式从8051串口输出字符串和变量值
	int sprintf（char s, const *, …）;	功能与pintf函数相似，但是输出不显示在控制台上，而是输出到指针指向的缓冲区
	int puts（const char *s）	将字符串s和回车换行符写入控制台设备
	int scanf（const char *, …）	在第一个参数的格式字符串控制下，利用getchar函数将控制台读入字符序列，转换成指定的数据类型，并按照顺序赋予对应的指针变量
	sscanf int sscanf（char s, const char, …）	与scanf函数类似，但是不是通过控制台获取输入值，而是从以'\0'结尾的字符串获取输入值
动态存储函数（包含在头文件 stdlib.h中）	void *calloc（unsigned int n, unsigned int size）;	在堆栈中分配n个size大小的内存块，并将该块的首地址返回
	void free（void xdata *p）	释放指针p所指向的内存块，指针清为NULL
	void init_mempool（void xdata *p, unsigned int size）;	初始化动态分配管理的堆栈
	void *malloc（unsigned int size）;	从堆栈中动态分配size 大小的存储块，并返回该块的首地址指针
	void *realloc（unsigned xdata *p, unsigned int size）;	改变p所指的内存块的大小，将原分配块内容复制到新块中，新块较大时，多余部分也不初始化
字符函数（包含在头文件ctype.h中）	bit isalpha（char）;	检查输入的字符是否在A~Z之间，若为真，则返回1，否则返回0
	bit isalnum（char）;	检查变量是否位于A~Z和a~z或0~9之间，若为真，则返回1，否则返回0
	bit iscntrl（char）;	检查变量值是否在0x00~0x1F之间或等于0x7F
	bit isdigit（char）;	检查变量值是否在'0'~'9'之间，若为真，则返回1，否则返回0
	bit isgraph（char）;	检查变量是否为可打印字符（可打印字符的值域为0x21~0x7F），若为真，则返回1，否则返回0
	bit isprintf（char）;	与isgraph函数相同，除此之外，还接受空格符（0x20）
	bit ispunct（char）;	检查字符变量是否为ASCII字符集中的标点符号或空格，若为真，则返回1，否则返回0

续表

类　别	函　数	功　能
字符函数（包含在头文件ctype.h中）	bit islower (char);	检查字符变量是否位于a~z之间，若为真，则返回1，否则返回0
	bit isupper (char);	检查字符变量是否位于A~Z之间，若为真，则返回1，否则返回0
	bit isspace (char);	检查字符变量是否为下列之一，即空格符、制表符、回车符、换行符、垂直制表符和送纸符，若为真，则返回1，否则返回0
	bit isxdigit (char);	检查字符变量是否位于0~9、A~Z和a~z之间，若为真，则返回1，否则返回0
	toascii (c) ((c) & 0x7F)	用参数宏将任何整型的低7位取出，构成有效的ASCII字符
	char toint (char)	将十六进制数对应的ASCII字符转换为整型数0~15，并返回该整型数
	_tolowe (c) ((c) - A + a);	该宏相当于参数值加0x20
	char toupper (char);	将字符变量转换为大写字符
	_toupper (c) ((c) - a + A);	该宏相当于参数值减0x20
	char tolower (char);	将字符转换为小写字符
字符串函数（包含在头文件string.h中）	void *memchr (void *s1, char val, int len)	在字符串s1的前len个字符中找出字符val，查找成功时返回s1中的第一个指向val的指针，否则返回NULL
	char memcmp (void *s1, void *s2, int len)	逐个字符比较字符串s1和s2的前len个字符，相等时返回0，否则相应返回正数或负数
	void *memcpy (void *dest, void *src, int len)	由src所指向的内存中复制len个字符到dest中。返回指向dest中最后一个字符的指针；若src和dest相互交叠，结果不可预测
	void *memcpy (void *dest, void *src, char val, int len)	将src前len个字符复制到dest中，复制完后返回NULL。复制过程中若遇到字符val，则停止，并返回指向dest中下一个元素的指针
	void *memmove (void *dest, void *src, int len)	功能与memcpy函数相同，但复制的区域可以相互交叠
	void *memset (void *s, char val, int len)	用val填充指针s指向地址开始的前len个单元
	char *strcat (char *s1, char *s2)	将字符串s2复制到s1的末尾。若s1的存储空间足以容纳两个字符串，则返回指向s1串的第一个字符的指针
	char *strncat (char *s1, char *s2, int n)	复制字符串s2中n个字符到s1的末尾。若s2的长度小于n，则只复制s2（包括结束符）
	char strcmp (char *s1, char *s2)	比较字符串s1和s2，若相等，则返回0；若s1<s2，返回负数；若s1>s2，则返回正数
	char strncmp (char *s1, char *s2, int n)	比较字符串s1和s2中前n个字符。返回值与strcmp函数相同

续表

类 别	函 数	功 能
字符串函数（包含在头文件string.h中）	char *strcpy（char *s1, char *s2）	将字符串s2复制到s1中（包括结束符）。返回指向s1的第一个字符的指针
	char *strncpy（char *s1, char *s2, int n）	功能与strcpy函数相似，但只复制前*n*个字符。若s2长度小于*n*，则s1串以0补齐到长度*n*
	int strlen（char *s1）	返回字符串s1中字符的个数（包括结束符）
	char *strchr（char *s1, char c）;	搜索字符串s1中第一个出现的c字符，若成功，则返回指向该字符的指针；若搜索到一个空字符串时，返回指向字符串结束符的指针
	int strpos（char *s1, char c）;	功能与strchr函数相似，但返回的是字符c在字符串s1中的位置。若s1的第一个字符位置是0时，则返回-1
	char *strrchr（char *s1, char c）;	搜索字符串s1中最后一次出现的字符c，若成功，则返回该字符的指针；否则，返回NULL；若s1为空字符串，返回指向s1结束符的指针
	int *strrpos（char *s1, char c）;	功能与strrchr函数相似，但返回字符c在字符串s1中的位置，失败时返回-1
	int strspn（char s1, char *set）;	在字符串s1中搜索第一次出现字符串set的子集。返回set子集中字符的个数（不包括结束符）；若set为空，则返回0
	int strcspn（char *s1, char *act）;	功能与strspn函数相似，但搜索字符串中s1中第一个包含在set子集里的字符
	char *strpbrk（char *s1, char *set）;	功能与strspn函数类似，但返回指向搜索到的字符的指针，而不是字符个数，若搜索失败，则返回NULL
	char *strrpbrk（char *s1, char *set）;	功能与strpbrk函数相似，返回s1中指向找到的set子集中最后一个字符的指针
字符串转换函数（包含在头文件stdlib.h中）	double atof（char *s1）;	将字符串s1转换为浮点型并返回。输入字符串必须包含与浮点型规定相符的字符数
	long atoli（char *s1）;	将字符串s1转换为长整型并返回
	int atoi（char *s1）;	将字符串s1转换为整型并返回
变参数函数（包含在头文件 stdarg.h 中）这些函数为预定义的宏	va_list;	自定义的数组类型，用以存放变参数的信息表
	va_start（va_list ap, last_argument）;	初始化变参数信息表。其中，参数为变参数信息数组指针和函数参数表的最后一个固定参数名
	type va_arg（va_list ap, type）;	每调用一次则返回一次变参数信息表中的下一个参数
	va_end（va_list ap）;	变参数信息表中的参数均已用完时，调用本参数宏修改ap，使之在再次调用va_start（）前不被使用

续表

类　别	函　数	功　能
全程跳转函数（包含在头文件setsmp.h中）	int setjmp（jmp_buf jpbuf）;	将当前状态信息存于jpbuf中，供函数longjmp使用。当直接调用本函数时，函数返回0；当由longjmp函数调用时，返回非0值 注：该函数只能在if语句中调用一次
	void longjmp（jmp_buf jpbuf, int val）;	将调用setjmp（）时存于jpbuf中的状态恢复，并以参数val值替换setjmp（）的返回值，返回给原调用setjmp的函数 注：此时原调用函数的自动变量和未说明为volatile的变量值均已改变
内部函数（包含在头文件intrins.h中）	char_crol_（unsigned char val, unsigned char n）; char_irol_（unsigned int val, unsigned char n）; char_long_lrol_（unsigned long val, unsigned char n）;	将val左移n位;
	char_cror_（unsigned char val, unsigned char n）; int_iror_(unsigned int val, unsigned char n）; long_lrol_（unsigned long val, unsigned char n）;	将val右移n位
	void_nop_（void）;	产生一个NOP指令
	bit_testbit_（bit x）;	产生一条JBC指令。该函数用于测试位变量，若该位置位时，返回1；否则，返回0；若该位置为1时，在测试后将该位复位为0
抽象数组（包含在头文件absacc.h中）	#define CBYTE ((unsigned char *) 0x50000L); #define DBYTE ((unsigned char *) 0x40000L); #define PBYTE ((unsigned char *) 0x30000L); #define XBYTE ((unsigned char *) 0x20000L);	对各种存储空间按char数据类型进行绝对地址访问。其中，CBYTE访问CODE空间，DBYTE访问DATA空间，PBYTE访问XDATA空间的第一页，XBYTE访问XDATA空间
	#define CWORD ((unsigned int *) 0x50000L); #define DWORD ((unsigned int *) 0x40000L); #define PWORD ((unsigned int *) 0x30000L); #define XWORD ((unsigned int *) 0x20000L);	对各种存储空间按int数据类型进行绝对地址访问。其中，CWORD访问CODE空间，DWORD访问DATA空间，PWORD访问XDATA空间的第一页，XWORD访问XDATA空间